亿级流量
系统架构设计与实战

李琛轩◎编著

電子工業出版社
Publishing House of Electronics Industry
北京•BEIJING

内 容 简 介

本书涵盖了亿级用户应用后台通用的技术和系统架构设计思路，在内容结构上分为三大篇：架构知识篇（第1～3章），作为全书的基础知识篇，首先介绍后台的关键组件构成以及机房的搭建思路，然后介绍后台在应对高并发的读/写请求时通用的处理手段，最后介绍如何通过通用的服务治理手段来保障后台的高质量运行；基础服务设计篇（第4～6章），主要讲解基础服务的架构设计，这里选取的基础服务几乎是所有互联网后台都需要的专门系统，包括唯一ID生成器、用户登录服务和海量推送系统；核心服务设计篇（第7～13章），主要讲解在常见的社交互动场景中所需核心服务的架构设计，包括内容发布系统、通用计数系统、排行榜服务、用户关系服务、Timeline Feed服务、评论服务和IM服务。

本书的适用人群包括计算机相关专业的学生、希望寻求大厂软件开发工程师岗位的求职者，以及各信息技术类公司的后台研发工程师、架构师和技术管理人员。

图书在版编目（CIP）数据

亿级流量系统架构设计与实战 / 李琛轩编著. —北京：电子工业出版社，2024.5
ISBN 978-7-121-47698-3

Ⅰ. ①亿… Ⅱ. ①李… Ⅲ. ①网站建设 Ⅳ.①TP393.092.1

中国国家版本馆CIP数据核字（2024）第074946号

责任编辑：张国霞
印　　刷：三河市双峰印刷装订有限公司
装　　订：三河市双峰印刷装订有限公司
出版发行：电子工业出版社
　　　　　北京市海淀区万寿路173信箱　　邮编 100036
开　　本：787×980　1/16　印张：27　字数：607千字
版　　次：2024年5月第1版
印　　次：2024年9月第3次印刷
印　　数：4001～5000册　定价：128.00元

凡所购买电子工业出版社图书有缺损问题，请向购买书店调换。若书店售缺，请与本社发行部联系，联系及邮购电话：（010）88254888，88258888。

质量投诉请发邮件至 zlts@phei.com.cn，盗版侵权举报请发邮件至 dbqq@phei.com.cn。

本书咨询联系方式：faq@phei.com.cn。

前言

亿级用户应用

如今市面上的互联网应用几乎都在追求用户规模，这不仅仅是因为只有用户规模庞大才能让产品扬名立万，更重要的是对于应用出品方来说，亿级用户会为公司带来巨大收益。

◎ 广告收入：亿级用户应用拥有巨大的“人口红利”，在应用内投放产品广告非常容易带来极大的产品曝光量和极高的产品转化率，所以会有非常可观的广告收入。

◎ 商业价值：亿级用户意味着应用的品牌拥有巨大的影响力，会天然吸引其他企业，促成联名合作。

◎ 产品带动：一旦公司拥有用户量级巨大的产品，就可以非常方便地借助它为新产品做引流和推广，以进一步扩大公司的产品规模。

鉴于亿级用户为公司带来了极高的实用价值和商业价值，针对亿级用户进行应用架构设计的工程师备受市场青睐。亿级用户意味着高并发，很多公司会在工程师招聘要求中注明“有高并发系统设计经验”，或者在面试过程中频繁考查候选人的高并发系统设计能力。所以，对于研发工程师来说，拥有高并发系统设计的知识体系是十分必要的技术素养。

本书主题

如果你是大厂的研发工程师，那么你可能每天都要面对系统怎样才能服务好亿级用户的问题；如果你所在的公司目前尚未拥有亿级用户，那么你可能会想象，若公司产品有更多用户使用的话，需要应用什么技术，或者你希望拿到大厂 Offer，却焦虑于自己没有高并发系统设计经验；如果你是计划成为研发工程师的学生，那么你可能虽然认真做了很多课程设计，但仍会好奇自己的作品对应的工业级设计应该是怎样的。

如此种种，笔者决定编写一本涵盖亿级用户应用后台常见系统设计的书，希望将自己的经验与你分享。那么，亿级用户应用后台的通用技术是什么？无非就是如何构建机房、使用哪些技术栈、如何高效处理高并发请求和如何保证后台服务的高可用等。

亿级用户应用后台有哪些通用系统（或称服务）？我们只需看那些拥有数亿名用户的应用都有哪些相似功能就能轻易得出结论，比如国民级应用或知名应用：微信、淘宝、微博、抖音、快手、小红书、百度贴吧、bilibili、爱奇艺、网易云音乐、知乎、钉钉等。这些应用的用户活跃度极高，它们几乎都支持这些功能：用户注册与登录、通知消息、用户发帖、对内容点赞、关注与粉丝、评论、私信与群聊、排行榜等，每个功能都与专门的后台服务相对应，所以这些服务都是非常通用的。

本书会详细讲解以上罗列的种种内容。

内容概要

本书在内容结构上可以分为三大篇。

架构知识篇（第 1 ~ 3 章）：作为全书的基础知识篇，首先介绍后台的关键组件构成以及机房的搭建思路，然后介绍后台在应对高并发的读/写请求时通用的处理手段，最后介绍如何通过通用的服务治理手段来保障后台的高质量运行。

基础服务设计篇（第 4 ~ 6 章）：主要讲解基础服务的架构设计，这里选取的基础服务几乎是所有互联网后台都需要的专门系统，包括唯一 ID 生成器、用户登录服务和海量推送系统。

核心服务设计篇（第 7 ~ 13 章）：主要讲解在常见的社交互动场景中所需核心服务的架构设计，包括内容发布系统、通用计数系统、排行榜服务、用户关系服务、Timeline Feed 服务、评论服务和 IM 服务。

特别要说明的是，本书不会专门对具体的存储系统如 MySQL、Redis 等的原理进行深入剖析，而是会在行文中用到它们的地方再做介绍，以便在采用相应的技术解决问题时实现理论与实践的良好结合，使读者加深对理论知识的理解。

适用人群

本书的适用人群包括计算机相关专业的学生、希望寻求大厂软件开发工程师岗位的求职者，以及各信息技术类公司的后台研发工程师、架构师和技术管理人员。希望读者通过对本书内容的学习，逐渐掌握亿级用户应用后台的设计思路和方法，提高架构设计能力和高并发意识，最终设计出性能更高、更稳定的高可用系统。

必要声明

必须承认，本书介绍的内容与笔者所在公司深耕的技术方向是比较匹配的。对于本书介绍的每一个服务，笔者所在公司都具备优秀的服务设计，并积累了服务于数亿名用户的架构经验。不过，基于保护公司知识产权与机密的原则，笔者在每章的服务设计要素中都回避了公司的独创性设计，只提供了业界公开或公认的设计思路。你在仔细推敲细节的过程中可能会发现个中内容并不能展示全貌，这是因为不同的公司对这些内容有不同的技术处理方式，笔者只能在大方向上做一些思路指引，还望各位读者主动思考，并请见谅。

另外，笔者不希望为了凑篇幅而贴上大段累赘的代码和无意义的系统配置过程，所以在内容编写上会屏蔽系统配置，只在适当的环境下贴上代码，致力于使每段文字都只聚焦于读者真正在意的干货。

职业生涯感受

从业多年，笔者对软件开发工程师这一工作最大的感受就是：作为一名技术人，不应该把自己视为“X 公司的打工人”，如机器人一样循规蹈矩地完成自己应该做的工作，而是应该时刻思考自己在未来要达成什么目标——无论你是有成为某领域顶级专家或者 CTO 的理想，还是有去更好的公司工作的想法，在达成目标的过程中最值得做的事情都是保证自己在时刻进步，而进步的核心是持续学习，学习也是我们在工作上更上一层楼的必要条件。作为开发工程师，如果你是大厂中负责一个很小系统的所谓的“螺丝钉”，那么你可以不局限于自己的工作职责，积极获取公司内公开的资源，学习如何“造火箭”；如果你是小厂的工程师或者是未步入社会的学生，那么你可以在发达的互联网或品类繁多的图书中获取自己目前接触不到的经验与知识。总之，让你的视野上升到更高层面，去学习、去吸纳能让你进步的知识与技巧。

现在，请你假设自己是某互联网产品的技术负责人，随着本书开始一场面向亿级用户的应用架构设计之旅吧！

目　录

架构知识篇

基础服务设计篇

核心服务设计篇

架构知识篇

第1章 大型互联网公司的基础架构

在如今这个互联网高度发达的时代，互联网应用已经深度渗透到我们每个人的衣食住行、学习、娱乐等各种生活日常中，你可以在电商应用中选择自己喜欢的衣服，在本地生活应用中“种草”美食小吃，还可以在旅行应用中打车、购票等。从你在一个应用中触碰了某个按钮到相关数据流畅地呈现在你的眼前，你可能会好奇：数据响应得如此迅速，应用后台到底是怎么做到的？这就是本章要讨论的话题，本章将从宏观的角度详细介绍一个用户请求被发起到最终被响应这个过程所经过的完整链路，以及链路上各个角色的技术原理，以便让读者对大型互联网公司的机房架构有一个初步的认识。本章涵盖的基础架构知识较多，大体内容组织结构如下。

- ◎ 1.1 节对单机房内部重要组成成员做简要介绍。本节内容是本章的引言。
- ◎ 1.2 节和 1.3 节分别介绍 DNS 与 HTTP DNS，目的是让读者了解客户端用户请求是如何进入机房与后台服务进行通信的。
- ◎ 1.4 节介绍接入层技术，包括四层负载均衡器 LVS 与七层负载均衡器 Nginx 的技术原理、高可用架构。
- ◎ 1.5 节和 1.6 节分别介绍服务发现与 RPC 服务。
- ◎ 1.7 节～1.10 节介绍存储层技术，包括 MySQL、Redis、LSM Tree 以及其他 NoSQL 数据库。
- ◎ 1.11 节介绍 Kafka 消息中间件技术。
- ◎ 1.12 节～1.14 节介绍大型互联网公司的多机房架构，包括主备机房、同城双活、异地多活。

本章关键词：DNS、负载均衡、服务发现、RPC、MySQL、Redis、NoSQL、消息中间件、同城双活、异地多活、DRC。

1.1 引言：单机房的内部架构

所谓的应用后台就是指机房。机房架构是一个庞大的工程，你可能听说过很多大型互联网公司曾在各种技术峰会上介绍它们的“三地五中心”多机房，甚至是全球异地多活机房等，这些“高大上”的话题讨论的都是机房架构的内容。机房最简单的形式是单机房，本章会用大量篇幅来讨论它。虽然拥有亿级用户的互联网应用的底层不大可能采用这种架构，但是它是我们了解机房架构的重要基础。首先，在建设多机房前，我们需要熟悉一个机房的“五脏六腑”，只有非常清楚地知道单机房架构的技术细节，才能轻车熟路地构建多机房架构；其次，各互联网公司的多机房架构体系并不是一步到位搭建的，而是随着用户的逐步扩张一步步演进而来的。让我们先抛开那些知名互联网公司今天的荣耀，回到它们过去艰难的岁月，一般而言，这些公司在创业起步阶段的特点如下。

◎ 用户量级相对较小。
◎ 研发工程师较少。
◎ 产品营收能力较差，现金储备紧张。

如果初创互联网公司选择直接构建多机房架构，则将是一件非常困难的事情。因为它要求公司：

◎ 已拥有海量用户，且难以接受机房级别的故障。海量用户意味着有海量数据、海量请求，单机房的资源已经无法满足业务需求，需要拓展到多机房；而且，如果发生了机房级别的不可用故障，则等于整个应用完全不可用，将会给公司造成难以承受的巨大损失。
◎ 研发工程师较多，且有多机房领域的架构师。多机房需要应对数据一致性、机房调度等复杂的技术问题，需要有大量专人投入建设。
◎ 现金流畅通。每个机房的选址、光缆铺设、电路铺设、设备采购、网络带宽、服务器维护，甚至防火、防水等都需要消耗大量的经济成本，这就不得不要求公司有一定的现金储备。

综上所述，从投入产出比的角度来说，初创互联网公司一般先使用单机房充当应用后台。典型的单机房架构如图 1-1 所示，其中包含各种重要角色。

假设这个单机房架构服务于某互联网社交应用 Friendy，并为用户提供 Web 端和移动客户端两种使用途径，其中各角色的功能如下。

◎ DNS 服务器负责将用户访问 Friendy 的域名映射为公网 IP 地址（或称为整个机房的入口 IP 地址），然后用户请求就可以通过 IP 协议进入机房了。
◎ LVS 提供对外的公网 IP 地址作为机房的入口，同时作为四层负载均衡器将用户请求分发到 Nginx 集群。
◎ Nginx 作为七层负载均衡器，根据 HTTP(S)请求的协议头或 URL 路径规则将用户请求转发到对应的业务 HTTP 服务器。
◎ 业务服务层的 HTTP 服务真正处理用户请求，根据不同的 HTTP URL 向 RPC 服务发送业务逻辑处理请求。

◎ 业务服务层的 RPC 服务执行核心业务逻辑。如果业务逻辑涉及读/写数据，那么它会进一步访问数据层；如果业务逻辑涉及与其他 RPC 服务的交互，那么它也会调用其他 RPC 服务。

◎ 存储层是所有存储系统的集合，包括分布式缓存、关系型数据库、NoSQL 数据库等。分布式缓存提供数据缓存，用于应对高并发的读请求访问；关系型数据库作为持久化存储保存用户数据（需要注意的是，若无特殊说明，本书后续章节提及的数据库均为关系型数据库），常见的关系型数据库包括 MySQL、SQLite、SQL Server 等；NoSQL 数据库是一个大类，被应用于关系型数据库无法发挥作用的场景。

◎ 服务发现负责保存每个服务的动态访问地址列表，以便其他服务可以快速查找到某服务的访问地址。其功能与 DNS 相似。

◎ 消息中间件作为常用的研发中间件，用于请求异步执行、服务间解耦、请求削峰填谷。

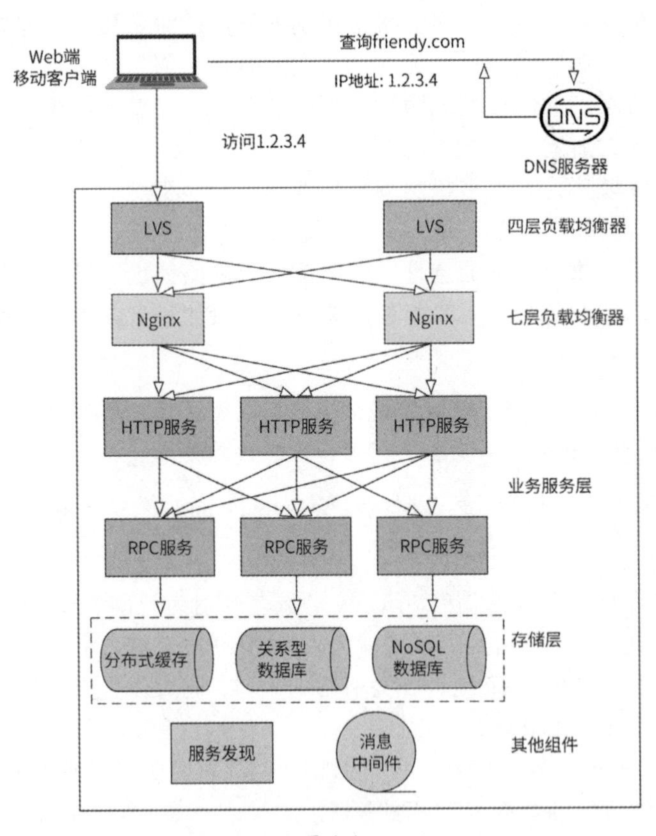

图 1-1

在简单了解了单机房架构的组成角色之后，接下来将详细介绍各角色的相关技术与技术选型，以便读者对这些角色存在的意义能有更深刻的理解，甚至将来可以以架构师的身份主导一个互联网应用的机房建设工作。

1.2 客户端连接机房的技术 1：DNS

客户端启动时要做的第一件事情就是通过互联网与机房建立连接，然后用户才可以在客户端与后台服务器进行网络通信。目前在计算机网络中应用较为广泛的网络通信协议是 TCP/IP，它的通信基础是 IP 地址，因为 IP 地址有如下两个主要功能。

◎ 标识设备：接入网络的设备必须有一个独一无二的 IP 地址，这样才能唯一标识一个网络目标。

◎ 网络寻址：将数据包从一个网络设备发送到另一个网络设备，需要携带目标网络设备的 IP 地址，通过 TCP/IP 中的 IP 路由寻址功能，数据包最终可以到达目标网络设备。

客户端要与机房建立连接，就需要知道机房公网 IP 地址（暴露在互联网中可访问的 IP 地址），但是 IP 地址通常由一串冰冷的数字组成，没有可读性，不方便记忆，于是人们又制定出另一套字符型的地址方案：域名地址。“域名”是大家都很熟悉的名词，在浏览器中输入简单易记的域名（如 www.baidu.com），就可以访问到对应的网站，它的底层其实是由 DNS 来实现的。

1.2.1 DNS 的意义

DNS（Domain Name System，域名系统）是互联网中的核心服务，它维护域名与对应 IP 地址的映射关系，并提供将域名翻译为 IP 地址的域名解析功能。DNS 在互联网中有非常广泛的应用，它为用户和互联网公司带来了很多便利。例如：

◎ 互联网公司可以创建简单、便于用户记忆的域名并注册到 DNS 服务器，用户仅需输入域名就能访问到对应的网站。

◎ 通过维护域名与多个 IP 地址的映射关系，DNS 可以将针对同一个域名的不同用户请求解析到不同的 IP 地址，从而缓解单一后台服务器的资源压力。

◎ 互联网公司因架构升级、网络改造等需要变更机房公网 IP 地址时，仅需在 DNS 服务器中重新配置最新的 IP 地址，而不会对用户造成任何干扰。

◎ 基于 DNS 可以实现灵活的负载均衡策略，比如 DNS 服务器可以对 IP 地址进行监测——如果发现机房某公网 IP 地址对应的服务器宕机，那么 DNS 服务器可以将这个 IP 地址及时摘除，防止用户无法访问后台。

接下来详细介绍 DNS 的技术原理。

1.2.2　域名结构

如图 1-2 所示，域名采用了层次化的树形结构来命名。树的顶端节点为根，根的下一层称为顶级域名，指的是域名的后缀部分，如最常见的.com、.net 等通用域或者.cn、.us 等国家域；顶级域名的下一层是二级域名，指的是域名的倒数第二部分，一般表示域名注册人或主体所使用的网络名称，如 google.com、apple.com；二级域名的下一层是三级域名，指的是域名的倒数第三部分，表示二级域名的子域名。实际上，域名可能还包括四级域名、五级域名等，它们的含义根据上文类推，每一级域名都控制下一级域名的分配。

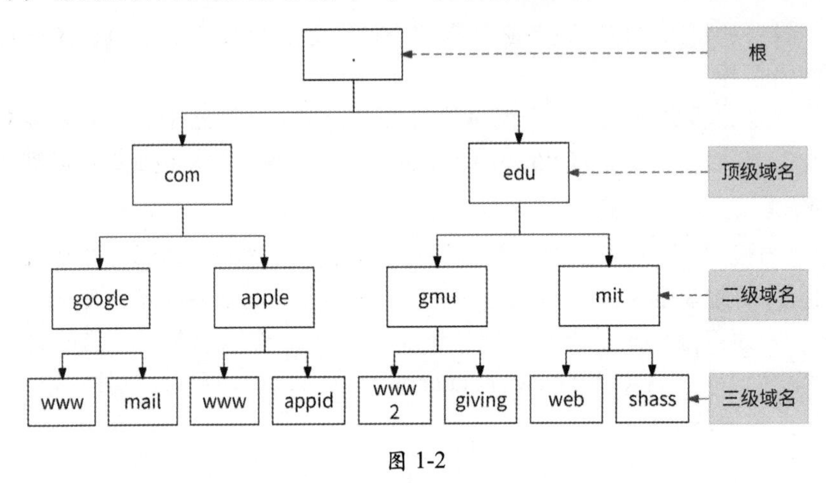

图 1-2

对于域名 mail.google.com 来说，顶级域名是.com，二级域名是 google.com，三级域名是 mail.google.com。

1.2.3　域名服务器

按照域名的层级结构，可以把域名服务器分为 4 种不同的类型。

1. 根域名服务器（根 DNS 服务器）

根域名服务器是全球互联网的中枢神经，它负责互联网顶级域名的解析，即它掌握着全部顶级域名的名称与 IP 地址的映射关系。目前全球仅有 13 台 IPv4 根域名服务器，其中主根域名服务器部署在美国，其余 12 台辅根域名服务器有 9 台部署在美国、2 台部署在欧洲、1 台部署在日本。根域名服务器由美国政府授权的互联网名称与数字地址分配机构（ICANN）统一管理。

2. 顶级域名服务器（顶级 DNS 服务器）

顾名思义，顶级域名服务器负责管理在每个顶级域名下注册的二级域名解析工作，即它可以根据二级域名寻找到二级域名服务器的 IP 地址。顶级域名服务器就相当于一个朝代的封疆大吏。

3. 权威域名服务器（权威 DNS 服务器）

权威域名服务器负责对特定的域名进行解析，它管理顶级域名下的二级域名、三级域名、四级域名等的服务器。从名字中的“权威”可以看出，权威域名服务器最终决定了一个域名到底应该被解析成哪个 IP 地址，它是 DNS 中最核心的部分。

每个域名对应的权威域名服务器都可能不同，每个权威域名服务器仅可解析它负责的域名，比如负责 google.com 域名的权威域名服务器无法解析域名 apple.com。大型互联网公司一般会自建权威域名服务器，而中小型企业一般会将域名托管给知名的权威域名服务商。

4. 本地域名服务器（本地 DNS 服务器）

本地域名服务器不属于域名层次结构中的任何一层，但是它对 DNS 非常重要，相当于域名解析的缓存。任何一台主机在进行网络地址配置时，都会配置一台域名服务器作为本地域名服务器，它是主机在进行域名查询时首先要查询的域名服务器。本地域名服务器一般由网络运营商提供，它作为主机访问网络时域名解析的总代理，会将域名解析结果缓存到本地，以便加速主机后面的域名解析过程。

1.2.4 域名解析过程

域名解析一般采用递归查询方式执行，一个完整的域名解析过程如图 1-3 所示。

（1）当客户端访问某个域名时，会先在设备的本地缓存中查找是否有此域名对应的 IP 地址。本地缓存包括浏览器缓存和计算机系统 Hosts 文件 DNS 缓存。

（2）如果本地缓存中没有对应的 IP 地址，则客户端向本地域名服务器发起域名解析请求。如果本地域名服务器保存了域名对应的 IP 地址，则可以直接返回；否则，本地域名服务器作为客户端的全权代理，递归地完成域名解析。

（3）本地域名服务器先向根域名服务器发起域名解析请求。根域名服务器收到请求后，会根据所要查询的域名的后缀将所对应的顶级域名服务器（如.com）地址返回给本地域名服务器。

（4）本地域名服务器根据返回结果向所对应的顶级域名服务器发起查询请求。顶级域名服务器会先查看自己的缓存中是否有此域名的解析记录，如果有，则将 IP 地址解析结果返回给本地域名服务器，本地域名服务器再将其返回给客户端，域名解析完成。而如果顶级域名服务器的缓存中没有解析记录，则将域名对应的权威域名服务器地址返回给本地域名服务器。

（5）本地域名服务器继续向权威域名服务器发起域名解析请求。权威域名服务器最终将与域名关联的 IP 地址返回给本地域名服务器，本地域名服务器再将其返回给客户端，域名解析完成。

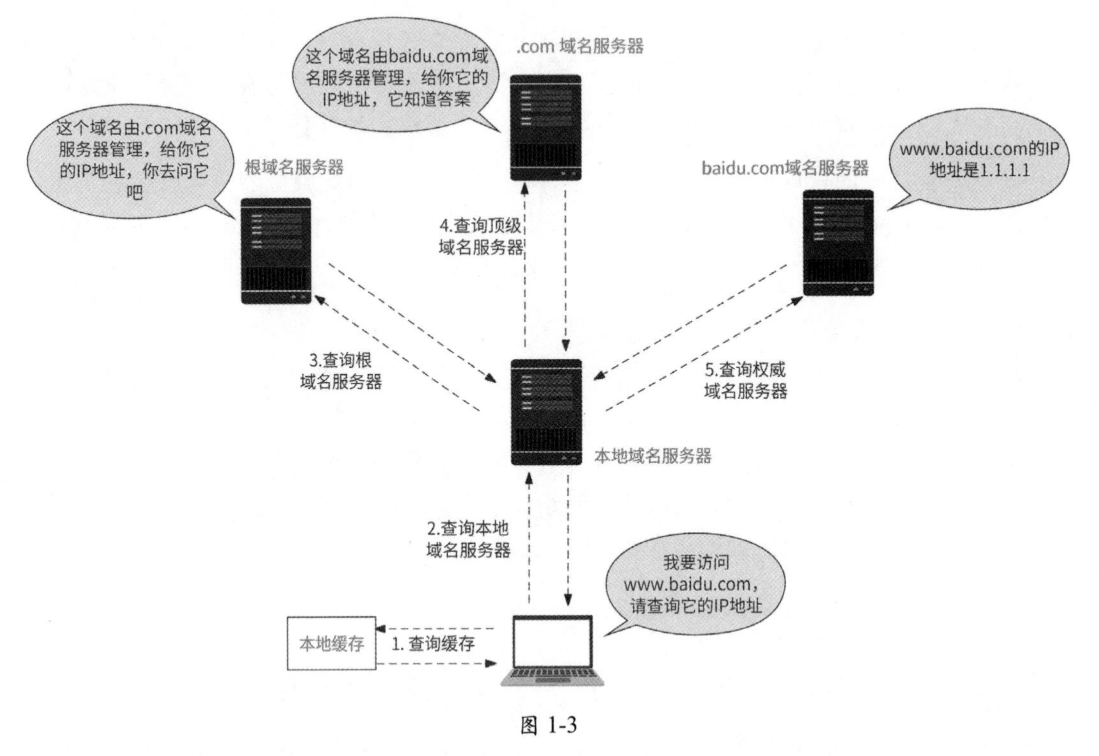

图 1-3

可以看到，除客户端查询本地缓存和本地域名服务器发起请求之外，域名解析的其余各环节均以本地域名服务器为中心进行递归查询，本地域名服务器在域名解析的整个环节中承担了代理的角色。

需要额外说明的是，一旦本地域名服务器获得域名解析记录，它就会在本地进行记录缓存，以便下次客户端再向它查询同一个域名时可以直接获得结果，而不用再进行递归查询了。被缓存的域名解析记录格式大致如图 1-4 所示。

Domain	TTL	Class	Type	Rdata
域名 www.baidu.com	生存周期 600s	协议类型 IN	记录类型 A	记录数据 1.1.1.1

图 1-4

当查询域名 www.baidu.com 时，域名解析记录会包含如下数据。

◎ 生存周期（TTL）：表示这条记录在本地域名服务器中被缓存的时长。
◎ 协议类型（Class）：一般标识为 IN，表示因特网。
◎ 记录类型（Type）：A 表示 IPv4 地址，AAAA 表示 IPv6 地址。
◎ 记录数据（Rdata）：与域名关联的地址信息。

1.3　客户端连接机房的技术 2：HTTP DNS

DNS 解析是用户访问互联网的第一步，如果这一步产生了较大的网络延迟、故障甚至是数据错误，则会严重影响用户体验。如上文所述，DNS 有很多优势，但是它也存在一些问题（见 1.3.1 节）。业界很多互联网公司都尝试去解决这些问题，比如腾讯、字节跳动、百度等公司已经给出了较为成熟的解决方案：HTTP DNS。

1.3.1　DNS 存在的问题

首先介绍一下 DNS 存在哪些问题。

首先，域名解析需要进行递归查询，这势必会带来更高的访问延迟。在理想的情况下，DNS 解析只需要几毫秒或者几十毫秒就完成了，但是在实际应用中常常有 1s 以上的情况出现。

其次，由于本地域名服务器是分地区、分运营商的，不同运营商实现的 DNS 解析策略不同。而且，由于权威域名服务器获取的是本地域名服务器的 IP 地址，而非客户端的 IP 地址，所以在定位客户端地理位置时不一定准确，最终域名解析得到的 IP 地址对于客户端而言可能不是距离最近、最优的访问节点。更有甚者，某些运营商为了节约资源，会直接将域名解析请求转发到其他运营商的本地域名服务器（即“域名转发”），这样做的后果就是用户得到了与其网络运营商不相符的 IP 地址，用户访问网络请求变慢。

最后，更重要的是 DNS 劫持问题。DNS 劫持是一种互联网攻击方式，通过干预域名服务器把域名解析到错误的 IP 地址上，以达到用户无法访问目标网站或访问恶意网站的目的。很多知名的互联网公司备受 DNS 劫持的困扰，运营商可能基于本地域名服务器做 DNS 劫持，黑客可能篡改计算机 Hosts 文件做 DNS 劫持。

大家可能都有这样的经历：在浏览一个正常的网站时，左下角总会弹出各种与网站内容画风格格不入的垃圾广告，这很可能就是运营商 DNS 劫持的结果，尤其是那些一味追求广告收入的小运营商。运营商 DNS 劫持危害不大，至多是影响用户访问互联网的体验，但如果是黑客做 DNS 劫持，那么用户很有可能会被引导到竞争对手的网站，甚至是危害用户安全的钓鱼网站。很多知名的互联网公司长期被 DNS 劫持攻击，比如腾讯公司在 2014 年的一个技术分享中透露，腾讯域名在全国各地的日解析异常量已经超过 80 万条，给腾讯公司的各业务带来巨大损失。

1.3.2 HTTP DNS 的原理

HTTP DNS 是基于 HTTP，具有 DNS 解析能力的网络服务。HTTP DNS 的原理非常简单：

（1）客户端指定 HTTP DNS 服务器的 IP 地址（如 5.5.5.5），使用 HTTP 调用域名解析接口/d，并传入待解析的域名和客户端的 IP 地址。HTTP DNS 服务器负责向权威 DNS 服务器发起域名解析请求，并将最优 IP 地址返回。

（2）客户端获取到域名 IP 地址后，直接向此 IP 地址发送业务协议请求。如果客户端需要访问业务请求 http://go.friendy.com/feed，则在 HTTP header 中指定 Host 字段为此 IP 地址即可。

图 1-5 展示了 HTTP DNS 解析过程，并与域名解析过程做了简单的对比。

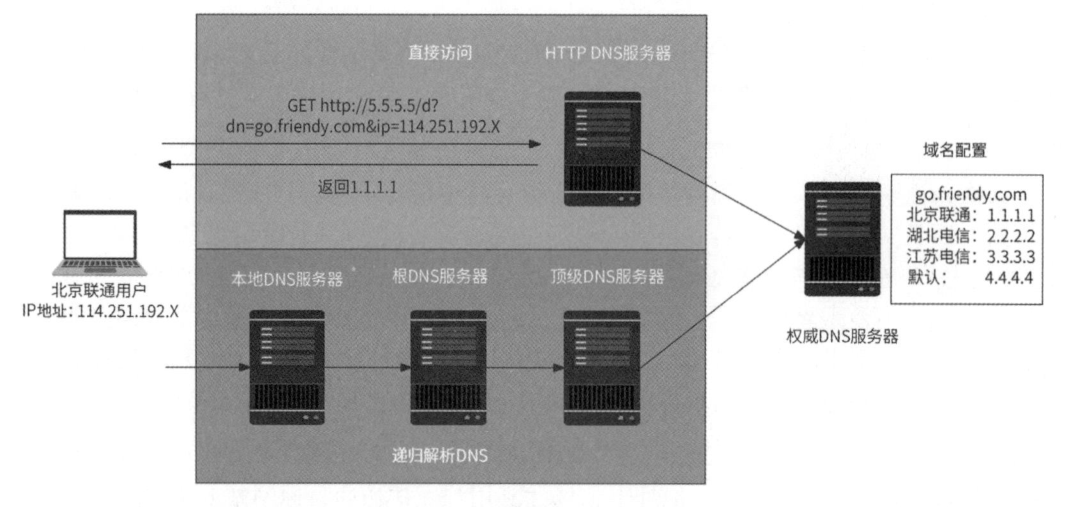

图 1-5

需要注意的是，HTTP DNS 服务器不通过域名提供服务（否则又需要域名解析），只通过一个固定的 IP 地址提供服务。这里读者可能会有疑问：不同网络运营商的用户访问同一个 HTTP DNS 服务的 IP 地址，用户访问延迟问题如何解决？高可用性如何保证？

实际上，HTTP DNS 服务提供商会采用如 BGP（边界网关协议）等手段让这个 IP 地址在全国各地都做到就近访问。以腾讯云 HTTP DNS 产品为例，它接入了 BGP Anycast 网络架构，与全国最主要的 17 个运营商建立了 BGP 互联，确保各个运营商的用户都能快速访问到 HTTP DNS 服务器；同时，腾讯云在多个数据中心部署了多个 HTTP DNS 服务节点，任意节点发生故障均可无缝切换到备用节点，保证了 HTTP DNS 服务的高可用。感兴趣的读者可以在腾讯云官网了解更多技术细节。

HTTP DNS 只是将域名解析协议由 DNS 协议换成了 HTTP，原理并不复杂。但是相较于 DNS，这一微小的变化带来了如下好处。

◎ 降低域名解析延迟：通过直接访问 HTTP DNS 服务器，缩短了域名解析链路，不再需要递归查询。

◎ 防止域名劫持：将域名解析请求直接通过 IP 地址发送至 HTTP DNS 服务器，绕过运营商本地 DNS 服务器，避免了域名劫持问题。

◎ 调度精准性更高：HTTP DNS 服务器获取的是真实客户端的 IP 地址，而不是本地 DNS 服务器的 IP 地址，即能够基于精确的客户端位置、运营商信息，将域名解析到更精准的、距离更近的 IP 地址，让客户端就近接入后台服务节点。

◎ 快速生效：当与域名关联的 IP 地址发生变更时，HTTP DNS 服务不受传统 DNS 技术多级缓存的影响，域名更新能够更快地覆盖到全量客户端。

1.3.3　HTTP DNS 实践

虽然 HTTP DNS 有诸多优势，但是我们并不能认为它可以完全取代 DNS。鉴于域名解析的重要性，客户端网络 SDK 在实现接入机房的逻辑时应该设计足够强大的容灾策略，尽力保证域名解析的可用性。

（1）客户端使用 HTTP DNS 尝试解析域名。

（2）如果 HTTP DNS 服务器返回空数据或者网络错误，那么客户端继续向本地 DNS 服务器发起域名解析请求，即降级到使用 DNS 技术。

（3）如果 DNS 解析也遭遇失败，那么客户端将直接使用预留的域名兜底 IP 地址作为域名解析结果。我们可以通过客户端约定写死或服务端下发配置的方式为业务核心域名设置对应的兜底 IP 地址。访问兜底 IP 地址意味着可能增加用户请求延迟，但是至少能保证用户不会被域名解析挡在门外。

另外，在 HTTP DNS 的实践中可以引入如下策略。

◎ 安全策略：HTTP DNS 是基于标准的 HTTP 的，为了保证数据安全，可以更进一步使用 HTTPS。

◎ IP 地址选取策略：HTTP DNS 服务可以将最优 IP 地址按照顺序多个下发，客户端默认选取第一个 IP 地址优先校验连通性，如果连通性不佳，则再选取下一个 IP 地址。

◎ 批量拉取策略：在客户端应用冷启动或网络切换（如将 Wi-Fi 切换到蜂窝网络）时，客户端自动批量拉取域名和 IP 地址列表的映射数据并缓存，以便在后续请求中使用，预期提升精准调度能力和域名解析性能。

1.4 接入层的技术演进

在介绍完客户端如何接入机房后，下一步讨论机房收到客户端请求后的调度处理问题。在互联网发展的早期阶段，很多小型互联网服务的后台架构其实非常简单，几乎只有业务服务器“裸奔”在所谓的“机房”里，如图 1-6 所示。

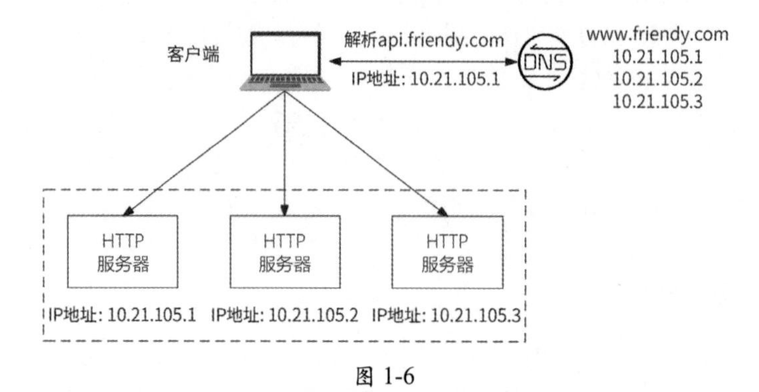

图 1-6

从图 1-6 中可以看出，业务后台 HTTP 服务器直接绑定公网 IP 地址与客户端建立网络连接，DNS 服务器对其域名的解析结果就是 HTTP 服务器的一个公网 IP 地址。

这种架构非常轻量、清晰，但是存在如下问题，并不适合作为互联网公司的后台工业级应用架构。

◎ 可用性低：如果某个业务服务实例宕机，那么 DNS 服务器将无法高效地感知到其 IP 地址已不可用，导致被 DNS 解析到此 IP 地址的用户请求均不可用。

◎ 可扩展性差：当业务服务需要扩容时，总需要额外配置 DNS；而且受限于 DNS 解析的生效周期，扩容后的服务新地址难以实时生效。

◎ 安全风险高：业务服务的 IP 地址都是公网 IP 地址，这相当于后台的所有网络地址都暴露在公网环境中，存在网络安全隐患。

如何解决这些问题呢？在软件架构领域有一句很经典的话：“计算机科学领域的任何问题都可以通过增加一个间接的中间层来解决”。没错，我们也可以在客户端和业务服务的连接之间引入一个中间层：一方面，它需要负责提高业务服务的可用性和可扩展性，这要求中间层有丰富的功能；另一方面，它还要充当客户端访问业务服务的总代理，将用户流量按规则转发到某个业务服务实例上，这又要求中间层有非常高的性能。那么，什么样的服务器可以充当中间层呢？那就是大名鼎鼎的 Nginx，一个被各大互联网公司广泛用作用户流量接入中间层的多功能、高性能的服务器。接下来对 Nginx 做一些必要的功能性介绍。

1.4.1 Nginx

Nginx 是一种自由的、开源的、高性能的 HTTP 服务器和反向代理服务器，同时也是 IMAP、POP3、SMTP 的代理服务器。Nginx 既可以作为 HTTP 服务器进行网站的发布处理，也可以作为反向代理实现负载均衡功能。

代理的含义非常简单。比如我们需要做某件事但是又不想亲自去做，这时可以找另一个人帮我们去做，这个人就是我们做某件事的代理；再比如租房中介公司就是我们租房的代理。在网络接入层，代理分为正向代理和反向代理。

在我们的日常工作中，正向代理很常见，比如很多公司为了自身的网络安全，不允许居家的员工使用互联网直接访问公司的办公网络环境，而是必须手动配置公司 VPN（虚拟专用网络）后才能接入访问。这里 VPN 充当的就是正向代理的角色，即代理客户端去访问网络。

反向代理的运行方式是代理服务器对外接收互联网上的客户端请求，然后将请求转发到内部网络的目标服务器，并将目标服务器的执行结果返回给客户端。反向代理对外表现得就像目标服务器一样，客户端并不会知道自己访问的其实是一个代理。

总结起来，正向代理与反向代理的核心区别就是：正向代理代理的是客户端，反向代理代理的是服务器，就像图 1-7 展示的那样。

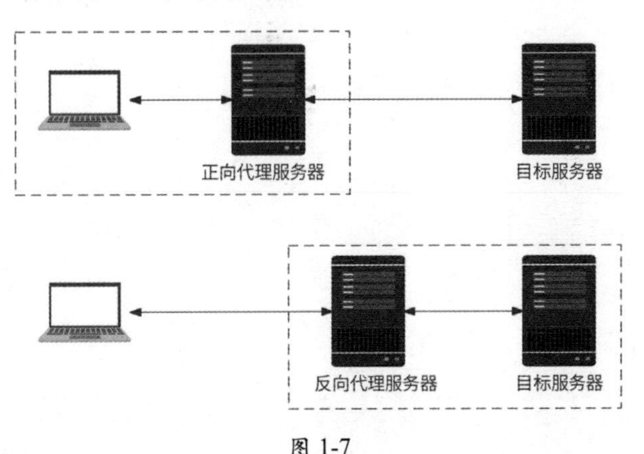

图 1-7

Nginx 能很好地充当反向代理，是因为它有强大的基于域名和 HTTP URL 的路由转发功能，我们只需要对配置文件 nginx.conf 做一些简单配置就能轻易搭建出一台反向代理服务器。下面举一个例子。

假设 Friendy 应用内置了内容推荐、点赞和评论功能，这三个功能在服务端对应于三个 HTTP 业务服务：feed 服务、like 服务、comment 服务。每个 HTTP 业务服务都有两个服务器实例，如表 1-1 所示。

表 1-1

服 务 名	服务器实例地址列表
feed 服务	10.1.0.1:8080, 10.1.0.2:8080
like 服务	10.2.0.1:8081, 10.2.0.2:8081
comment 服务	10.3.0.1:8082, 10.3.0.2:8082

Friendy 应用的内容推荐、点赞、评论功能与后台服务器的 HTTP 通信接口 URL 分别为/feed、/like、/comment，且均以 api.friendy.com 作为域名。

因为 Nginx 服务器作为三个后台服务的反向代理，提供公网 IP 地址 122.14.229.192，对域名 api.friendy.com 进行 DNS 解析会得到这个 IP 地址，所以 Friendy 客户端在进行内容推荐、点赞、评论操作时，用户请求将通过网络被传递到这台 Nginx 服务器。

这台 Nginx 服务器的配置文件 nginx.conf 的内容如下：

```
worker_processes  3;

events {
   worker_connections  1024;
}

http {
   keepalive_timeout  60;

   upstream api_friendy_feed {
      server 10.1.0.1:8080;
      server 10.1.0.2:8080;
   }

   upstream api_friendy_like {
      server 10.2.0.1:8081;
      server 10.2.0.1:8081;
   }

   upstream api_friendy_comment {
      server 10.3.0.1:8082;
      server 10.3.0.1:8082;
   }

   server {
      listen  80;
```

```
        server_name  api.friendy.com;

        location /feed {
           proxy_pass http://api_friendy_feed;
        }

        location /like {
           proxy_pass http://api_friendy_like;
        }

        location /comment {
           proxy_pass http://api_friendy_comment;
        }
    }
}
```

接下来对配置文件的内容进行简单解释（注意，这里仅聚焦于 Nginx 如何配置反向代理而有选择地介绍一些配置项，更多关于 Nginx 配置的解释可以参考 Nginx 官网）。

在配置文件中，worker_processes 配置项表示 Nginx 将启动几个工作进程来处理用户请求；events 配置块中的 worker_connections 配置项表示每个工作进程允许同时最多建立多少个网络连接。这些都是与 TCP 高性能服务器相关的配置，并非本书重点。我们需要重点关注的是 http 配置块，其中有两个子配置块：server 和 upstream。

server 配置块中的配置项代表 Nginx 实际启动的 HTTP 服务器所需的各种参数。

◎ listen：HTTP 服务器监听的端口号。

◎ server_name：用于设置虚拟主机服务名称，用户请求的 HTTP 请求头会根据 Host 字段与 server_name 进行匹配，如果匹配成功，则用户请求被对应的 server 配置块处理。这里的匹配支持正则表达式。

◎ location：这是 Nginx 作为反向代理最重要的配置项之一，每个 location 都用于指定一个 HTTP URL 相对路径的处理规则。上面的 nginx.conf 文件配置了/feed、/like 以及/comment 请求的处理规则。

location 配置块中的 proxy_pass 是反向代理的另一个重要的配置项，它决定了某个 HTTP URL 需要被谁代理，代理者可以是一个明确的网络地址，也可以是一个服务池名称。对于本节的 Nginx 配置而言，/feed、/like、/comment 的 location 配置块分别指定了这三类请求应该被代理到服务池 api_friendy_feed、api_friendy_like 和 api_friendy_comment。

upstream 配置块表示一个服务池，其中的 server 配置项表示这个服务池中有哪些服务器实例，以及这些服务器实例的地址。上面的 nginx.conf 文件分别为 feed 服务、like 服务、comment 服务配置了对应的服务池。当用户请求被代理到某个服务池后，Nginx 会默认以轮询的方式从服务池中选择一个服务器实例作为目标服务器来转发请求。

综上所述，Nginx 服务器先以 80 端口启动对外服务，当收到请求头 Host 为 api.friendy.com 的 HTTP 请求后，根据请求的 HTTP URL 相对路径做进一步处理。

◎ 如果相对路径是/feed，则在 api_friendy_feed 服务池中选择一个服务器实例作为目标服务器转发请求。
◎ 如果相对路径是/like，则在 api_friendy_like 服务池中选择一个服务器实例作为目标服务器转发请求。
◎ 如果相对路径是/comment，则在 api_friendy_comment 服务池中选择一个服务器实例作为目标服务器转发请求。

至于 Nginx 会在服务池中选择哪一个服务器实例作为目标服务器，就是 Nginx 的负载均衡功能的职责了。Nginx 常见的负载均衡策略如下。

◎ 轮询：将每个请求按时间顺序逐一分配到不同的后端服务器，如果某台后端服务器死机，则自动剔除故障系统，使用户访问不受影响。这是 Nginx 默认的负载均衡策略。
◎ 加权轮询：为服务器实例配置引入访问权重（weight），权重值越大的服务器实例越容易被访问。例如，在如下服务池配置中，为每个服务器实例设置了不同的权重。

```
upstream backend {
    server 192.168.1.5:80 weight=10;
    server 192.168.1.6:81 weight=1;
    server 192.168.1.7:82 weight=3;
}
```

◎ ip_hash：为每个用户请求按照 IP 地址的哈希结果分配服务器实例，使得来自同一个 IP 地址的请求一直访问同一个服务器实例。Nginx 使用 ip_hash 配置项指定此策略。需要说明的是，此策略不保证服务器实例的负载均衡，可能存在个别服务器实例的访问量很大或很小的情况。

```
upstream backend {
    ip_hash;
    server 192.168.1.6:81;
    server 192.168.1.7:82;
}
```

◎ least_conn：此策略将请求转发给连接数最少的服务器实例。轮询、加权轮询的策略会把请求按照一定的比例分发到各服务器，但是有些请求响应时间长，如果把这些响应时间长的请求大比例地发送到某台服务器，那么随着时间的推移，这台服务器的负载会比较大。在这种情况下，适合采用 least_conn 策略，它能实现更好的负载均衡。

◎ url_hash：来自第三方模块 nginx-upstream-hash，此策略与 ip_hash 类似，不同之处是它需要对请求 URL 做哈希运算。这种策略可以有效提高同一个用户请求的缓存命中率。

◎ fair：来自第三方模块 nginx-upstream-failr，此策略根据每个服务器实例的请求响应时间、请求失败数、当前总请求量，综合选择一台最为空闲的服务器。

Nginx 的负载均衡功能决定了一个 HTTP 请求最终被路由到哪个服务器实例，而 HTTP 位于 OSI 七层模型的第七层（应用层），所以 Nginx 作为反向代理也常被称为“七层负载均衡器”。

综上所述，nginx.conf 配置文件描述的机房接入层架构如图 1-8 所示。

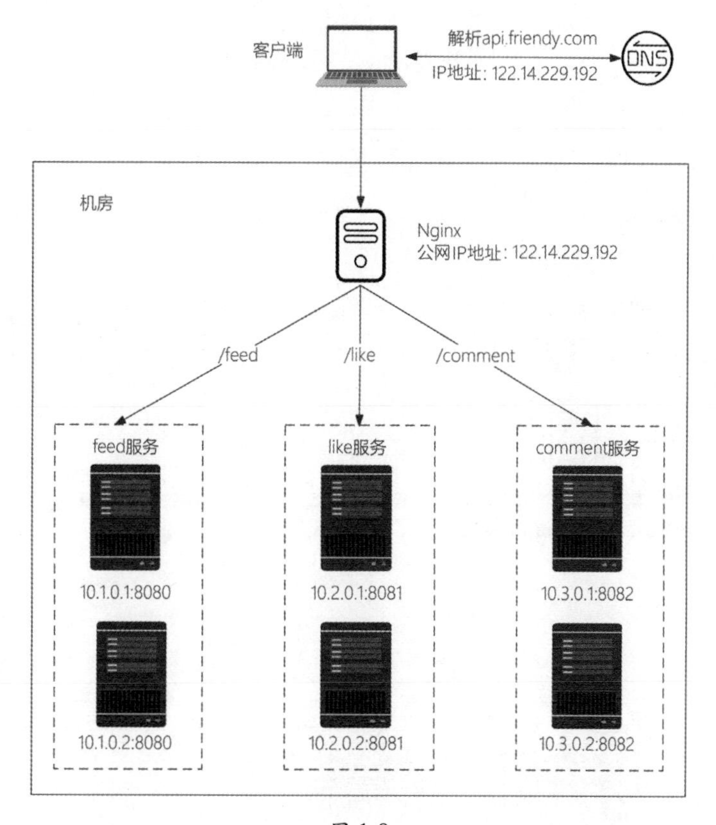

图 1-8

◎ Nginx 服务器作为 feed 服务、like 服务、comment 服务的反向代理服务器，是后台服务器机房的总入口，通过公网 IP 地址直接与客户端进行通信。

◎ Nginx 根据收到的 HTTP 请求的 URL 相对路径，决定将请求转发到哪个服务以及哪个服务器实例，最后完成客户端与后台服务器中业务服务的交互。

需要注意的是，Nginx 服务器需要将每个业务服务的网络地址设置在 nginx.conf 配置文件中，才能实现与业务服务的通信。但是业务服务会频繁地迭代与扩容，这意味着 Nginx upstream 服务池中的服务器实例地址列表会频繁地变更。频繁地更新 nginx.conf 配置文件并不现实，所以我们需要找到一种 Nginx 实时感知业务服务地址列表变更的方案（具体参见 1.5 节介绍的服务注册与服务发现，现在仅需知道可以从服务注册中心获取每个服务的最新可用地址列表即可）。

好在 Nginx 拥有足够多功能强大的模块可以帮助解决这个问题。下面先介绍两个 Nginx 模块。

◎ ngx_lua：这个模块将 Lua 语言嵌入 Nginx，从而允许开发人员编写 Lua 脚本并部署到 Nginx 中执行。

◎ ngx_http_dyups_module：这个模块使得 Nginx 不用重新启动就能热更新 upstream 配置并生效。

Nginx 使用 Lua 脚本实现服务发现的流程如下所述，如图 1-9 所示。

（1）每隔一段时间（如 3s）就从服务注册中心获取一次 nginx.conf 配置文件中所有 upstream 配置的服务地址列表。

（2）获取服务地址列表成功，生成最新的 upstream 配置，通过 ngx_http_dyups_module 模块将其更新到 Nginx 工作进程中。

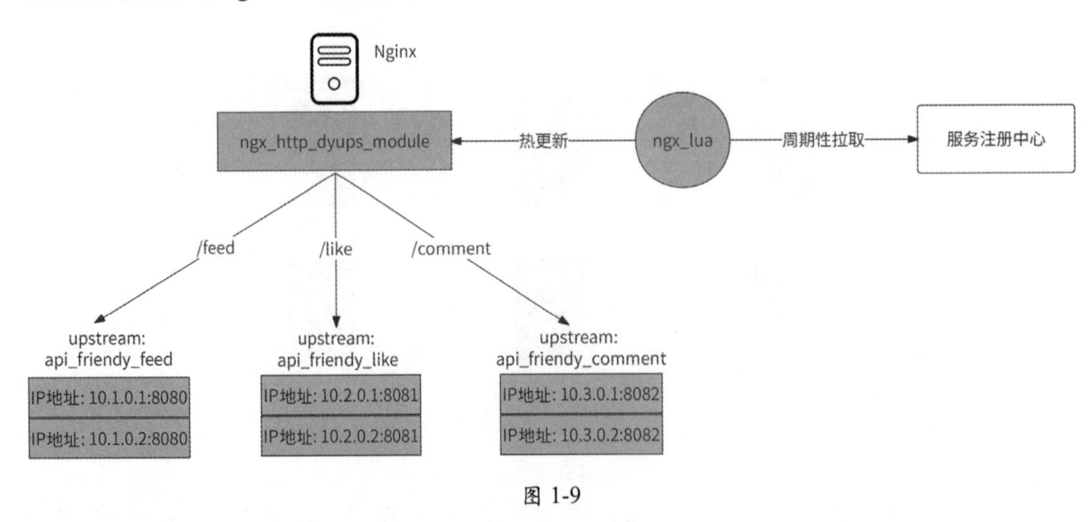

图 1-9

使用 Nginx 作为业务服务器的反向代理有如下优势。

◎ DNS 服务器指向 Nginx 服务器，业务服务器网络地址切换无须配置 DNS。

◎ 在用户请求和业务服务器之间实现了负载均衡，更便于控制业务服务流量调度。

◎ 对外只暴露一个公网 IP 地址，节约了有限的 IP 资源。Nginx 服务器与业务服务器之间通过内网通信。

◎ 对业务服务器起到了保护作用，外网看不到业务服务器，只能看到不涉及业务逻辑的 Nginx 反向代理服务器。

◎ 增强了系统的可扩展性，业务服务器扩容能做到准实时生效。

◎ 提高了业务服务器的可用性。任何一个业务服务实例挂掉，Nginx 服务器都可以将用户请求迁移到其他服务实例。

1.4.2 LVS

Nginx 是一种高性能的服务器，其性能远高于业务服务器。但是 Nginx 毕竟是一个应用层软件，单台 Nginx 服务器能承载的用户请求也是有上限的，当日活用户发展到一定规模后，就需要 Nginx 集群才能顶住压力。既然是集群，那么势必需要引入一个中间层作为协调者，其负责决定将用户请求转发到哪台 Nginx 服务器。这个协调者需要有比 Nginx 更高的性能，它就是本节的主角：LVS。LVS（Linux Virtual Server，Linux 虚拟服务器）是一个虚拟的服务器集群系统，从 Linux 2.6 版本开始它已经成为 Linux 内核的一部分，即 LVS 运行于操作系统层面。

下面先介绍一下 LVS 和 Nginx 在转发请求时的区别。

◎ Nginx 是基于 OSI 参考模型的第七层（应用层）协议开发的，采用了异步转发形式。Nginx 在保持客户端连接的同时新建一个与业务服务器的连接，等待业务服务器返回响应数据，然后再将响应数据返回给客户端。Nginx 选择异步转发的好处是可以进行失败转移（failover），即：如果与某台业务服务器的连接发生故障，那么就可以换另一个连接，提高了服务的稳定性。Nginx 主要强调的是“代理”。

◎ LVS 是基于 OSI 参考模型的第四层（网络层）协议开发的，采用了同步转发形式。当 LVS 监听到有客户端请求到来时，会直接通过修改数据包的地址信息将流量转发到下游服务器，让下游服务器与客户端直接连接。LVS 主要强调的是“转发”。

由于 LVS 基于 OSI 参考模型的网络层，免去了请求到应用层的层层解析工作，而且 LVS 工作于操作系统层面，所以 LVS 相比于 Nginx 有更高的性能。LVS 用于网络接入层时也被称为四层负载均衡器。既然 LVS 四层负载均衡器做的主要工作是转发，那么就需要讨论一下转发模式。目前，LVS 主要有 4 种转发模式：NAT 模式、FULLNAT 模式、TUN 模式、DR 模式。

为了便于描述，在正式介绍这 4 种转发模式之前，下面介绍一下 LVS 常用的名词概念。

◎ DS（Director Server）：四层负载均衡器节点，也就是运行 LVS 的服务器。DS 和 LVS 作为角色时是一个意思。

◎ RS（Real Server）：DS 请求转发的目的地，即真实的工作服务器。
◎ VIP（Virtual Server IP）：客户端请求的目的 IP 地址，实际指的是 DS 的公网 IP 地址。
◎ DIP（Director Server IP）：用于 DS 与 RS 通信的 IP 地址，实际指的是 DS 的内网 IP 地址。
◎ RIP（Real Server IP）：后端服务器的 IP 地址。
◎ CIP（Client IP）：客户端 IP 地址。

这里讨论的转发模式实际上就是指客户端向 DS 公网 VIP 发起请求，然后 DS 负责将请求转发给 RS 的过程。

1. NAT 模式

NAT 模式是指通过修改请求报文的目标 IP 地址和目标端口号实现 DS 到某个 RS 的请求转发。在此模式下，网络报文的请求与响应都要经过 DS 的处理，DS 是 RS 的网关。在 NAT 模式下进行请求转发的整个过程如下所述，如图 1-10 所示。

（1）客户端发送请求到 LVS 的 VIP，请求到达 DS。

（2）DS 选择一个 RS 作为请求转发的目的地，然后修改客户端请求的目的 IP 地址为对应 RS 的 RIP，将请求从 DIP 发送给所选择的 RS。

（3）RS 收到请求后，发现请求的目的 IP 地址是自己的 IP 地址（RIP），于是处理请求，然后返回响应数据，其中源 IP 地址为 RIP，目的 IP 地址为 CIP。

（4）DS 作为 RS 的网关会收到响应数据，然后修改响应数据的源地址为 VIP。

（5）客户端收到响应数据。

配置 LVS NAT 模式需要满足如下条件：

◎ DS 需要两块网卡，其中一块网卡面向公网提供 VIP，另一块网卡面向内部网络提供 DIP。
◎ DS 需要和所有的 RS 处于同一个局域网内，并将 DS 设置为局域网的网关，否则 RS 的响应数据将无法传输到 DS。

NAT 模式的缺点也显而易见：客户端请求和服务器响应都会经过 DS 重写，而服务器响应数据的长度一般远大于客户端请求的长度，响应数据会对 DS 造成网络带宽压力，成为性能瓶颈。

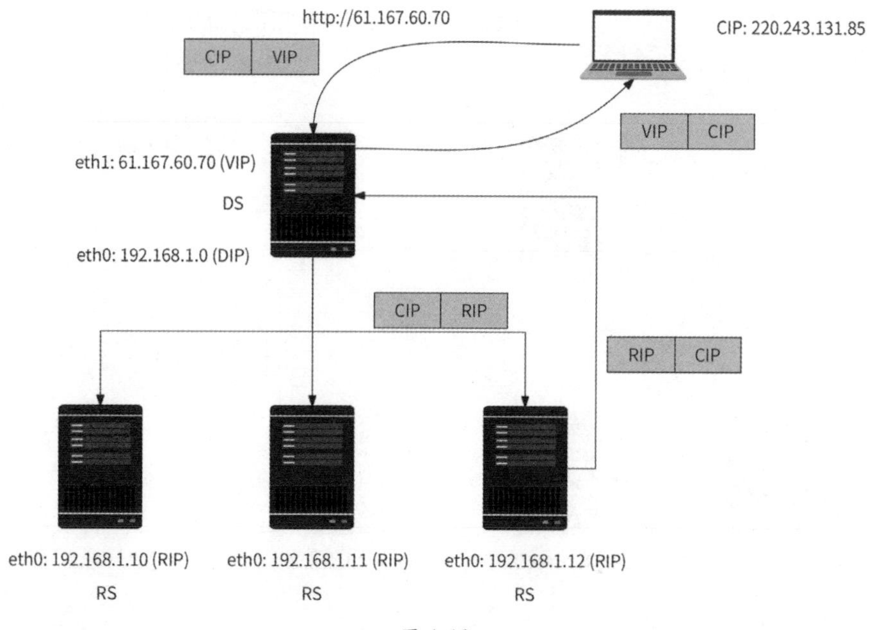

图 1-10

2. FULLNAT 模式

FULLNAT 模式是 NAT 模式的优化版，它不要求 DS 与 RS 处于同一个局域网内且作为网关。DS 在 NAT 模式的基础上又做了一次源 IP 地址转化，这样一来，当 RS 返回响应数据时，根据 IP 地址即可将其正常路由到 DS，而不需要强行指定 DS 为网关。FULLNAT 模式的主要缺点是请求到达 RS 后会丢失客户端 IP 地址。

在 FULLNAT 模式下进行请求转发的整个过程如下所述，如图 1-11 所示。

（1）客户端发送请求到 LVS 的 VIP，请求到达 DS。

（2）DS 选择一个 RS 作为请求转发的目的地，然后分别修改客户端请求的目的 IP 地址为对应 RS 的 RIP，源 IP 地址为 DIP，然后将请求从 DIP 发送给所选择的 RS。

（3）RS 收到请求后，发现请求目的 IP 地址是自己的 IP 地址（RIP），于是处理请求，然后返回响应数据，其中源 IP 地址为 RIP，目的 IP 地址为 DIP。

（4）DS 通过数据传输层收到 RS 响应数据，然后分别修改响应数据的源 IP 地址为 VIP，目的 IP 地址为 CIP。

（5）客户端收到响应数据。

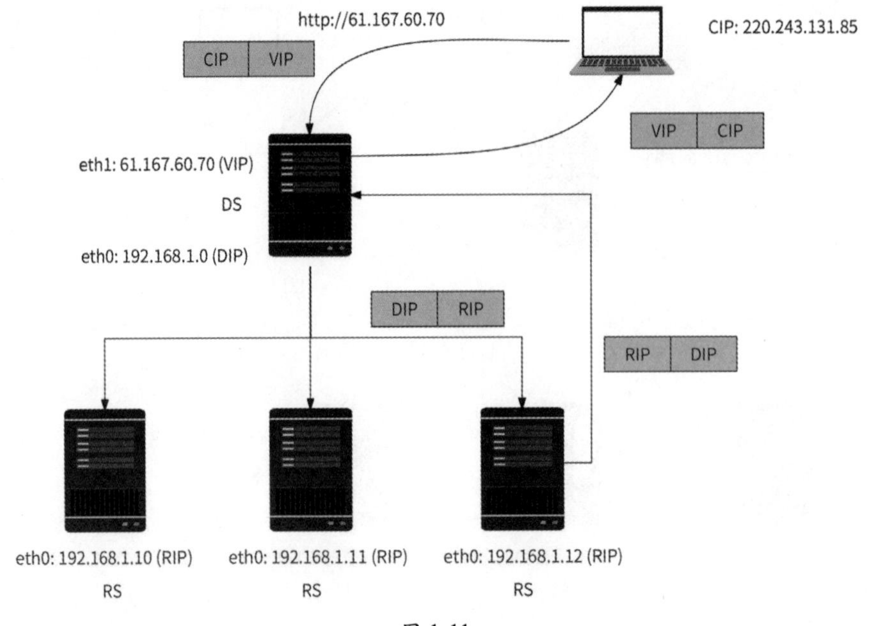

图 1-11

3. TUN（IP 隧道）模式

DS 通过 IP 隧道加密技术将请求报文封装到一个新的数据包中，并选择一个 RS 的 IP 地址作为新数据包的目的 IP 地址，然后将它发送到对应的 RS；RS 基于 IP 隧道解密技术解析出原数据包的内容，查看 RS 本地是否绑定了原数据包的目的 IP 地址，如果是，则处理请求并将响应结果通过网关返回给客户端。在 TUN 模式下进行请求转发的整个过程如下所述，如图 1-12 所示。

（1）客户端发送请求到 LVS 的 VIP，请求到达 DS。

（2）DS 选择一个 RS 作为请求转发的目的地，并将数据包封装到一个新的数据包中，其中新数据包的源 IP 地址为 DIP，目的 IP 地址为对应 RS 的 RIP，然后通过 IP 隧道发送新数据包。

（3）RS 对 IP 隧道的数据包进行解析，得到原数据包。

（4）RS 看到原数据包的目的 IP 地址是 VIP，而 RS 本地 lo 网卡也配置了此 VIP，于是 RS 处理数据包。

（5）RS 返回响应数据，其中源 IP 地址为 VIP，目的 IP 地址为 CIP。响应数据通过网关到达客户端。

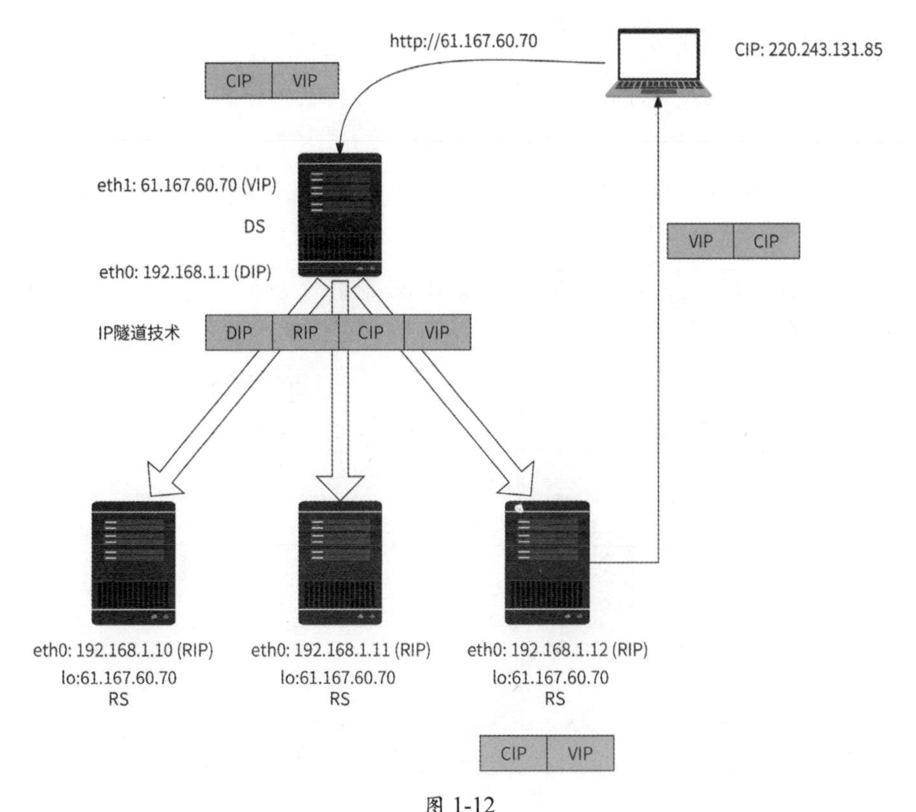

图 1-12

配置 LVS TUN 模式的特点如下。

◎ DIP 和 RIP 不一定非要在同一个网络环境中，IP 隧道技术可以根据 IP 地址找到 RS。

◎ RS 和 DS 所在的网络环境必须支持 IP 隧道技术。

◎ 除了 DS，RS 也需要配置 VIP，这样一来，RS 只有解析出原数据包的内容后才能确认数据包的目的 IP 地址是自己。另外，需要将 VIP 绑定到 RS 的 lo 网卡，这样才能防止对 ARP（地址解析协议）进行响应。

◎ DS 仅负责将请求转发到 RS，但是 RS 的响应数据不通过 DS 转发，而是直接发往客户端，所以 TUN 模式的性能高于 NAT 模式。

4. DR 模式

与 TUN 模式类似（DS 仅转发请求并不转发响应数据），DR 模式通过改写请求报文的 MAC 地址将请求转发到 RS，然后 RS 将响应数据通过网关返回给客户端。假设客户端 MAC 地址、DS 的地址和 3 个 RS 的 MAC 地址分别为 M1 ~ M5，在 DR 模式下进行请求转发的过程如下所述，如图 1-13 所示。

（1）客户端发送请求到 LVS 的 VIP，请求到达 DS。

（2）DS 选择一个 RS 作为请求转发的目的地，并将数据包的目的 MAC 地址改为 RS 对应的 MAC 地址，然后通过局域网 DIP 发出数据包。

（3）RS 读取数据包，看到目的 IP 地址是 VIP，已被绑定到 RS 本地的 lo 网卡，然后 RS 处理数据包。

（4）RS 返回响应数据，并将数据包的源 MAC 地址改为 M3，将目的 MAC 地址改为客户端 MAC 地址 M1，然后 RS 通过网关将响应数据直接发送给客户端。

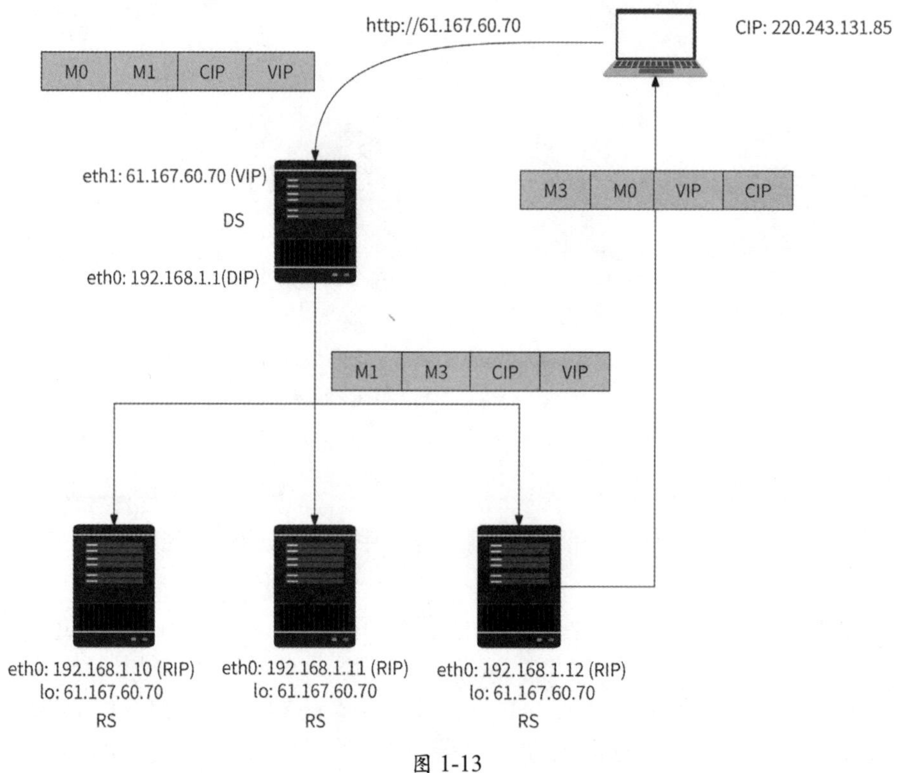

图 1-13

配置 LVS DR 模式的特点如下。

◎ 由于 DS 经过数据链路层（OSI 参考模型的第二层），所以需要把 RS 的 RIP 和 DS 的 DIP 配置到同一个物理网络中。

◎ 除了 DS，RS 也需要在 lo 网卡上配置 VIP，理由与 TUN 模式的一致。

◎ 所有的响应数据都不经过 DS 转发，与 TUN 模式一样，但是 TUN 模式涉及加密/解密 IP 隧道，性能不如 DS 模式。

通过对 LVS 的 4 种转发模式的介绍，我们大致可以了解它们的优劣势，如表 1-2 所示。

表 1-2

转发模式	优　势	劣　势
NAT	RS 无须配置 VIP	DS 需要作为网关 性能一般
FULLNAT	RS 无须配置 VIP 对网络环境要求较低	丢失客户端 IP 地址 性能一般
TUN	性能好	服务器需要支持 IP 隧道协议 RS 需要配置 VIP
DR	性能好	DS 和 RS 需要在同一个物理网络中 RS 需要配置 VIP

如果我们希望 LVS 有更强的网络环境适应性，则可以选择 FULLNAT 模式，这也是笔者推荐的模式；而如果希望 LVS 有更高的性能，则可以选择 DR 模式。

1.4.3 LVS+Nginx 接入层的架构

机房接入层使用 LVS 与 Nginx 的配合可以发挥这两种负载均衡器的优势：LVS 的性能更高，便于 Nginx 构建集群，LVS 作为 Nginx 集群的四层负载均衡器，可以有效提高 Nginx 的可扩展性；而 Nginx 的功能更为强大，用它作为业务 HTTP 服务器的七层负载均衡器，能将不同的 HTTP URL 调度到不同的业务服务并提高业务服务的高可用性和可扩展性。LVS+Nginx 的机房接入层架构如图 1-14 所示。

将机房配置的 LVS 的公网 IP 地址（即 VIP）作为域名，客户端请求经过 DNS 解析后进入 LVS，然后 LVS 使用如 FULLNAT 模式将客户端请求转发到任意一台 Nginx 服务器，Nginx 服务器再根据 HTTP URL 将客户端请求转发到某个 upstream 服务池的任意一个服务器实例上。

不过，此架构有一个明显的缺点，即 LVS 是单点：如果 LVS 宕机，则整个机房将无法对外提供服务。因此，我们需要解决 LVS 的高可用问题。

通常，我们可以采用主从热备方案来解决单点的高可用问题。即：为原本单点的节点（主节点）配置一个从节点，在主节点正常对外提供服务期间从节点并不工作，而在主节点发生故障后会自动切换到从节点继续对外提供服务。业界常见的实现主从热备的技术方案是 Keepalived+VIP，例如在主节点 A 和从节点 B 均安装了 Keepalived 并启动后，主节点 A 就会通过 ARP 响应包告知局域网 VIP 对应的 MAC 地址为 MAC-A（主节点 MAC 地址），之后所有收到这个 ARP 响应包的网络设备在访问 VIP 时，就会根据 MAC-A 访问到主节点 A。当从节点 B 监听到主节点 A 宕机后，它就会代替主节点 A 向局域网回复 ARP 响应包："VIP 对应的 MAC 地址为 MAC-B"。于是，之后所有收到 ARP 响应包的网络设备再次访问 VIP 时，就会根据 MAC-B 转而访问到从节点 B，从节点 B 自动代替了主节点 A，如图 1-15 所示。

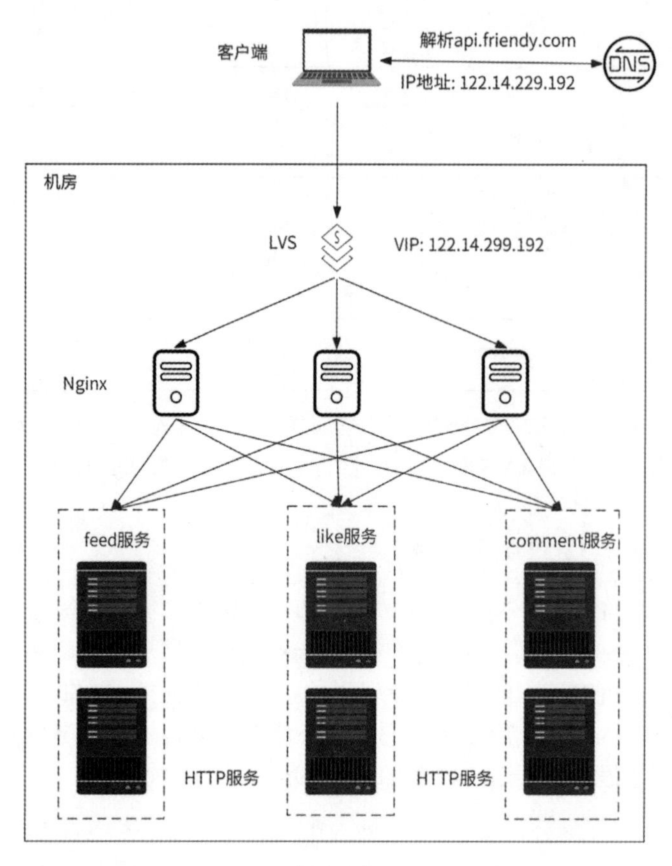

图 1-14

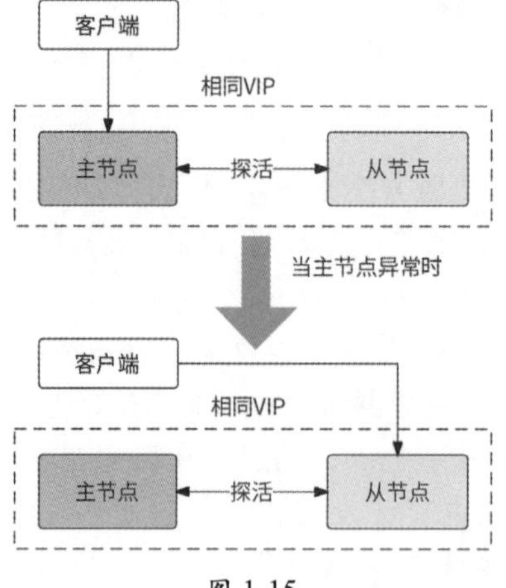

图 1-15

为单点 LVS 引入 Keepalived+VIP 方案后实现的高可用架构如图 1-16 所示。

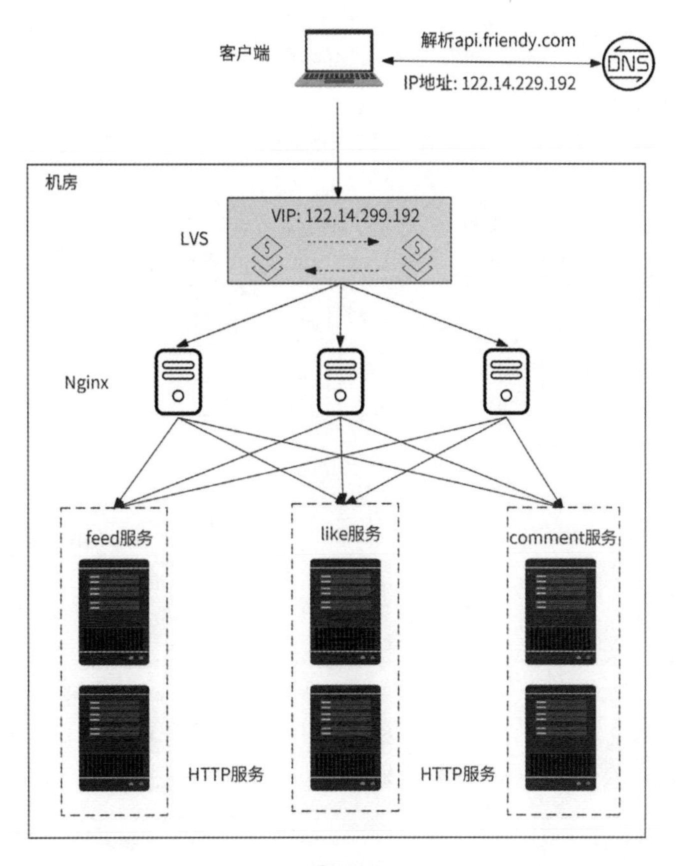

图 1-16

这样的机房接入层架构完美吗？其实并不完美。LVS 虽然性能极高，但也是有上限的。假设我们的互联网产品已经拥有亿级用户，那么单台 LVS 就会遇到性能瓶颈。想要痛快地解决某个系统的高并发性能问题，就要为这个系统增加水平扩展能力。如图 1-17 所示，我们可以使用多台 LVS 对外提供服务。如果有 *N* 台 LVS 对外提供服务，那么就要配置 *N* 个 VIP，这些 VIP 都绑定了同一个域名，客户端依赖 DNS 轮询来决定访问哪台 LVS。

对于绝大多数互联网应用来说，做到这一步已经可以解决机房接入层的高可用、高性能、可扩展的问题了。最终机房接入层架构已经趋于完备，此时：

◎ 通过 DNS 轮询方式扩展 LVS 的性能；

◎ 通过 Keepalived 保证 LVS；

◎ 通过 LVS 扩展 Nginx 的性能；

◎ 将 Nginx 作为业务 HTTP 服务器的七层负载均衡器，提高了业务服务的高可用性与可扩展性。

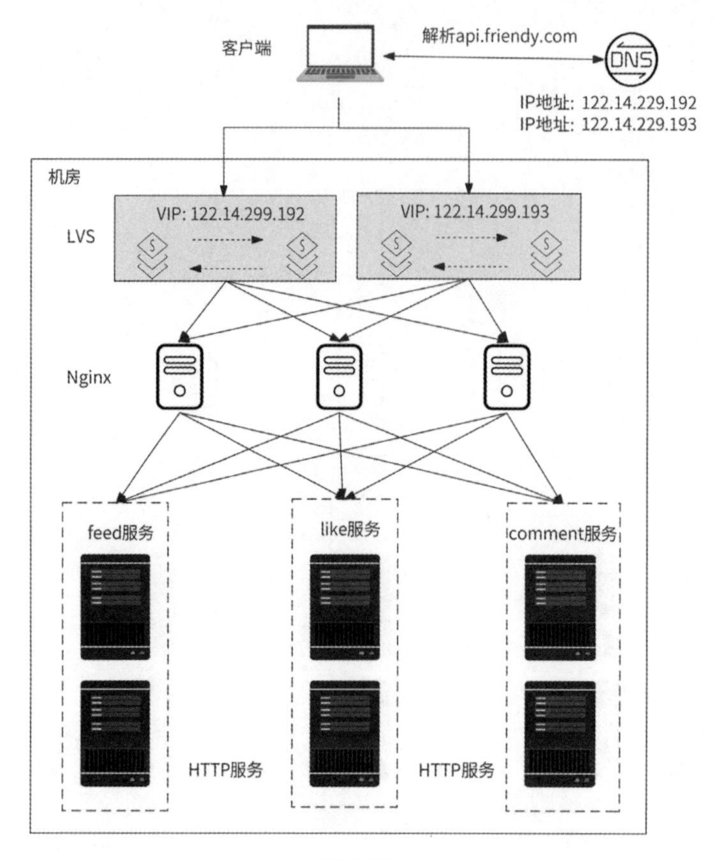

图 1-17

1.5 服务发现

讲到这里，我们已经对一个客户端请求进入业务 HTTP 服务的过程有了较为详细的了解。业务 HTTP 服务在处理请求的过程中免不了与其他下游服务通信——可能会调用其他业务服务，可能需要访问数据库，可能会向消息中间件投递消息等，所以业务 HTTP 服务必须知道下游服务部署的可用地址。这就是本节要介绍的服务发现问题。

这里不是特指 HTTP 服务，在当前流行的微服务架构下，任何服务都涉及与其他服务通信的问题。要求每个服务的研发人员主动维护下游服务地址是不现实的，我们需要为每个服务提供可以自动发现下游服务地址列表的能力，这就是服务发现。服务发现组件是微服务架构下最重要的基础组件之一。

1.5.1 注册与发现

服务发现的技术原理并不复杂，一般通过提供一个服务注册中心来实现。这个服务注册中心主要负责两件事情：管理每个服务的地址列表（注册）和将某服务的地址告知调用者（发现）。让我们通过一个例子来阐明服务注册中心的工作流程。调用者 A 需要调用服务 B 来完成某请求，服务发现过程如图 1-18 所示。

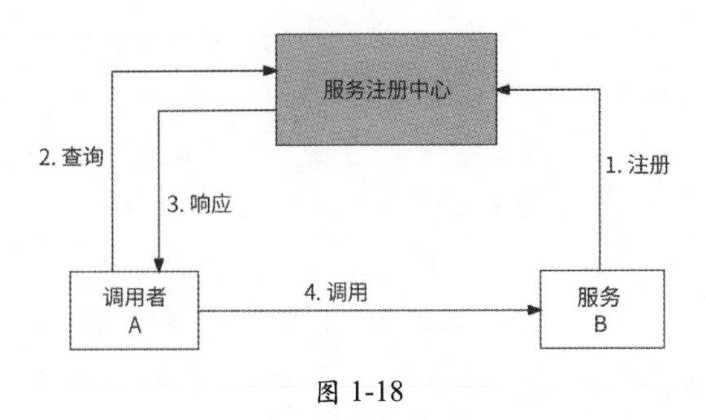

图 1-18

（1）服务 B 的各个服务实例启动后，将自己的地址信息注册到服务注册中心，由服务注册中心将其存储起来。

（2）调用者 A 向服务注册中心查询服务 B 的地址。

（3）服务注册中心将其存储的服务 B 已注册的实例地址列表返回给调用者 A。

（4）调用者 A 得到地址列表，可向服务 B 的任意一个实例地址发起远程调用。

调用者 A 除了可以主动查询服务地址，还可以采取订阅推送的方式与服务注册中心通信：调用者 A 在进程启动时就与服务注册中心通信，订阅关于服务 B 的地址数据；如果服务注册中心有服务 B 的地址数据，或者服务 B 的地址发生了变更，那么它会主动将最新地址列表推送给调用者 A，如图 1-19 所示。

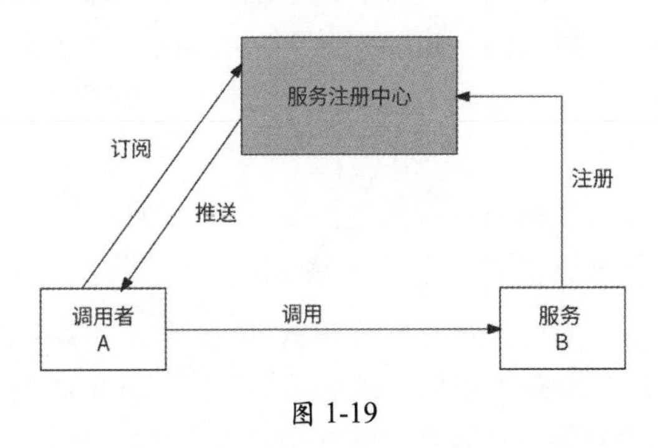

图 1-19

目前业界有很多可选择的服务注册中心组件，比如 Spring Cloud 的 Eureka、CNCF 旗下的 CoreDNS 等。

1.5.2　可用地址管理

服务注册中心可以使用 MySQL 等数据库来保存已注册的服务地址列表，存储选型相对自由。这不是这一节的重点，本节要讨论的重点是每个地址是否可用。调用者的调用目的地既然由服务注册中心决定，那么服务注册中心提供的地址应该是访问可达的，否则调用者将无法成功完成服务调用。那么，服务注册中心如何保证已注册的服务地址列表总是可用的呢？

由于服务的创建、销毁、升级、扩容/缩容都会造成服务地址列表的变更，所以服务的每个实例在启动时都需要向服务注册中心注册自己的地址，并在退出时注销地址。只有这样，才能使得服务注册中心一直在维护最新的服务地址列表。

不过，这还不够，我们还没有考虑异常情况。比如某服务实例突然挂掉，它还没来得及向服务注册中心注销地址，这就使得服务注册中心向调用者下发了不可用的服务地址，调用者调用请求被拒绝。所以，服务注册中心应该有对已注册的服务地址的探活能力。地址探活一般有两种思路：

第一种思路是主动探活。服务注册中心周期性地向每个已注册的服务地址发起探测请求，如果某地址探测成功，则认为这个地址是可用的；否则，认为这个地址已经失效，服务注册中心主动摘除这个地址。

这种思路只适用于服务较少、实例较少的小型互联网产品后台，对于用户量级较大的产品（动辄有上千个服务，个别访问量大的核心服务可能会部署上万个实例，所有服务的实例总数有几百万个）来说，服务注册中心主动探活实例地址的效率非常低。

第二种思路是心跳探活。服务注册中心为每个已注册的服务地址记录一个最近心跳时间，服务实例启动后，每隔一段时间（如 30s）就向服务注册中心发送一个心跳包，服务注册中心收到心跳包后更新对应服务地址的最近心跳时间。服务注册中心会启动定时器来检查每个服务地址的最近心跳时间相比于当前时间已经过了多久，如果其超过了某个阈值（如 150s），那么就可以认为这个服务实例已经不可用了，服务注册中心将其地址摘除，如图 1-20 所示。

服务注册中心基于服务实例心跳探活来摘除不可用的地址，可以在很大程度上保证地址列表可用。不过，在某些场景下摘除地址也存在潜在风险，这里举两个例子。

一个例子是服务注册中心的地址摘除逻辑有 Bug，导致某服务的地址被意外全部摘除。从整个产品后台来看，这个服务等于凭空消失了，最终与其关联的全部业务场景均产生故障。

另一个例子是假设点赞服务有 5 个实例，每个实例可承受的最大 QPS 为 1000，当前后台点赞服务的总 QPS 为 3000，即每个实例承受的 QPS 为 600。在某一时刻，S1、S2、

S3 这三个实例与服务注册中心发送心跳包的网络链路发生了长时间中断，服务注册中心认为这三个实例发生故障，于是将其对应的地址摘除。点赞服务的调用者收到的最新地址列表是[S4, S5]，于是所有调用请求都转向这两个实例，导致每个实例实际承受了 1500 的 QPS，最终这两个实例被压垮，整个点赞服务不可用了，如图 1-21 所示。

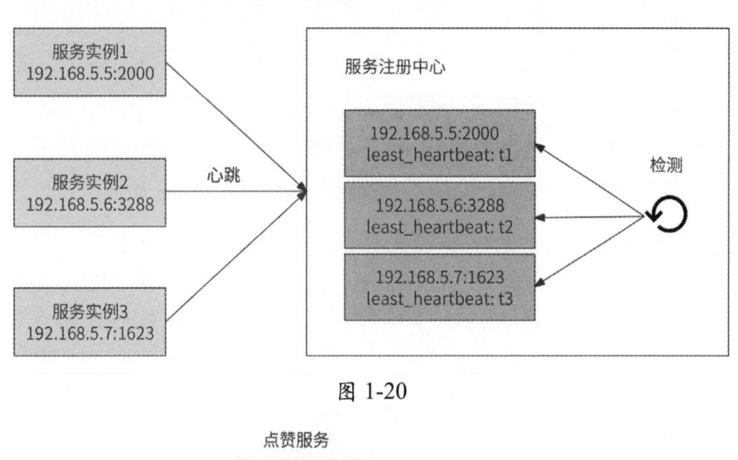

图 1-20

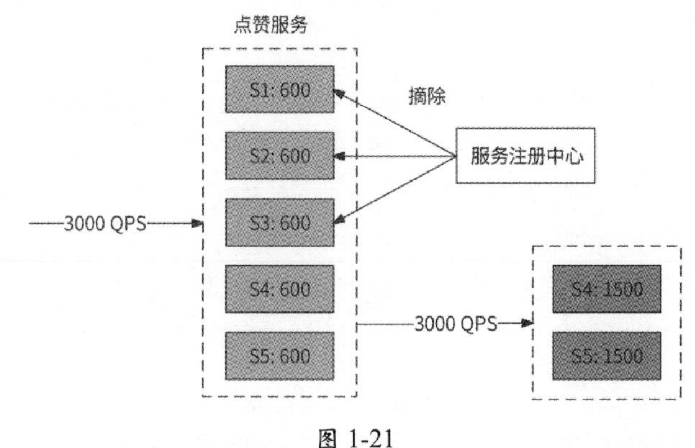

图 1-21

这两个例子都是因为服务注册中心过度摘除地址而带来了风险，所以这里建议为服务注册中心摘除地址增加简单的保护策略：在某服务的地址列表中，如果已摘除的地址数超过某个阈值（如 30%），那么服务注册中心就停止摘除地址，并向服务负责人报警以寻求人工处理，防止出现不可控的故障。

1.5.3 地址变更推送

当服务的地址列表发生变更时，为了让调用者尽快感知到这件事情，服务注册中心需要主动推送最新地址列表给调用者。推送数据可能遇到的一个问题是“推送风暴”——如果某服务有 100 个调用者，每个调用者又有 1000 个实例，那么每当这个服务的地址列表发生变更时，就要给 100000 个节点推送数据；如果有多个服务的地址列表发生变更，则推送的节点会更多，这会严重占用网络带宽。那么，如何解决这个问题呢？

首先，建议推送的数据是“新增了哪些地址”“哪些地址已废弃”的增量数据形式，而不是全量地址列表，这能在一定程度上节约推送数据的网络带宽。

其次，服务注册中心本身也是一个服务，如果公司的服务注册中心有条件部署大量的实例，那么推送风暴问题也就被轻易解决了，毕竟分摊到每个服务注册中心实例的推送的节点不会很多。

最后，可以采用推拉结合的方式：服务注册中心最多给 N 个调用者节点推送地址变更信息，其他节点周期性地（如 1min）从服务注册中心拉取最新地址列表。

由于服务发现组件的存在，调用者只需要关心要调用谁，而不需要关心被调用者的地址——被调用者可以随时升级、扩容，不用担心调用者找不到。作为微服务架构下最核心的组件之一，服务发现真正为微服务带来了弹性。

1.6 RPC 服务

你可能在 1.1 节的引言中注意到业务服务层包括 HTTP 服务和 RPC 服务，两者的定位不一样。一般来说，一个业务场景的核心逻辑都是在 RPC 服务中实现的，强调的是服务于后台系统内部，所谓的“微服务”主要指的就是 RPC 服务；而 HTTP 服务强调的是与用户请求的交互，它做的主要工作一般比较简单，比如校验用户请求、打包响应数据，而用户请求真正的处理逻辑会被 HTTP 服务通过 RPC 请求交给 RPC 服务来执行，HTTP 服务更像是业务服务层的“网关”。RPC 服务对后台内部暴露 RPC 协议，而 HTTP 服务对后台外部暴露 HTTP。

为什么后台内部要专门使用 RPC 协议来通信，而不直接使用 HTTP？这就要从 RPC 的概念说起了。

RPC（Remote Procedure Call，远程过程调用）的目标就是屏蔽网络编程的细节，能够像调用本地方法一样调用远程方法，让开发者更专注于业务逻辑本身。如图 1-22 所示，在一个单体应用内，假设有一个 Calculator 接口以及这个接口的实现类 CalculatorImpl，那么要调用 Calculator 的 add 方法执行相加运算就可以直接调用，这是因为 CalculatorImpl 实现类和 Calculator 接口在同一个进程地址空间内。这种调用形式就是本地过程调用。

现在将单体应用改为分布式应用，接口调用和实现分别在两个服务中，其中 Service 1 只有 Calculator 接口而没有 CalculatorImpl 实现类，那么 Service 1 怎样才能调用到 Service 2 提供的 CalculatorImpl 实现类的 add 方法呢？显然应该通过网络通信形式，如图 1-23 所示。

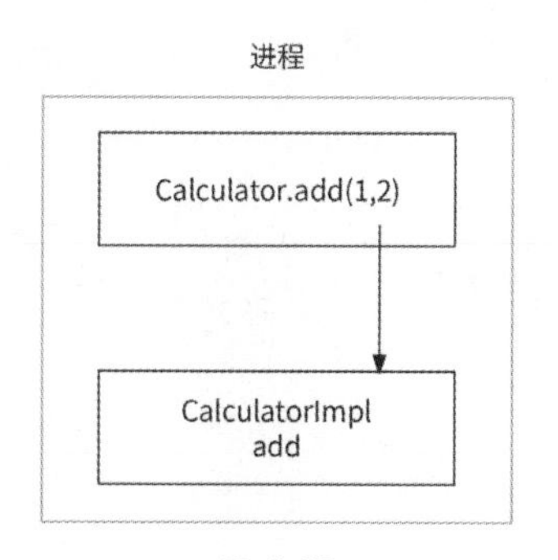

图 1-22

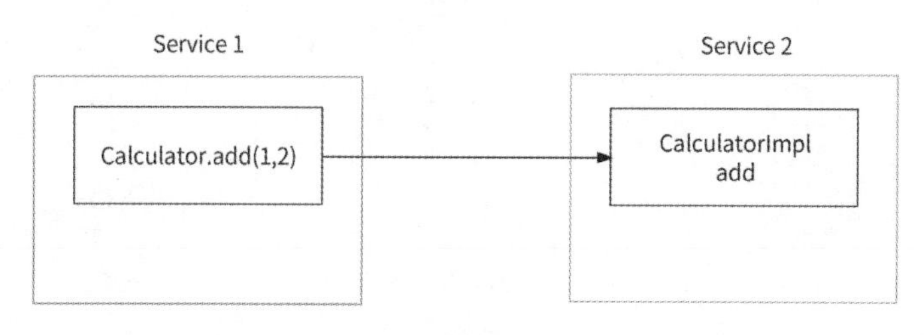

图 1-23

Service 2 可以作为一台 TCP 服务器，Service 1 向其发送请求并接收响应，当它收到指定的数据包时将调用 add 方法并将运算结果回传；Service 2 也可以作为一台 HTTP 服务器，对外提供 Restful API，Service 1 发起 HTTP 请求调用此 Restful API 获取运算结果。

Service 1 发起远程过程调用来执行 Service 2 的 add 方法，这样做已经很接近 RPC 了，不过每次 Service 1 调用 add 方法时，都不得不编写一大段 TCP 或者 HTTP 收发请求的代码。这里是否可以简化，让服务调用者就像调用一个本地方法一样进行远程过程调用，即感知不到网络通信的存在？这就是 RPC 要做的事情。RPC 框架通过代理模式将网络通信屏蔽，服务调用者仅需像本地过程调用一样调用一个 RPC 方法就能执行远程方法。

接下来介绍 RPC 通信流程。RPC 实质上就是调用方将调用方法和参数发送到被调用方，被调用方处理后将结果返回给调用方的过程。由于 RPC 底层实际上是网络通信，所以这里主要包括两个方面的工作。

◎ 方法的输入参数、输出参数都是对象，这些对象和二进制数据可以相互转化。这个过程被称为序列化。
◎ 被调用方收到数据包，需要知道指定的方法名是什么，以及输入参数在数据包中的起始位置等，于是需要根据我们约定的协议格式对数据包解码，二进制数据与数据包可以相互转化。这个过程被称为编解码。

调用方先将输入参数序列化，再将其编码为所约定的协议格式的数据包，然后通过网络发送给被调用方；被调用方先将数据包解码，得到指定的方法名和序列化的输入参数，然后将输入参数反序列化，执行方法，最后通过与调用方调用相同的流程将结果返回给调用方。完整的 RPC 通信流程如图 1-24 所示。

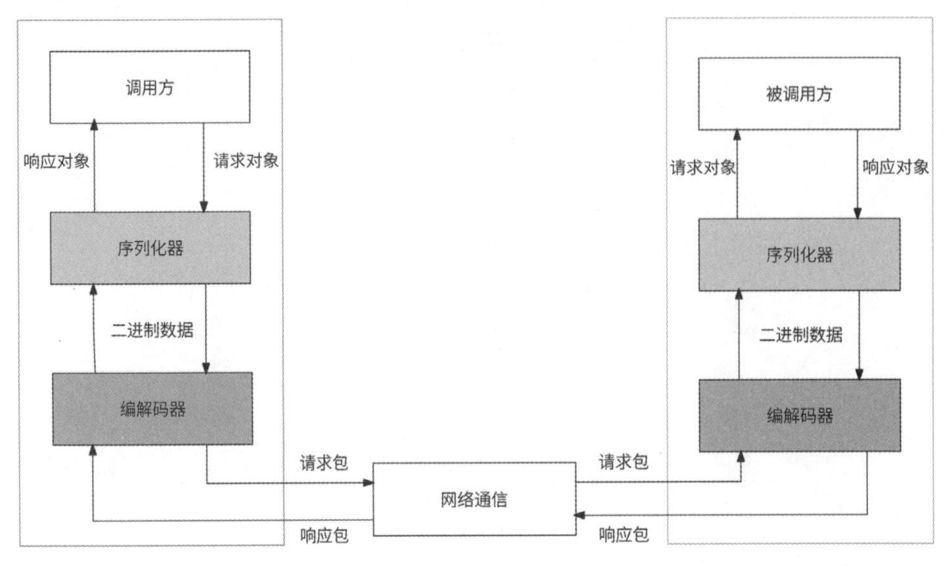

图 1-24

由于 RPC 通信流程相对固定，gRPC、Thrift 等 RPC 框架都可以利用所约定的协议定义文件生成脚手架代码，使用者只需要将具体的方法处理代码完成后就能实现 RPC 通信了。

从上述介绍我们可以看出，RPC 只是一种用于屏蔽远程过程调用的设计，它与 HTTP 不是对立的，因为两者不是一个层面的概念。RPC 底层的网络通信可以使用 TCP 实现（如 Thrift），也可以使用 HTTP 实现（如 gRPC），其本身并无限制。我们将业务服务层拆分为 HTTP 服务和 RPC 服务，更想强调的是前者服务于后台外部，而后者服务于后台内部，即后台服务之间的通信使用 RPC 形式。所谓的 RPC 协议只是表示 RPC 网络调用形式，而 RPC 服务的意思是该服务是基于 gRPC、Thrift 或其他 RPC 框架生成的，后台内部可以通过 RPC 形式与其通信。

这里给出一个 RPC 服务的例子：一个支持加法、减法、乘法、除法 4 个接口的计算器 RPC 服务，可以使用如下 Thrift 协议文件生成。

```
namespace go calculator

struct BinaryReq {
    1:required i64 Operator1,
    2:required i64 Operator2,
}
```

```
struct Response {
    1: required i64 Result,
}

service CalculatorService {
    Response Add(1: BinaryReq req) // 加法接口
    Response Sub(1: BinaryReq req) // 减法接口
    Response Multiply(1: BinaryReq req) // 乘法接口
    Response Division(1: BinaryReq req) // 除法接口
}
```

通过服务注册中心，HTTP 服务能够得知 RPC 服务的可用地址列表。当 HTTP 服务接收到来自 Nginx 转发的用户请求后，就可以选择某个可用地址并通过 RPC 协议与 RPC 服务通信，完成对 RPC 服务的调用，最后将用户请求交给 RPC 服务处理。

1.7 存储层技术：MySQL

几乎所有用户请求的最终表现形式都是数据的读/写，这就意味着 RPC 服务需要从存储层读取数据或者向存储层写入数据。本节我们将针对最常见的几种数据库详细介绍存储层技术，首先介绍关系型数据库及其典型代表 MySQL。

1.7.1 关系型数据库

在百度百科中，很好地解释了关系型数据库——“关系型数据库是指采用关系模型来组织数据的数据库，其以行和列的形式存储数据，以便于用户理解。关系型数据库这一系列的行和列被称为表，一组表组成了数据库。用户通过查询来检索数据库中的数据，而查询是一个用于限定数据库中某些区域的执行代码。关系模型可以被简单理解为二维表模型，而关系型数据库就是由二维表及其之间的关系组成的一个数据组织。”

在关系型数据库中，实体、实体之间的关系均由单一的结构类型来表示，这种逻辑结构是一个二维表。这里我们举一个非常经典的例子，在一个简单的学生选课系统中，实体和实体之间的关系大致如图 1-25 所示。

图 1-25 中的实体和实体之间的关系在关系型数据库中可以用图 1-26 所示的二维表来表示。

关系型数据库以行和列的形式存储数据，行表示一个实体记录或者实体之间的关系记录，列表示记录的属性。这一系列的行和列被称为数据表，一组数据表组成了关系型数据库。关系型数据库使用结构化查询语言（Structured Query Language，SQL）来定义数据以及操作数据。

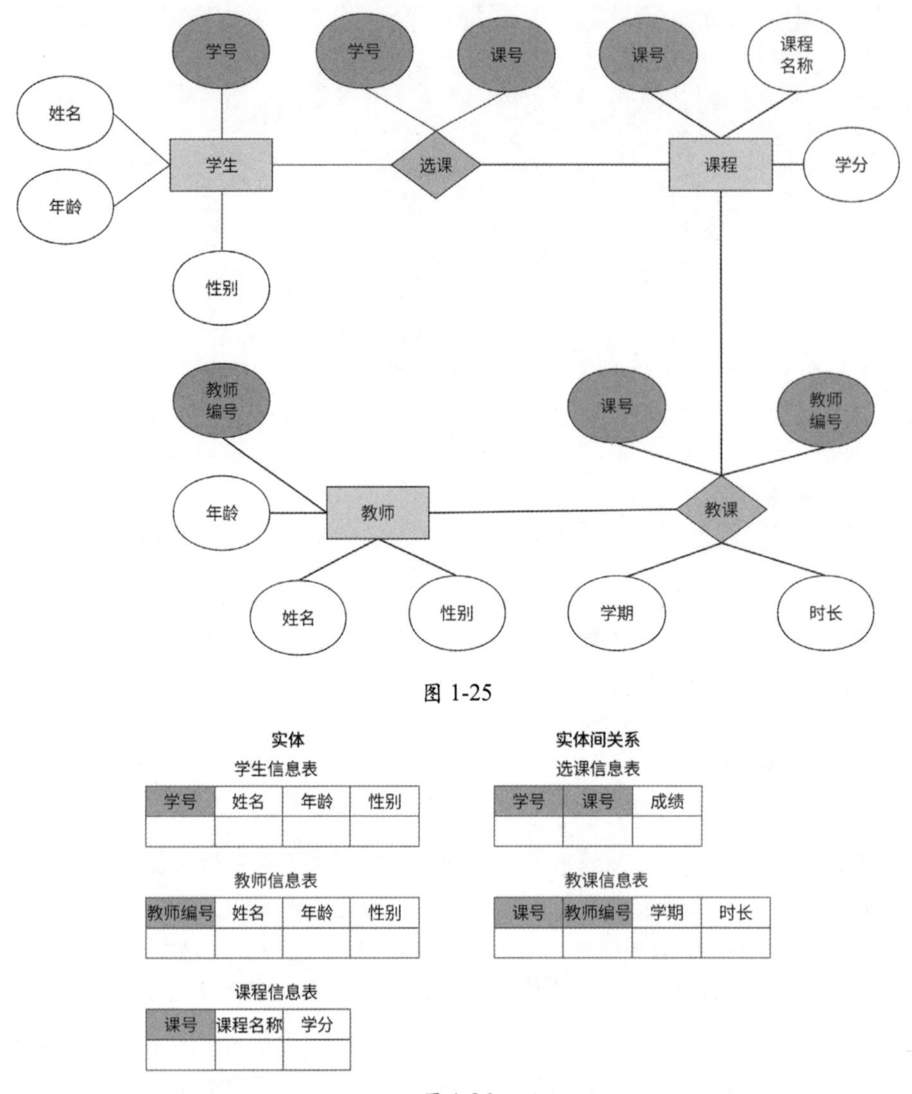

图 1-25

实体

学生信息表

学号	姓名	年龄	性别

教师信息表

教师编号	姓名	年龄	性别

课程信息表

课号	课程名称	学分

实体间关系

选课信息表

学号	课号	成绩

教课信息表

课号	教师编号	学期	时长

图 1-26

数据表中有一个重要的概念：主键。它由数据表的某些列组成，若它们的值可以唯一标识一个行记录，则称该属性组为主键。主键可以是一个属性，也可以由多个属性共同组成。在图 1-26 中，学号是学生信息表的主键，而在选课信息表中，学号和课号共同唯一标识了一个学生与课程的关系，所以学号和课号一起组成了选课信息表的主键。

由此可见，关系型数据库的数据模型更贴合逻辑，容易理解。关系型数据库的理论知识、技术产品已经发展到非常成熟的地步，所以它是目前应用最广泛的数据库系统。

1.7.2 MySQL 的优势

MySQL 是最典型的开源关系型数据库，同时也是许多常见网站、应用程序和商业产品的首选数据库。在大部分情况下，MySQL 都是数据存储的首选，这是因为 MySQL 具有如下优势。

◎ 易于使用，功能强大，支持事务、触发器、存储过程等，拥有较多利于管理的工具。
◎ 可以作为拥有上千万条数据记录的大型数据库。
◎ 采用 GPL 开源协议，工程师可以自由地修改源码来定制自己的 MySQL 系统。
◎ MySQL 的 InnoDB 事务性存储引擎符合事务 ACID 模型，能保证完整、可靠地进行数据存储。

若无特殊说明，本书中提及的数据库均指 MySQL。关于 MySQL 的存储原理，我们会在具体场景的服务设计中穿插介绍，本节重点关注如何在大型互联网公司中应用 MySQL。

1.7.3 高可用架构 1：主从模式

最基本的 MySQL 高可用架构是主从模式：一台 MySQL 服务器作为 Master（主节点），若干 MySQL 服务器作为 Slave（从节点）。在正常情况下，只有 Master 处理写数据请求，同时 Master 与 Slave 通过主从复制技术保持数据一致。当 Master 发生故障宕机时，某个 Slave 会被提升为 Master 继续对外提供服务，这样可以实现 MySQL 的高可用。MySQL 主从模式架构如图 1-27 所示。

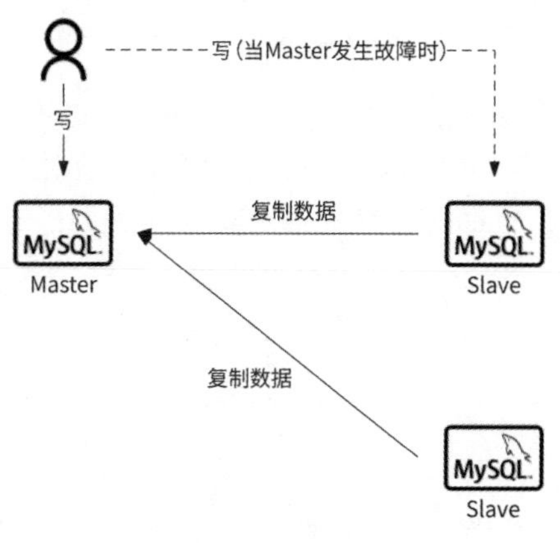

图 1-27

Slave 在 Master 宕机时能够代替它的前提条件是，Slave 与 Master 的数据一致。所以，主从模式具备高可用性的基础是主从复制技术。MySQL 主从复制的实现原理如下所述，如图 1-28 所示。

（1）当 Master 数据发生变更（包括新增、删除、修改等操作）时，Master 将数据的变更日志写入二进制日志文件（下文称 binlog）。

（2）数据库 Slave 启动 I/O 线程并与 Master 建立网络连接，从 Master 的 binlog 中读取最新的数据变更日志。

（3）Slave 的 I/O 线程收到数据变更日志后，将其保存在中继日志文件（下文称 relay log）的尾部。

（4）Slave 启动专门的 SQL 线程从 relay log 中获取日志，并在本地重新执行 SQL 语句将数据回放到数据库中，使 Slave 数据库与 Master 数据库保持数据一致。

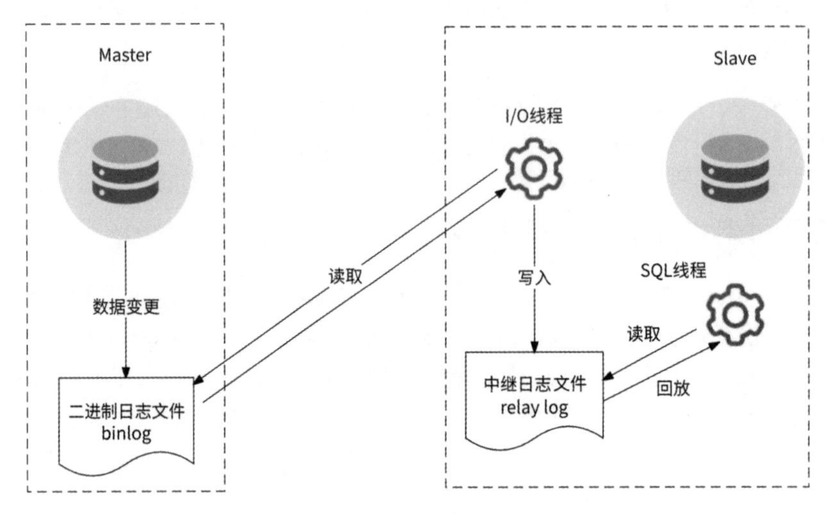

图 1-28

可以看到，Master 提交事务不需要经过 Slave 的确认，也不管 Slave 是否已接收 binlog，Slave 写 relay log 失败、重新执行 SQL 语句失败等异常情况并不会被 Master 感知，所以 MySQL 主从复制是异步的，Master 提交完事务就直接返回了，如图 1-29 所示。

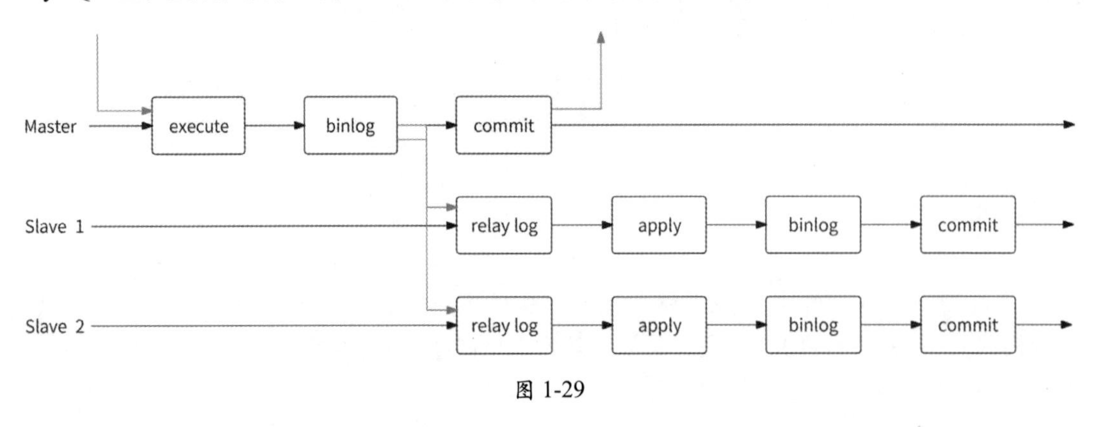

图 1-29

异步方式的主从复制有一个潜在隐患：如果 Master 在提交事务成功后，但尚未发送 binlog 给 Slave 时就出现异常宕机了，那么对 MySQL 执行主从切换就会造成事务数据的丢失，因为被提升为新 Master 的 Slave 并未复制这个事务。为了解决数据丢失的问题，MySQL 5.5 版本提供了半同步复制模式：Master 在提交事务前，会等待 Slave 接收 binlog，当至少有一个 Slave 确认接收了 binlog 后，Master 才提交事务。具体来说，Slave 在收到 binlog 并将其写入 relay log 后，会向 Master 发送 ACK 响应；Master 在收到 ACK 响应后，认为响应发送方 Slave 已经在 relay log 中保存了事务，这时才进行事务的提交。Master 执行半同步复制的过程如图 1-30 所示。

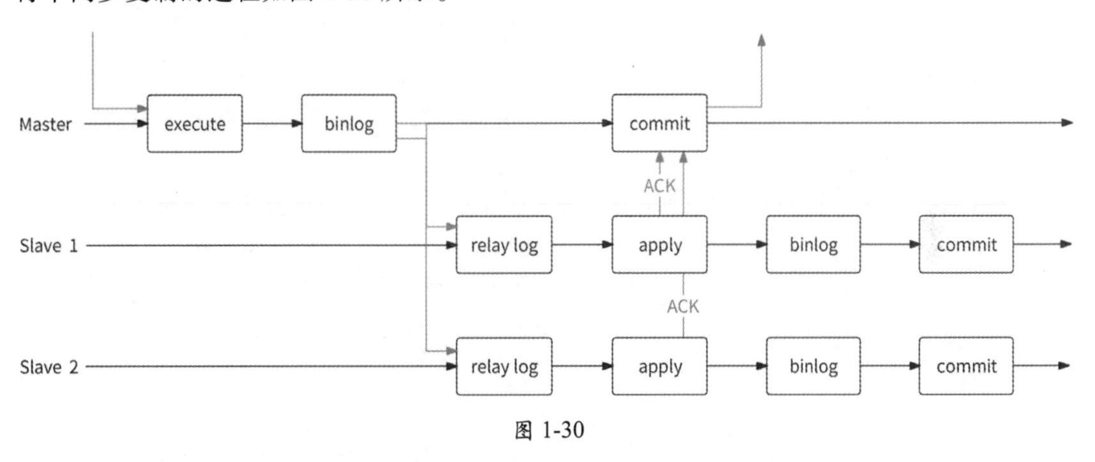

图 1-30

需要注意的是，在半同步复制模式下，Slave 向 Master 发送 ACK 响应的时机并不是重新执行 SQL 语句后，而是事务数据被写入 relay log 后。这样一方面可以缩短 Master 等待响应的时间；另一方面，事务数据已经被持久化，不会发生丢失数据的情况。

半同步复制可以提高主从数据的一致性，但是 Master 提交事务要等待 Slave 的确认，所以写性能会受到一定的影响。半同步复制适合对数据一致性要求较高的业务场景。

Master 会因为向过多的 Slave 复制数据而压力倍增，这个问题被称为"复制风暴"。所以实际的主从模式架构可能是一些 Slave 向 Slave 复制数据，以减轻 Master 的复制压力，如图 1-31 所示。

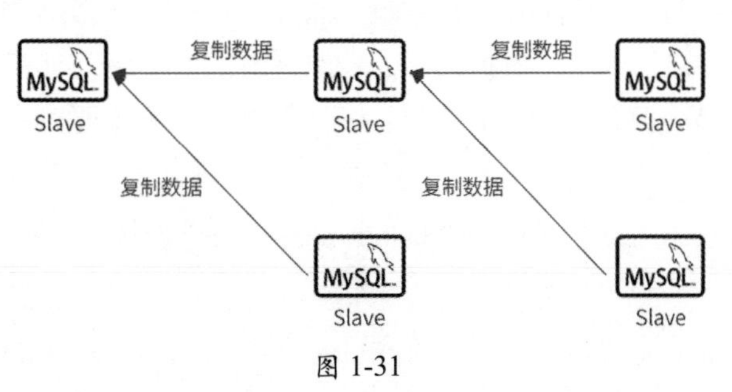

图 1-31

1.7.4 高可用架构 2：MHA

有了 MySQL 主从模式的基础，接下来我们就应该考虑如何检测节点故障和执行自动主从切换。MHA（Master High Availability）在这方面做得很好。MHA 在 MySQL 高可用领域是一套相当成熟的解决方案，它通常可以在 10 ~ 30s 内完成 MySQL 主从集群的自动故障检测和自动主从切换，并且在主从切换过程中，它可以最大程度地保证主从数据的一致性，以帮助 MySQL 主从模式达到真正意义的高可用。

如图 1-32 所示，MHA 由两部分组成：MHA Manager（管理节点）和 MHA Node（数据节点）。

- ◎ MHA Manager：MHA 的“决策层”，负责自动检测 Master 的故障，检查主从复制状态，执行自动主从切换等。MHA Manager 可以管理多个 MySQL 主从集群，通常被部署在单独的服务器上。
- ◎ MHA Node：被部署在每台 MySQL 服务器上，主要负责修复主从数据的差异。

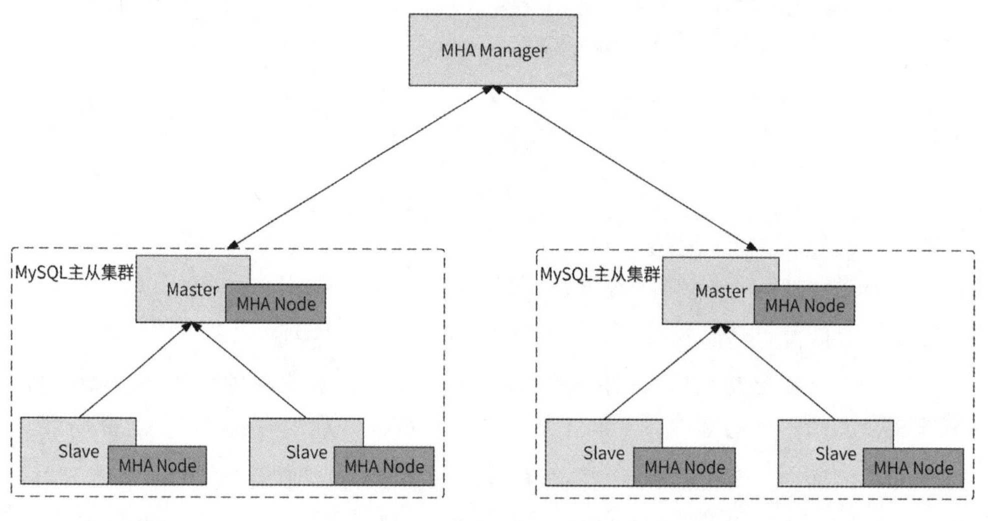

图 1-32

MHA 会实时监测每个 MySQL 主从集群的 Master 状态，如果某个 Master 宕机，MHA 则会自动选择数据最接近 Master 数据的 Slave 作为新的 Master，然后将其他 Slave 重新指向新的 Master，整个故障转移过程自动化，且对业务方完全透明。下面详细介绍 MHA 故障转移工作流程。

（1）MHA Manager 周期性地探测 Master 心跳，如果连续 4 次探测不到心跳，则认为 Master 宕机。

（2）MHA Manager 判断各个 Slave 的 binlog，哪个 Slave 的 binlog 数据更接近 Master

数据，就将哪个 Slave 作为备选 Master。

（3）MHA Node 试图通过 SSH 访问 Master 所在的服务器：

◎ 如果网络可达，那么 MHA Node 可以获取到 Master 的 binlog 数据。MHA Node 对比 Slave 与 Master 的 binlog 数据，如果发现 Slave 数据与 Master 的 binlog 数据有差异，则会将差异数据主动复制到 Slave，以保持主从数据一致。

◎ 如果网络不可达，那么 MHA Node 对比各个 Slave 的 relay log 差异，并做差异数据补齐。

（4）MHA Manager 构建新主从关系，将备选 Master 提升为 Master，其他 Slave 向新的 Master 复制数据。

MHA 选择数据最新的 Slave 作为新的 Master、Slave 主动从 Master binlog 中补齐未复制的数据、Slave 之间互补数据等策略，都是为了最大程度地保证主从切换后不丢失数据。如果将 MHA 和半同步复制模式一起使用，则可以更进一步大幅降低数据丢失的风险。因为在半同步复制模式下有一个 Slave 的数据和 Master 数据一致，而 MHA 正好会选择这个 Slave 作为新的 Master。

1.7.5 高可用架构 3：MMM

MMM（Multi-Master Replication Manager for MySQL）是一个 MySQL 双主故障切换和双主管理的脚本组件，从字面上理解，它有两个 Master，并实现了这两个 Master 的高可用。MMM 的基本组成如图 1-33 所示。

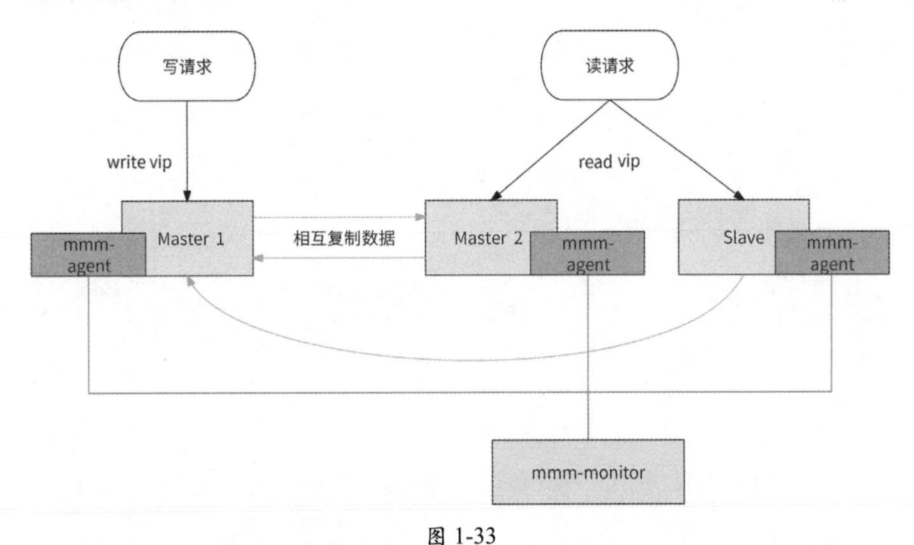

图 1-33

对图 1-33 所示内容解释如下。

◎ Master 1：真正的 Master，负责处理写请求。

◎ Master 2（备用）：当 Master 1 宕机时，Master 2 接替它作为新的 Master 处理写请求 Master 2 与 Master 1 相互复制数据，一般采用半同步复制模式。

◎ Slave（若干）：向 Master 1 复制数据，并且为了不影响 Master 1 的性能，采用异步复制模式。

◎ mmm-monitor：monitor 角色，与各 mmm-agent 通信以检测 MySQL 服务器的健康状况，并决策是否主从切换。

◎ mmm-agent：被部署在每台 MySQL 服务器上，作为节点代理与 monitor 通信，一方面监控本机 MySQL 状态，另一方面执行 monitor 下发的指令。

◎ write vip：MySQL 对外提供写数据服务的虚拟 IP 地址，只与 Master 1 和 Master 2 其中一个节点绑定。

◎ read vid：MySQL 对外提供读数据服务的虚拟 IP 地址，主要与 Slave 绑定。

MMM 故障转移的过程大致如下所述，如图 1-34 所示。

（1）agent 检测到 Master 1 宕机，或者 monitor 与 Master 1 agent 在一段时间内通信失败，monitor 认为 Master 不可用。

（2）monitor 请求 Master 1 agent，要求 Master 1 移除 write vip。如果 Master 1 所在的机器无法访问，则跳过这一步。

（3）monitor 请求 Master 2 agent，要求 Master 2 绑定 write vip，绑定成功后，Master 2 成为 Master 对外提供服务。

（4）monitor 请求 Slave agent，要求 Slave 向 Master 2 复制数据。

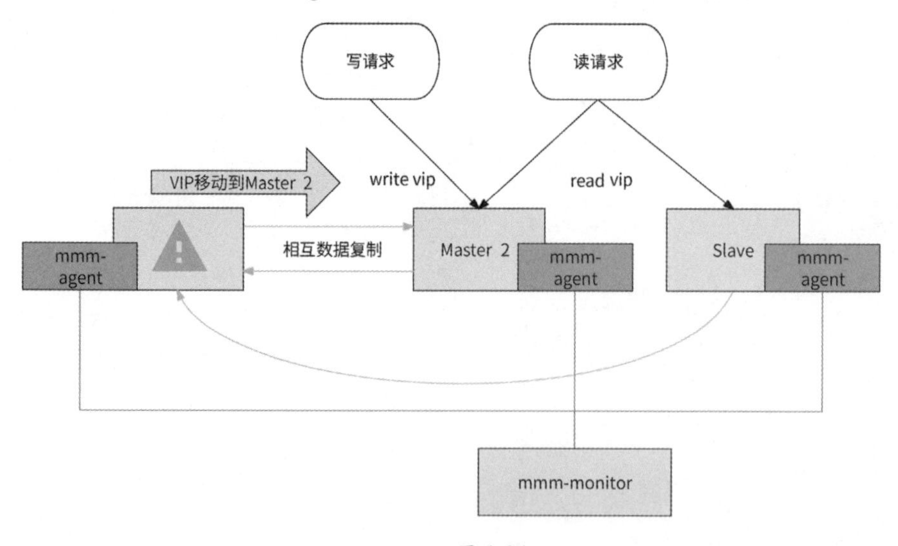

图 1-34

MMM 通过移动虚拟 IP 地址（write vip）的方式切换 Master。当 Master 1 宕机时，Master 2 可以立即“上任”，MySQL 业务使用方不会感知到主从切换的发生。不过，MMM 这套解决方案比较古老，不支持 MySQL GTID，且社区活跃度不够，目前 MMM 组件处于无人维护的状态。

1.7.6 高可用架构 4：MGR

MGR（MySQL Group Replication，MySQL 组复制）是 MySQL 5.7.17 版本推出的高可用解决方案，它具备如下特性。

◎ 一致性高：数据复制基于分布式共识算法 Paxos，可以保证多个节点数据的一致性。

◎ 容错性高：只要不是超过一半的节点宕机，就可以继续对外提供服务。

◎ 灵活性强：MGR 支持单主模式和多主模式。在单主模式下会自动选举 Master，在多主模式下每个 MySQL 节点都可以同时处理写请求。

至少由 3 个 MySQL 节点组成一个复制组，一个事务必须经过复制组内超过一半的节点决议通过后才能提交。如图 1-35 所示，由 3 个节点组成一个复制组，Consensus 层为 Paxos 一致性协议层，在事务提交过程中组内节点进行决议（certify），至少有 2 个节点决议通过，这个事务才能够提交。

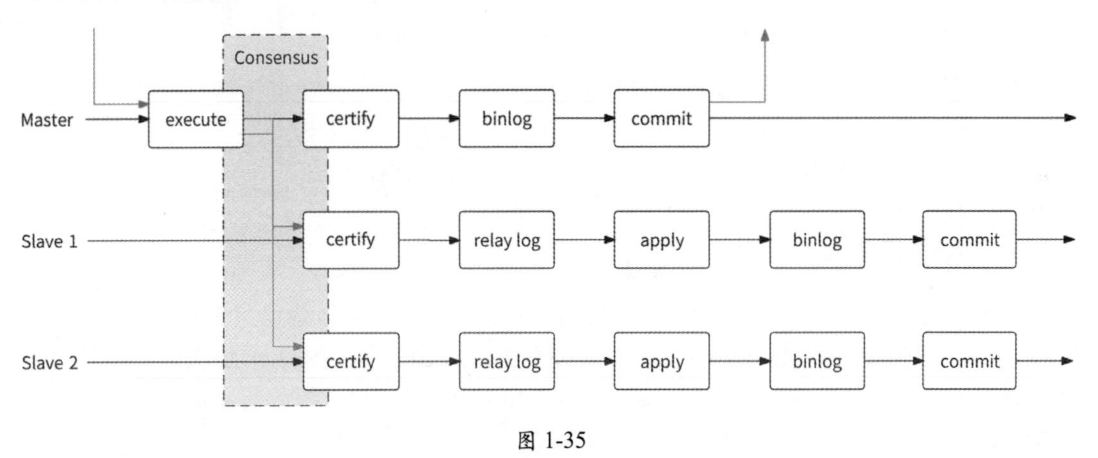

图 1-35

如果在不同的 MySQL 节点上执行不同的写操作发生了事务冲突，那么先提交的事务先执行，后提交的事务被回滚。在多主模式下，由于每个 MySQL 节点都可以执行写请求，在写请求高并发的场景下发生事务冲突的概率较大，会造成大量的事务回滚，所以官方更推荐单主模式。

在单主模式下，MGR 会自动为复制组选择一个 Master 负责写请求。如果复制组内超过一半的节点与 Master 通信失败，则认为 Master 宕机，MGR 自动根据各节点的权重和 ID

标识重新选主，并很容易在各 Slave 之间达成共识。

由于 MGR 基于 Paxos 协议，所以主从节点数据有很强的一致性，可以做到数据不丢失。此外，在一个拥有 $2N+1$ 个节点的复制组中，MGR 可以容忍 N 个节点发生故障，所以这套方案的容错性也很高。

不过，数据强一致性的代价是每个写请求都涉及与复制组内大多数节点的通信，所以 MGR 的写性能不及异步复制和半同步复制，MGR 更适合要求数据强一致性，且写请求量不大的场景。

1.8　存储层技术：Redis

Redis 是现在最受欢迎的 NoSQL 数据库之一，是一个包含多种数据结构、支持网络访问、基于内存型存储、可选持久性的开源键值存储数据库。Redis 具有如下特性。

◎ 数据被存储在内存中，性能高。
◎ 支持丰富的数据类型，包括字符串（String）、列表（List）、哈希表（Hash）、集合（Set）、有序集合（Ordered Set）等数据结构和相关数据操作。
◎ 支持分布式，包括主从模式、哨兵模式、集群模式，理论上其可以无限扩展。
◎ 基于单线程事件驱动模式实现，数据操作具有原子性。

Redis 的应用场景非常广泛，例如缓存系统、计数器、限流、排行榜、社交网络等，具体的应用原理我们会在后面的章节中逐一介绍。本节还是聚焦于大型互联网公司如何应用 Redis，即如何构建高性能、高可用、可扩展的 Redis 存储系统。

1.8.1　高可用架构 1：主从模式

Redis 也提供了主从复制机制，所以使用 Redis 可以很方便地构建与 MySQL 类似的主从模式。一个 Master 与若干 Slave 组成主从关系，当 Slave 与 Master 首次建立连接时，Master 向 Slave 进行全量数据复制，复制结束后，再根据 Master 的最新数据变更进行增量数据复制。具体来说，Redis 主从复制的流程如下。

（1）Slave 连接到 Master，发送 PSYNC 命令准备复制数据。

（2）Master 收到 PSYNC 命令，执行 BGSAVE 命令生成目前全量数据的 RDB 快照文件，并创建缓冲区记录此后 Master 执行的数据变更命令。

（3）Master 向所有 Slave 发送 RDB 快照文件，并在文件发送期间持续在缓冲区记录数据变更命令。

（4）Slave 收到 RDB 快照文件后将其保存在磁盘中，再从磁盘中重新加载快照数据到内存，然后开始接收来自 Master 的数据变更命令。

（5）Master 发送完 RDB 快照文件后，继续向 Slave 发送缓冲区中记录的数据变更命令。

（6）Slave 收到数据变更命令后，在本地重新执行这些命令，以保证 Slave 与 Master 的数据一致。

不论是 MySQL 主从复制，还是 Redis 主从复制，大部分存储系统的主从复制原理都基本类似，即 Master 向 Slave 发送全量数据和增量数据；而且，如果 Master 向过多的 Slave 复制数据，则同样会出现“复制风暴”的问题。

1.8.2　高可用架构 2：哨兵模式

在主从模式下，在 Master 宕机后，需要手动把一台 Slave 服务器切换为主服务器，这就需要费时费力的人工干预，而且会造成 Redis 服务在一段时间内不可用。这时候就需要哨兵模式登场了。Redis 从 2.6 版本开始提供了哨兵模式。

哨兵模式的核心还是主从模式，只不过它在相对于主从模式下 Master 宕机导致不可写的情况下，提供了一种自动竞选机制：所有的 Slave 竞选新的 Master。竞选机制的实现依赖于在 Redis 存储系统中启动的名为 Sentinel（哨兵）的服务器。在 Redis 高可用架构中，Redis 服务器除了可以是 Master、Slave 角色，还可以是 Sentinel 角色，它负责在 Master 宕机后自动选举出一个 Slave 升级为新的 Master 继续对外提供服务。

在一个主从模式的 Redis 架构中会部署若干 Sentinel 节点，每个 Sentinel 节点都会与 Master、Slave 维持心跳。当超过 N 个 Sentinel 节点认为 Master 宕机时，Sentinel 节点会协商选举出一个 Slave 担任新的 Master。Sentinel 节点会告知所选举出的 Slave 节点它已被提升为 Master，其他的 Slave 则转而与这个新的 Master 建立连接，复制数据。引入 Sentinel 节点可以自动进行主从切换，其架构如图 1-36 所示。

从图 1-36 中可以看出，3 个 Sentinel 节点组成 Sentinel 集群，负责监控每个 Redis 节点的健康状况。在这种架构下，访问 Redis 的客户端，首先需要访问 Sentinel 集群获取 Redis Master 地址，当 Master 发生故障时，客户端会从 Sentinel 集群中得到新的 Master 地址。如此一来，研发工程师再也无须人工参与 Redis 主从切换的工作了，客户端也会在 Master 发生故障时主动获取新的 Master 地址。

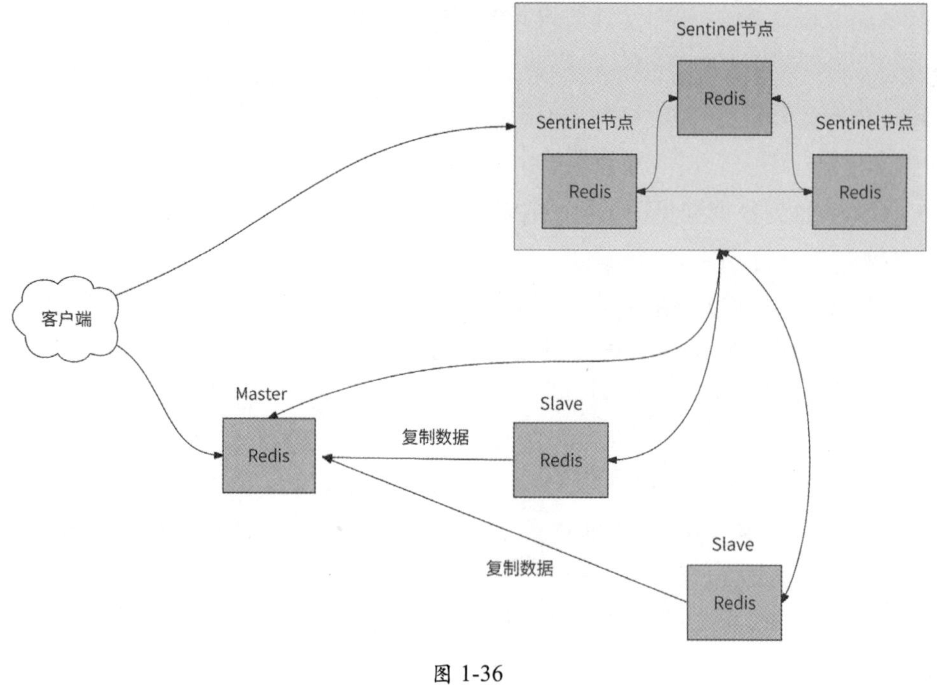

图 1-36

1.8.3　高可用架构 3：集群模式

无论是主从模式还是哨兵模式，Redis 都只有一个 Master 对外提供服务，当有大量的数据需要存储时，单个 Master 的内存空间难以保存全量数据；而且，当有海量请求访问 Redis 时，单个 Master 会承受巨大的访问压力。实际上，互联网公司在应用 Redis 时，都会采用数据分片的方式：多个 Master 对外提供服务，全量数据分散在各个 Master 中。

Redis 3.0 版本提供了集群（Redis Cluster）模式，使得 Redis 真正拥有了分布式存储能力。一个 Redis 集群由多个 Redis 节点组成，一个 Master 和若干 Slave 组成一个节点组，代表一个数据分片。如图 1-37 所示，Redis 集群要求至少有 3 个 Master，同时每个 Master 应该至少有一个 Slave 用于保证一个数据分片的高可用，集群中各个 Redis 节点之间可以相互通信。

从图 1-37 中可以看出，在 Redis 集群中有 3 个数据分片，每个数据分片都通过主从模式保证高可用。Redis 集群基于哈希槽进行数据分片：整个 Redis 数据库被划分为 16384 个哈希槽，每个 Master 可以管理 0 ~ 16383 个槽位（Slot），这些 Master 把 16384 个槽位都瓜分了。例如，图 1-37 中的 3 个 Master 可能分别管理 0 ~ 5461、5462 ~ 10922 和 10923 ~ 16383 个槽位。

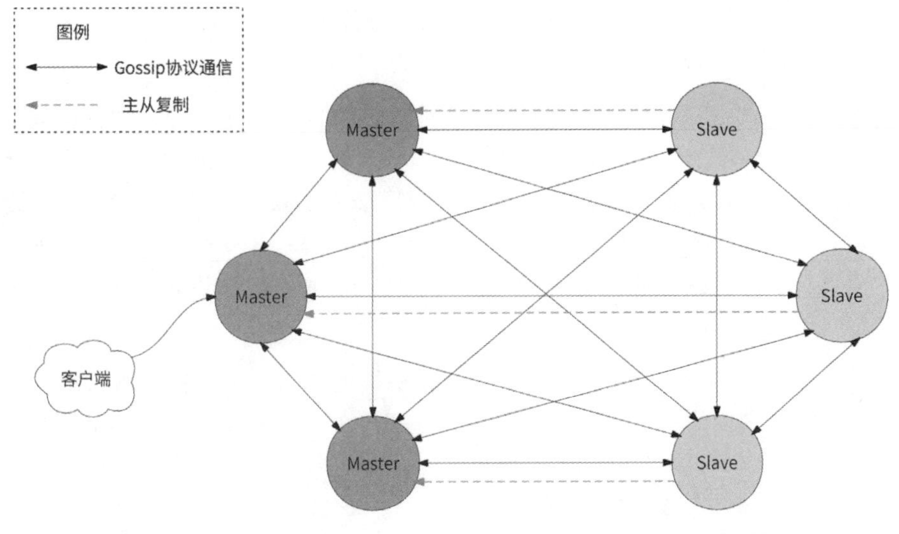

图 1-37

当向 Redis 集群中写入某个数据时，会基于数据 Key 运行 CRC16 算法，然后将结果与 16384 取模得到一个槽位。此数据会被归属到这个槽位上，于是会被存储到管理这个槽位的 Master 上。槽位计算公式如下：

$$slot = CRC16(Key) \bmod 16384$$

Redis 集群中的每个节点都保存有各个节点的 IP 地址及其所负责的槽位信息，于是 Redis 客户端连接任意一个节点最终都能保证数据读/写请求正确的数据分片（或者说 Master）处理。Redis 客户端访问 Redis 集群的流程如下。

（1）Redis 客户端连接到 Redis 集群中的任意一个 Redis 节点，获取槽位与 Master 的映射关系，并将该映射关系的信息缓存在客户端本地。

（2）当 Redis 客户端要读/写数据时，首先基于数据 Key 运行 CRC16 算法，然后将结果与 16384 取模得到对应的槽位。

（3）Redis 客户端根据计算出的槽位，在本地缓存中进一步定位到具体的 Master 地址，然后将数据访问请求发送到这个节点上。

接下来介绍 Redis 集群如何保证每个节点都能拥有各个节点的 IP 地址及其所负责的槽位信息。这就涉及 Gossip 协议通信了。

在 Redis 集群架构中，为了保证集群中的 Redis 节点能够灵活自动变更，我们应该格外关注集群的如下事件。

◎ 某个 Redis 节点加入集群。

◎ 数据分片扩缩容，将槽位迁移到新的数据分片上。

◎ 某数据分片的 Master 宕机，Slave 需要被选举为新的 Master。

我们希望整个 Redis 集群中的每个节点都能够尽快发现这些事件，并在所有节点中达成信息一致，那么各个节点之间就需要相互连通并且携带相关信息相互通知。按照最直白的逻辑，当某个节点涉及如上集群事件时，采用广播的形式向 Redis 集群中的其他所有节点发送通知，这样就能做到集群节点变更的实时同步。然而，Redis 开发者考虑到，当 Redis 集群中的节点较多时，这种通知形式会占用大量的网络带宽，所以采用了 Gossip 协议通信。

Gossip 的中文意思是“流言蜚语”，Gossip 协议的通信机制就像流言蜚语一样被随意传播，成为人们茶余饭后的谈资。它的特点是，在一个节点数量有限的通信网络中，每个节点都会随机与部分节点通信，经过多轮迭代通信后，各个节点的信息在一定时间内会达成一致。Gossip 协议的工作流程大致如下。

（1）假设 Gossip 协议每隔 1s 传播一次信息。

（2）当信息被传播到某个节点时，此节点会随机选取 k 个相邻节点传播信息。

（3）节点每次传播信息时，都会选择没有收到此信息的相邻节点作为传播目标。

（4）经过多次信息传播，最终全部节点都收到了此信息。

Gossip 协议包含多种消息类型，与 Redis 集群相关的有 meet、ping、pong、fail 消息。

◎ meet：某个节点发送 meet 消息给新加入的节点，让新节点加入集群中并与其他节点周期性地进行 ping、pong 消息的交换。

◎ ping：每个节点都会向其他节点发送 ping 消息，用于相互告知自身的状态和所维护的槽位信息，同时检查其他节点是否已经宕机下线。

◎ pong：当某个节点接收到 ping、meet 消息时，使用 pong 消息作为响应消息返回给发送方。pong 消息包含节点自身的信息数据。一个节点也可以向集群广播自身的 pong 消息，来通知整个集群变更此节点的状态信息。

◎ fail：某个节点判断出另一个节点宕机之后，就发送 fail 消息给其他节点，告知其他节点所指定的节点宕机了。

1. 集群新增节点

假设有一个 Redis 节点 B 想加入某个 Redis 集群，则可以通过 Redis 客户端向此集群中的任意一个 Redis 节点（比如 A 节点）发送 CLUSTER MEET 命令，其过程如下。

（1）客户端向 A 节点发送“CLUSTER MEET <B 节点 IP 地址> <B 节点端口号>”命令，告知 A 节点“这个地址的 Redis 服务器想加入你所在的集群，你们互相认识一下”。

（2）A 节点处理 CLUSTER MEET 消息，保存 B 节点的地址并标记节点状态为“握手中”。

（3）由于 Gossip 协议的周期性驱动，A 节点发现 B 节点的状态处于“握手中”，于是向 B 节点发送 meet 消息，尝试与 B 节点建立网络连接。

（4）B 节点收到 meet 消息后，同样保存 A 节点的地址并标记节点状态为“握手中”。

（5）B 节点将自身信息通过 pong 消息返回给 A 节点，并接受与 A 节点的网络连接。

（6）A 节点处理 pong 消息，更新 B 节点信息，并消除 B 节点的“握手中”状态。

（7）与 A 节点一样，B 节点会发现 A 节点的状态为“握手中”，于是向 A 节点发送 ping 消息。

（8）A 节点处理 ping 消息，将自身信息通过 pong 消息返回给 B 节点。

（9）B 节点处理 pong 消息，同样是更新 A 节点信息并消除其“握手中”状态。

（10）通过 Gossip 协议，A 节点逐渐将 B 节点信息告知集群内所有的节点，B 节点加入集群成功。

2. 节点故障转移

Redis 集群中的每个节点（比如 A 节点）都会定期向其他节点发送 ping 消息，如果接收 ping 消息的 B 节点在指定的时间内没有为 A 节点返回 pong 消息，那么 A 节点就会认为 B 节点失联下线。但是由于网络原因，一个节点认为另一个节点下线并不能说明这个节点真的下线了，于是 Redis 集群引入了主观下线和客观下线的概念。

◎ 主观下线：A 节点向 B 节点发送 ping 消息，但是没有得到回复，于是 A 节点主观地认为 B 节点下线了。

◎ 客观下线：如果集群中超过一半的节点均认为 B 节点主观下线了，按照少数服从多数的原则，B 节点就会被认为客观下线了。

如果 B 节点被认为客观下线了，那么集群中的其他所有节点都会收到 fail 消息，用于通知 B 节点下线的事实。当 B 节点的从节点 B′收到 fail 消息后，得知自己的主节点已经下线，B′节点会停止数据复制并接管 B 节点管理的槽位，将自己提升为主节点，然后向集群广播 pong 消息，让集群中的所有节点都得知 B′节点已经接管 B 节点。

Gossip 协议的优点在于集群元信息的更新比较分散，不是集中在一个地方，所以可以使集群去中心化管理。不过，元信息更新会经过多次传播才能通知到集群内所有的节点，所以它是一个最终一致性协议。

Redis 集群模式的 Redis 存储系统架构具有如下优势。

◎ 去中心化架构，集群中的每个节点都是对等的。
◎ 抽象了槽位的概念，集群数据分片管理更为便捷。
◎ 可扩展性较强，可以轻易地对集群节点进行动态扩容。
◎ 集群高可用，拥有自动故障发现与恢复能力，几乎不需要人工介入。
◎ Redis 官方出品，对 Redis 的命令支持较为全面。

虽然 Redis 集群模式为 Redis 提供了分布式存储能力，但是根据笔者的经验，它并不一定是互联网公司构建 Redis 存储系统的最终架构方案。这是因为 Gossip 协议归根结底依赖扩散式的网络通信，集群节点的数量直接影响 Gossip 协议的传播范围。当 Redis 集群中的节点只有几百个时，它可以运行良好，但是如果集群节点有成千上万个，那么 Gossip 协议就会造成集群内部存在大量网络通信，严重占用网络带宽，形成 Gossip 风暴。

对于亿级用户应用场景，Redis 存储系统动辄需要几千个节点才能应对用户请求，这时候使用 Redis 集群模式的架构就会直接将 Gossip 风暴问题暴露出来。解决 Gossip 风暴问题最好的办法就是舍弃去中心化架构，而拥抱中心化架构：集群节点元信息不使用 Gossip 协议传播，而是使用一个中间代理来维护。接下来介绍一些中心化的 Redis 分布式架构方案。

1.8.4　高可用架构 4：中心化集群架构

Redis 集群中间代理（Proxy）用得最多的是推特公司开源的 Twemproxy，其基本原理是：通过中间代理的形式，Redis 客户端将请求发送到 Twemproxy，然后 Twemproxy 根据数据路由规则将请求发送到正确的 Redis 节点，最后 Twemproxy 将请求执行结果汇总并返回给客户端，如图 1-38 所示（注意：这里的 Redis 集群省略了主从复制功能。在实际应用中，图中的每个 Redis 节点都会作为 Master 并与若干 Slave 共同组成一个 Redis 数据分片）。

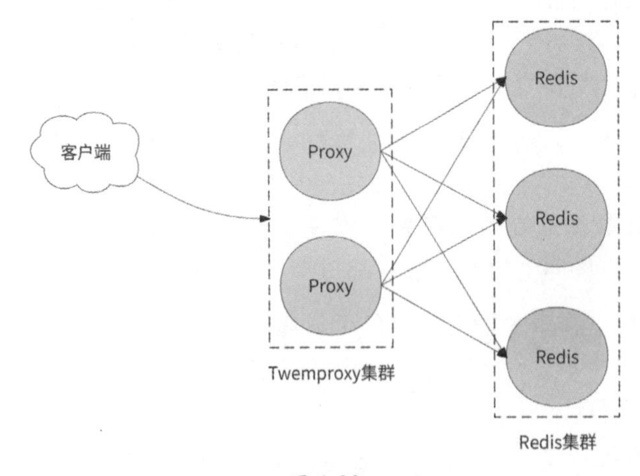

图 1-38

Twemproxy 的思路与接入层技术类似：通过引入 Twemproxy 作为客户端访问 Redis 节点的中间代理，为由若干 Redis 节点组成的集群提供了数据分片的负载均衡能力，提高了 Redis 节点的高可用性和可扩展性。将 Twemproxy 作为中间代理的优势如下。

◎ 客户端像连接 Redis 实例一样直接连接 Twemproxy，不需要修改任何代码逻辑。
◎ Twemproxy 与 Redis 实例保持长连接，减少了客户端与 Redis 实例的连接数。
◎ 由 Twemproxy 决定客户端请求最终访问哪个 Redis 节点，不需要客户端、Redis 节点的参与。

不过，Twemproxy 也存在一些功能层面的不足，例如：

◎ 没有友好的管理后台，不利于运维监控；
◎ 无法支持平滑的 Redis 集群扩缩容，当业务要求 Redis 集群增加节点时，会产生较高的运维成本。这也是 Twemproxy 的主要痛点。

许多大型互联网公司都借鉴了 Twemproxy 的思路并取长补短，纷纷推出了自研的 Redis 中心化集群架构方案，业界较为知名的是豌豆荚公司开源的 Codis 项目。下面我们重点介绍 Codis 的架构原理。

与 Redis 集群模式类似，Codis 将数据划分为 N 个槽位（默认为 1024 个），每个槽位负责存储若干数据，数据与槽位之间的映射关系通过对数据 Key 运行 CRC32 算法后再与 N 取模得到：

$$\text{slot} = \text{CRC32}(\text{Key}) \bmod N$$

在 Codis 中包含如下四大类核心组件。

◎ Codis Server：经过二次开发的 Redis 服务器，支持数据迁移操作。可以认为它就是 Redis 服务器，负责处理客户端的读/写请求。
◎ Codis Proxy：接收客户端请求并转发给 Codis Server，其作用与 Twemproxy 一样，都是中间代理。
◎ ZooKeeper 集群：用于保存 Redis 集群元信息，包括每个 Redis 数据分片负责管理的槽位信息、各个 Redis 节点的地址信息。它还保存了 Codis Proxy 的地址列表，提供 Redis 客户端访问 Redis 集群的服务发现能力。
◎ Codis Dashboard 和 Codis Fe：它们共同组成了集群运维管理工具，前者负责 Redis 集群扩缩容、Codis Proxy 集群扩缩容、槽位迁移等，后者负责提供 Dashboard 的友好 Web 操作页面。

Codis 将 Redis 集群中的每个数据分片都定义为 Redis Server Group。一个 Redis Server Group 包括一个 Redis Master 和若干 Slave，用于保证每个数据分片的高可用。Codis 整体架构如图 1-39 所示。

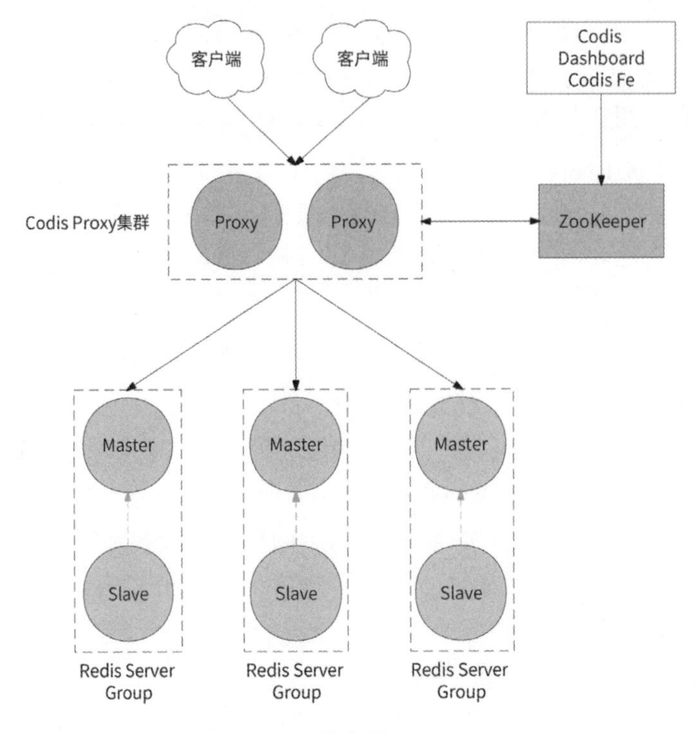

图 1-39

为了让 Codis 运行起来，我们先使用 Codis Dashboard 配置 Redis Server Group 的地址信息、所管理的槽位信息以及 Codis Proxy 的地址，最终这些配置信息都会被存储到 ZooKeeper 集群中。完成配置后，Codis 就可以正式对外提供服务了。Redis 客户端访问 Codis 的流程基本如下。

（1）Redis 客户端从 ZooKeeper 集群中获取到 Codis Proxy 集群的地址列表，并选择一个 Codis Proxy 建立连接。

（2）Redis 客户端向 Codis Proxy 发送数据读/写请求。

（3）Codis Proxy 根据数据 Key 计算出对应的槽位，然后通过 ZooKeeper 集群得到负责此槽位的 Redis Server Group。

（4）Codis Proxy 将数据读/写请求转发到 Redis Server Group 中的某个 Redis 节点，其中 Master 可以处理数据读/写请求，Slave 可以处理数据读请求。

（5）Redis 节点处理完数据后，将结果返回给 Codis Proxy。

（6）Codis Proxy 将结果返回给 Redis 客户端，整个数据访问流程结束。

接下来介绍 Codis 如何平滑地完成集群扩缩容。在 Codis 中，数据迁移的单位是槽位。

假设有一个新的 Redis 节点 B 加入了集群，那么集群中的某些槽位必然要交给 B 节点负责。如果需要将集群中 A 节点负责的槽位 S 迁移到 B 节点，则流程如下。

（1）A 节点将槽位 S 关联数据复制到 B 节点，在数据复制过程中，A 节点依然对外提供服务。

（2）如果客户端读/写某数据 D 的请求到达 A 节点，且此数据不属于槽位 S，则 A 节点正常处理请求。

（3）如果数据 D 恰好属于槽位 S，但由于槽位 S 正在进行迁移，我们并不知道数据 D 是否已经迁移到 B 节点，所以请求无法抉择是应该被 A 节点处理还是应该被 B 节点处理。

（4）A 节点只好强行将数据 D 迁移到 B 节点，即使数据 D 可能早已迁移到 B 节点。

（5）当数据 D 迁移完成后，A 节点再将请求转发到 B 节点处理，因为此时已经确定数据 D 已经迁移到了 B 节点。

至于某个节点发生故障宕机需要主从切换的场景，新版本的 Codis 建议每个 Redis Server Group 都引入哨兵模式即 Sentienl 节点来处理，其具体流程这里不再重复。

在如上所述的中心化集群架构模式下，只要中间代理服务器的实现足够高效，便可以轻松地将 Redis 客户端请求代理到成千上万台 Redis 服务器。所以，当 Redis 集群有较多的节点时，笔者非常推荐使用与 Codis 类似的 Redis 集群架构模式。

1.9　存储层技术：LSM Tree

LSM Tree（Log-Structured Merge Tree）是一种对高并发写数据非常友好的键值存储模型，同时兼顾了查询效率。LSM Tree 是我们下面将要介绍的 NoSQL 数据库所依赖的核心数据结构，例如 BigTable、HBase、Cassandra、TiDB 等。

1.9.1　LSM Tree 的原理

LSM Tree 的有效性基于一个结论：磁盘或内存的顺序读/写数据性能远高于随机读/写数据性能。这个结论不仅对传统的机械硬盘成立，对 SSD 硬盘同样成立。

顺序读/写的意思是按照文件中数据的顺序有序地进行读/写操作，例如，向某磁盘文件的尾部追加数据就是一种典型的顺序写操作；而随机读/写则相反，它不遵循文件中数据的先后顺序进行数据的读取与写入。LSM Tree 模型的思想就是在磁盘上用顺序读/写代替随机读/写，充分发挥磁盘的读/写性能优势。LSM Tree 模型主要包括如下几个组成部分。

1. MemTable

MemTable 是一种内存中的结构，用于保存 SSTable 最近更新的数据，并且按照数据 Key 的字典序将数据有序地组织起来。LSM Tree 模型并不限定 MemTable 的具体实现方式，只要保证数据有序、读/写效率高即可，红黑树、跳跃表等数据结构都是实现 MemTable 的适当选择。

LSM Tree 模型接收到写数据请求后会直接在 MemTable 中处理，针对新增、修改、删除类型的写请求分别会执行不同的逻辑。

- ◎ 新增数据：直接将数据插入 MemTable 中。
- ◎ 修改数据：如果在 MemTable 中存在此数据 Key，则直接修改；否则，将数据插入 MemTable 中。
- ◎ 删除数据：LSM Tree 模型不删除数据，而是将数据状态标记为 tombstone（墓碑），表示此数据已被删除。可见，删除数据的流程与修改数据的流程类似。如果在 MemTable 中存在此数据 Key，则将数据状态修改为 tombstone；否则，将携带 tombstone 状态的数据插入 MemTable 中。

由于最近更新的数据都被保存在内存中，而内存是易失性存储，所以通常使用预写日志（Write-Ahead Log，WAL）的方式保证数据的可靠性——在数据修改命令被提交到 MemTable 之前，先追加记录到磁盘上的 WAL 文件中。

2. Immutable MemTable

当 MemTable 中存储的数据达到一定大小（默认为 32MB）时，MemTable 会变成只读的 Immutable MemTable，后台线程将它持久化为基于磁盘的 SSTable 文件。为了不影响写数据请求的处理，LSM Tree 会新建一个空白的 MemTable 接管工作。

3. SSTable

LSM Tree 将数据持久化到磁盘后的结构称为 SSTable（Sorted String Table）。顾名思义，SSTable 保存了基于数据 Key 按照字典序排序后的数据集合，它是一种持久化的、有序且不可变的键值对存储结构。数据 Key、Value 被连续地存储在 SSTable 文件中，同时在文件的尾部存储数据 Key 在文件中位置的偏移量并将其作为稀疏索引，用于提高在 SSTable 中查找某数据 Key 的速度。图 1-40 展示了 SSTable 的结构。

当 MemTable 达到一定的大小后，它最终会被刷写到磁盘中变成 SSTable 文件，所以在不同的 SSTable 中可能存在相同的数据 Key。对于某个特定的数据，在最新的 SSTable 中存储的对应记录才是它的最新值，其他 SSTable 中的对应记录都是冗余数据。这会浪费存储空间。所以，LSM Tree 会周期性地对 SSTable 进行合并操作，通过将多个 SSTable 合并为更大的 SSTable 来清除冗余记录。

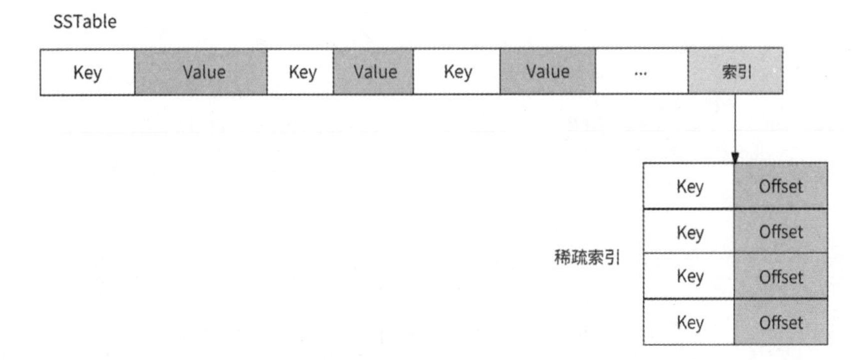

图 1-40

LSM Tree 使用 Level 划分 SSTable 文件，Level *N* 的 SSTable 文件会经过合并操作下沉到 Level *N*+1，Immutable MemTable 被持久化成的 SSTable 文件处于 Level 0。合并操作的主要策略是 Leveled Compaction Strategy（LCS），此策略保证：

◎ 所有 Level 的 SSTable 文件大小均一致，默认为 160MB；

◎ 每个 Level 会限制此层内所有 SSTable 文件的总大小，层级越高，限制的阈值越大，如 Level 1 的文件总大小为 10GB，Level 2 的文件总大小为 100GB 等；

◎ 不仅单个 SSTable 的内部数据有序，而且同一 Level 内的 SSTable 之间也是有序的。

当 Level *N* 的文件总大小达到阈值时，会触发 LCS 的合并操作：在 Level *N* 中选择一个 SSTable 和 Level *N*+1 中与其数据 Key 有交集的 SSTable 进行合并，合并结果是生成若干新的 SSTable，且它们各自的大小都不超过 160MB，这些 SSTable 文件下沉到 Level *N*+1。如果 Level *N*+1 的文件总大小也达到阈值，则继续执行同样的合并操作，直到某一层的文件总大小在限制的阈值内，或者到达最后一层。

图 1-41 简单描述了合并操作过程。假设 Level 1 的 SSTable 文件总大小超过阈值，那么 Level 1 中的 1 个 SSTable 选择 Level 2 中与它有交集的 2 个 SSTable 进行合并，生成了 3 个新的 SSTable。

这 3 个 SSTable 被归入 Level 2。我们发现 Level 2 的文件总大小也超过阈值，于是 Level 2 中的某个 SSTable 与 Level 3 中有交集的 3 个 SSTable 继续合并操作，生成一个新的 SSTable 被归入 Level 3，如图 1-42 所示。

由于 Level 0 的 SSTable 文件来自 Immutable MemTable，所以这些 SSTable 之间可能有数据 Key 重叠。但是经过合并操作，Level 1～*N* 每一层的 SSTable 之间就不会有数据 Key 重叠了，一个数据 Key 在某一层至多存在一次。

我们可以轻易地发现，层级越低，数据越新。如果某数据存在于 Level 1、Level 3、Level 5，那么 Level 1 对应的数据值是最新的。

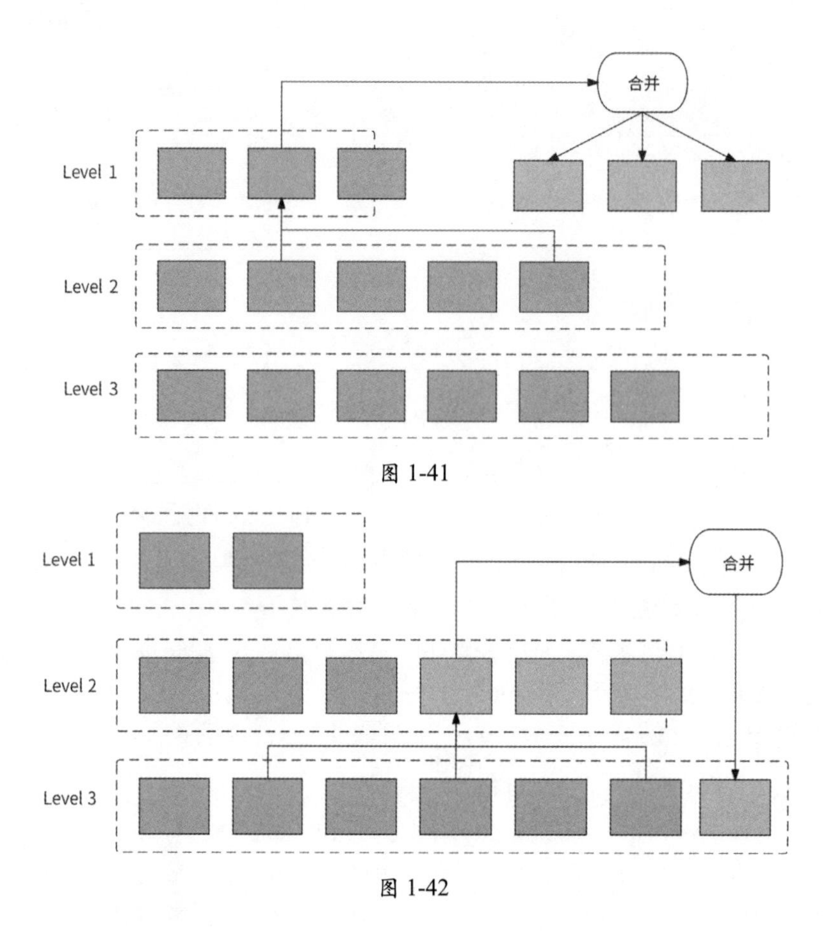

图 1-41

图 1-42

1.9.2 读/写数据的流程

LSM Tree 处理客户端的写数据请求的流程如下所述，如图 1-43 所示。

（1）将写数据信息记录到 WAL 文件中。

（2）在 MemTable 中写入数据，此时就可以将响应数据返回给客户端。

（3）当 MemTable 中存储的数据大小达到阈值时，将其变为 Immutable MemTable，新的 MemTable 继续对外提供服务。

（4）Immutable MemTable 被持久化为 SSTable 文件，处于 Level 0。

（5）如果 Level 0 的 SSTable 文件大小达到阈值，则执行合并操作，Level 0 的 SSTable 文件逐渐下沉到 Level 1。

（6）以此类推，如果 Level *N* 的 SSTable 文件大小达到阈值，则继续通过合并操作将 SSTable 文件下沉到 Level *N*+1。

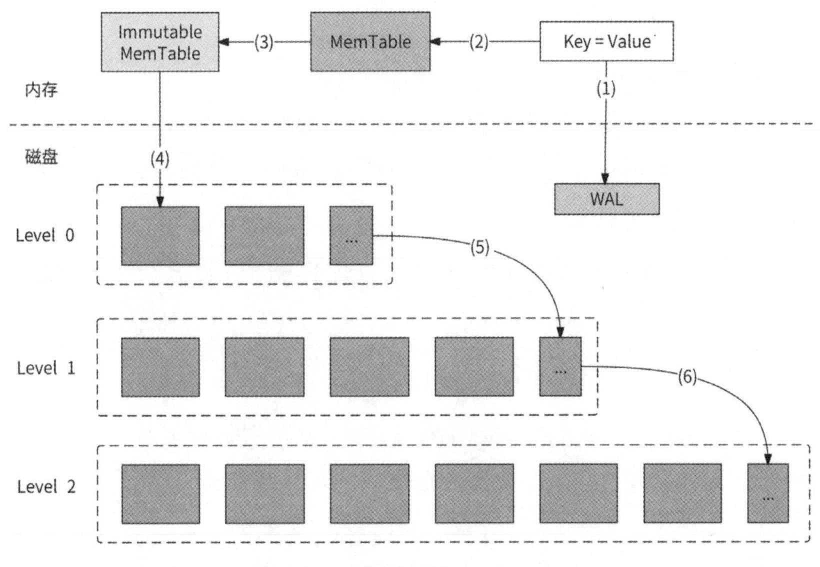

图 1-43

在 LSM Tree 中查找数据时，按照数据值的新旧程度，查找顺序为 MemTable、Immutable MemTable、Level 0 SSTable、Level 1 SSTable，直到 Level *N* SSTable。LSM Tree 处理客户端的读数据请求，当然也要保证读取到数据最新值，其流程如下。

（1）在 MemTable 中查找数据。

（2）如果未找到数据，则在 Immutable MemTable 中继续查找。

（3）如果未找到数据，则在 Level 0 最新的 SSTable 文件中查找。

（4）如果在 Level 0 的所有 SSTable 文件中都找不到数据，则继续在 Level 1 查找。

（5）以此类推，直到在某一层找到数据，或者在最后一层也未找到数据。

1.10 存储层技术：其他 NoSQL 数据库

这里我们简单介绍一下其他常见的 NoSQL 数据库及其适用的场景，其中部分数据库会在后续服务设计章节中正式使用时再做详细介绍。

1. 文档数据库

文档数据库的典型代表是 MongoDB 和 CouchDB。文档数据库普遍采用 JSON 格式来存储数据，而不是采用僵硬的行和列结构，其好处是可以解决关系型数据库表结构（Schema）扩展不方便的问题，以及可以存储和读/写任何格式的数据。文档数据库与键值存储系统很类似，只不过值存储的内容是文档信息。文档数据库具有很好的可扩展性。

文档数据库适用的场景如下。

◎ 数据量大，且数据增长很快的业务场景。

◎ 数据字段定义不明确，且字段在不断变化、无法统一的场景。比如商品参数信息存储，电子设备商品参数有内存大小、电池容量等，服装商品参数有尺码、面料等。

文档数据库不适用的场景如下。

◎ 需要支持事务，文档数据库无法保证在一个事务中修改多个文档的原子性。

◎ 需要支持复杂查询，例如 join 语句。

2. 列式数据库

列式数据库的典型代表是 BigTable、HBase 等。关系型数据库按照行来存储数据，所以它也被称为“行式数据库”；而列式数据库按照列来存储数据，如图 1-44 所示的是一个学生信息数据的例子。

学号	姓名	性别	班级	专业
20S100	张三	male	108	计算机
20S101	李四	female	102	计算机
20S102	王五	female	205	材料
20S103	赵六	male	506	计算机

行式存储

20S100	张三	male	108	计算机	20S101	李四	female	102	计算机	20S102	王五	female	205	材料	……

列式存储

20S100	20S101	20S102	20S103	张三	李四	王五	赵六	male	female	female	male	……

图 1-44

列式数据库将每一列的数据组织在一起，这样做有什么好处呢？假设现在要统计各专业的学生人数，如果使用行式数据库，那么首先需要将所有行的数据读取到内存，然后对“专业”列进行 GroupBy 操作得到结果。虽然我们只关注“专业”一列，但是其他列也参与了数据读取，磁盘 I/O 次数较多；而如果使用列式数据库，那么只需要将“专业”列数据读取到内存，磁盘 I/O 次数大大减少，提高了查询效率。

列式数据库有很高的存储空间利用率，对于列数据类型是有限枚举（比如性别、专业）的情况，列式数据库可以通过字典表将数据压缩为图 1-45 所示的形式。

学号	姓名	性别	班级	专业
20S100	张三	male	108	计算机
20S101	李四	female	102	计算机
20S102	王五	female	205	材料
20S103	赵六	male	506	计算机

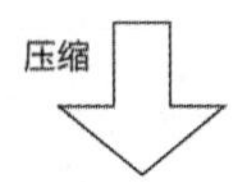

学号	姓名	性别	班级	专业
20S100	张三	0	108	0
20S101	李四	1	102	0
20S102	王五	1	205	1
20S103	赵六	0	506	0

性别字典

编号	值
0	男
1	女

专业字典

编号	值
0	计算机
1	材料
2	土木工程
……	……

图 1-45

从图 1-45 中可以看出，性别字典、专业字典分别使用了数字编号来代表原来的字符串，原始数据经过压缩后字符串变为数字，提高了存储空间利用率，且数据量越大，存储空间利用率越高。

列式数据库适用的场景如下。

◎ 有海量数据插入，但是数据修改极少的场景，比如用户行为收集。

◎ 数据分析场景，比如针对少数几列做离线数据统计工作。

列式数据库不适用的场景如下。

◎ 数据高频删除、修改的场景，即不适合直接服务于在线用户。

◎ 需要支持事务的场景。

3. 全文搜索数据库

全文搜索数据库的典型代表是 Elasticsearch。关系型数据库在应对全文搜索场景时，只能通过 LIKE 语句进行模糊查询，而 LIKE 语句会扫描全量数据，效率非常低下。全文搜索数据库的出现就是为了解决关系型数据库不支持高效全文搜索的问题，其基本原理是建立单词到文档的索引关系作为“倒排索引”。

如图 1-46 所示，倒排索引维护着每个关键词在哪些文档中出现过的文档列表。在进行全文搜索时，根据搜索关键词就可以直接获取到相关文档信息。文档列表既可以保存文档 ID，也可以记录关键词在每个文档中出现的频率和位置。

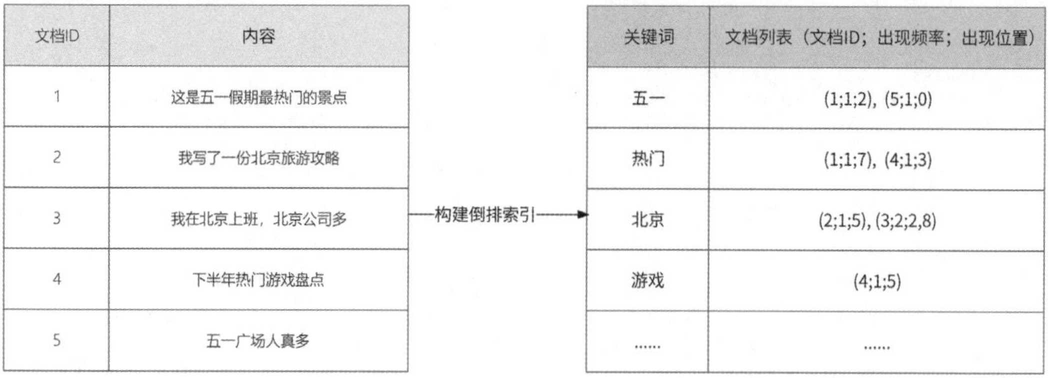

文档ID	内容
1	这是五一假期最热门的景点
2	我写了一份北京旅游攻略
3	我在北京上班，北京公司多
4	下半年热门游戏盘点
5	五一广场人真多

—构建倒排索引→

关键词	文档列表（文档ID；出现频率；出现位置）
五一	(1;1;2), (5;1;0)
热门	(1;1;7), (4;1;3)
北京	(2;1;5), (3;2;2,8)
游戏	(4;1;5)
……	……

图 1-46

倒排索引非常适合根据关键词查询文档内容，所以在各种搜索场景中得到了广泛应用。其典型的应用场景包括：

◎ 关键词搜索，如搜索引擎；
◎ 海量数据的复杂查询；
◎ 数据统计和数据聚合。

倒排索引不适用的场景包括：

◎ 高频更新数据的场景。在全文搜索数据库中，修改数据实际上是删除旧数据和创建新数据两步操作；
◎ 需要支持事务的场景。

4. 图数据库

近几年图数据库较为火热，其主要的开源项目有 Neo4j、Titan 等。图数据库指的并不是存储图片的数据库，而是以“图”这种数据结构存储数据的数据库。图由两个元素组成：“节点”和“关系”。其中，节点表示一个实体（人、商品等事物），关系则表示两个节点之间的关联关系。对于 1.7.1 节所举的例子：学生选课系统，如果用图数据库来存储，则会形成图 1-47 所示的存储结构。

从图 1-47 中可以看出，图数据库可以很简单且自然地构建出直观的数据模型；同时，我们可以很容易查询任意一个节点与其他节点的关系，解决了关系型数据库不擅长处理实体关系的问题。关系在图数据库中占首要地位，它非常适合强调关系、需要复杂关系查询和分析的业务场景，比如社交网络、知识图谱等。

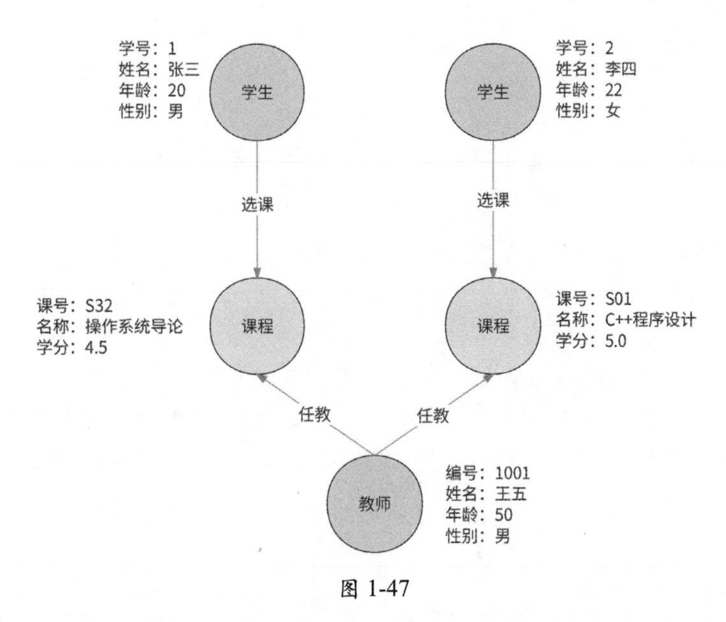

图 1-47

上述几种 NoSQL 数据库，虽然分别解决了关系型数据库无法实现高效处理的一些问题，但是也几乎丧失了关系型数据库的强一致性、事务支持等特性。因此，结合关系型数据库及 NoSQL 数据库两者优点的数据库便产生了，即 NewSQL 数据库。目前其较为知名的项目包括 Google Spanner、TiDB、CockroachDB 等。

NewSQL 底层依然采用 NoSQL 存储数据。更确切地说，NewSQL 使用分布式键值存储系统存储数据，而且在此基础上进行了很多革新，例如：

◎ 键值存储系统采用 LSM Tree 模型构建，可以大幅度提升写数据性能；
◎ 放弃了 NoSQL 的主从复制模式，而是以更小粒度的数据分片作为高可用单位，主从分片之间通过 Paxos 或 Raft 等分布式共识算法进行数据复制；
◎ 采用分布式事务实现键值存储系统的事务能力。

NewSQL 既保留了 NoSQL 可扩展性强的优势，又在此基础上提供了类似于关系型数据库的事务能力。换言之，NewSQL 的本质就是在传统关系型数据库上集成了 NoSQL 强大的可扩展性。NewSQL 的思想很好，它作为数据库领域的后起之秀，正在进入越来越多的应用场景。但是目前 NewSQL 依然是小众产品，它在高并发、事务性上的表现还需要更多的考验，短期内 NewSQL 难以完全取代关系型数据库和 NoSQL 数据库。

1.11 消息中间件技术

消息队列（Message Queue）是分布式系统中最重要的中间件之一，在服务架构设计中被广泛使用。

1.11.1　通信模式与用途

消息中间件构建了这样的通信模式：一条消息由生产者创建，并被投递到存放消息的队列中，消费者从队列中读取这条消息，于是生产者与消费者完成了一次通信。这种通信模式在现实生活中很常见，典型的例子是 E-mail 通信：

住在北京的张三想把一个重要但不紧急的消息告诉住在上海的李四，张三给李四打电话，但是李四正在忙其他的事情而未接电话，张三为了把消息传达给李四，只能不停地拨打电话直到李四接听，这无疑浪费了张三大量的时间。于是，张三选择将消息使用 E-mail 的方式发送，他只需要把邮件投递到李四的收件箱中就可以去忙其他的事情了，而不用去管李四是否繁忙，E-mail 系统保证只要李四空闲下来查看收件箱，就必然会收到张三的消息。对于消息中间件而言，张三和李四分别是生产者和消费者，E-mail 系统就是消息队列。

消息队列的通信模式为生产者和消费者带来了便捷性，如下所述。

◎ 生产者将消息投递到消息队列中就单方面完成了消息通信，比如张三只需要发送邮件，而不用等待李四阅读邮件。

◎ 消费者在自身有能力消费消息时才从消息队列中拉取新消息，比如李四今天非常忙碌，那么他可以明天再登录 E-mail 系统阅读邮件。

正是因为消息队列为生产者和消费者提供了便利，所以它被广泛应用于分布式系统。下面介绍消息队列的几个核心用途。

1. 异步化

在未使用消息队列的系统中，一些非必要的业务逻辑以同步方式运行，导致请求处理耗时较大。比如图 1-48 所示的业务场景，一个用户请求需要串行地经过 A、B、C、D 四个服务处理，其中，A 服务是此业务场景的核心服务，请求处理仅需 10ms；B、C、D 服务是非核心服务，请求处理时间分别是 200ms、300ms、100ms。所以一个用户请求需要耗时 610ms 才能得到响应。

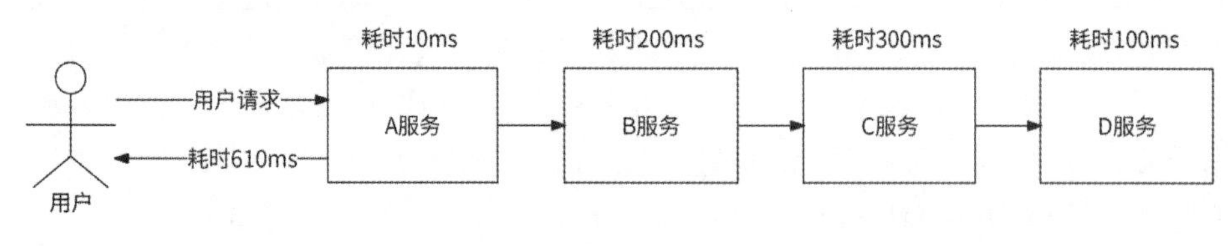

图 1-48

使用消息队列后，A 服务可以将请求相关消息写入消息队列，然后直接返回响应消息，而不用关心 B、C、D 服务是否已经处理请求，以及是否遇到故障；B、C、D 服务异步地从消息队列中拉取消息进行相应的业务逻辑处理。这样一来，用户请求的响应时间被大幅降低到 10ms，如图 1-49 所示。

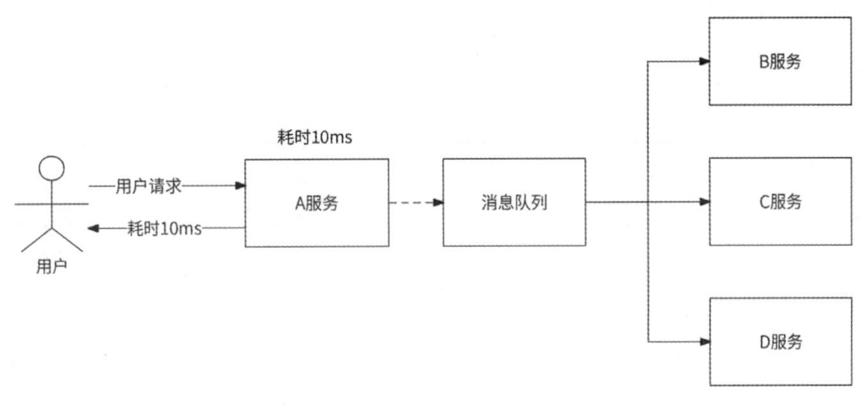

图 1-49

2. 流量削峰

通过 E-mail 系统，李四可以根据自己是否有空来选择阅读或者不阅读收件箱中的邮件，以及阅读几封邮件。对于消息队列的消费者来说也是一样的，消费者服务完全可以根据自己的消息处理能力灵活地读取消息，这样的灵活度能有效提高服务的稳定性。消息队列使得消费者服务拥有处理请求的主动权，再也不用担心自己会被击垮了。举一个例子，A 服务使用数据库作为处理请求的核心，当 A 服务面临流量高峰时，全部请求都会直接访问数据库，导致数据库宕机，进而 A 服务崩溃。如果请求并不要求立即执行，则可以先将请求写入消息队列，A 服务根据自己的处理能力从消息队列中慢慢拉取消息进行相应的请求处理。

如图 1-50 所示，假设 A 服务 1s 仅可以处理 100 个请求，流量高峰时 10000 QPS 会直接击垮 A 服务，而通过消息队列的形式，A 服务可以根据自己的请求处理速度来拉取消息，在整个链路上原来的请求量 10000 QPS 被平滑为 100 QPS，这就是流量削峰。

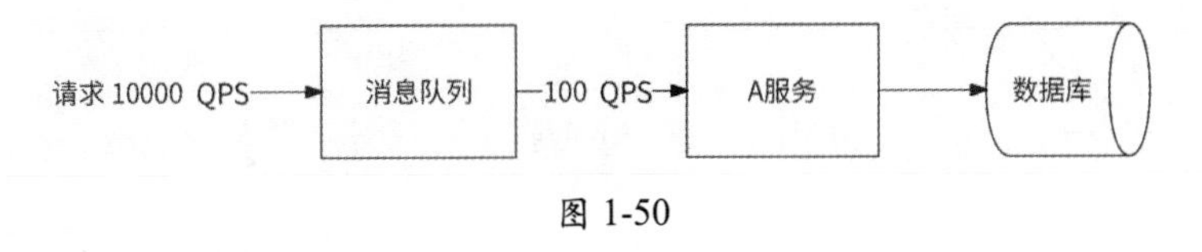

图 1-50

3. 解耦

在未使用消息队列时，服务之间的耦合性太强，如果 B 服务想加入 A 服务的请求处理流程，则需要在 A 服务中实现对 B 服务的 RPC 逻辑。假设在系统中有 3 个服务，如下所述。

◎ 点赞服务：负责处理用户对文章的点赞请求，主要业务逻辑是为用户和文章建立已点赞的关系记录。

◎ 热点服务：根据每篇文章的被点赞次数，给出当前最热门的文章列表。

◎ 策略服务：分析每个用户的点赞文章类型，以便可以将同类型的文章推荐给该用户。

热点服务和策略服务都想实时获取用户点赞行为，为此，我们只能在点赞服务对用户点赞请求的处理逻辑中增加对这两个服务的 RPC。如果将来有服务也想要收集用户点赞行为，或者策略服务下线，则需要改造点赞服务，于是所有依赖用户点赞行为的服务都与点赞服务形成了耦合，如图 1-51 所示。

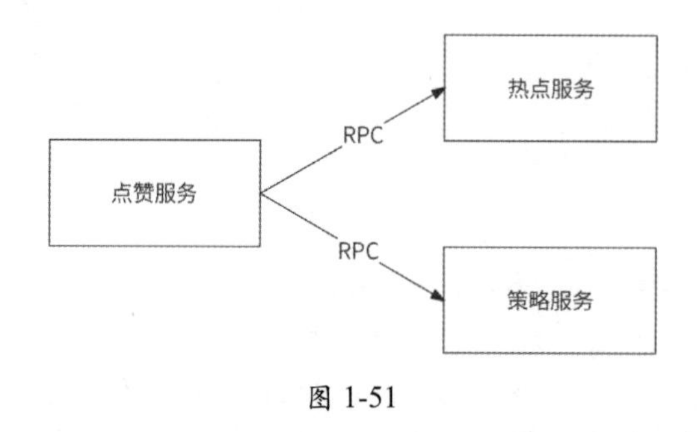

图 1-51

在系统中引入消息队列后，这种耦合关系得到完全解耦：点赞服务将在处理用户点赞请求时顺便将点赞事件发送到消息队列，任何希望收集用户点赞行为的服务只需要被配置成这个消息队列的消费者，而不会对点赞服务有任何影响。

如图 1-52 所示，通过引入消息队列，点赞服务与其他服务彻底解耦，每个服务的负责人只需要专注于自己的服务，这样也解决了一个大规模后台中多部门或多人协作的职责分离问题，减少了事故的发生。

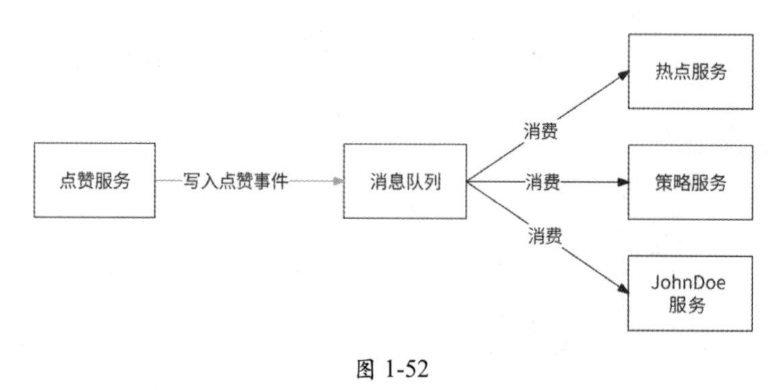

图 1-52

1.11.2 Kafka 的重要概念和原理

Kafka 是一个分布式、高性能、高可扩展性的消息队列系统，最初由 LinkedIn 开发，在 2010 年成为 Apache 基金会旗下的开源项目。Kafka 的主要应用场景是日志收集系统和消息中间件，其整体架构如图 1-53 所示。

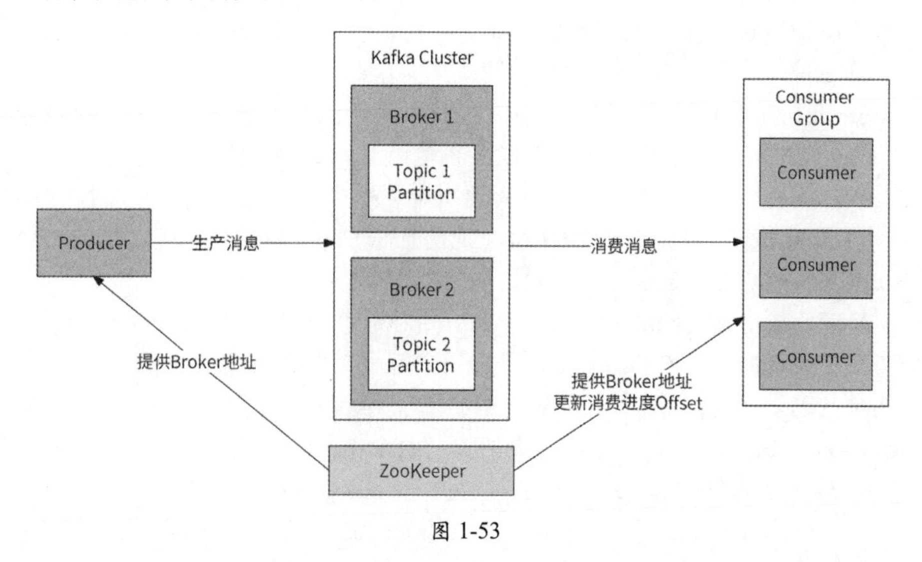

图 1-53

我们结合图 1-53 所示的 Kafka 整体架构来介绍 Kafka 的重要概念和原理。

（1）Producer（生产者）和 Consumer（消费者）：它们很好理解，前者生产消息，后者消费消息。

（2）Topic（主题）：每个发送到 Kafka 的消息都有自己的 Topic，可以将其理解为消息的类型，比如上一节提到的用户点赞事件就是一个 Topic。生产者发送某 Topic 的消息，消费者订阅该 Topic 的消息。

（3）Partition（分区）：一个 Topic 将消息数据分布式地存储在多个 Partition 中。这个 Partition 与存储系统的数据分片概念相同，都是将全量数据拆分为多个分区存储，以便实现负载均衡。每个 Partition 存储的消息都是基于 Key 有序的，不同 Partition 之间的消息不保证有序。Partition 由 Broker 管理。

（4）Broker：Broker 是 Kafka 的核心，负责接收消息、将消息存储到 Partition，以及处理消费者的消费消息逻辑。多个 Broker 组成 Kafka Cluster（Kafka 集群）。Kafka 使用全局唯一的 Broker ID 为每个 Broker 编号。

（5）Consumer Group（消费者组）：多个消费者实例组成一个 Consumer Group，一个 Topic 对应的消费对象是 Consumer Group。

（6）ZooKeeper：负责 Kafka 集群元信息的管理工作，将包括 Kafka 的生产者、消费者和 Broker 在内的所有组件在无状态的情况下建立起生产者和消费者的订阅关系，并实现生产者与消费者的负载均衡。它具体负责的内容包括但不限于如下内容。

◎ Broker 注册：每个 Broker 实例都需要把自己的 Broker ID、IP 地址和端口号注册到 ZooKeeper。如果某 Broker 实例宕机，则 ZooKeeper 会删除其地址信息。ZooKeeper 实现了 Kafka 集群的服务发现功能。

◎ Topic 元信息管理：一个 Topic 会创建多个 Partition 并分布在多个 Broker 上，每个 Topic 的 Partition 与 Broker 的关联关系也由 ZooKeeper 维护。

◎ 生产者负载均衡：每个生产者都需要决定它生产的消息应该被写入哪个 Partition。由于 ZooKeeper 中保存了 Broker 地址信息与 Topic 元信息，因此生产者可以根据 ZooKeeper 实现消息写入的负载均衡。

◎ 消费者负载均衡：Kafka 规定一个 Partition 消息只能被 Consumer Group 中的一个消费者实例消费，ZooKeeper 负责记录“哪个消费者实例消费哪个 Partition 消息”这样的消费关系。另外，当某个消费者实例宕机后，ZooKeeper 可以对相应的 Consumer Group 做 Rebalance，以便保证每个 Partition 消息一直都在被消费。比如 Consumer *i* 消费 Partition 1 消息时宕机，ZooKeeper 将对相应的 Consumer Group 进行 Rebalance，然后可以选择让 Consumer *j* 继续消费 Partition 1。

◎ 消费进度 Offset 记录：消费者实例在消费 Partition 消息的过程中，ZooKeeper 定时记录消息的消费进度 Offset，以便消费者实例重启或 Consumer Group 发生 Rebalance 后，可以从之前的 Partition Offset 位置继续消费消息。不过，这个功能的写性能不佳，Kafka 0.9 版本不再将消费进度 Offset 保存到 ZooKeeper，而是保存到 Broker 本地磁盘。

当生产者向某 Topic 发送消息时，首先要决定将消息存储到哪个 Partition：

◎ 如果消息指定了 Partition，则直接使用它；

◎ 如果消息未指定 Partition，但是消息设置了 Key，则对 Key 做哈希运算后选出一个 Partition；

◎ 如果消息既未指定 Partition 也未指定 Key，则轮询选择一个 Partition。

然后，生产者将消息发送到所选出的 Partition 对应的 Broker 节点，Broker 收到消息后将其顺序写入磁盘，消息写入完成，如图 1-54 所示。

消费者以 Consumer Group 方式工作，一个 Consumer Group 可以消费多个 Topic，一个 Topic 也可以被多个 Consumer Group 消费。当某 Topic 被一个 Consumer Group 消费时，每个 Partition 消息只能被一个消费者实例消费，但是一个消费者实例可以消费多个 Partition 消息，如图 1-55 所示。

这个限制表明，如果 Topic 有 10 个 Partition，而 Consumer Group 有 20 个消费者实例，那么就有 10 个实例处于空闲状态。

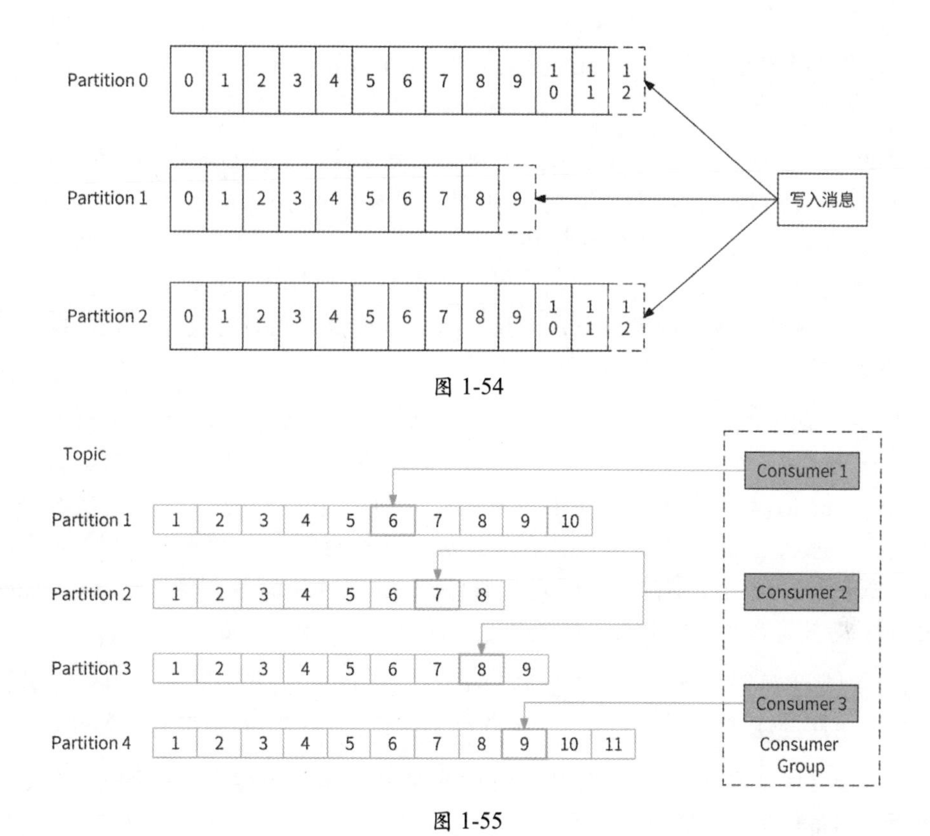

图 1-54

图 1-55

消费者采用拉取（pull）的方式消费 Partition 消息，这样才能由消费者自己控制消费消息的速度，以便实现消息队列的削峰能力。

1.11.3 Kafka 的高可用

为了实现高可用性，Kafka 允许一个 Partition 拥有多个消息副本（Replica），每个 Partition 的副本由 1 个 Leader 和若干 Follower 组成。生产者发送消息实际上写入的是 Partition 的 Leader，而 Follower 则会周期性地向 Leader 请求消息复制，以保证 Leader 与 Follower 之间的数据一致性。不只是生产者发送消息到 Leader，消费者消费的也是 Leader 中的消息，Follower 的用途是作为 Leader 的数据备份，用于在 Leader 所在的 Broker 宕机后接管 Partition 的读/写，尽可能保证消息不丢失。

需要强调的是，如果一个 Partition 的所有副本都被存储到同一个 Broker 上，那么 Broker 宕机后会造成这个 Partition 完全不可用，达不到高可用性的效果。所以，Kafka 会尽可能将一个 Partition 的每个副本都存储到不同的 Broker 上。

那么，将一条消息写入 Partition，是写入 Leader 就算成功，还是所有 Follower 都已同步这条消息才算成功？这要看 Leader 和 Follower 的数据复制需要哪种机制。

- ◎ 同步复制：所有的 Follower 都已复制此消息才认为消息写入成功。在这种机制下，Leader 与 Follower 数据一致性高，但是一旦某个 Follower 复制速度太慢或者宕机，就会直接劣化消息写入的性能和可用性。
- ◎ 异步复制：只要 Leader 收到消息就认为消息写入成功，并不关心 Follower 是否已复制此消息。在这种机制下，消息写入的性能高、可用性高，但是数据一致性得不到保证。

Kafka 采用的数据复制机制既不是完全的同步复制，也不是完全的异步复制，而是 ISR 机制：每个 Partition 的 Leader 都会维护与其保持数据一致的 Follower 列表，该列表被称为 ISR（In-Sync Replica）。如果一个 Follower 长时间未发起数据复制，或者其数据落后于 Leader 太多，那么 Leader 会将这个 Follower 从 ISR 中移除；在 Partition 写入消息时，只有 ISR 中所有的 Follower 都已确认收到此消息，Leader 才认为消息写入成功。Leader 会根据 Follower 状态动态地变更 ISR，并将变更结果同步到 ZooKeeper。

ISR 机制其实是同步复制和异步复制的折中，它可以很好地避免某 Follower 宕机对消息队列的可用性、性能的影响，也在一定程度上保证了多副本间数据的一致性。

多副本能够保证当 Broker 发生故障时相关的 Partition 依然有数据备份，那么 Kafka 如何使用数据备份进行故障恢复呢？

Kafka 0.8 版本引入了 Partition Leader 选举与故障恢复机制。首先，需要在 Kafka 集群的所有 Broker 中选举一个 Controller 角色，用于负责 Partition Leader 选举和副本重分配工作。当 Leader 发生故障时，Controller 会将 Partition 的最新 Leader、Follower 变动通知到相关 Broker。Broker 选举 Controller 借助了 ZooKeeper 的分布式锁能力，哪个 Broker 先抢到锁，它就是 Controller。

Controller 帮助 Broker 进行故障恢复的详细过程如图 1-56 所示。

（1）某 Broker 发生故障，与 ZooKeeper 断开连接。

（2）ZooKeeper 认为此 Broker 已下线，于是删除该 Broker 节点。

（3）ZooKeeper 通知 Controller 这个 Broker 已下线。

（4）Controller 向 ZooKeeper 查询哪些 Topic Partition 的 Leader 副本由这个 Broker 负责，得到的结果是受影响的、需要重新选举 Leader 的 Partition。

（5）Controller 从每个 Partition Leader ISR 中选择一个 Follower，准备将其提升为 Leader。

（6）Controller 将选举结果通知到各相关 Broker。

（7）被选举出的 Follower 变为 Leader，其他 Follower 转而向新的 Leader 复制数据。

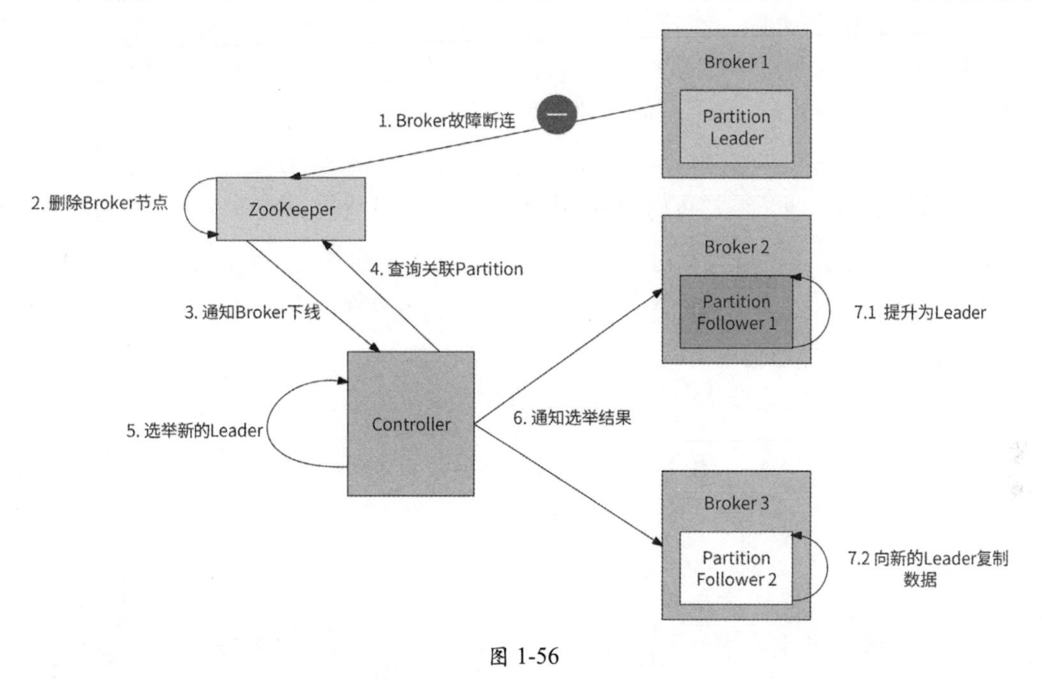

图 1-56

至此，我们已经对互联网应用后台机房架构的主要组件做了较为完整的介绍，不过目前仅局限于一个机房内部。接下来从更为宏观的视角来探讨多机房架构的建设。

1.12 多机房：主备机房

除了要考虑机房内的各个组件，也要考虑机房自身的高可用问题。使用单机房架构搭建互联网应用后台，虽然接入层、业务服务层、存储层均具备高可用架构，但由于机房是单点，所以还是避免不了机房故障会造成整个应用无法访问的问题。可能造成机房级别故障的情况有人为破坏、自然灾害等，比如断电、火灾、机房核心交换机故障、计算机病毒等。

种种不可控因素导致的机房故障，通常会造成整个应用后台不可用，这对于大部分公司来说都难以接受。当应用的用户量级已经较为可观时，解决机房单点问题便成为工程师迫在眉睫的工作。

解决机房单点问题最简单的方案是建设主备机房：在主机房所在的城市再建设一个备机房，整个备机房的内部完全复制主机房架构，在正常情况下仅主机房工作。在存储层，备机房数据库被部署为主机房数据库的从库，主机房与备机房通过专线做存储层数据复制。

专线是一种特殊网线，就是为某个机构拉一条独立的专用网线，也就是建立一个独立的局域网，让用户的数据传输变得可靠、可信。专线的优点是安全性好，网络通信质量高；不过，专线价格相对较高，而且需要专业人员管理。专线被广泛应用于军事、银行等场景。

专线是主备机房数据复制的核心通道。为了保证这条通道的可用性，我们可以在主备机房之间铺设多条专线，这样可以规避如道路施工挖断专线等意外造成专线断连的问题。

如图 1-57 所示，在这种架构下，备机房拥有与主机房相对一致的数据，当主机房出现故障时，备机房经过如下简单操作就可以代替主机房对外提供服务。

◎ 将备机房存储层的所有从库都提升为主库。

◎ 修改 DNS 解析地址指向备机房，逐渐接入用户请求。

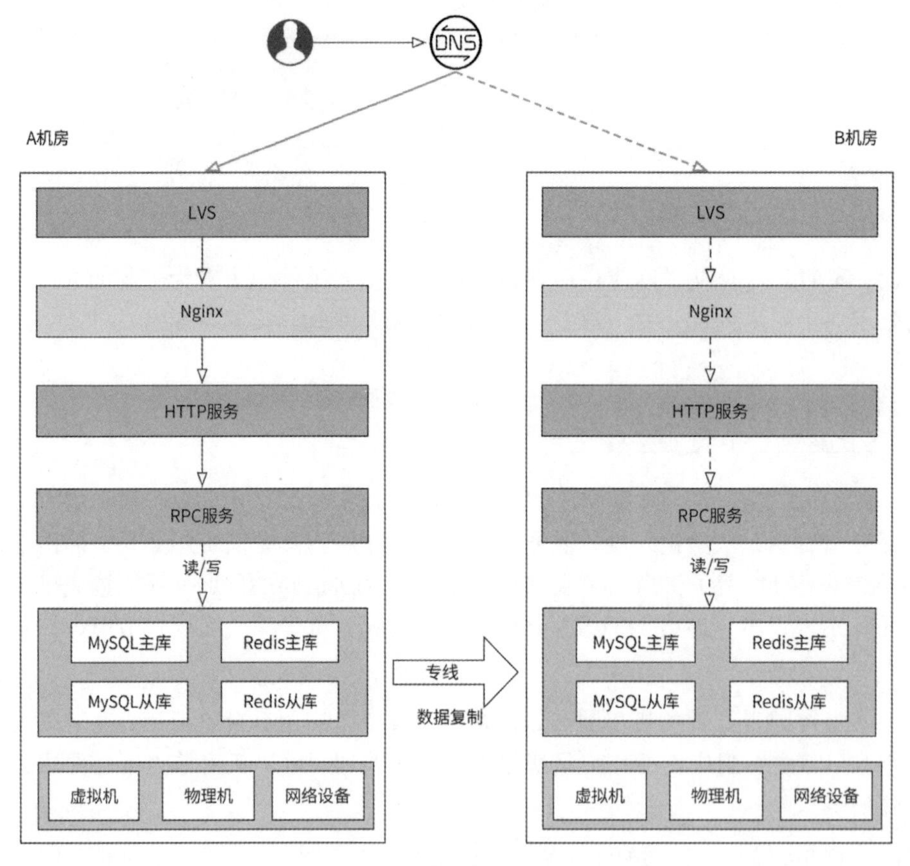

图 1-57

这种在同一城市部署的主备机房架构也被称为“同城灾备”，其主要优点是架构搭建简单，备机房的搭建照搬主机房即可；缺点是实用价值不高，其主要问题如下。

◎ 备机房大部分时间处于空闲状态，造成大量资源浪费。机房的建设与运维成本极其昂贵，常年供养一个空闲机房会让公司管理者颇有微词。

◎ 可用性存疑，这是最核心的问题。虽然理论上备机房能够在主机房出现故障时接替其工作，但是它毕竟没有担任主机房的实战经验，我们无法确认它真的能在关键时候起作用（根据笔者的实际经验，需要备机房挂帅的时候它总是掉链子）。这就好比医院的一场手术，没有谁会放心让一个没有实战经验的实习生直接当主刀医生。

1.13 多机房：同城双活

既然处于空闲状态的备机房既浪费资源又不确定可用，那么让备机房也与主机房一样日常对外提供服务不就好了吗？这样一来，机房资源被利用起来，也有了承接用户流量的实战经验，这就是“同城双活”架构。

1.13.1 存储层改造

“同城双活”架构与主备机房架构类似，只不过我们需要做一些改造：将两个机房的接入层 IP 地址都配置到 DNS。这样做的效果是两个机房都能负责一部分用户请求，形成了“双活”的局面。

如图 1-58 所示，A 机房与 B 机房组成“双活”机房，并由 DNS 负责决定将用户请求分流到哪个机房。从对外提供服务的角度来说，两者是对等的。此外，两个机房的服务可以通过专线实现互相访问，即“跨机房调用”。

但是这里有一个核心问题还没有解决：在主备机房架构下，备机房（即 B 机房）存储层的数据库是 A 机房的从库，从库意味着只能读数据，不可写数据，也就是 B 机房无法处理写请求，这样的“双活”无法达到我们的预期。

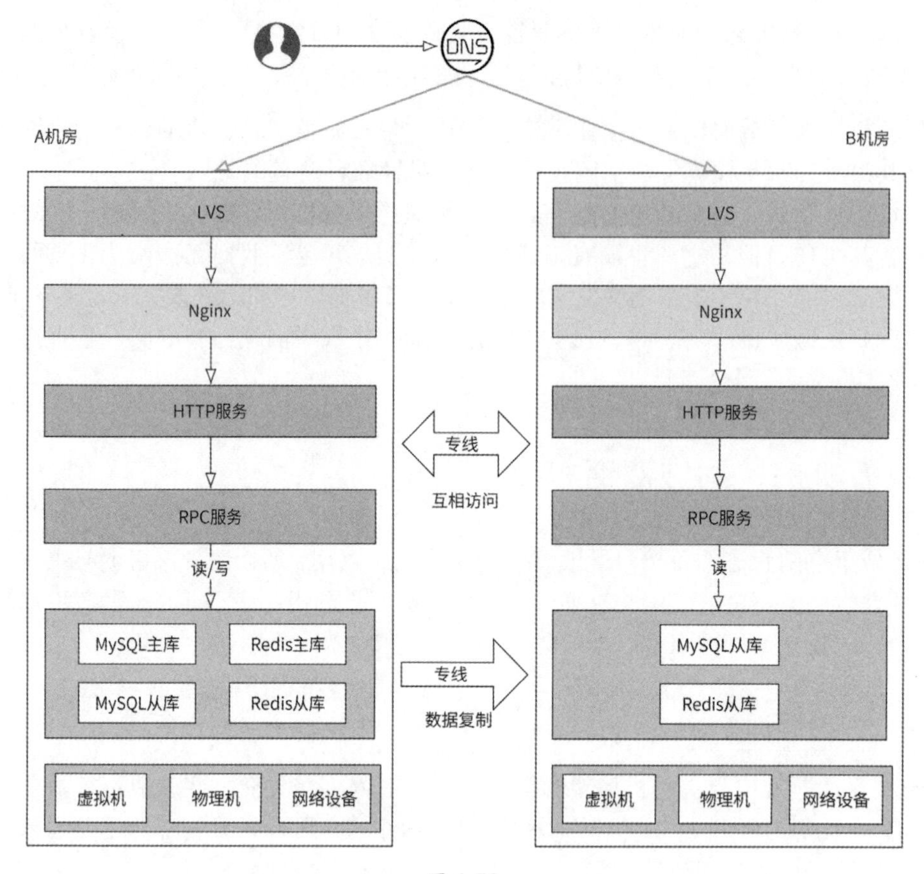

图 1-58

我们接着对存储层的访问做一些改造：B 机房的所有写数据请求在访问存储层的数据库时，直接跨机房访问 A 机房对应的主库——无论是将数据写入 Redis、MySQL、MongoDB 还是写入其他存储系统，如图 1-59 所示。

同一机房内网络通信的性能开销极小，可以忽略不计，而跨机房网络通信则会带来一定的网络延迟，因为机房之间有一定的物理距离。因为 B 机房的写数据请求需要跨机房访问 A 机房，所以这些写请求的延迟必然会增大。这是否是“同城双活”的潜在缺点？其实并不是。首先，对于绝大多数互联网应用来说，写数据场景远远少于读数据场景，也就是写请求的用户流量占比极低；其次，两个机房被部署在同一个城市，即两者的物理距离很近，在专线通道的加持下跨机房请求的代价极低，延迟只会增加 5ms 左右。所以，在逻辑上，我们可以把“同城双活”机房当作单机房来使用，不用过度在意跨机房访问的延迟问题。

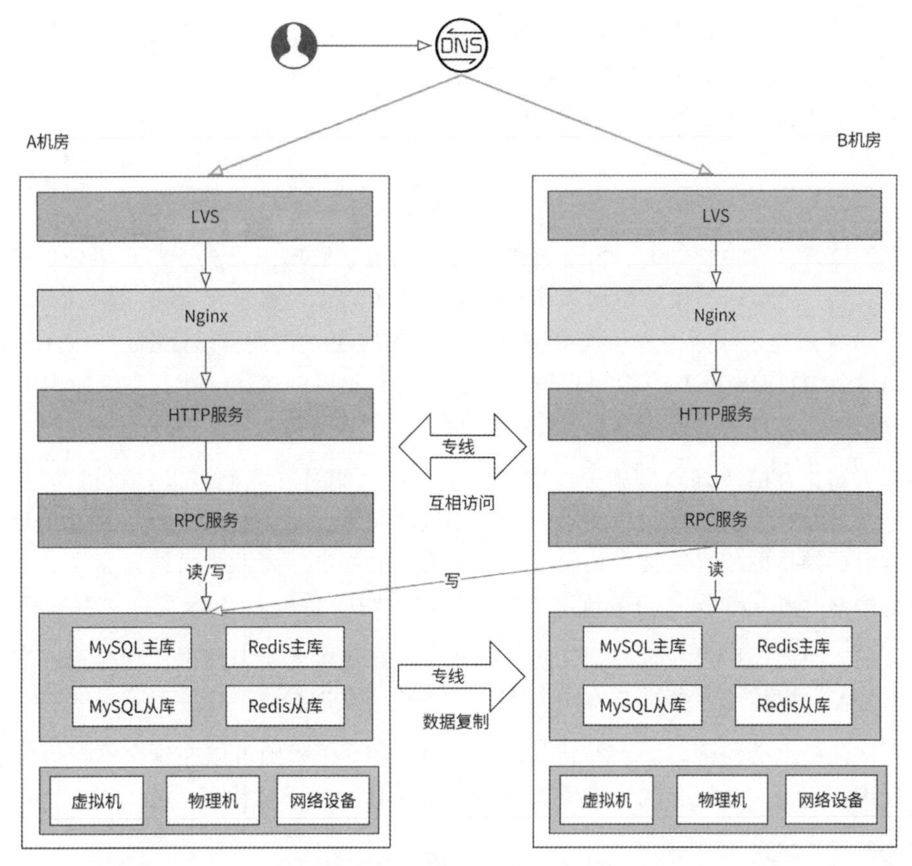

图 1-59

1.13.2 灵活实施

虽然名为“同城双活”，但是我们在应用此架构方案时应该清楚其思想，而不局限于名字。

首先，同城主要强调机房间的物理距离很近，而不是非要将机房限定在同一个行政区域内。我们固然可以在北京市昌平区部署 A 机房，在北京市怀柔区部署 B 机房，但是也可以在北京市延庆区部署 A 机房，在河北省张家口市部署 B 机房，因为延庆和张家口的物理距离足够近。保持双机房有较近的物理距离，是为了极大地缓解跨机房访问数据库带来的网络延迟。然而，物理距离也不能近得“离谱”，比如 A 机房和 B 机房都被部署在张家口某数据基地，虽然跨机房访问的网络延迟小了，但是这样的双机房架构和单机房并无区别，A 机房遭遇断电、火灾等意外事故，隔壁的 B 机房大概率也是“难兄难弟”。

其次，“同城双活”可以被灵活应用为“同城多活”，我们不一定只部署两个机房，而是可以部署更多的机房，只要保证在存储层选出唯一的主机房就好。比如可以分别在北京市的昌平区、延庆区、怀柔区建设 A、B、C 三个工作机房，只要保证 A 机房存储层的数据库是主库，B、C 机房存储层的数据库作为从库，并且 B、C 机房可以向 A 机房复制数据，以及写请求跨机房访问 A 机房即可。

1.13.3　分流与故障切流

用户的请求从客户端发起，这个请求应该访问哪个机房由分流策略来决定。因为可以将“同城双活”简单地当作单机房来用，所以分流策略也没有考虑太多因素，只要控制部分用户访问 A 机房、部分用户访问 B 机房即可。其实现方式是可以根据用户 ID（UserID）或客户端设备 ID（DeviceID）将用户请求哈希映射到不同的机房。笔者建议使用 DeviceID 来做哈希映射，这样可以使得未登录账号的设备也能被分流。

接下来讨论在哪个环节实施分流策略。上文中介绍过，我们可以将双机房接入层 IP 地址配置到 DNS 来实现将用户请求分流到不同的机房。但是这种分流方式相对粗糙——由于域名解析结果的不确定性，很有可能出现同一个用户的请求时而被分流到 A 机房、时而被分流到 B 机房的情况，且分流策略变更的生效时间会因为 DNS 缓存的存在而变长。

实际上，我们还可以在客户端、HTTP DNS 或其他接入层组件中实现分流。这里先介绍客户端分流，它需要服务端与客户端配合来实现准实时分流。

首先创建一个分流配置平台并将其部署在各机房，工程师可以在这个平台上配置各个域名的分流比例。一个域名的分流配置项可以被设计为如下结构：

```
"api.friendy.com": {
   "sharding": 100,
   "idc": [
      "changping": {
         "lower": 0,
         "upper": 50,
         "domain": "api-cp.friendy.com"
      },
      "yanqing": {
         "lower": 50,
         "upper": 100,
         "domain": "api-yq.friendy.com"
      }
   ]
}
```

各个字段的含义如下。

◎ sharding：表示 DeviceID 经过哈希运算后的取模值。

◎ idc：表示涉及的多活机房配置，每个机房都有唯一专用名称，比如 changping 表示昌平机房，yanqing 表示延庆机房。为每个机房都配置了如下字段。

- lower、upper：如果 DeviceID 哈希取模值在[lower, upper)区间，则表示需要将请求发送到对应的机房。
- domain：机房的专用域名，这个域名只会被解析到对应的机房。

接下来，客户端需要支持拉取分流配置，并根据配置内容执行分流策略。我们以上述配置内容为例，介绍客户端分流的工作流程。

（1）当客户端向域名 api.friendy.com 发起请求时，如果发现此域名有分流配置，则尝试执行分流策略。

（2）客户端使用 DeviceID 进行哈希运算，并以 sharding 取模值：hash(DeviceID)%100。假设得到计算值为 30。

（3）客户端发现 DeviceID 哈希取模值在 changping 的[0, 50)区间，说明此请求应该被分流到昌平机房。

（4）客户端将请求域名替换为 api-cp.friendy.com 后再发送请求，经过 DNS 解析后请求被分流到昌平机房。

当工程师修改了分流配置时，分流配置平台应该及时告知客户端分流策略有变更。一种可行的做法是在接入层 Nginx 上记录最新分流配置的版本号，任何客户端请求被响应前经过 Nginx 时都会在 HTTP 响应报文的 Header 中添加这个信息；客户端收到请求响应后，一旦发现 HTTP Header 中回复的分流配置版本号大于本地的，就主动向分流配置平台拉取最新的分流配置。如此一来，分流配置的变更可以达到近实时生效的效果。客户端与服务端获取分流配置的交互如图 1-60 所示。

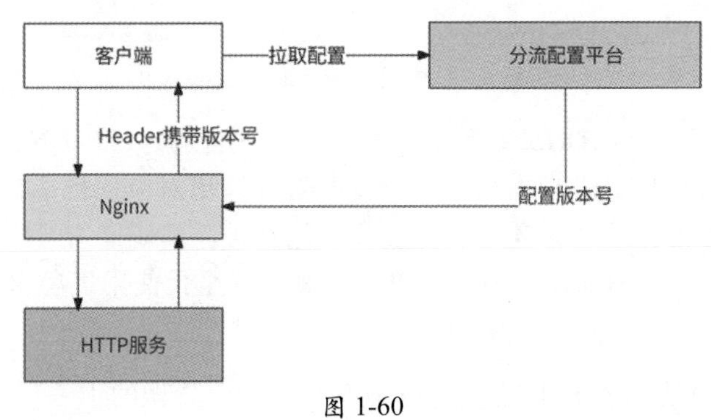

图 1-60

当某机房发生内部故障，需要将全部用户切流到另一个机房时（比如切流到昌平机房），分流配置平台可以下发如下配置项：

```
"api.friendy.com": {
    "sharding": 100,
    "idc": [
        "changping": {
```

```
                "lower": 0,
                "upper": 100,
                "domain": "api-cp.friendy.com"
            },
            "yanqing": {
                "lower": 0,
                "upper": 0,
                "domain": "api-yq.friendy.com"
            }
        ]
    }
```

将昌平机房的 DeviceID 哈希取模值范围设置为[0, 100)，将延庆机房的 DeviceID 哈希取模值范围设置为[0, 0)，保证全部客户端设备都被分流到昌平机房。

客户端分流依赖服务端下发的分流配置，如果发生机房掉电等大面积故障，则会导致接入本机房的客户端无法获取到最新的分流配置。可见，客户端本身也需要有主动容灾的策略：

（1）客户端接入 A 机房后，当连续 *N* 次访问 A 机房均发生网络错误时，客户端猜测 A 机房已不可用。

（2）客户端主动拉取最新的分流配置，此时拉取动作访问的依然是 A 机房。

（3）如果 A 机房已经掉电，或者机房接入层故障，那么客户端拉取分流配置当然也会失败。

（4）客户端转而向此时正常工作的 B 机房拉取分流配置，得到“将请求全部切流到 B 机房”的最新分流配置。

（5）客户端应用最新的分流配置，其发出的请求全部流入 B 机房，机房切流完成。

我们也可以使用 HTTP DNS 实施分流策略：客户端向 HTTP DNS 发起域名解析请求时携带 DeviceID，HTTP DNS 根据域名的分流配置计算出对应的机房，然后将此机房的一个入口 IP 地址返回给客户端，客户端就会接入此机房。其他接入层技术也都很容易支持机房分流，比如 CDN 动态加速、公有云机房网关，甚至是使用机房内的 Nginx 分流，它们的实施思路大差不差，这里不再赘述。

最后需要说明的是，当 A 机房发生故障时，我们需要做的不一定只有切流到 B 机房这一件事情，还要看 A 机房的存储层属性：

◎ 如果 A 机房存储层的数据库是从库，那么切流到 B 机房就好；
◎ 如果 A 机房存储层的数据库是主库，B 机房存储层的数据库是从库，那么切流到 B 机房会造成写数据请求无法执行。所以，我们还需要将 B 机房的所有存储数据库提升为主库。

1.13.4 两地三中心

“同城双活”架构大大提升了机房的高可用性，同时兼顾了机房资源的利用率，它有较好的实用价值。不过，“同城”有一些潜在风险，比如水灾、龙卷风、地震等城市级自然灾害会让距离相近的两个机房全军覆没，机房高可用性保障似乎做得还不够好。于是，业界的一些公司提出了“两地三中心”架构方案来优化“同城双活”。

在正式介绍这个架构方案之前，笔者希望分享一下自己的看法。诚然，城市级自然灾害确实会导致应用彻底瘫痪，但是我们也应该考虑概率问题，即机房所在地遭遇自然灾害的可能性有多大？

在机房的选址上，我们会刻意避开洪涝、龙卷风、地震高发的地带，这就已经使得机房遇到自然灾害的可能性大大降低了。我们在搭建完“同城双活”架构后，再去担忧会不会有百年一遇的自然灾害，然后又花费大量成本去做防御性建设，最终投入产出比往往非常低。在笔者看来，“两地三中心”就是一个投入产出比较低的架构方案，我们简单了解一下它就好。

“两地三中心”架构是在“同城双活”的基础上再增加一个异地备机房，如图 1-61 所示，所谓“异地”就是指需要将备机房部署到另一个距离较远的城市，比如“双活”机房在北京，那么备机房可以被部署在广州。备机房只做数据备份，不对外提供服务，所以这种架构方案的问题还是备机房的资源浪费和可用性存疑。

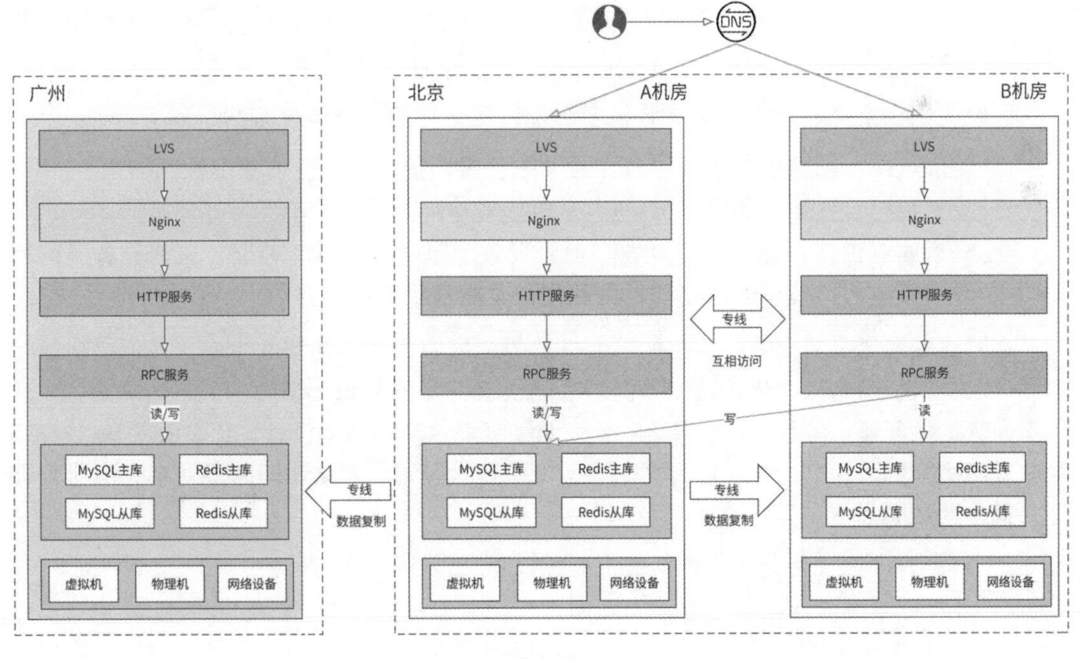

图 1-61

1.14　多机房：异地多活

大部分互联网应用使用“同城双活”架构就可以承担海量用户请求与保障后台高可用了，但是如果你的应用不是仅面向一个国家，而是面向全球（如 Facebook、Instagram 等），那么“同城双活”架构就会带来一些问题。

◎ 用户访问延迟问题。比如我们在泰国曼谷建设了“同城双活”机房，泰国、日本、韩国、马来西亚等附近国家用户的访问请求能被快速响应，而欧洲用户的访问请求只能“跨越山河大海”才能接入机房（因为欧洲距离曼谷物理位置太远），这就会造成访问延迟大大增加，用户会明显感觉到应用卡顿。

◎ 数据合规问题。很多国家非常注重互联网用户隐私数据安全，它们通常要求应用将本国用户的数据独立存储到本国机房。“同城双活”架构最多只能满足一个国家的数据合规要求。

◎ 灾难问题。如果部署机房的国家发生了战争、暴乱、自然灾害等，则可能导致机房被破坏，进而导致整个应用在全球范围内不可用。

全球级互联网应用后台一般采用多国部署机房的架构：在全球范围内筛选几个国家和城市部署机房并负责接入附近国家用户的访问请求，各个机房之间通过数据复制保证它们都有全球全量数据，这就是“异地多活”架构。

1.14.1　架构要点

假设我们在全球建设了 3 个“异地多活”机房，它们的具体分布情况如下。

◎ 美国机房：选址于美国洛杉矶，服务于美国、加拿大、巴西等美洲国家用户。

◎ 欧洲机房：选址于德国柏林，服务于欧洲、中东各国的用户。

◎ 马来西亚机房：选址于吉隆坡，主要服务于印度、日本、韩国、东南亚各国的用户。其他人口较少的国家与地区的用户也默认访问此机房。

在“同城双活”架构下，会选择一个机房的数据库作为存储层的主库，其他机房的写数据请求会跨机房写入主库，而读数据请求则依赖各存储系统自带的主从复制功能，实现机房间数据的复制。但是“异地多活”架构无法照搬这种存储层设计，其原因就是“异地”意味着机房间物理距离太远，使得网络通信产生巨大延迟，网络访问的成功率无法得到保证。最终的结果如下。

◎ 用户写请求卡顿明显，容易请求失败。

◎ 各存储系统的从库经常与主库断连，数据复制延迟巨大。

所以，“异地多活”架构的第一个要素是应该让每个机房都在本机房内处理写数据请求，即每个机房都独立部署各存储层的主库，各个机房的存储层之间不再有主从关系。

如此一来，“异步多活”架构的存储层设计如图 1-62 所示。

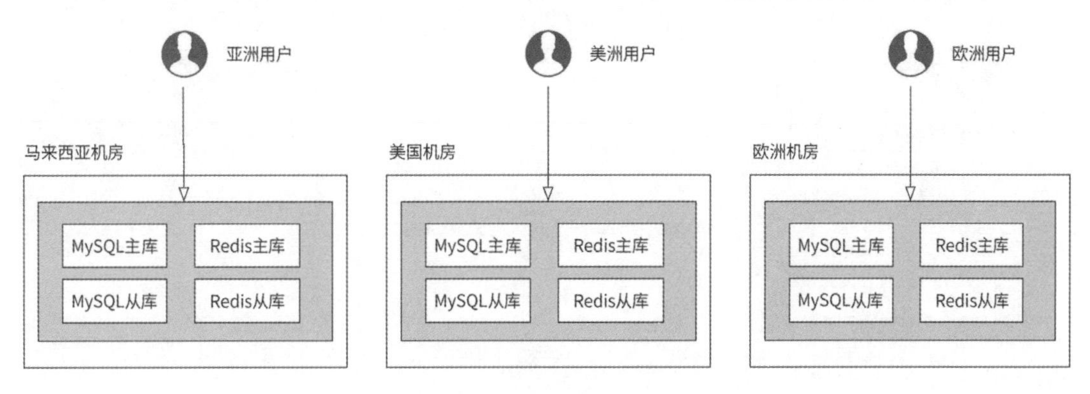

图 1-62

从图 1-62 中可以看出，各国用户的数据读/写请求都只在相关机房的存储层内独立处理，各机房间完全独立。每个用户的读/写请求均可以得到较快的响应。但是，这个架构有一个明显的缺点：每个用户只能看到一个机房的数据，在应用表现层面，日本用户只能与日本、韩国、东南亚各国的用户互动，而无法感知到美洲、欧洲等地区用户的存在，更无法与这些用户建立关系。这对于任何一个全球互联网应用来说都是完全不符合产品预期的。

所以，“异地多活”架构的第二个要素是数据互通，即每个机房都应该将本机房写入的数据复制到其他机房，这样才能实现任何用户都可以与任何国家的用户互动。在“异地多活”架构下，每个机房存储层的主库都可以通过跨国专线向其他机房存储层的主库复制数据，最终架构如图 1-63 所示。

无论是 MySQL、Redis 还是其他存储系统，官方都不支持主库与主库之间复制数据（简称“主主复制”），所以构建“异地多活”架构需要我们对各种存储系统进行一定的改造。在这方面业界有较多成熟项目，比如阿里巴巴分别为 MySQL、Redis、MongoDB 开发的“主主复制”中间件 Otter、RedisShake、MongoShake，携程公司的 Redis 多数据中心复制管理系统 XPipe，它们都是在“异地多活”场景下存储层跨机房“主主复制”的优秀工具。这种负责存储系统双向数据复制的工具一般被称为 DRC（Data Replicate Center）。

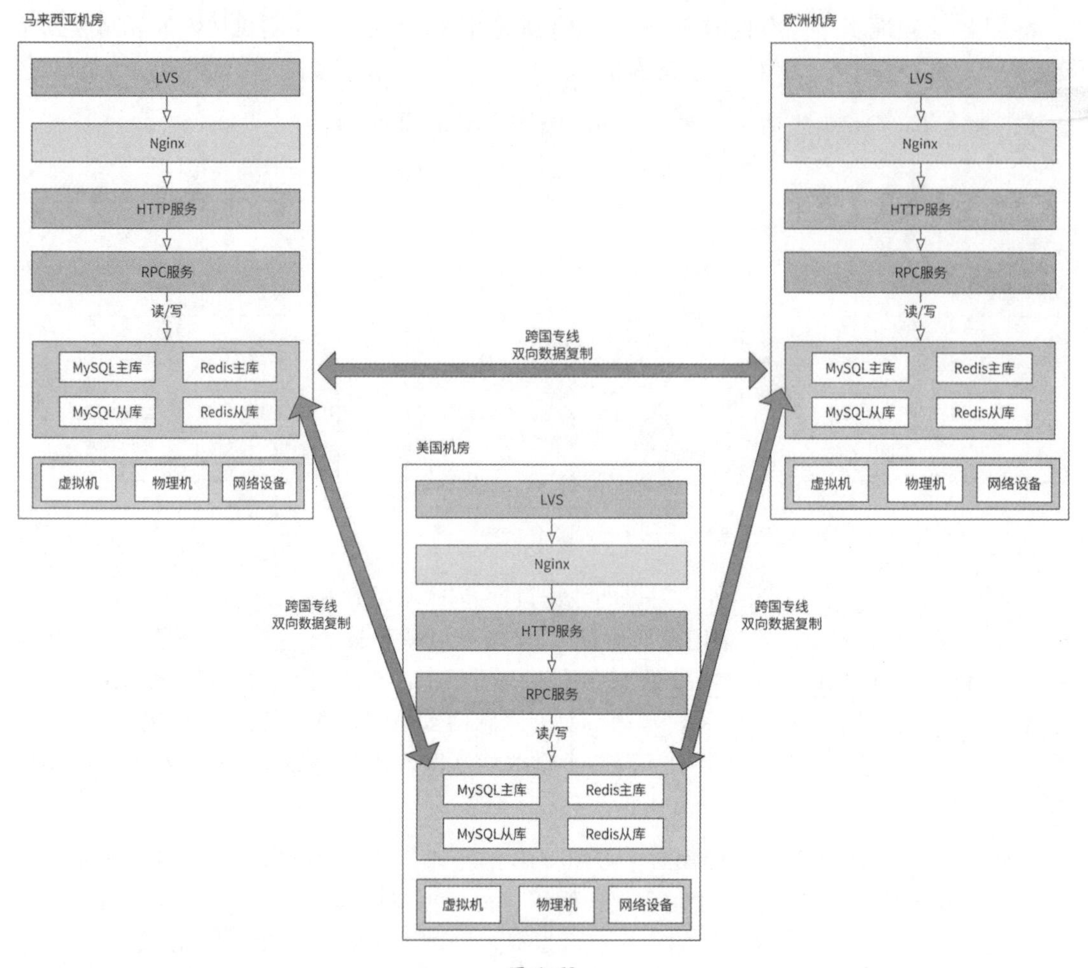

图 1-63

接下来分别介绍 MySQL 和 Redis 是如何实现 DRC 的，以及 DRC 设计需要重点考虑的技术问题。

1.14.2　MySQL DRC 的原理

MySQL DRC 工具的组成结构一般如图 1-64 所示。

◎ Sync-out：负责将本机房 MySQL 主库的数据复制到另一个机房，扮演从库的角色，会模拟 MySQL 从库与主库的交互协议，将自己伪装成一个从库来访问主库，于是主库会将 binlog 数据发送给 Sync-out，最后 Sync-out 实时得到了主库的数据变更记录。这种实时获取主库数据的技术被称为“伪从”，相关开源项目包括阿里巴巴的 Canal、LinkedIn 公司的 Databus 等。

◎ Sync-in：负责接收从另一个机房复制过来的数据并写入本机房的 MySQL 主库。

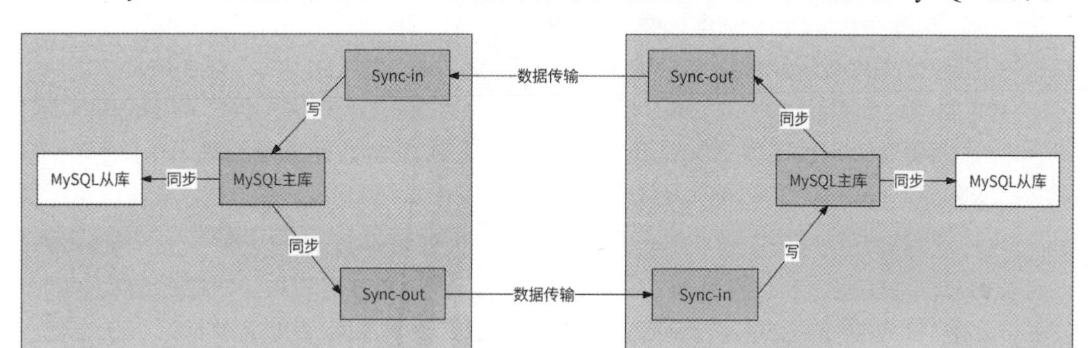

图 1-64

为了将数据复制到其他机房，Sync-out 会与远端机房的 Sync-in 建立 TCP 长连接，Sync-out 收到主库的 binlog 记录后解析保存到本地磁盘，同时会不断传输数据到远端 Sync-in，Sync-in 收到。Sync-out 宕机、传输网络连接断开都会导致数据传输中断，DRC 工具可以借助 MySQL GTID 实现断点续传能力：Sync-out 在数据传输过程中会记录最新的已传输成功的数据 GTID，在 Sync-out 宕机重启或者传输网络断线重连后，都可以根据 GTID 迅速定位到 binlog 文件的某个位置，而后 Sync-out 继续传输此位置之后的数据。

GTID（Global Transaction Identifier）是 MySQL 对每个已提交事务的编号，并且是 MySQL 主从集群中全局唯一的编号。GTID 和事务会被记录到 binlog 文件中，用来标识事务。根据 GTID 可以准确定位到一个事务在 binlog 文件中的位置。

Sync-in 扮演了数据库客户端的角色。Sync-in 收到远端 Sync-out 复制过来的数据后，还原写数据 SQL 语句并在本机房的主库中执行。

断点续传可能造成数据被重复传输，我们需要避免重复数据被写入远端机房。具体的处理方式也是应用 GTID：Sync-in 保存已写入数据 GTID 的集合用于数据防重。当 Sync-in 收到远端 Sync-out 传输过来的数据时，先检查此 GTID 是否已在 GTID 集合中，如果在，则说明此数据被重复传输了，Sync-in 直接忽略此数据。

使用 DRC 工具还可以防止数据回环。数据回环指的是数据变更记录被从 A 机房复制到 B 机房，又被从 B 机房复制回 A 机房的现象。例如，在 A 机房对数据 D 进行修改（将其值从 v0 修改为 v1），binlog 会产生类似于“D: v0–>v1”的变更记录，于是这条记录会被 Sync-out 复制到 B 机房；B 机房的 Sync-in 将此记录写入数据库，从而造成“D: v0–>v1”又被 B 机房主库的 binlog 文件记录，于是 Sync-out 又将这条记录复制到 A 机房，这就使得“D: v0–>v1”产生了数据回环。

数据回环根据结果具体分为两种情况。

◎ A 机房的“D: v0->v1”回环一次回到 A 机房。由于 A 机房数据 D 的值早已是 v1，被回环的数据变更记录并没有修改数据值，所以不会产生 binlog 记录，回环结束。这种情况只会造成数据变更记录被回环一次。

◎ 在 A 机房，在很短的时间内对数据 D 进行了两次修改：“D: v0->v1”和“D: v1->v0”，这两条变更记录回环一次回到 A 机房。由于 A 机房数据 D 的值为 v0，所以“D: v0->v1”和“D: v1->v0”被相继执行并再次记录到 binlog 文件中，从而产生了新的回环，并进入无限回环的局面。这将严重占用机房间数据传输通道的带宽。

防止数据回环的方案并不复杂：在主库中创建一个辅助表，用于记录哪些数据变更事务来自其他机房，Sync-in 在将数据写到主库时利用事务机制在辅助表中插入一条数据；Sync-out 解析主库发送的 binlog 数据，检查每个事务是否有写辅助表，如果有，则说明数据变更事务来自其他机房，不传输此数据。

这里还需要考虑的一个问题是数据冲突。在 A 机房和 B 机房几乎同时修改了数据 D，A 机房的数据变更记录是“D: v0->v1”，B 机房的数据变更记录是“D: v0->v2”；A 机房将数据变更记录发送到 B 机房时，发现数据 D 的值为 v2，产生了数据冲突。

数据冲突很难解决，我们只能使用一些策略来决定在数据冲突时选择哪一方的修改结果。一种可能的策略是 Last Write Wins（LWW），即最后写入者胜利策略：主库在数据变更时自动记录每行数据的最新修改时间，当 B 机房的 Sync-in 收到“D: v0->v1”的变更记录，却发现本机房的数据 D 的值为 v2 时，对比“D: v0->v1”的修改时间与数据 D 的最新修改时间——如果前者更晚，则执行写入，否则“D: v0->v1”被忽略。LWW 依赖时间戳，其本意是让更晚发生的数据变更记录作为最终结果，但是不同机房同一时刻的时间戳并不一定相同，这就使得数据变更的时间早晚顺序并不准确，所以这种策略并不准确。

要想真正解决数据冲突，只能尽量避免数据冲突。比如在订单系统中，如果在数据库中创建订单时使用自增主键作为订单 ID，那么不同机房创建的不同订单就有了相同的订单 ID，机房双向复制时就会产生大量数据冲突。所以，如果某服务需要异地多活，那么这个服务的业务逻辑就不能对数据库自增主键有任何依赖，而是应该采用分布式唯一 ID 等方案（见第 4 章）。

此外，在机房分流上，应该尽量保证不同的用户被分流到不同的机房，这样才能使得与每个用户相关的数据同一时刻仅在一个机房内被修改，而避免了在不同的机房同时修改这个用户数据的可能。

这里做一个总结：MySQL DRC 工具的技术核心要点包括实现伪从、断点续传、数据防重，以及防止数据回环和数据冲突。其实不仅仅是 MySQL，其他任何存储系统的 DRC 工具设计都是围绕这几个要点展开的。

1.14.3 Redis DRC 的原理

Redis DRC 工具的设计思路与 MySQL DRC 工具类似，依然需要 Sync-out 与 Sync-in 组件。不过，Redis 与 MySQL 作为存储系统在功能上有较大的差异，实现伪从、断点续传、数据防重，以及防止数据回环和数据冲突需要不同的手段。

对于伪从：由于 Redis 自带主从复制功能，所以 Sync-out 模拟 Redis 从库向 Redis 主库复制数据即可，复制的数据形式是 Redis 写命令。Sync-out 将 Redis 写命令暂存到本地。

对于断点续传和数据防重：Redis 没有 MySQL 的 GTID 机制可以唯一标识一个事务，所以我们只能自己开发一套 Redis 专用的 GTID，使用递增的唯一 ID 来达到此目的。Sync-out 为每个收到的 Redis 写命令都绑定一个单调递增的 ID，并保存目前已成功传输的写命令 ID。这样一来，在网络故障恢复或 Sync-out 重启后，就可以继续传输了。对端机房的 Sync-in 也保存最近成功写入的写命令 ID，如果 Sync-in 收到的新的写命令 ID 小于或等于这个 ID，则说明收到了重复数据，丢弃即可。

对于数据回环：Redis 防止数据回环可以通过如下两种思路。

（1）改造 Redis 的写命令格式，让其携带机房信息。

（2）Redis 主库识别 Redis 客户端的角色，如果是 Sync-in 发来的写命令，则不复制到 Sync-out。

第一种思路需要修改 Redis 的全部写类型命令，且每当 Redis 升级到新版本加入新的写命令时，我们都要跟进修改，整体的维护成本和实现成本较高。

第二种思路的实现方式是：Redis 服务器使用一个名为 redisClient 的结构体类型来表示每个客户端的 TCP 连接信息。其中的 flags 属性用于记录客户端的角色，以及客户端目前的状态：

```
typedef struct redisClient {
    // ...
    int flags;
    // ...
} redisClient;
```

flags 属性的值可以是单个标志：

```
flags = <flag>
```

也可以是多个标志的二进制或，比如：

```
flags = <flag1> | <flag2> | ...
```

每个标志都使用一个常量表示，其中一部分标志记录了客户端的角色：

◎ 在主从复制架构下，REDIS_MASTER 标志表示客户端代表的是主库，REDIS_SLAVE 标志表示客户端代表的是从库。

◎ REDIS_PRE_PSYNC 标志表示客户端代表的是一个版本低于 Redis 2.8 的从库。

◎ REDIS_LUA_CLIENT 标志表示客户端是专门用于处理 Lua 脚本中包含的 Redis 命令的伪客户端。

我们可以增加两个客户端角色标志“REDIS_SYNC_IN”和“REDIS_SYNC_OUT”，分别表示 Redis 客户端是 Sync-in 和 Sync-out，这样 Redis 主库便可以轻松识别出客户端角色类型。当 Redis 主库收到来自 Sync-in 的写命令时，说明此写命令来自其他机房，因此不会将此写命令复制给 Sync-out，数据回环被阻断。防止数据回环的架构如图 1-65 所示。

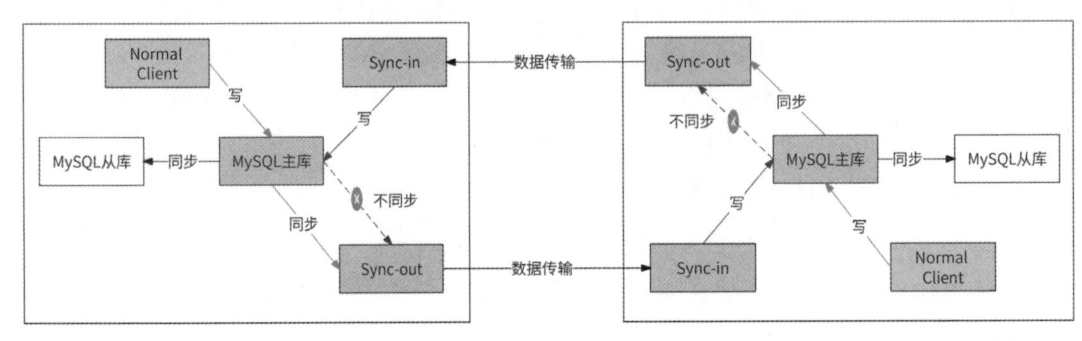

图 1-65

对于数据冲突：Redis 没有简单的处理方式为写命令增加时间戳，大多数 Redis DRC 工具在尝试解决数据冲突时都避免不了引入时间戳的概念，且因机房间时间戳的不一致并不能彻底解决问题。另外，Redis 的写命令远比 MySQL 的丰富得多，为这些写命令实现防止数据冲突的数据结构困难重重，所以 Redis 也应该如同 MySQL 一样尽量避免数据冲突。

1.14.4 分流策略

将一个用户的访问请求固定在一个机房可以有效防止存储层数据冲突。虽然通过“同城双活”架构的 DeviceID 分流策略可以达到这个目的，但是这种策略无视用户的地理位置，必然导致大量用户被分流到距离很远的机房，比如韩国用户被分流到欧洲机房。这会明显降低用户访问体验，所以它并不适合“异地多活”架构。

适合“异地多活”架构的分流策略一定要考虑用户的地理位置，DNS 正好支持按地域配置域名解析，我们可以为不同的国家用户配置不同的机房接入层 IP 地址，保证绝大多数用户可以通过 DNS 直达目标机房。

DNS 分流策略的缺点是用户网络环境会干扰域名解析结果，比如用户使用了 VPN、非本国 SIM 卡以及用户出国旅行等情况都可能导致用户被分流到其他机房。为了彻底固定一个用户访问的机房，我们需要将用户所在国固定下来，使得用户所访问的目标机房的地址不受其行为的影响。

一种固定用户所在国的方案是用户注册国策略。新用户在应用内注册账号时，客户端携带用户国家信息作为其注册国，后台创建用户初始信息时保存注册国信息；之后用户的任何访问请求都根据注册国来选定目标机房。客户端可以将使用 SIM 卡国家代码或者 IP 地址反查得到的国家作为其注册国。

在确定了用户注册国后，用户每次登录应用时都会先从用户信息服务中获取注册国信息，然后根据注册国映射到预先配置好的机房。比如我们配置了日本用户访问马来西亚机房，那么注册国是日本的用户无论是出国还是使用 VPN 等都将固定访问此机房。

受限于用户注册国策略，日本用户在欧洲旅行期间访问应用会出现卡顿。如果用户是短期旅行尚可接受，但如果用户是出国长居，那么总是出现访问卡顿可能会让用户失去耐心。我们可以对用户访问请求进行国家维度的监控，如果发现某用户访问请求时当前所在国与注册国在连续较长的时间内都不同，则可以将用户注册国改为当前所在国，以及时改善用户体验。

1.14.5 数据复制链路

“异地多活”架构的“多活”要求每个机房都将主库数据复制到其他所有机房，所以双向数据复制链路数为$C_N^{N-1}=\frac{N\times(N-1)}{2}$。例如，在有 3 个机房的情况下，需要 3 条双向数据复制链路，如图 1-66 所示。

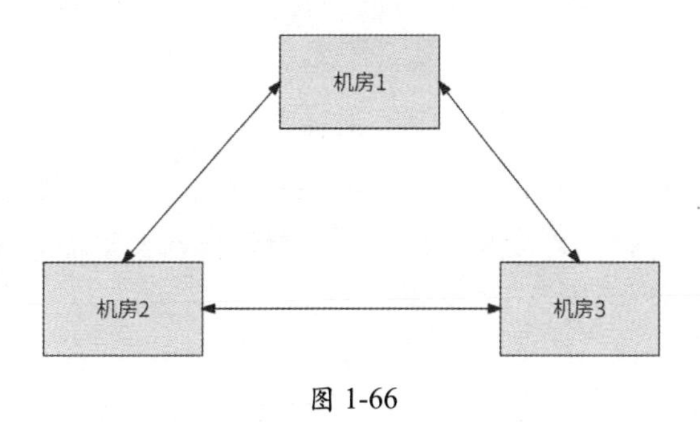

图 1-66

3 个机房需要 3 条双向数据复制链路看起来没什么问题，那如果“异地多活”架构有 6 个机房呢？双向数据复制链路将达到 15 条，如图 1-67 所示。

这种网状结构表明，稍稍增加机房数量就会使得双向数据复制链路激增，这将导致机房维护成本也骤然升高。对于这种情况，我们可以进一步优化：约定某个机房为中心机房，其他机房的主库数据仅被复制到中心机房，再由中心机房将其复制到全部机房，形成如图 1-68 所示的星状结构。

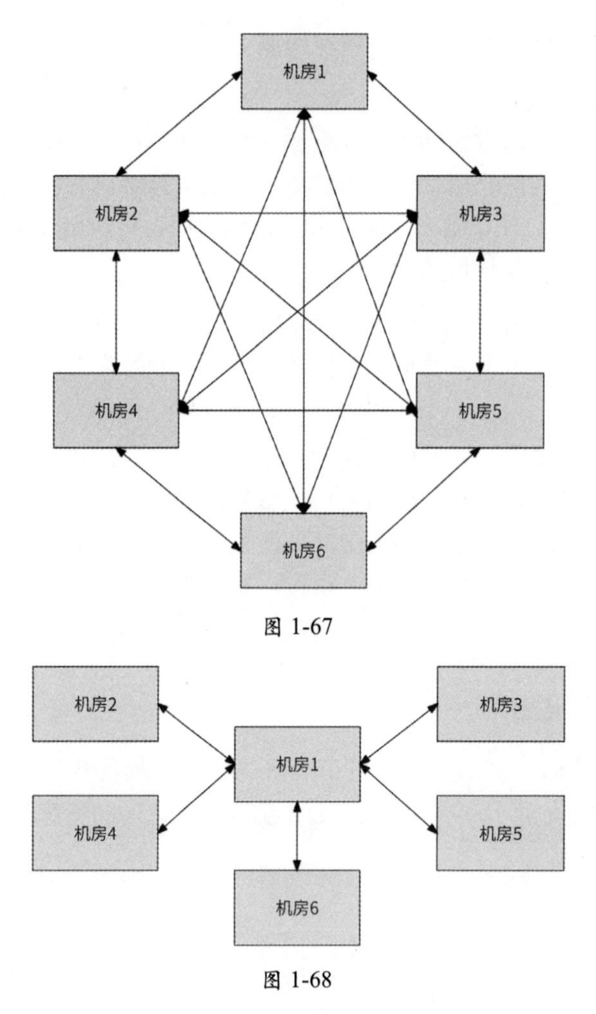

图 1-67

图 1-68

从图 1-68 中可以看出，同样的 6 个机房，星状结构只需要 5 条双向数据复制链路，机房架构的复杂度大大降低。在网状结构下，如果机房数量远大于双向数据复制链路数，则适合改造为这样的星状结构。

1.15　本章小结

在一个互联网应用内，用户在 PC 端、移动端的任何点击行为几乎都会通过互联网发出网络请求到应用后台机房，从发出请求到请求被响应的时间虽然非常短，但在这短短的时间内却涉及很多事情。

（1）用户请求以 HTTP 形式发出，并通过域名指定应用所在机房的地址；DNS、HTTP

DNS 等技术提供了域名解析服务，使得用户请求的目的地指向应用机房的接入层 IP 地址。

（2）用户请求进入机房后到达四层负载均衡器 LVS，LVS 将用户请求进一步转发到七层负载均衡器 Nginx。

（3）Nginx 根据用户请求的 URL 与已配置的 URL 转发规则进行匹配，将用户请求进一步转发到相关业务层的 HTTP 服务。

（4）HTTP 服务处理用户请求，并根据业务逻辑继续向相关业务层的 RPC 服务发起调用。

（5）RPC 服务处理请求，在处理逻辑中可能需要调用其他 RPC 服务，或者从存储层的 Redis、MySQL 等中获取相关业务数据。

后台机房最初以单机房的形式提供服务，但是随着用户量级的增长和机房故障影响面的扩大，很多公司开始构建各种类型的多机房架构。

◎ 主备机房架构。主机房对外提供服务，备机房完全复制主机房的架构与数据；当主机房发生故障时，将用户切流到备机房。这种架构方案不仅浪费资源，而且可用性存疑，所以很少有互联网公司采用。

◎ “同城双活”架构。在距离较近的地理位置上搭建两个机房，每个机房都对外提供服务；在存储层选择一个机房作为主机房，另一个机房的数据库作为主机房数据库的从库，读数据请求由本机房存储层处理，而写数据请求均被转发到主机房存储层处理，主机房使用各存储系统提供的主从复制技术将最新数据传输到另一个机房。绝大多数互联网应用后台使用“同城双活”架构就可以达到机房高可用的目的。

◎ “异地多活”架构。对于服务于全球用户的世界级应用而言，“同城双活”架构只会考虑到机房所在城市附近国家的用户体验，而对于跨海、跨洲的其他用户会有明显的访问延迟。所以，此类应用更适合采用“异地多活”架构——在全球若干有代表性的城市和地区建设机房，每个机房都服务于附近国家的用户。在“异地多活”架构下，存储层要求每个机房都闭环承接自己的写数据请求，以防止跨机房访问；同时要做到各机房数据全球可见，所以相关的存储系统需要借助 DRC 工具实现双向数据复制。

第 2 章 通用的高并发架构设计

既然是亿级用户应用，那么高并发必然是其架构设计的核心要素。从本章开始，我们将介绍高并发架构设计的一些通用设计方案。本章的学习路径与内容组织结构如下。

◎ 2.1 节介绍形成高并发系统的必要条件、高并发系统的衡量指标以及高并发场景分类。

◎ 2.2 节 ~ 2.4 节介绍通用的应对高并发读场景的架构设计方案。

◎ 2.5 节介绍微服务 CQRS 模式，对应对高并发读场景的架构设计能力进行总结。

◎ 2.6 节和 2.7 节介绍通用的应对高并发写场景的架构设计方案。

本章关键词：读/写分离、数据缓存、缓存更新、CQRS、数据分片、异步写。

2.1 高并发架构设计的要点

高并发意味着系统要应对海量请求。从笔者多年的面试经验来看，很多面试者在面对“什么是高并发架构”的问题时，往往会粗略地认为一个系统的设计是否满足高并发架构，就是看这个系统是否可以应对海量请求。再细问具体的细节时，回答往往显得模棱两可，比如每秒多少个请求才是高并发请求、系统的性能表现如何、系统的可用性表现如何，等等。为了可以清晰地评判一个系统的设计是否满足高并发架构，在正式给出通用的高并发架构设计方案前，我们先要厘清形成高并发系统的必要条件、高并发系统的衡量指标和高并发场景分类。

2.1.1 形成高并发系统的必要条件

形成高并发系统主要有三大必要条件。

◎ 高性能：性能代表一个系统的并行处理能力，在同样的硬件设备条件下，性能越高，越能节约硬件资源；同时性能关乎用户体验，如果系统响应时间过长，用户就会产生抱怨。

◎ 高可用性：系统可以长期稳定、正常地对外提供服务，而不是经常出故障、宕机、崩溃。

◎ 可扩展性：系统可以通过水平扩容的方式，从容应对请求量的日渐递增乃至突发的请求量激增。

我们可以将形成高并发系统的必要条件类比为一个篮球运动员的各项属性："高性能"相当于这个球员在赛场上的表现力强，"高可用性"相当于这个球员在赛场上总可以稳定发挥，"可扩展性"相当于这个球员的未来成长性好。

2.1.2 高并发系统的衡量指标

1. 高性能指标

一个很容易想到的可以体现系统性能的指标是，在一段时间内系统的平均响应时间。例如，在一段时间内有 10000 个请求被成功响应，那么在这段时间内系统的平均响应时间是这 10000 个请求响应时间的平均值。

然而，平均值有明显的硬伤并在很多数据统计场景中为大家所调侃。假设你和传奇篮球巨星姚明被分到同一组，你的身高是 174cm，姚明的身高是 226cm，那么这组的平均身高是 2m！这看起来非常不合理。假设在 10000 个请求中有 9900 个请求的响应时间分别是 1ms，另外 100 个请求的响应时间分别是 100ms，那么平均响应时间仅为 1.99ms，完全掩盖了那 100 个请求的 100ms 响应时间的问题。平均值的主要缺点是易受极端值的影响，这里的极端值是指偏大值或偏小值——当出现偏大值时，平均值将会增大；当出现偏小值时，平均值将会减小。

笔者推荐的系统性能的衡量指标是响应时间 PCT*n* 统计方式，PCT*n* 表示请求响应时间按从小到大排序后第 *n* 分位的响应时间。假设在一段时间内 100 个请求的响应时间从小到大排序如图 2-1 所示，则第 99 分位的响应时间是 100ms，即 PCT99 = 100ms。

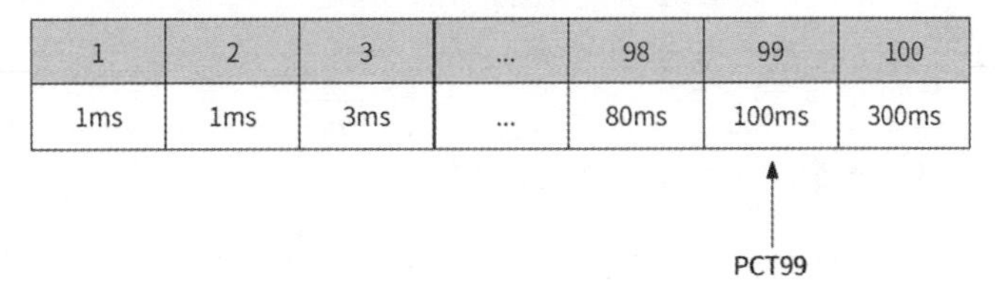

图 2-1

分位值越大，对响应时间长的请求越敏感。比如统计 10000 个请求的响应时间：

◎ PCT50=1ms，表示在 10000 个请求中 50%的请求响应时间都在 1ms 以内。

◎ PCT99=800ms，表示在 10000 个请求中 99%的请求响应时间都在 800ms 以内。

◎ PCT999=1.2s，表示在 10000 个请求中 99.9%的请求响应时间都在 1.2s 以内。

从笔者总结的经验数据来看，请求的平均响应时间=200ms，且 PCT99=1s 的高并发系统基本能够满足高性能要求。如果请求的响应时间在 200ms 以内，那么用户不会感受到延迟；而如果请求的响应时间超过 1s，那么用户会明显感受到延迟。

2. 高可用性指标

可用性=系统正常运行时间/系统总运行时间，表示一个系统正常运行的时间占比，也可以将其理解为一个系统对外可用的概率。我们一般使用 *N* 个 9 来描述系统的可用性如何，如表 2-1 所示。

表 2-1

可 用 性	一年内发生故障的时间	一日内发生故障的时间
90%（1 个 9）	36.5d	2.4h
99%（2 个 9）	3.65d	14.4min
99.9%（3 个 9）	8h	1.44min
99.99%（4 个 9）	52min	8.6s
99.999%（5 个 9）	5min	0.86s

高可用性要求系统至少保证 3 个 9 或 4 个 9 的可用性。在实际的系统指标监控中，很多公司会取 3 个 9 和 4 个 9 的中位数：99.95%（3 个 9、1 个 5），作为系统可用性监控的阈值。当监控到系统可用性低于 99.95%时及时发出告警信息，以便系统维护者可以及时做出优化，如系统可用性补救、扩容、分析故障原因、系统改造等。

3. 可扩展性指标

面对到来的突发流量，我们明显来不及对系统做架构改造，而更快捷、有效的做法是增加系统集群中的节点来水平扩展系统的服务能力。可扩展性=吞吐量提升比例/集群节点增加比例。在最理想的情况下，集群节点增加几倍，系统吞吐量就能增加几倍。一般来说，拥有 70%～80%可扩展性的系统基本能够满足可扩展性要求。

2.1.3　高并发场景分类

我们使用计算机实现各种业务功能，最终将体现在对数据的两种操作上，即读和写，于是高并发请求可以被归类为高并发读和高并发写。比如有的业务场景读多写少，需要重点解决高并发读的问题；有的业务场景写多读少，需要重点解决高并发写的问题；而有的业务场景读多写多，则需要同时解决高并发读和高并发写的问题。将高并发场景划分为高并发读场景和高并发写场景，是因为在这两种场景中往往有不同的高并发解决方案（详见 2.2～2.7 节）。

2.2 高并发读场景方案 1：数据库读/写分离

大部分互联网应用都是读多写少的，比如刷帖的请求永远比发帖的请求多，浏览商品的请求永远比下单购买商品的请求多。数据库承受的高并发请求压力，主要来自读请求。我们可以把数据库按照读/写请求分成专门负责处理写请求的数据库（写库）和专门负责处理读请求的数据库（读库），让所有的写请求都落到写库，写库将写请求处理后的最新数据同步到读库，所有的读请求都从读库中读取数据。这就是数据库读/写分离的思路。

数据库读/写分离使大量的读请求从数据库中分离出来，减少了数据库访问压力，缩短了请求响应时间。

2.2.1 读/写分离架构

我们通常使用数据库主从复制技术实现读/写分离架构，将数据库主节点 Master 作为“写库”，将数据库从节点 Slave 作为“读库”，一个 Master 可以与多个 Slave 连接，如图 2-2 所示。

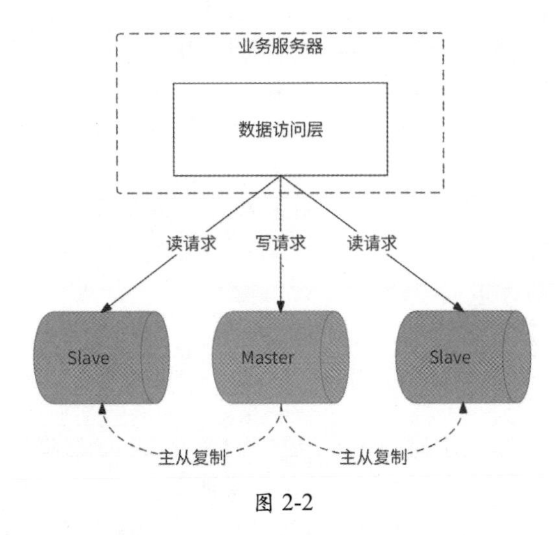

图 2-2

市面上各主流数据库都实现了主从复制技术，参见 1.7.3 节介绍的 MySQL 数据库的主从复制原理。

2.2.2 读/写请求路由方式

在数据库读/写分离架构下，把写请求交给 Master 处理，而把读请求交给 Slave 处理，那么由什么角色来执行这样的读/写请求路由呢？一般可以采用如下两种方式。

1. 基于数据库 Proxy 代理的方式

在业务服务和数据库服务器之间增加数据库 Proxy 代理节点（下文简称 Proxy），业务服务对数据库的一切操作都需要经过 Proxy 转发。Proxy 收到业务服务的数据库操作请求后，根据请求中的 SQL 语句进行归类，将属于写操作的请求（如 insert/delete/update 语句）转发到数据库 Master，将属于读操作的请求（如 select 语句）转发到数据库任意一个 Slave，完成读/写分离的路由。开源项目如中心化代理形式的 MySQL-Proxy 和 MyCat，以及本地代理形式的 MySQL-Router 等都实现了读/写分离功能。

2. 基于应用内嵌的方式

基于应用内嵌的方式与基于数据库 Proxy 代理的方式的主要区别是，它在业务服务进程内进行请求读/写分离，数据库连接框架开源项目如 gorm、shardingjdbc 等都实现了此形式的读/写分离功能。

2.2.3　主从延迟与解决方案

数据库读/写分离架构依赖数据库主从复制技术，而数据库主从复制存在数据复制延迟（主从延迟），因此会导致在数据复制延迟期间主从数据的不一致，Slave 获取不到最新数据。针对主从延迟问题有如下三种解决方案。

1. 同步数据复制

数据库主从复制默认是异步模式，Master 在写完数据后就返回成功了，而不管 Slave 是否收到此数据。我们可以将主从复制配置为同步模式，Master 在写完数据后，要等到全部 Slave 都收到此数据后才返回成功。

这种方案可以保证数据库每次写操作成功后，Master 和 Slave 都能读取到最新数据。这种方案相对简单，将数据库主从复制修改为同步模式即可，无须改造业务服务。

但是由于在处理业务写请求时，Master 要等到全部 Slave 都收到数据后才能返回成功，写请求的延迟将大大增加，数据库的吞吐量也会有明显的下滑。这种方案的实用价值较低，仅适合在低并发请求的业务场景中使用。

2. 强制读主

不同的业务场景对主从延迟的容忍性不一样。例如，用户 a 刚刚发布了一条状态，他浏览个人主页时应该展示这条状态，这个场景不太能容忍主从延迟；而好友用户 b 此时浏览用户 a 的个人主页时，可以暂时看不到用户 a 最新发布的状态，这个场景可以容忍主从延迟。我们可以对业务场景按照主从延迟容忍性的高低进行划分，对于主从延迟容忍性高的场景，执行正常的读/写分离逻辑；而对于主从延迟容忍性低的场景，强制将读请求路由到数据库 Master，即强制读主。

3. 会话分离

比如某会话在数据库中执行了写操作，那么在接下来极短的一段时间内，此会话的读请求暂时被强制路由到数据库 Master，与“强制读主”方案中的例子很像，保证每个用户的写操作立刻对自己可见。暂时强制读主的时间可以被设定为略高于数据库完成主从数据复制的延迟时间，尽量使强制读主的时间段覆盖主从数据复制的实际延迟时间。

2.3　高并发读场景方案 2：本地缓存

在计算机世界中，缓存（Cache）无处不在，如 CPU 缓存、DNS 缓存、浏览器缓存等。值得一提的是，Cache 在我国台湾地区被译为“快取”，更直接地体现了它的用途：快速读取。缓存的本质是通过空间换时间的思路来保证数据的快速读取。

业务服务一般需要通过网络调用向其他服务或数据库发送读数据请求。为了提高数据的读取效率，业务服务进程可以将已经获取到的数据缓存到本地内存中，之后业务服务进程收到相同的数据请求时就可以直接从本地内存中获取数据返回，将网络请求转化为高效的内存存取逻辑。这就是本地缓存的主要用途。在本书后面的核心服务设计篇中会大量应用本地缓存，本节先重点介绍本地缓存的技术原理。

2.3.1　基本的缓存淘汰策略

虽然缓存使用空间换时间可以提高数据的读取效率，但是内存资源的珍贵决定了本地缓存不可无限扩张，需要在占用空间和节约时间之间进行权衡。这就要求本地缓存能自动淘汰一些缓存的数据，淘汰策略应该尽量保证淘汰不再被使用的数据，保证有较高的缓存命中率。基本的缓存淘汰策略如下。

- ◎ FIFO（First In First Out）策略：优先淘汰最早进入缓存的数据。这是最简单的淘汰策略，可以基于队列实现。但是此策略的缓存命中率较低，越是被频繁访问的数据是越早进入队列的，于是会被越早地淘汰。此策略在实践中很少使用。
- ◎ LFU（Least Frequently Used）策略：优先淘汰最不常用的数据。LFU 策略会为每条缓存数据维护一个访问计数，数据每被访问一次，其访问计数就加 1，访问计数最小的数据是被淘汰的目标。此策略很适合缓存在短时间内会被频繁访问的热点数据，但是最近最新缓存的数据总会被淘汰，而早期访问频率高但最近一直未被访问的数据会长期占用缓存。
- ◎ LRU（Least Recent Used）策略：优先淘汰缓存中最近最少使用的数据。此策略一般基于双向链表和哈希表配合实现。双向链表负责存储缓存数据，并总是将最近被访问的数据放置在尾部，使缓存数据在双向链表中按照最近访问时间由远及近排序，每次被淘汰的都是位于双向链表头部的数据。哈希表负责定位数据在双向链表中的位置，以便实现快速数据访问。此策略可以有效提高短期内热点数据的缓存命中率，但如果是偶发性地访问冷数据，或者批量访问数据，则会导致热点数据被淘汰，进而降低缓存命中率。

LRU 策略和 LFU 策略的缺点是都会导致缓存命中率大幅下降。近年来，业界出现了一些更复杂、效果更好的缓存淘汰策略，比如 W-TinyLFU 策略。

2.3.2　W-TinyLFU 策略

W-TinyLFU 策略结合了 LFU 策略和 LRU 策略的优点，兼具高缓存命中率与低内存占用，Redis 和高性能的 Java 本地缓存 Caffeine Cache 组件都使用 W-TinyLFU 策略管理缓存。

虽然 W-TinyLFU 的名字带有 LFU，但它实际上是 LFU 策略和 LRU 策略的结合体。从缓存内存空间的布局来看，W-TinyLFU 将缓存的内存空间划分为两部分，如图 2-3 所示。

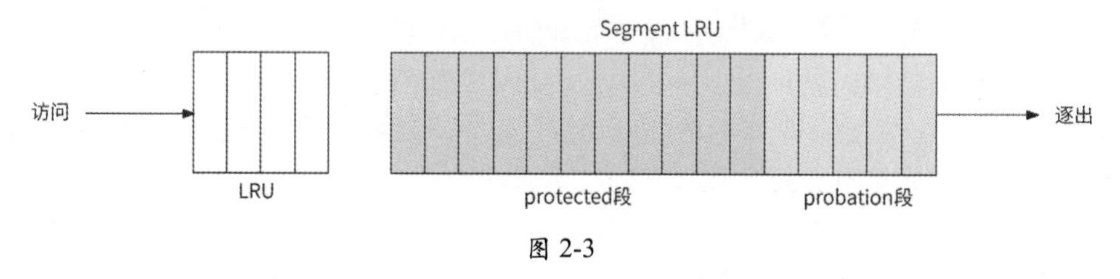

图 2-3

（1）Window LRU 段（对应图中的 LRU）：此内存段使用 LRU 策略缓存数据，其占用的内存空间是总缓存内存空间的 1%。

（2）Segment LRU 段（简称 SLRU）：此内存段使用 SLRU 策略缓存数据，具体是将缓存段进一步划分为 protected 段（保护段）和 probation 段（试用段），其中 probation 段负责存储最近被访问 1 次的缓存数据，protected 段负责存储最近被访问至少 2 次的缓存数据。Segment LRU 段内存空间的 80%被分配给 protected 段，剩余 20%的内存空间被分配给 probation 段。

W-TinyLFU 策略的工作流程如下。

（1）将首次被访问的数据 X 缓存到 Window LRU 段。

（2）当 Window LRU 段的内存空间已满时，使用 LRU 策略将被淘汰的数据移入 Segment LRU 段中的 probation 段，之后数据 X 被访问时，再将其移入 protected 段。

（3）当 protected 段的内存空间已满时，使用 LRU 策略将被淘汰的数据 X 移入 probation 段。

（4）当数据 X 要被移入 probation 段，但是其内存空间已满时，使用 LRU 策略将被淘汰的数据 Y 取出，与数据 X 进行访问频率的对比，将访问频率高的数据留在 proation 段，将访问频率低的数据淘汰。

W-TinyLFU 策略使用 Count-Min Sketch 近似算法来保存每条缓存数据的访问频率，如图 2-4 所示。

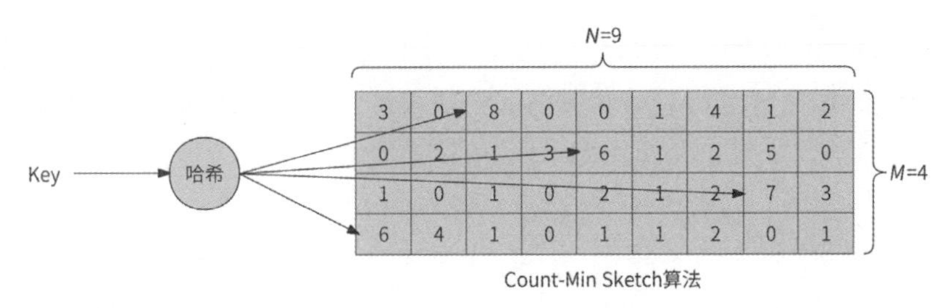

图 2-4

Count-Min Sketch 算法的运行流程如下。

（1）选定 M 个哈希函数，分配一个 M 行 N 列的二维数组作为哈希表。

（2）当某数据的访问频率增加时，对数据 Key 分别使用 M 个哈希函数计算出哈希值，再对 N 取模，然后将二维数组每一行对应的列位置的数值加 1，即二维数组中 M 个位置的数值均被更新。

（3）当查询某数据的访问频率时，进行同样的哈希计算，将二维数组中 M 个位置的数值读出，选择其中的最小值作为此数据的访问频率。

值得注意的是，二维数组的每个位置仅需 4bit，这是因为 W-TinyLFU 策略并不存储具体的访问计数，而是更希望反映出不同数据的访问频率的区分度。此策略认为每条数据的访问频率达到 15 次就已经很高了，于是以 4bit 表示每条缓存数据的访问频率。不过，如果大量数据均达到 15 次的访问频率，那么就会使得访问频率的区分度大大降低。W-TinyLFU 策略采用基于滑动窗口的时间衰减设计机制来解决这个问题：此策略单独维护一个全局计数，每当二维数组更新 1 次时，此全局计数就加 1；当全局计数达到某个阈值时，将二维数组中的全部访问频率除以 2，同时将全局计数除以 2。

2.3.3 缓存击穿与 SingleFlight

业务服务进程收到数据访问请求后，如果在本地缓存中没有查找到对应的数据（未命中缓存），则业务服务进程需要继续发起网络调用向数据库发送数据访问请求，获取到数据后再将其保存到本地缓存中。假设业务服务进程同时收到 100 个希望访问同一条热门数据的访问请求，且此数据未命中缓存，则业务服务进程会向下游发起 100 个数据访问请求。

明明是访问同一条数据的请求，业务服务进程却执行了大量重复的网络调用，不仅浪费了网络带宽资源，而且可能将数据库击垮。此现象被称为“缓存击穿”。

通俗地讲，缓存击穿指的是缓存中一条热门数据在缓存失效的瞬间，对它的并发请求会“击穿”缓存，直接访问数据库，导致数据库被高并发请求击垮，就像如果防洪堤坝破了一个口，大量洪水就会涌入城市一样。

Golang 语言扩展包提供的同步原语 SingleFlight 能很好地解决缓存击穿问题。如图 2-5 所示，SingleFlight 可以将对同一条数据的并发请求进行合并，只允许一个请求访问数据库中的数据，这个请求获取到的数据结果与其他请求共享。

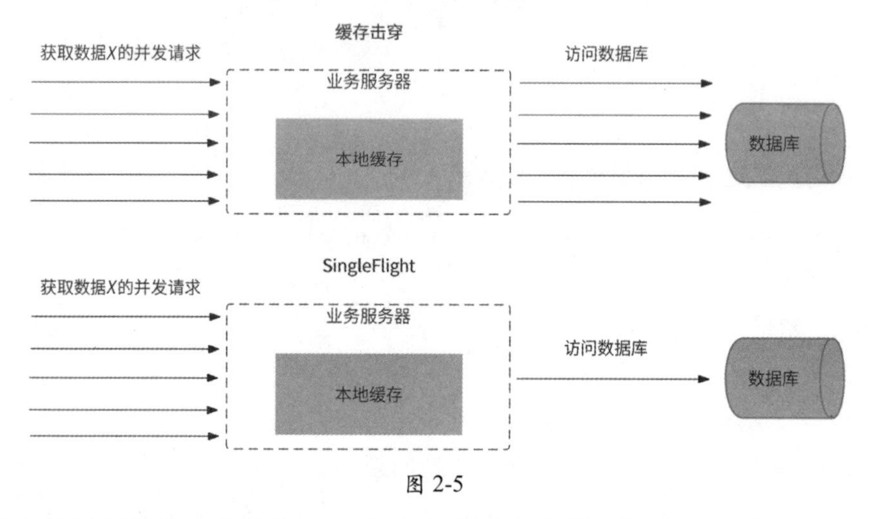

图 2-5

下面通过程序模拟 10 个获取 my_key 数据的并发请求的场景，来简单介绍 SingleFlight 的使用方式：

```
import (
    "golang.org/x/sync/singleflight"
    "log"
    "sync"
)

// SingleFlight 原语
var g singleflight.Group

// getDataFromDB: 模拟从数据库中获取 key="my_key"的数据
func getDataFromDB(key string) (string, error) {
    // 使用 singleflight.Do()方法获取数据，仅执行一次
    data, err, _ := g.Do(key, func() (interface{}, error) {
        // 模拟从数据库中获取数据
        log.Printf("get data for key:%s from database", key)
        return "my_data", nil
```

```
    })
    if err != nil {
        return "", err
    }
    return data.(string), nil
}

func main() {
    var wg sync.WaitGroup
    wg.Add(10)
    // 模拟 10 个并发请求
    for i := 0; i < 10; i++ {
        go func() {
            defer wg.Done()
            // 这 10 个并发请求都希望获取 key="my_key"的数据
            data, err := getDataFromDB("my_key")
            if err != nil {
                log.Print(err)
                return
            }
            // 获取数据成功
            log.Printf("I get data:%s for key:my_key", data)
        }()
    }
    wg.Wait()
}
```

singleflight.Do(key string, fn func() (interface{}, error))方法保证：对于同一条数据（用 Key 作为唯一标识）的 fn 函数调用，在并发请求时只执行一次，fn 函数返回的结果被并发请求共享。程序中 10 个并发请求都需要从数据库中获取数据，而实际上最终输出的结果如下：

```
2022/11/19 00:30:59 get data for key:my_key from database
2022/11/19 00:30:59 I get data:my_data for key:my_key
2022/11/19 00:30:59 I get data:my_data for key:my_key
2022/11/19 00:30:59 I get data:my_data for key:my_key
2022/11/19 00:30:59 I get data:my_data for key:my_key
2022/11/19 00:30:59 I get data:my_data for key:my_key
2022/11/19 00:30:59 I get data:my_data for key:my_key
2022/11/19 00:30:59 I get data:my_data for key:my_key
2022/11/19 00:30:59 I get data:my_data for key:my_key
2022/11/19 00:30:59 I get data:my_data for key:my_key
2022/11/19 00:30:59 I get data:my_data for key:my_key
```

我们可以很容易地看到，10 个并发请求仅执行了一次从数据库中获取数据的操作，最终获取到的数据被 10 个并发请求所共享，缓存击穿问题被完美解决。

为了进一步了解 SingleFlight 的原理，接下来我们对它的源码进行适当解读。需要注意的是，为了更方便理解 SingleFlight 的核心功能，这里附上的源码不包括各种异常、错误处理逻辑，对完整源码感兴趣的读者可以在 GitHub 上找到 golang/sync/blob/master/singleflight/singleflight.go 目录自行阅读。

如果一条数据 Key 正在被执行的 fn 函数调用，那么结构体 call 将保存调用信息。

```
    type call struct {
        // 用于对获取此数据 Key 的并发请求做并发控制
        wg sync.WaitGroup

        // 以下变量在 WaitGroup 运行完成之前被写入一次
        // 当 WaitGroup 运行完成后，这些变量才可被读取
        // 当 fn 函数调用成功时，在 val 变量中计入数据 Key 的值
        val interface{}
        // 当 fn 函数调用失败时，在 err 变量中计入错误类型
        err error

        // 统计并发调用次数
        dups  int
    }
```

SingleFlight 原语使用结构体 Group 保存：

```
    type Group struct {
        m  map[string]*call // 保存正在被执行的 fn 函数调用的数据 Key 与调用信息的映射关系
        mu sync.Mutex       // 互斥锁，保证 m 变量并发读/写的安全

    }
```

Do 函数保证 fn 函数的调用仅被并发执行一次：

```
    func (g *Group) Do(key string, fn func() (interface{}, error)) (v interface{},
err error) {
        // 先加锁保护 m
        g.mu.Lock()
        // 如果 m 为空，则初始化它
        if g.m == nil {
            g.m = make(map[string]*call)
        }
        // 在 m 中查找数据 Key，看它是否正在被执行的 fn 函数调用
        if c, ok := g.m[key]; ok {
            // 如果数据 Key 正在被执行的 fn 方法调用，则并发调用次数加 1
            c.dups++
            // 不再操作 m 变量，释放锁
            g.mu.Unlock()
            // 阻塞等待 WaitGroup 计数变为 0
            c.wg.Wait()
            // fn 函数调用完成，返回结果
            return c.val, c.err, true
```

```
    }
    // 如果数据 Key 未被执行的 fn 函数调用，则新建调用信息
    c := new(call)
    // 将 WaitGroup 计数记为 1，这里是保证 fn 函数调用仅被并发执行一次的核心
    c.wg.Add(1)
    // 在 m 中保存数据 Key 与调用信息的映射关系
    g.m[key] = c
    // 不再操作 m 变量，释放锁
    g.mu.Unlock()
    // 开始执行 fn 函数调用
    g.doCall(c, key, fn)
    // fn 函数调用完成，返回结果
    return c.val, c.err, c.dups > 0
}
```

doCall 函数实际上执行 fn 函数调用，并在调用完成后唤醒被阻塞的请求：

```
func (g *Group) doCall(c *call, key string, fn func() (interface{}, error)) {
    // fn 函数调用完成后，执行此延迟函数
    defer func() {
        // 先对 m 加锁保护
        g.mu.Lock()
        // Done()将 WaitGroup 计数减 1，等价于 c.wg.Add(-1)
        // 当 WaitGroup 计数为 0 时，唤醒所有被阻塞在 WaitGroup.Wait()上的请求
        c.wg.Done()
        // 在 m 中删除数据 Key 的调用信息
        if g.m[key] == c {
            delete(g.m, key)
        }
        // 释放锁
        g.mu.Unlock()
    }()
    // 执行 fn 函数调用，并获取结果
    c.val, c.err = fn()
}
```

SingleFlight 原语可以顺利执行的关键是使用了 WaitGroup。访问同一条数据的并发请求中的某一个请求调用 WaitGroup.Add(1)标记 WaitGroup 计数为 1，然后执行真正的数据访问；其他并发请求调用 WaitGroup.Wait()阻塞等待 WaitGroup 计数变成 0。数据访问完成后，通过调用 WaitGroup.Done()将 WaitGroup 计数归 0，于是其他并发请求被唤醒，它们可以直接读取到数据访问结果。WaitGroup 的工作原理如图 2-6 所示。

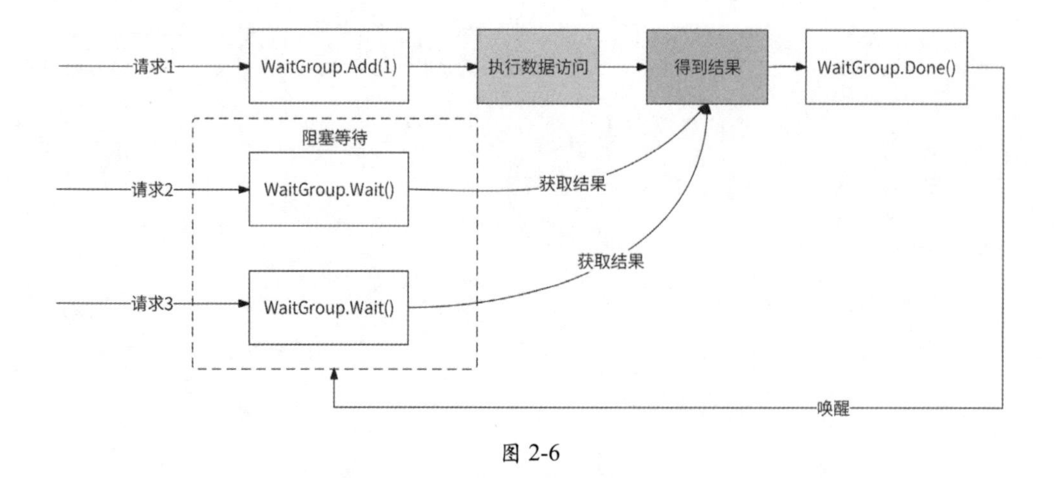

图 2-6

2.4　高并发读场景方案 3：分布式缓存

由于本地缓存把数据缓存在服务进程的内存中，不需要网络开销，故而性能非常高。但是把数据缓存到内存中也有较多限制，举例如下。

◎ 无法共享：多个服务进程之间无法共享本地缓存。

◎ 编程语言限制：本地缓存与程序绑定，用 Golang 语言开发的本地缓存组件不可以直接为用 Java 语言开发的服务器所使用。

◎ 可扩展性差：由于服务进程携带了数据，因此服务是有状态的。有状态的服务不具备较好的可扩展性。

◎ 内存易失性：服务进程重启，缓存数据全部丢失。

我们需要一种支持多进程共享、与编程语言无关、可扩展、数据可持久化的缓存，这种缓存就是分布式缓存。

2.4.1　分布式缓存选型

主流的分布式缓存开源项目有 Memcached 和 Redis，两者都是优秀的缓存产品，并且都具有缓存数据共享、与编程语言无关的能力。不过，相对于 Memcached 而言，Redis 更为流行，主要体现如下。

◎ 数据类型丰富：Memcached 仅支持字符串数据类型缓存，而 Redis 支持字符串、列表、集合、哈希、有序集合等数据类型缓存。

◎ 数据可持久化：Redis 通过 RDB 机制和 AOF 机制支持数据持久化，而 Memcached 没有数据持久化能力。

◎ 高可用性：Redis 支持主从复制模式，在服务器遇到故障后，它可以通过主从切换操作保证缓存服务不间断。Redis 具有较高的可用性。

◎ 分布式能力：Memcached 本身并不支持分布式，因此只能通过客户端，以一致性哈希这样的负载均衡算法来实现基于 Memcached 的分布式缓存系统。而 Redis 有官方出品的无中心分布式方案 Redis Cluster，业界也有豆瓣 Codis 和推特 Twemproxy 的中心化分布式方案。

由于 Redis 支持丰富的数据类型和数据持久化，同时拥有高可用性和高可扩展性，因此它成为大部分互联网应用分布式缓存的首选。

2.4.2 如何使用 Redis 缓存

使用 Redis 缓存的逻辑如下。

（1）尝试在 Redis 缓存中查找数据，如果命中缓存，则返回数据。

（2）如果在 Redis 缓存中找不到数据，则从数据库中读取数据。

（3）将从数据库中读取到的数据保存到 Redis 缓存中，并为此数据设置一个过期时间。

（4）下次在 Redis 缓存中查找同样的数据，就会命中缓存。

将数据保存到 Redis 缓存时，需要为数据设置一个合适的过期时间，这样做有以下两个好处。

◎ 如果没有为缓存数据设置过期时间，那么数据会一直堆积在 Redis 内存中，尤其是那些不再被访问或者命中率极低的缓存数据，它们一直占据 Redis 内存会造成大量的资源浪费。设置过期时间可以使 Redis 自动删除那些不再被访问的缓存数据，而对于经常被访问的缓存数据，每次被访问时都重置过期时间，可以保证缓存命中率高。

◎ 当数据库与 Redis 缓存由于各种故障出现了数据不一致的情况时，过期时间是一个很好的兜底手段。例如，设置缓存数据的过期时间为 10s，那么数据库和 Redis 缓存即使出现数据不一致的情况，最多也就持续 10s。过期时间可以保证数据库和 Redis 缓存仅在此时间段内有数据不一致的情况，因此可以保证数据的最终一致性。

在上述逻辑中，有一个极有可能带来风险的操作：某请求访问的数据在 Redis 缓存中不存在，此请求会访问数据库读取数据；而如果有大量的请求访问数据库，则可能导致数据库崩溃。Redis 缓存中不存在某数据，只可能有两种原因：一是在 Redis 缓存中从未存储过此数据，二是此数据已经过期。下面我们就这两种原因来做有针对性的优化。

2.4.3 缓存穿透

当用户试图请求一条连数据库中都不存在的非法数据时，Redis 缓存会显得形同虚设。

（1）尝试在 Redis 缓存中查找此数据，如果命中，则返回数据。

（2）如果在 Redis 缓存中找不到此数据，则从数据库中读取数据。

（3）如果在数据库中也找不到此数据，则最终向用户返回空数据

可以看到，Redis 缓存完全无法阻挡此类请求直接访问数据库。如果黑客恶意持续发起请求来访问某条不存在的非法数据，那么这些非法请求会全部穿透 Redis 缓存而直接访问数据库，最终导致数据库崩溃。这种情况被称为“缓存穿透”。

为了防止出现缓存穿透的情况，当在数据库中也找不到某数据时，可以在 Redis 缓存中为此数据保存一个空值，用于表示此数据为空。这样一来，之后对此数据的请求均会被 Redis 缓存拦截，从而阻断非法请求对数据库的骚扰。

不过，如果黑客访问的不是一条非法数据，而是大量不同的非法数据，那么此方案会使得 Redis 缓存中存储大量无用的空数据，甚至会逐出较多的合法数据，大大降低了 Redis 缓存命中率，数据库再次面临风险。我们可以使用布隆过滤器来解决缓存穿透问题。

布隆过滤器由一个固定长度为 m 的二进制向量和 k 个哈希函数组成。当某数据被加入布隆过滤器中后，k 个哈希函数为此数据计算出 k 个哈希值并与 m 取模，并且在二进制向量对应的 N 个位置上设置值为 1；如果想要查询某数据是否在布隆过滤器中，则可以通过相同的哈希计算后在二进制向量中查看这 k 个位置值：

- ◎ 如果有任意一个位置值为 0，则说明被查询的数据一定不存在；
- ◎ 如果所有的位置值都为 1，则说明被查询的数据可能存在。之所以说可能存在，是因为哈希函数免不了会有数据碰撞的可能，在这种情况下会造成对某数据的误判，不过可以通过调整 m 和 k 的值来降低误判率。

虽然布隆过滤器对于“数据存在”有一定的误判，但是对于“数据不存在”的判定是准确的。布隆过滤器很适合用来防止缓存穿透：将数据库中的全部数据加入布隆过滤器中，当用户请求访问某数据但是在 Redis 缓存中找不到时，检查布隆过滤器中是否记录了此数据。如果布隆过滤器认为数据不存在，则用户请求不再访问数据库；如果布隆过滤器认为数据可能存在，则用户请求继续访问数据库；如果在数据库中找不到此数据，则在 Redis 缓存中设置空值。虽然布隆过滤器对“数据存在”有一定的误判，但是误判率较低。最后在 Redis 缓存中设置的空值也很少，不会影响 Redis 缓存命中率。

2.4.4 缓存雪崩

如果在同一时间 Redis 缓存中的数据大面积过期，则会导致请求全部涌向数据库。这种情况被称为“缓存雪崩”。缓存雪崩与缓存穿透的区别是，前者是很多缓存数据不存在造成的，后者是一条缓存数据不存在导致的。

缓存雪崩一般有两种诱因：大量数据有相同的过期时间，或者 Redis 服务宕机。第一种诱因的解决方案比较简单，可以在为缓存数据设置过期时间时，让过期时间的值在预设的小范围内随机分布，避免大部分缓存数据有相同的过期时间。第二种诱因取决于 Redis 的可用性，选取高可用的 Redis 集群架构可以极大地降低 Redis 服务宕机的概率。

2.4.5 缓存更新

为了尽量保证 Redis 缓存与数据库的数据一致性，当某数据在数据库中被更新后，其在缓存中也应该被更新。这看似是一个很简单的两步操作，但是有很多要考虑的问题（下文称 Redis 缓存为“缓存”）。

◎ 是先更新数据库还是先修改缓存?

◎ 修改缓存是删除缓存还是将缓存数据修改为最新值?

◎ 如果有并发修改和访问同一条数据的请求（即并发读/写），那么会不会导致 Redis 缓存与数据库的数据不一致?

◎ 第一步更新成功了，但是第二步更新失败了，这时候该怎么办?

前两个问题用于讨论如何设计缓存更新机制，将它们排列组合可以产生 4 种设计方案；而后两个问题用于评判各设计方案的可取性。接下来逐一介绍这些设计方案。

方案 1：先修改缓存，再更新数据库

在更新某数据时，先把缓存数据修改为最新值，再更新数据库。在并发写请求的场景下，这种方案存在数据不一致的问题。假设此时对数据 *X*=a 有两个并发请求：请求 A 修改数据为 *X*=b，请求 B 修改数据为 *X*=c。一种可能的执行序列如下。

（1）请求 A 修改缓存，缓存数据被更新为 b。

（2）请求 B 修改缓存，缓存数据被更新为 c。

（3）请求 B 更新数据库，数据库中的数据被更新为 c。

（4）请求 A 更新数据库，数据库中的数据被更新为 b。

数据 *X* 在数据库中的最新值为 b，而在缓存中的最新值为 c，此时就会出现缓存与数据库的数据不一致的情况。此外，如果修改缓存后更新数据库失败，数据的此修改不应该生效，需要将缓存数据重置为原值。这就要求请求每次在修改缓存前都要先暂存缓存数据的原值，只要更新数据库失败，就将缓存数据重新修改回原值。这是一种典型的事务回滚场景，而 Redis 并不支持回滚，因此该方案不可取。

方案 2：先更新数据库，再修改缓存

与方案 1 类似，在并发写请求的场景下，此方案存在数据不一致的问题。假设此时对数据 X=a 有两个并发请求：请求 A 修改数据为 X=b，请求 B 修改数据为 X=c。一种可能的执行序列如下。

（1）请求 A 更新数据库，数据库中的数据被更新为 b。

（2）请求 B 更新数据库，数据库中的数据被更新为 c。

（3）请求 B 修改缓存，缓存数据被更新为 c。

（4）请求 A 修改缓存，缓存数据被更新为 b。

数据 X 在数据库中的最新值为 c，而在缓存中的最新值为 b，此时也会出现缓存与数据库的数据不一致的情况。因此，也不建议采用这种方案。

方案 3：先删除缓存，再更新数据库

此方案不再修改缓存，而是将缓存直接删除。在并发读/写请求的场景下，此方案存在数据不一致的风险。假设此时对数据 X=a 有两个并发读/写请求：请求 A 修改数据为 X=b，请求 B 读取数据 X。一种可能的执行序列如图 2-7 所示。

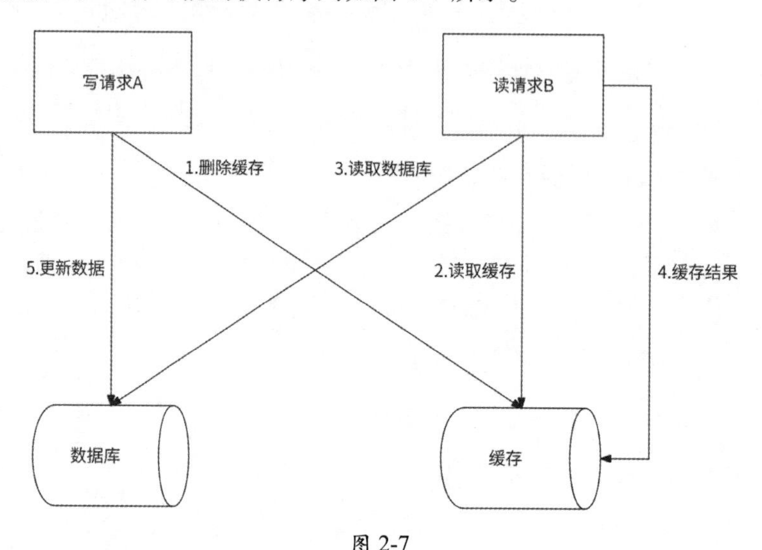

图 2-7

（1）请求 A 删除缓存。

（2）请求 B 读取缓存，缓存未命中。

（3）请求 B 进一步读取数据库。

（4）请求 B 将读出的结果 a 保存到缓存中。

（5）请求 A 更新数据库，数据库中的数据被更新为 b。

数据 X 在数据库中的最新值为 b，而在缓存中的最新值为 a，此时还是会出现缓存与数据库的数据不一致的情况。

方案 4：先更新数据库，再删除缓存

在更新某数据时，先更新数据库，在更新数据库成功后再将对应的缓存删除。此方案可以很好地解决上述 3 种方案在并发场景下数据不一致的问题。对于方案 1 和方案 2 中提到的并发写请求的场景，无论并发执行序列如何，最后一个操作一定是删除缓存，这就保证了接下来的读请求一定会从数据库中读取到最新值；而对于方案 3 中提到的并发读/写请求的场景，由于写操作在更新完数据库后会删除缓存，所以无论并发执行序列如何，缓存的状态要么是被写请求删除，要么是被读请求通过读取数据库更新为最新值，均可以保证缓存和数据库的数据一致性。

如果更新数据库成功，而删除缓存失败，这时该怎么办？一种简单的处理方式是重试删除缓存，可以在写请求删除缓存失败时，启动一个专门的线程负责不断地删除缓存，直到删除成功。若要做得更精细，则可以使用消息队列，缓存消息队列监听数据库的数据变化，每当数据库中的数据发生变化时，就对缓存实时执行删除数据操作，利用消息队列的失败重试机制保证删除数据操作最终被成功执行。不过，这里没有必要大动干戈，笔者推荐在删除缓存失败时仅执行一次异步重试，如果异步重试也失败了，则不再处理。因为发生此事件的概率极低，通过 2.4.2 节介绍的为缓存数据设置过期时间已经可以充分兜底：缓存数据仅会在此时间段内落后于数据库数据。

此方案可以大概率地保证缓存和数据库的数据一致性，且实现非常简单，因此是缓存更新策略的推荐方案。

2.5　高并发读场景总结：CQRS

无论是数据库读/写分离（见 2.2 节）、本地缓存（见 2.3 节）还是分布式缓存（见 2.4 节），其本质上都是读/写分离，这也是在微服务架构中经常被提及的 CQRS 模式。CQRS（Command Query Responsibility Segregation，命令查询职责分离）是一种将数据的读取操作与更新操作分离的模式。query 指的是读取操作，而 command 是对会引起数据变化的操作的总称，新增、删除、修改这些操作都是命令。

2.5.1　CQRS 的简要架构与实现

为了避免引入微服务领域驱动设计的相关概念，图 2-8 给出了 CQRS 的简要架构。

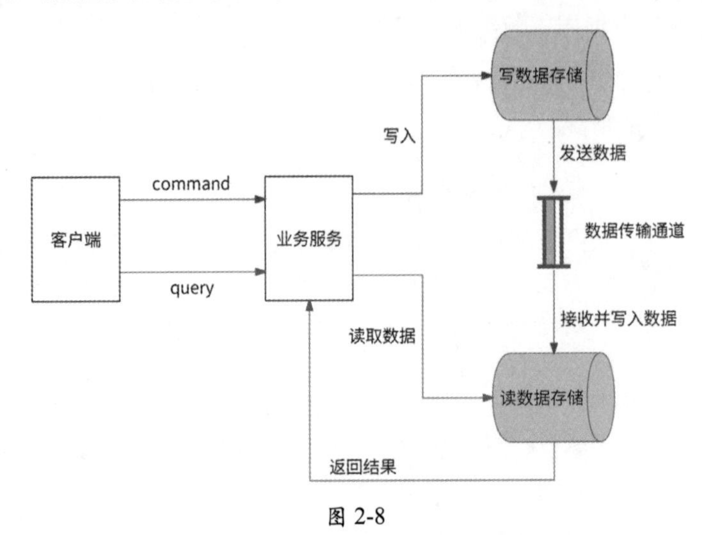

图 2-8

（1）当业务服务收到客户端发起的 command 请求（即写请求）时，会将此请求交给写数据存储来处理。

（2）写数据存储完成数据变更后，将数据变更消息发送到消息队列。

（3）读数据存储负责监听消息队列，当它收到数据变更消息后，将数据写入自身。

（4）当业务服务收到客户端发起的 query 请求（即读请求）时，将此请求交给读数据存储来处理。

（5）读数据存储将此请求希望访问的数据返回。

写数据存储、读数据存储、数据传输通道均是较为宽泛的代称，其中写数据存储和读数据存储在不同的高并发场景下有不同的具体指代，数据传输通道在不同的高并发场景下有不同的形式体现，可能是消息队列、定时任务等。

◎ 对于数据库读/写分离来说，写数据存储是 Master，读数据存储是 Slave，消息队列的实现形式是数据库主从复制。

◎ 对于分布式缓存场景来说，写数据存储是数据库，读数据存储是 Redis 缓存，消息队列的实现形式是使用消息中间件监听数据库的 binlog 数据变更日志。

无论是何种场景，都应该为写数据存储选择适合高并发写入的存储系统，为读数据存储选择适合高并发读取的存储系统，消息队列作为数据传输通道要足够健壮，保证数据不丢失。

2.5.2　更多的使用场景

为了加深对 CQRS 的理解，下面再列举两个使用场景。

1. 搜索场景

很多互联网应用都支持根据关键词搜索用户昵称的功能，例如，用户在微博找人模块中输入关键词“北京”，微博会返回“北京日报”“北京大学”“这里是北京”等账号。这是一个典型的搜索场景。然而，账号信息被存储在数据库中，无法高效应对搜索昵称的业务场景。

这时候就很适合使用 CQRS 模式，数据库作为写数据存储负责账号信息的管理；而读数据存储应该选择一个在搜索场景中表现优秀的存储系统，比如 Elasticsearch，它是基于倒排索引的分布式搜索系统，很适合作为此业务场景的读数据存储，将搜索用户昵称的请求交给 Elasticsearch 处理。选定读数据存储和写数据存储后，通过消息中间件为两者建立数据关联：创建一个消费者服务并使用消息中间件监听数据库的 binlog 数据变更日志，在筛选出用户昵称有更改的日志后，将最新用户昵称更新到 Elasticsearch 中。

2. 多表关联查询场景

有些业务场景如运营后台需要查询复杂的业务数据，这时就要对数据库进行多表关联查询才能得到完整的数据。SQL 多表关联查询 join 语句的底层实现是效率较低的嵌套循环。如果直接对线上数据库执行 join 语句，则会严重影响其性能。此外，对线上数据库一般都做了分库分表（参见 2.6.1 节），无法直接执行 join 语句。

在这个场景下也非常适合使用 CQRS 模式，提前将需要多表关联的数据进行聚合计算，并将聚合结果单独存储到一个包含全部关联字段的宽表中，查询时直接读取宽表中的聚合结果，而不用执行 join 语句。在此场景下应用 CQRS 模式的架构如图 2-9 所示，其中：

◎ 数据库为写数据存储；
◎ 宽表为读数据存储；
◎ worker 为执行数据聚合计算的服务；
◎ 执行数据聚合计算的时机是数据库有数据变更时，worker 服务使用消息中间件监听数据库的 binlog 数据变更日志，每收到一条数据变更日志就执行一次数据聚合计算。也可以采用定时计算的形式，比如 worker 每分钟执行一次数据聚合计算。在数据聚合计算完成后，worker 将聚合结果写入宽表。

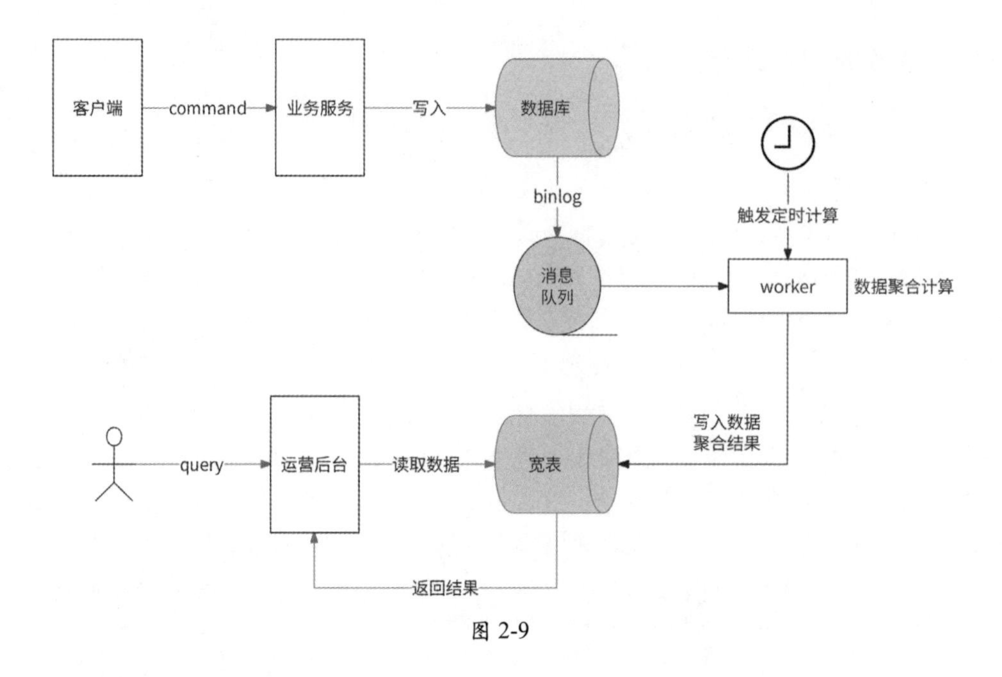

图 2-9

2.5.3 CQRS 架构的特点

CQRS 架构一般具有如下特点。

◎ 写数据存储要选用写性能高的存储系统，而读数据存储要选用读性能高的存储系统，所以两者往往有不同的存储模型和存储选型。数据库读/写分离只是一个最简单的特例。

◎ 读数据有延迟。写数据存储中的数据实时变更，而何时能从读数据存储中获取到最新数据，依赖数据传输通道的传输延迟。无论是消息队列还是定时任务都会带来一定的数据延迟，因此写数据存储和读数据存储仅保证数据的最终一致性。

2.6 高并发写场景方案 1：数据分片之数据库分库分表

数据分片是指将待处理的数据或者请求分成多份并行处理。在现实生活中，有很多与数据分片思想一致的场景，例如：

◎ 为了减少患者与家属的排队时间，医院会开通多个挂号/收费窗口；

◎ 为了提高乘客进站的速度，人流量大的火车站、地铁站会设置多个闸机口，同时为乘客检票。

互联网应用在应对高并发写请求的架构设计中，数据分片也是一种常用方案。数据分片有多种表现形式，其中被广泛提及的是数据库分库分表。由于数据库分库分表已经可以充分体现数据分片的主要技术要素，所以本节会以数据库分库分表形式为主、其他数据分片形式为辅展开介绍。

2.6.1 分库和分表

数据库的分库和分表其实是两个概念：分库指的是将数据库拆分为多个小数据库，原来存储在单个数据库中的数据被分开存储到各个小数据库中；分表指的是将单个数据表拆分为多个结构完全一致的表，原来存储在单个数据表中的数据被分开存储到各个表中。由于数据库的分库操作和分表操作一般会同时进行，所以通常将它们合并在一起称为“数据库分库分表”。

大部分互联网应用都绕不开数据库分库分表，因为随着业务的不断发展和用户活跃度的提高，数据库会面临诸多挑战。

◎ 数据量大：当业务发展到一定阶段时，数据库中已存储了海量的存量数据，每个数据表中都存储了千万行甚至上亿行数据，业务方对数据表执行 SQL 语句时扫描的数据行增多，性能开销被严重放大。以 MySQL 数据库为例，如果单个数据表中的数据量超过 2000 万行，则会导致表结构 B+树的层级增多，数据读/写的磁盘 I/O 操作次数增加。此外，在涉及数据表结构修改的场景下，DDL 语句执行完成消耗的时间令人难以接受。为了解决单表的读/写效率问题，一般会进行分表操作。

◎ 并发量大：海量用户访问单个数据库，很快会达到数据库处理能力的上限，无论是数据库的最大请求连接数、CPU 资源、内存资源还是网络带宽均有可能成为性能瓶颈。为了解决数据库性能问题，一般会进行分库操作。

分表的目的是提高一台服务器的单数据库处理能力，而分库的目的是充分利用多台服务器资源。接下来讨论怎样做分库分表。在拆分维度上，分库分表可以分为垂直拆分和水平拆分，其中垂直拆分侧重基于业务拆分，而水平拆分侧重基于数据拆分。

2.6.2 垂直拆分

垂直拆分包括垂直分库与垂直分表。

垂直分库指的是按照业务归属将单个数据库中的数据表进行分类，与不同业务相关的数据表被拆分到不同的数据库中，其核心是“专库专用”。以电商产品为例，在业务起步时期，为了快速上线，可能使用单个数据库存储商品表、物流表、商家表、订单表；当业务达到一定量级时，再按照电商业务维度垂直拆分出商品库、物流库、商家库、订单库，如图 2-10 所示。

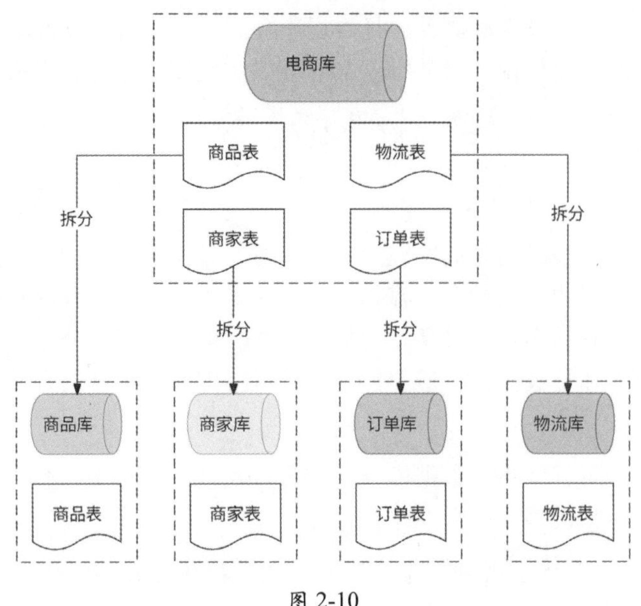

图 2-10

垂直分库可以实现不同业务归属的数据解耦，将不同业务数据交给各业务研发团队独立维护，有效保证了各团队的职责单一。在高并发场景下，由于垂直分库使用不同的服务器维护不同业务的数据库，数据库并发量得到一定程度的提升。

垂直分表指的是将一个数据表按照字段分成多个表，每个表存储其中一部分字段。分表的依据可以是字段被频繁访问的频率、字段值大小等。还是以电商产品为例，最初的商品表可能有名称、商品图片、价格、限购数、商品描述、售后说明等字段，但是这些字段的曝光率有较大的差距：在用户搜索商品、商品推荐或商家全部商品列表等高频访问场景下，仅需要名称、商品图片和价格字段，而限购数、商品描述和售后说明字段仅在用户点击进入商品详情页后才会被读取，而且商品描述和售后说明字段的值比较大，于是商品表可以被垂直拆分为商品基本信息表和商品详情表，如图 2-11 所示。

垂直分表可以很好地隔离核心数据和非核心数据。数据库是以行为单位将数据加载到内存中的，通过垂直分表拆分以后核心数据表的字段大多访问频率较高，且字段值也都较小。因此可以将更多的数据加载到内存中，来提高查询的命中率，减少磁盘 I/O，以此来提升数据库性能。不过，垂直分表仅适合数据量不大但字段较多的数据存储场景。由于拆分后各表的数据行没有变化，因此垂直分表并没有消除单表数据量过大的问题。

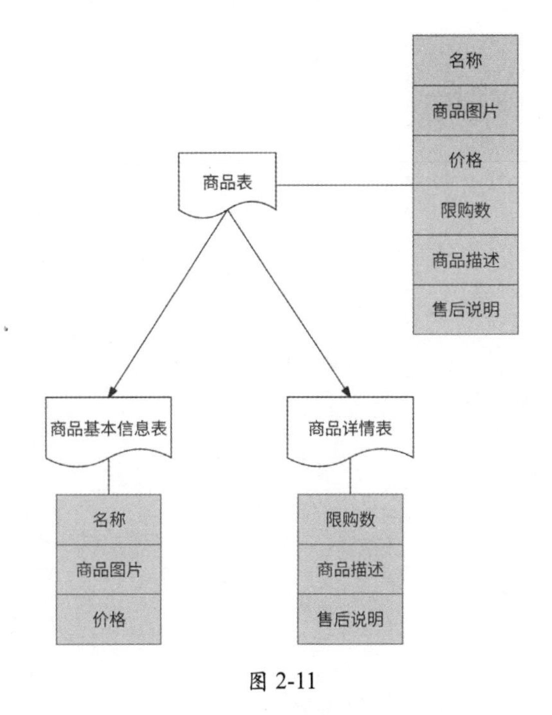

图 2-11

2.6.3 水平拆分

水平拆分同样包括水平分库与水平分表。

水平分库是指将同一个数据库中的数据按照某种规则拆分到多个数据库中，这些数据库可以被部署在不同的服务器上。并且每个数据库拥有哪些表以及每个表的结构都与拆分前的数据库完全一致。

如图 2-12 所示，以存储已注册用户的“用户库”为例，将“用户库”水平拆分为 3 个数据库：用户库-1、用户库-2、用户库-3。这 3 个数据库内有完全相同的“用户表”。对于一条用户数据，按照 uid（用户 ID）与 3 取模的结果来决定将其拆分到哪个数据库中。水平分库通过利用多服务器资源充分提高了数据库并发处理能力，且拆分后每个数据库内的单表数据量也得到了有效控制。

水平分表是指在同一个数据库内，将一个数据表中的数据按照某种规则拆分到多个表中，每个表的结构都与拆分前的表完全一致。如图 2-13 所示，还是以“用户库”为例，在“用户库”中将“用户表”拆分为 3 个结构一样的表：用户表-1、用户表-2、用户表-3。对于一条用户数据，同样按照 uid（用户 ID）与 3 取模的结果来决定将其拆分到哪个表中。

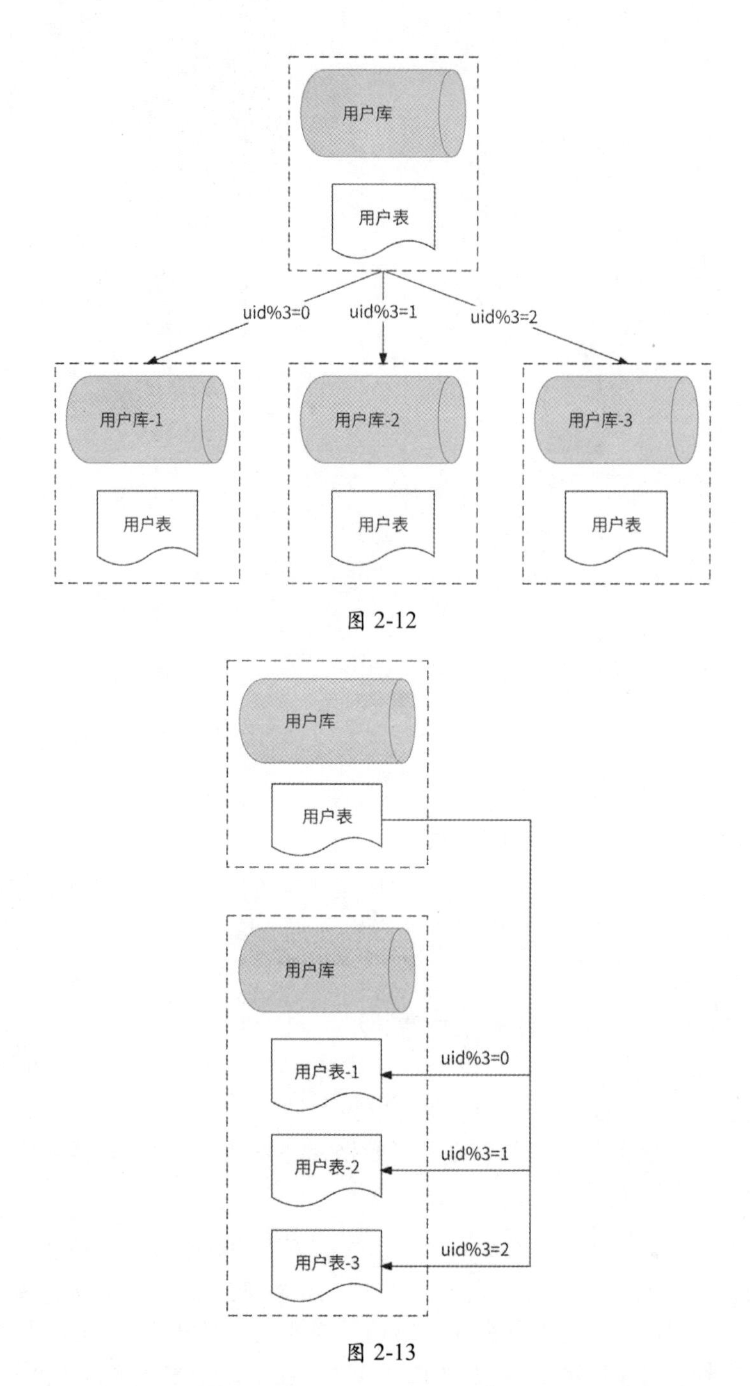

图 2-12

图 2-13

水平分表解决了单表数据量过大的问题。但是由于拆分后的表还在同一个数据库中，所以依然在竞争同一台服务器的请求连接数、CPU、内存、网络带宽等资源。为了进一步提升数据库性能，水平分表还可以结合水平分库，即“水平分库分表”，将拆分后的表分散到不同的数据库中，达到分布式效果，如图 2-14 所示。

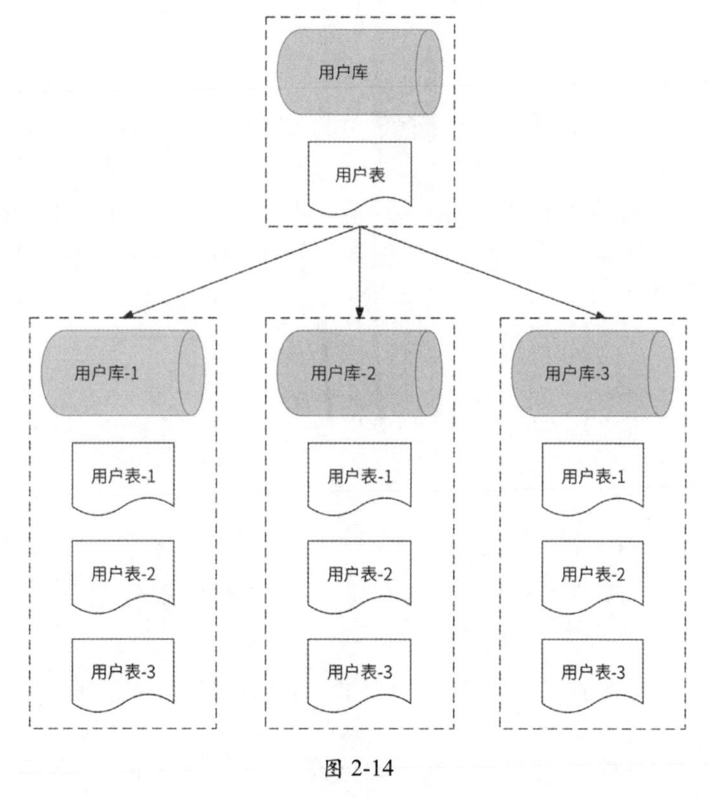

图 2-14

水平分库使数据库拥有分布式能力，水平分表使数据量过大的单表 SQL 语句的执行效率得到提升，我们可以根据业务需要来选择是水平分库、水平分表还是水平分库分表。

◎ 如果在业务场景中用户并发量很大，但是数据量较小，则可以只选择水平分库，不选择水平分表。
◎ 如果在业务场景中用户并发量很小，但是数据量较大，则可以不选择水平分库，只选择水平分表。
◎ 如果在业务场景中用户并发量很大，数据量也很大，则可以选择水平分库分表。

2.6.4 水平拆分规则

在 2.6.3 节中提到按照某种规则水平拆分，并以取模运算作为示例。实际上，水平拆分规则是指数据路由算法，用于决定一条数据应该被拆分到哪个库和哪个表中。更广泛的说法是，一条数据应该被拆分到哪个数据分区。在最理想的情况下，数据路由算法应该保证每个分区有均等的数据量和数据读/写请求量。如果某个数据分区存储的数据量远大于其他数据分区，我们就称此情况为“数据偏斜”；如果某个数据分区的读/写请求量远大于其他数据分区，我们就将这个数据分区称为“数据热点”。一种适合的数据路由算法应该避免出现数据偏斜与数据热点。接下来介绍几种常见的数据路由算法。

1. 范围分区法

将数据以可排序字段值的区间为依据进行数据分区，比如数据唯一 ID、数据创建时间等。例如，如图 2-15 所示，按照数据创建时间将每半年作为一个区间进行数据分区——将 2020 年 7 月至 12 月的数据存储到数据库 DB1 中，将 2021 年 1 月至 6 月的数据存储到数据库 DB2 中，将 2021 年 7 月至 12 月的数据存储到数据库 DB3 中。按照数据唯一 ID 进行数据分区同理。

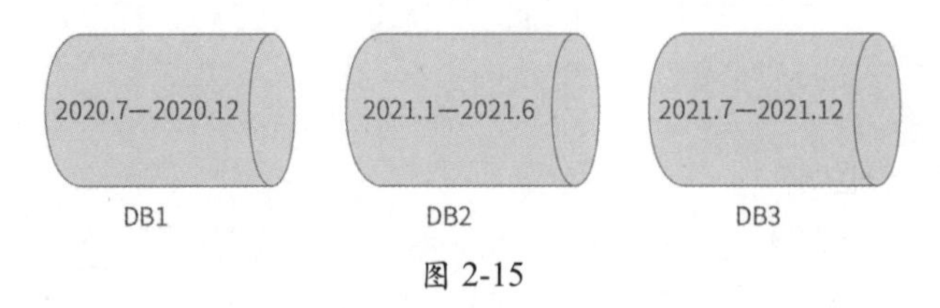

图 2-15

范围分区法可以很方便地支持分区查询，比如上面的例子，可以轻松地得到某个月所有的数据。另外，范围分区法对分区扩容很友好，比如增加数据分区时，只需要设置更多的数据范围，而基本上不会变更已有的分区数据范围。

但是，范围分区法是否可以保持各数据分区的数据量均匀分布非常依赖分区字段的属性。如果分区字段有自增属性，比如“用户表”使用用户 id 作为分区依据，那么由于用户 id 自增，每个分区保持范围等长即可保证数据量的均匀分布；而如果“用户表”使用用户昵称这种具有随机性质的字段作为分区依据，那么由于用户昵称的值随机，每个分区的范围长度可能不同，即数据分区之间难以保证数据量的均匀分布，容易造成数据偏斜。此外，如果使用带有时间属性的字段作为分区依据，数据范围是近半年的数据分区的读/写频率更高，则容易出现数据热点。

2. 哈希分区法

为了防止出现数据偏斜与数据热点的问题，很多分布式存储系统都会采用哈希函数来确定数据分区。最简单的哈希分区法是取模法：先计算出所选数据字段的哈希值，再与数据分区数目 N 取模，即 hash()%N，取模结果对应数据分区 0 ~ N-1。此方法最大的优势是实现简单，但是对于数据分区扩容缺少灵活性，一旦数据分区数目 N 有变化，所有的数据就都需要重新分区。更好的做法是与对数据分区扩容友好的范围分区法相结合，即对哈希值进行范围分区，每个数据分区接收哈希值在指定范围内的数据，如图 2-16 所示。

哈希分区法的优势是无视数据字段属性，无论是自增属性还是随机字符串，均可以通过哈希函数转化为数字；而且，使用优秀的哈希函数可以使数据量均匀分布，在很大程度上避免了数据偏斜与数据热点的出现。

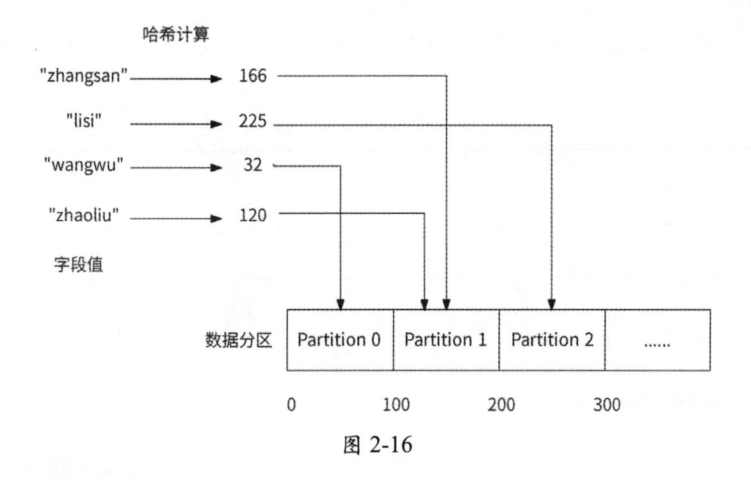

图 2-16

3. 一致性哈希分区法

一致性哈希分区法最重要的结构是哈希环，如图 2-17 所示，数值 0 ~ 2^{32}-1 作为 2^{32} 个节点依次排列在哈希环上并首尾相连。

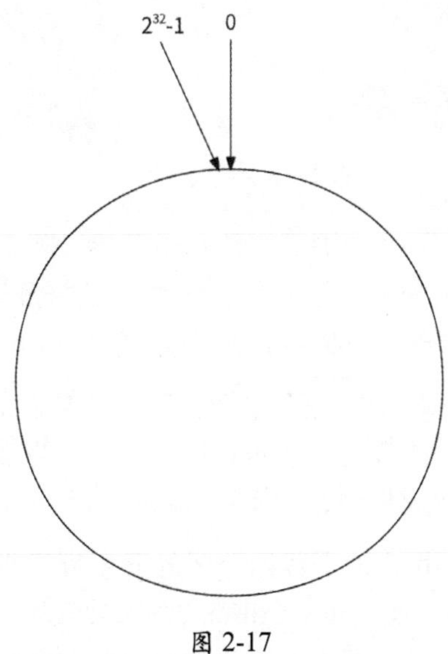

图 2-17

哈希环维护了每个哈希值与其数据分区的路由关系。

每个数据分区都通过哈希计算，所得到的哈希值与 2^{32} 取模后被映射到哈希环的某个节点。

每条数据都以某个字段进行哈希计算，所得到的哈希值也与 2^{32} 取模后被映射到哈希环的某个节点，然后从这个节点出发，在哈希环上顺时针查找到的第一个数据分区节点负责存储此数据。如图 2-18 所示，数据 data 1 和数据 data 2 被分配到数据分区 Partition 2，数据 data 3 被分配到数据分区 Partition 4。

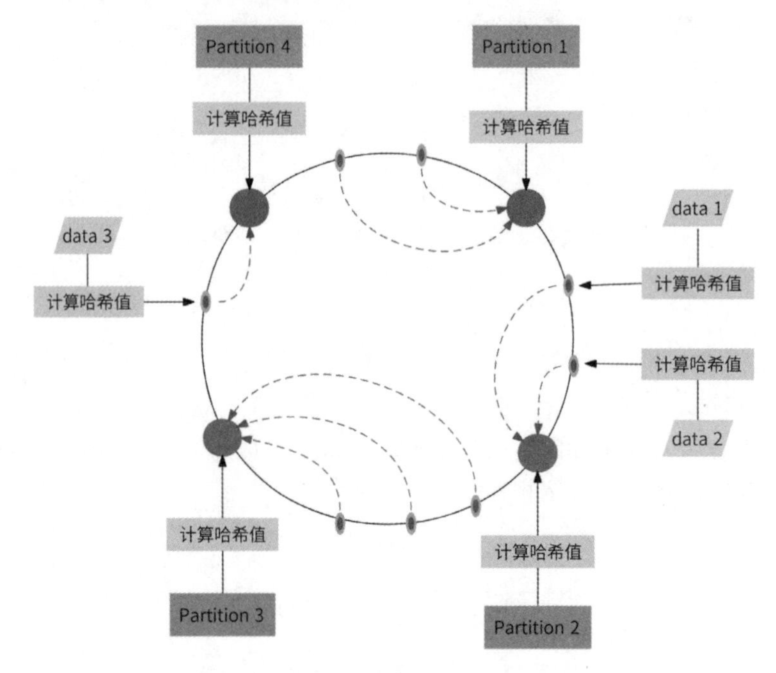

图 2-18

一致性哈希分区法最主要的优点是，当增加或移除一个数据分区时，只有其在哈希环上逆时针相邻的数据需要重新分区。比如图 2-18 中的数据分区 Partition 4 被移除后，只有其原本存储的数据 data 3 需要被迁移到新的数据分区 Partition 1，其他数据不会受到影响。

由于一致性哈希分区法并不指定每个数据分区的哈希值范围，所以数据分区在哈希环上分布越均匀，各个数据分区的数据量就越均衡。但是，当数据分区较少时，有很大的可能是它们在哈希环上的分布较为集中，进而造成数据偏斜，如图 2-19 所示。

从图 2-19 中可以看出，由于 3 个数据分区的分布较为集中，所以产生了数据偏斜问题，Partition 1 存储的数据量远远大于 Partition 2 和 Partition 3。为了避免出现这种情况，一致性哈希分区法引入了虚拟节点机制。对于每个数据分区，计算出多个哈希值，每个计算结果都被放置到哈希环的对应节点上，这些节点被称为“虚拟节点”。一个实际的数据分区可以对应多个虚拟节点。通过虚拟节点机制可以将数据分区数目放大，数据分区对应的虚拟节点越多，哈希环上的节点就越多，它们也更容易在哈希环上均匀分布，数据偏斜的影响就会越来越小。如图 2-20 所示的是每个数据分区有 3 个虚拟节点的哈希环映射情况。

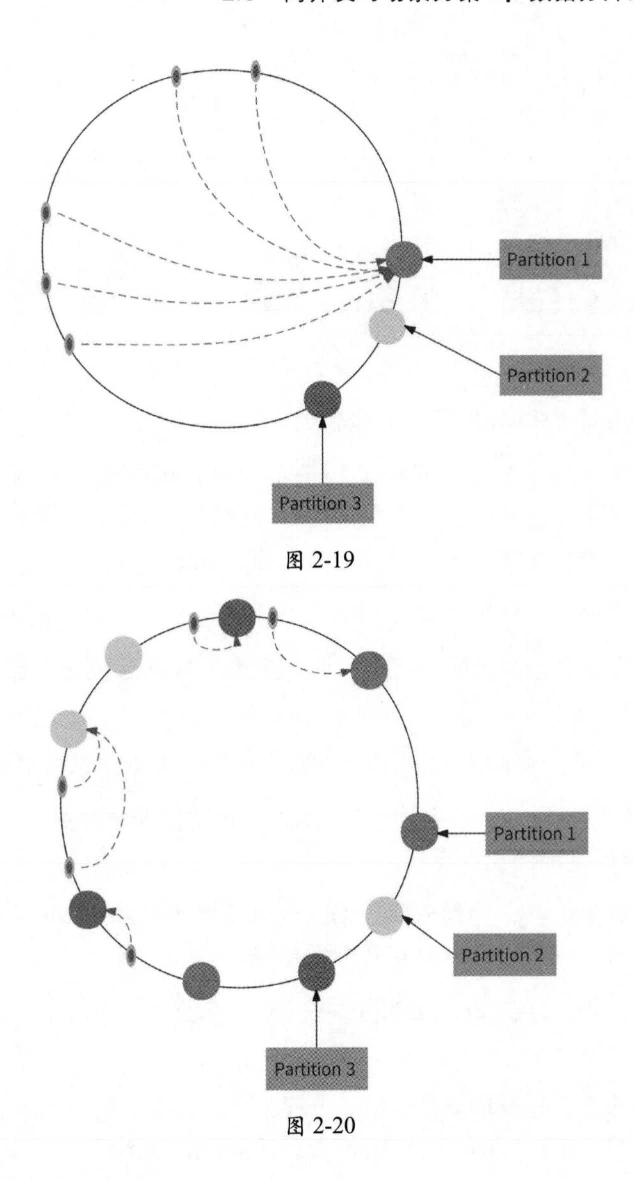

图 2-19

图 2-20

2.6.5 扩容方案

当某个分库承载的数据量或请求量远高于其他分库，或者现有的分库分表架构的数据量已经趋于饱和时，都需要进行扩容操作。这里推荐的平滑扩容方案是从库升级法。

我们先来介绍单个分库的扩容步骤。如图 2-21 所示，假设某数据库被拆分为 3 个库和 6 个表，各个分库存储的数据范围分别为 r0 ~ r1、r1 ~ r2、r2 ~ r3，此时分库 DB0 的数据量和资源压力过大。

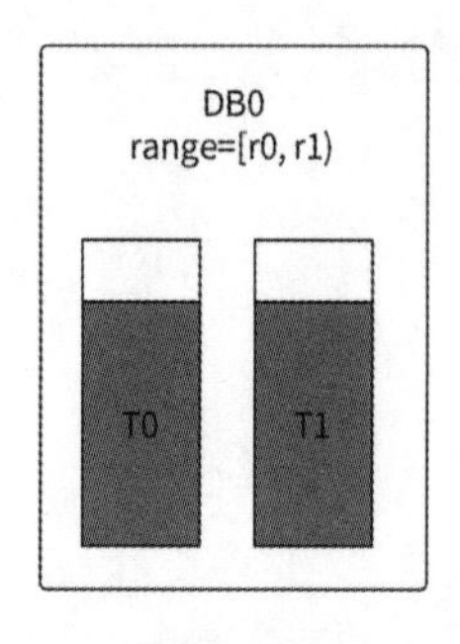

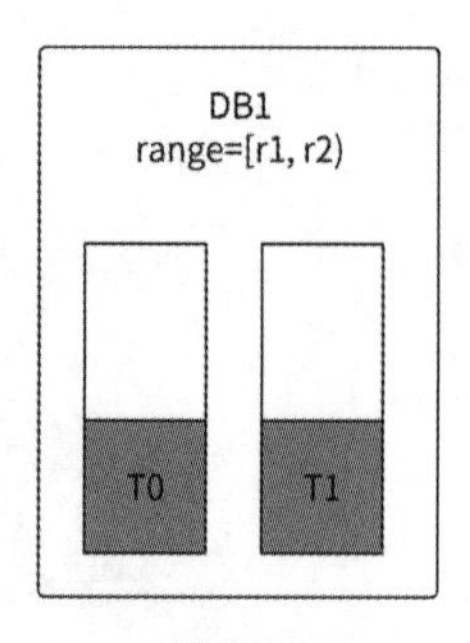

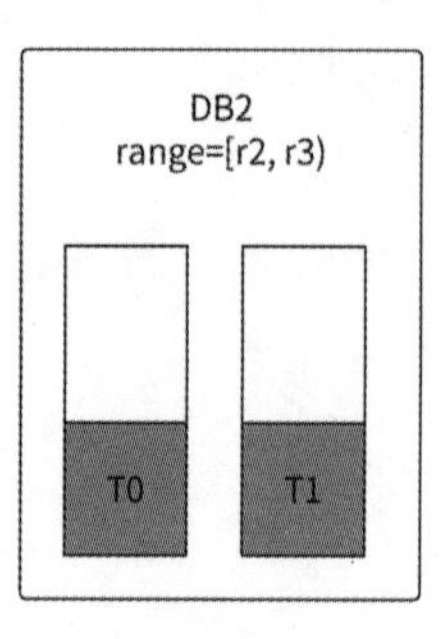

图 2-21

使用从库升级法对 DB0 分库扩容的步骤如下。

（1）为 DB0 增加 Slave 节点（即从库），开始主从复制操作，将 DB0 的数据同步到从库。这一步不一定需要专门来做，因为在常见的数据库分库分表方案中，分库都会使用主从复制架构来保证每个分库高可用，从库是本来就存在的。

（2）主从复制完成后，DB0 主库临时封禁写请求操作，保证不再有增量数据。

（3）检查主从库数据，如果数据完全一致，则表示数据已经完全被同步到从库，此时断开主从关系。

（4）修改 DB0 的数据范围为 r0 ~ (r0+r1)/2，即 DB0 负责原来数据范围的前一半。

（5）将 DB0 从库提升为主库并命名为 DB3，同时设置数据范围为(r0+r1)/2 ~ r1，即 DB3 负责原 DB0 数据范围的后一半。

（6）确认上游业务均已感知到分库数据范围的变更后，解封 DB0 的写请求操作，此时分库扩容已经完成，业务已经恢复正常写数据库。

（7）启动离线任务，将 DB0 和 DB3 的数据范围外的另一半冗余数据删除，最终 DB0 被扩容为图 2-22 所示的分库。

对整个数据库基于从库升级法扩容时，分库数量会翻倍，所以这种扩容方式也被称为“翻倍扩容法”。其扩容步骤与单个分库的扩容步骤类似，只不过是对每个分库都执行从库升级。

（1）对于每个分库增加从库，开始主从复制操作。同样，这一步不一定需要做。

（2）各分库主从复制完成后，主库临时封禁写请求操作。

（3）检查各分库的主从库数据，如果数据完全一致，则断开全部主从关系。

（4）修改原分库的数据范围为原数据范围的前一半。

（5）将各分库的从库提升为主库，同时设置其数据范围为原数据范围的后一半。

（6）确认上游业务均已感知到分库数据范围的变更后，解封全部分库写请求操作，数据库恢复对外提供服务。

（7）启动离线任务，将原分库和新分库的数据范围外的另一半冗余数据删除，最终 DB0 和 DB1 的分库如图 2-23 所示。

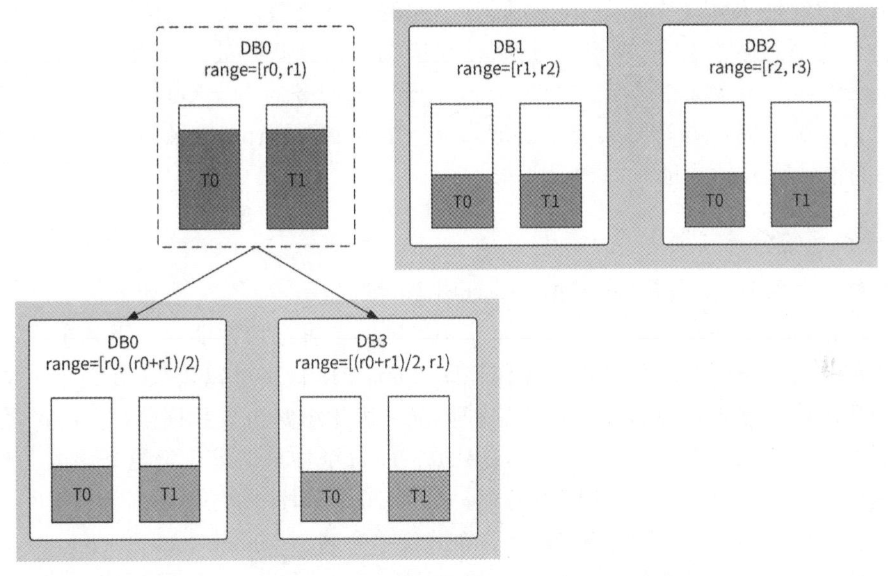

图 2-22

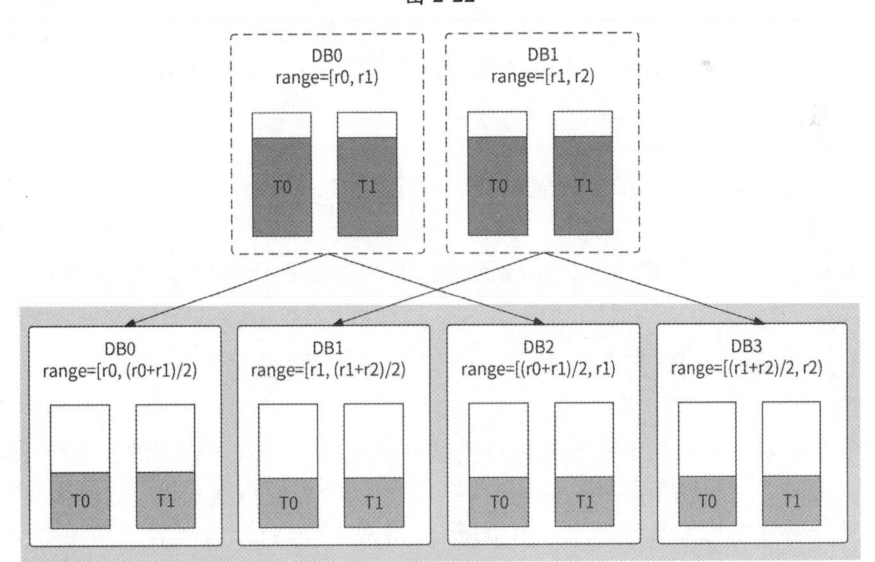

图 2-23

2.6.6 其他数据分片形式

除数据库分库分表之外，数据分片还有其他形式，这里再举 3 个例子。

1. Kafka 多 Partition

在消息中间件 Kafka 中，以 Topic 区分不同的消息类型，每个 Topic 都可以被认为是一个逻辑上的消息队列。在 Topic 内部物理组成上，消息队列被拆分为多个 Partition，每个 Partition 对应一个独立的日志文件被存放在不同的服务器上。Kafka 在向一个 Topic 发送消息时，实际上是在并行写入 Partition，一个 Topic 的 Partition 数目越多，越能增加这个 Topic 的消息写入吞吐量。

2. 秒杀系统分布式锁

电商秒杀系统往往通过分布式锁来保证秒杀时产品不被超卖，但如果某个产品的热度很高，大量秒杀请求并发竞争同一个分布式锁，则会严重拖垮性能。由于分布式锁会造成请求串行化执行，假设一次分布式锁操作耗时 20ms，1s 最多可以接收 50 个秒杀请求，那么这对于热门产品来说难以接受。对于这种情况，优化思路也是数据分片：将产品库存拆分为 N 份，每份库存使用单独的分布式锁保护，而每个秒杀请求仅争抢其中的一份库存。例如，现有 1000 台 iPhone 手机，我们将库存拆分为 20 个分段（将分段命名为 seg-0 ~ seg-19，每个分段有 50 个库存），同时创建 20 个分布式锁（命名为 iphone-lock-0 ~ iphone-lock-19）分别保护这些分段；当秒杀请求到来时，将请求用户 ID 与 20 取模得到值 i，尝试竞争分布式锁 iphone-lock-*i* 并扣减分段 seg-*i* 的库存。20 个分布式锁支持 20 个秒杀请求并行加锁，这样一来，即使加锁耗时 20ms，秒杀系统 1s 也能接收 $50 \times 20 = 1000$ 个秒杀请求。

3. ConcurrentHashMap

ConcurrentHashMap 是 JDK 内置的线程安全的 HashMap，它并不会对整个 HashMap 加锁以保证线程安全，而是将其内部数据拆分到多个槽，为每个槽独立加锁，于是对这些槽可以并发读/写。这样的做法减少了线程间竞争，提高了 HashMap 的读/写性能。

2.7 高并发写场景方案 2：异步写与写聚合

数据分片本质上是通过提高系统的可扩展性来支撑高并发写请求的，每当写请求量达到一个新高度时，系统就需要数据分片扩容。从产品发展的角度来讲，这本无可厚非，但是扩容就意味着需要更多昂贵的服务器资源，经济成本较高；况且扩容不是一个实时操作，对临时的突增流量很难及时应对。实际上，我们还可以从业务的角度和数据特点的角度来思考高并发写场景的应对之道，本节就来介绍两种常见的方案：异步写和写聚合。

2.7.1 异步写

异步写是一个泛化的概念，并不局限于实现形式。异步写把写请求的交互流程从“用户发起写请求并同步等待结果返回”转变为“用户提交写请求后，异步查询结果”的两阶段交互。一般而言，异步写的技术实现有如下特点。

◎ 将用户写请求先以适当的方式快速暂存到一个数据池中，然后立刻响应用户，告知其请求提交成功，以便缩短写请求的响应时间。

◎ 真正的写操作由后台任务不断地从数据池中读取请求并真正执行。

◎ 写操作结果依靠用户主动查询，有的业务场景为了提高实时性，也会在写操作执行完成后主动将结果通知给用户。

异步写非常适合写请求量大，但是被请求方的系统吞吐量跟不上的场景——写请求先排队，被请求方以正常的速度处理请求，就像火车检票口一样。接下来列举几个场景介绍异步写的实现。

1. 跨公网调用

某电商类产品接入微信支付、支付宝等渠道来做支付功能，这些渠道都属于第三方平台，即不属于本产品的后台服务，这就意味着需要跨公网调用第三方平台的支付接口。而公网调用的网络耗时和网络抖动很严重，同时大量的用户支付请求到来会导致跨公网调用发生阻塞。由于跨公网调用的速度无法匹配支付请求的速度，所以使用异步写方案可以很好地解决问题。如图 2-24 所示，使用消息中间件对用户支付请求进行排队操作，并通过消息消费者不断地消费用户支付请求，逐个跨公网调用第三方平台的支付接口。

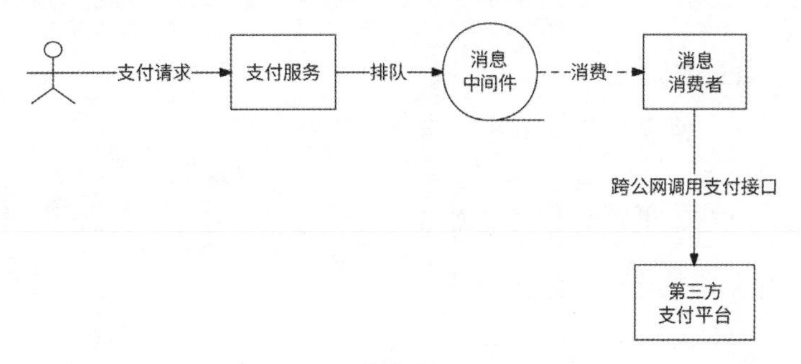

图 2-24

2. 秒杀系统异步化

在产品秒杀活动中，对于某电商产品，在同一时间会有大量的用户抢购请求涌入服务器，如果每个请求都直接访问数据库进行扣减库存和写入订单的操作，那么数据库将会承受巨大的压力。我们可以通过异步写方案将抢购动作变成异步形式：用户点击“抢购”按钮，秒杀服务将抢购请求提交到消息中间件，而后立即响应用户——“抢购中”；消息消费者按照数据库的真实处理能力，低频甚至串行地消费抢购请求并交给数据库处理；数据库处理请求完成后，将处理结果保存到 Redis 中；用户可以刷新订单页向 Redis 查询抢购结果。秒杀系统的异步化架构大致如图 2-25 所示。

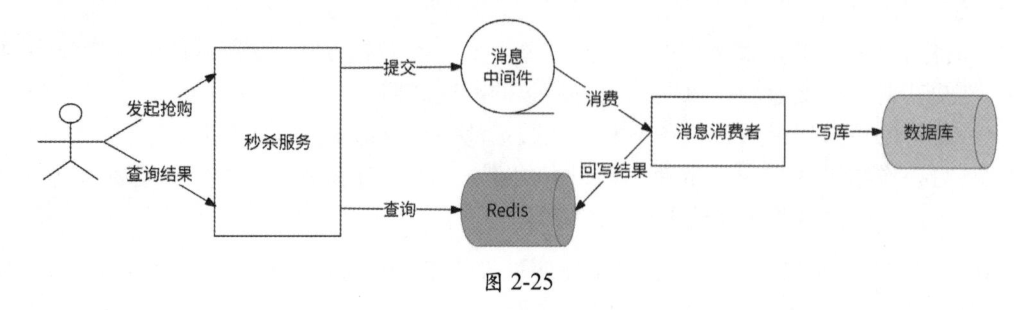

图 2-25

2.7.2　写聚合

写聚合将若干写请求聚合为一个写请求，减少了写请求量。这种方案比较简单、易懂，业界也有较多的应用场景，这里举两个例子。

1. Kafka Producer 批量生产

为了提升消息生产者（Producer）的消息发送性能，消息中间件 Kafka 提供了 Micro-Batch 概念。Micro-Batch 提供了一个名为 RecordAccumulator 的消息收集器，它会将 Producer 待发送的消息暂存在内存中，并将相同 Topic、相同 Partition 的消息聚合为一个批次，然后一次性发送到 Kafka 集群，大大提高了 Kafka 发送消息的吞吐量。

2. AliSQL 热点数据优化

由于行锁的存在，在数据库中处理热点数据更新一直是一个难题。对某行热点数据的多个更新请求会相互竞争同一个行锁，性能一直难以得到提升。阿里云深度定制的 MySQL 分支 AliSQL 对热点数据更新有专门的优化：将对同一行的多个更新操作聚合为一个批次更新操作，消除了行锁竞争，提高了热点数据的更新效率。

2.8　本章小结

本章介绍了高并发架构设计的常用技术方案。

一个系统设计是否满足高并发架构并不是简简单单地看它能承受的 QPS 是多少。高并发系统有 3 个可量化的重点指标：高可用性（99.95%的时间可用）、高性能（平均响应时间小于 200ms，PCT99 小于 1s）和可扩展性（可扩展性大于 70%）。高可用性反映了系统可以提供可靠服务的时间，高性能反映了系统吞吐量，而可扩展性反映了系统的韧性。

高并发场景可以分为高并发读场景和高并发写场景。在面对这两种场景时，高并发架构设计往往有不同的思路。

对于高并发读场景来说，可以通过数据库读/写分离、本地缓存、分布式缓存等方案来解决问题。数据库读/写分离方案依赖数据库主从复制机制，并需要格外注意主从延迟问题。本地缓存方案使用服务器本地内存空间来换取网络调用时间，并可以使用如 LFU、LRU、W-TinyLFU 等缓存淘汰策略来防止滥用本地内存；同时可以使用类似于 SingleFlight 的机制来解决缓存击穿问题。分布式缓存方案使用 Redis 实现，可以通过先更新数据库再删除缓存的方式来保证数据库与缓存数据的最终一致性；同时为了防止缓存失效，需要注意缓存穿透、缓存雪崩等问题。最后我们提出了 CQRS 模式，用于总结应对高并发读场景的核心思想：读/写分离。

而对于高并发写场景来说，可以采用数据分片（数据库分库分表）将写请求分散到多个数据分区；也可以使用异步写方案，暂时将写请求存储到一个临时缓冲区（典型的代表是消息中间件）；还可以按照数据特性对相关的写请求进行写聚合，减少了写请求量。

第 3 章 通用的服务可用性治理手段

系统的高可用性不仅体现在系统架构设计上，还体现在系统日常对外提供服务的稳定性上。本章我们开始学习通用的服务可用性治理手段，具体的学习路径与内容组织结构如下。

◎ 3.1 节介绍微服务架构与网络调用的问题。

◎ 3.2 节介绍请求重试及需要考虑的技术问题。

◎ 3.3 节介绍熔断与隔离，也就是上游服务如何更好地保护下游服务、如何防止上游服务被下游服务拖垮，以及如何防止一个服务内各个接口之间因质量问题而相互影响。

◎ 3.4 节与 3.5 节介绍限流，也就是下游服务如何更好地保护自己。

◎ 3.6 节介绍服务降级策略及相关示例。

本章关键词：重试、熔断、限流、自适应限流、降级、强依赖、弱依赖。

3.1 微服务架构与网络调用

当某个业务从单体服务架构转变为微服务架构后，多个服务之间会通过网络调用形式形成错综复杂的依赖关系。以负责展示用户主页的个人页服务为例，为了拼装出完整的用户主页，个人页服务需要对多个其他微服务发起 RPC 请求，如图 3-1 所示。

◎ 从用户信息服务中获取用户昵称、头像、个性签名等用户基础信息。

◎ 从地理位置服务中获取用户活跃 IP 地址的归属国家和省市信息。

◎ 从内容列表服务中获取用户已发布内容的列表。而内容列表服务要进一步从计数服务中获取用户发布的内容数、点赞总数，并从内容服务中获取每条内容的具体信息，如文本、图片、发布时间、点赞数、评论数、转发数等，其中后三者又需要内容服务继续从计数服务中获取。

◎ 从关系服务中获取用户与请求发起者之间的关系，并进一步从计数服务中获取用户的关注数和粉丝数。

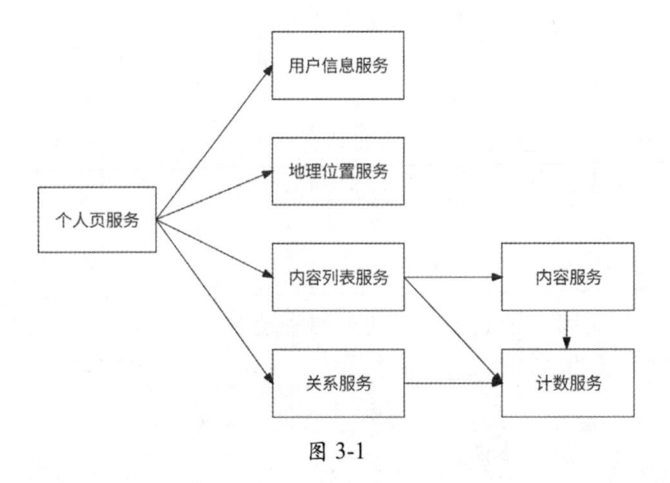

图 3-1

我们可以看到，在微服务架构中，一个微服务正常工作依赖它与其他微服务之间的多级网络调用，这是微服务架构与单体服务架构最典型的区别。

但网络是脆弱的，RPC 请求有较大的概率会遇到超时、抖动、断开连接等各种异常情况，这些都会直接影响微服务的可用性。比如个人页服务在调用用户信息服务时发生网络超时，由于无法获取到用户基础信息，所以会使得个人页服务无法正常对外提供服务。

当微服务 A 是微服务 B 的调用方时，我们称 B 是 A 的下游服务，而 A 是 B 的上游服务。比如图 3-1 中的内容列表服务是个人页服务的下游服务，内容列表服务、内容服务、关系服务是计数服务的上游服务。一个微服务的上游服务和下游服务都会影响它的服务质量。以内容列表服务为例，如果个人页服务（上游服务）向内容列表服务发起大量网络调用，内容列表服务可能会因为承受超过此时处理能力的请求量而被打垮；如果内容服务（下游服务）的服务质量不佳，内容列表服务总是无法获取到用户内容数据，那么服务的可用性也会随之下降。

在微服务架构中，为了解决上述种种影响服务可用性的问题，笔者认为可以从如下两个方面来考虑。

◎ 容错性设计。要接受网络脆弱与下游服务质量不可靠的事实，并在进行服务设计时充分考虑相应故障产生时的容错方案。

◎ 流量控制。既要对上游服务调用采取预防性策略，防止打垮我们的服务；也要对下游服务有感知与保护意识，当感知到下游服务的质量下滑甚至服务不可用时，及时通过自身保护下游服务。

接下来依次介绍服务可用性治理的 5 种通用方案：重试、熔断、隔离、限流、降级。重试与降级是容错性设计的具体表现形式，熔断、隔离与限流则是流量控制的常见实现方式。

3.2　重试

对于服务间 RPC 请求遇到网络抖动的情况，最简单的解决办法就是重试。重试可以提高 RPC 请求的最终成功率，增强服务应对网络抖动情况时的可用性。

3.2.1　幂等接口

当执行 RPC 请求调用下游服务接口遇到网络超时的情况时，我们并不知道 RPC 请求是否已经被下游服务成功处理，因为超时可能出现在请求处理的多个阶段。例如：

◎ RPC 请求发送超时，此时下游服务并未收到 RPC 请求。

◎ RPC 请求处理超时，下游服务已经收到 RPC 请求，但是处理时间过长。

◎ RPC 响应报文超时，下游服务已经处理完 RPC 请求，但是响应报文超时未回复。

我们的服务无法准确判断 RPC 请求是否被下游服务成功处理，所以只能假定最坏的情况：下游服务已经成功处理请求，但是我们的服务没有收到响应信息。此时，如果我们的服务要进行重试，那么下游服务必须保证再次处理同一请求的结果与用户预期相符。

怎样才算与用户预期相符呢？举一个电商产品下单服务的例子。用户选择购买价格为 100 元的产品时，下单服务会调用用户账户服务的扣款接口，从用户的余额中扣除 100 元。假如用户账户服务已经成功从用户的余额中扣除 100 元，但是对下单服务请求的响应超时，这时下单服务将重试调用扣款接口。如果用户的余额再次被扣除 100 元，即用户实际支付 200 元才下单了这个价格为 100 元的产品，那么这就不是与用户预期相符的情况。理论上，无论重试调用扣款接口多少次，用户的余额最终仅应该被扣除 100 元。

可以被重试调用的接口应该满足幂等性。幂等是一个数学与计算学的概念。如果一个函数 f 使用相同的参数重复执行并可获得相同的结果，即满足公式：$f(x)=f(f(x))$，则函数 f 是幂等函数。在编程世界里，幂等指的是对于某系统接口，无论同一请求被重复执行多少次，都应该与执行一次的结果相同。满足幂等性的接口被称为“幂等接口”，只有幂等接口可以被安全地重试调用。

所有读性质的 RPC 接口（即读接口）天然都是幂等接口，因为无论读接口执行多少次都不会改变数据；而写性质的 RPC 接口（即写接口）会改变数据，所以需要查看多次改变数据的结果是否与一次改变数据的结果相同。以在数据库中执行各种写操作的 SQL 语句为例：

◎ 在覆盖操作时，UPDATE table1 SET col1=X WHERE col2=Y，无论成功执行多少次，col1 列的值都是 X，因此它是幂等的写操作；

◎ 在更新操作时，UPDATE table1 SET col1=col1+1 WHERE col2=Y，每执行一次都

会使 col1 列的值发生变化，因此它不是幂等的写操作；

◎ 在插入操作时，INSERT INTO table1(col1,col2) VALUES(X,Y)，执行多次会插入多条重复数据，因此它也不是幂等的写操作。

涉及非幂等写操作的接口可以通过幂等性被设计成幂等接口。如果某接口涉及数据库插入操作，则可以先对数据库的相关数据表设置唯一键。重复调用此接口时，数据库会报出“键重复”错误，表示此数据已经被插入；此时，若接口返回成功，此接口就可以成为幂等接口。如果某接口涉及数据库更新操作，则可以借鉴 CAS（Compare And Swap，比较与替换）的思想，为行数据引入数据版本号，重写 SQL 语句如下：

```
UPDATE table1 SET col1=col1+1 WHERE version=X AND col2=Y
```

重复调用此接口时，由于 version 字段的值已经发生变化，因此最终的 SQL 语句未命中数据行，即它并未真正执行，接口满足幂等性。

以上保证幂等性的方案要求写操作必须是数据库操作，通用性较差。更直接的做法是采用判断请求是否已处理的思路：对于每个请求，使用分布式唯一 ID（见第 4 章）作为 UUID，同时在接口侧保存已处理的请求记录；在请求调用接口时，由接口侧根据请求的唯一标识查询已处理的请求记录；如果找到相应的记录，则说明它处理过此请求，直接返回成功即可。其具体实现方式如下。

1. Redis 分布式锁

接口使用 Redis 的 SET 命令保存已处理请求的 UUID，并结合 NX 参数保证：当且仅当键不存在时才成功写入，否则不写入。

（1）接口接收请求后，先尝试在 Redis 中执行 SET UUID NX 命令写入请求的 UUID。

（2）如果 Redis 写入成功，则说明此请求未被接口处理过，接口可以真正处理此请求。

（3）如果 Redis 写入失败，则说明 Redis 中已写入过此 UUID，即此请求已被接口处理过，于是接口拦截此请求并直接返回成功。

如果接口使用 Redis 永久保存已处理的请求，那么随着时间的推移，Redis 存储空间很快会被占满。更好的做法是使用 SET 命令并结合 EX 参数，为每个键设置一定长度的过期时间，比如 3600s：

```
SET UUID EX 3600 NX
```

设置过期时间可以有效控制 Redis 存储空间的占用，过期时间越短，越可以节约 Redis 存储空间。但是当键过期后，也就无法再拦截重复的请求了，因此过期时间也不能太短。过期时间代表了接口对同一个请求保证幂等性的有效期，如上例中接口保证在 1h 内对同一个请求处理的幂等性。Redis 分布式锁方案的流程如图 3-2 所示。

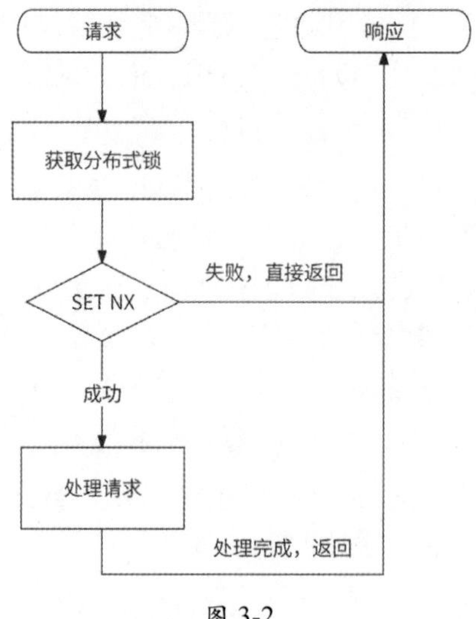

图 3-2

2. 数据库防重表

利用数据库唯一索引的唯一性特点，可以专门创建一个表来保存接口处理过的请求记录，并以请求的 UUID 作为表的唯一索引。这个表被称为“防重表”。接口在处理请求前，先将请求插入防重表中——如果发生索引冲突，则说明此请求在防重表中已经存在，于是请求被拦截，接口直接返回。数据库防重表交互的流程如图 3-3 所示。

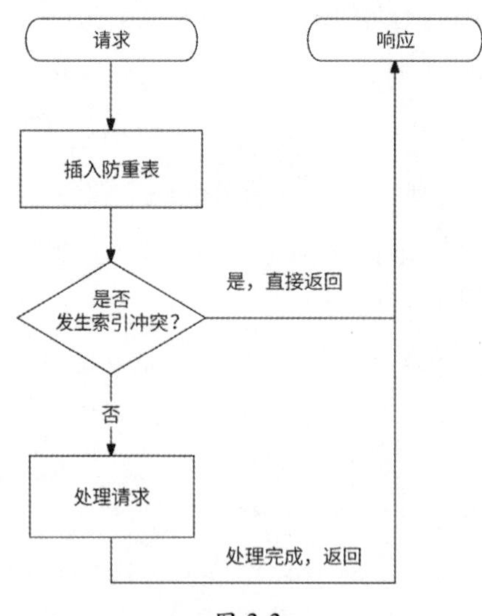

图 3-3

以用户账户服务的扣款接口为例，数据库除了维护用户账户表，还会维护一个交易流水表，并以用户 ID 与订单 ID 作为联合唯一索引。当扣款请求到达用户账户服务时，先将扣款请求插入交易流水表，插入成功后再执行真正的扣款操作。如果重复处理扣款请求，则会在插入交易流水表时发生索引冲突，不再执行扣款操作，这样就保证了扣款接口的幂等性。

3. token

token（令牌）方案也是一种通用的实现接口幂等性的方案，它要求在正式向某服务调用接口前，先从此服务中获取一个 token，然后携带 token 调用所需的接口。

（1）上游服务先向目标服务申请获取 token。

（2）目标服务生成分布式唯一 ID 作为 token，先保存到 Redis（也可以是其他存储系统）中，然后返回给上游服务。

（3）上游服务收到响应信息后，携带 token 真正调用目标服务的接口。

（4）目标服务通过在 Redis 中删除 token 的方式，来检查请求携带的 token 是否有效。如果删除 token 成功，则说明 Redis 中存储了此 token，申请 token 的接口请求是首次访问，于是处理请求；如果删除 token 失败，则说明 Redis 中从未存储过此 token 或者 token 已经被删除，申请 token 的接口请求可能是重试访问，于是直接返回响应信息。

需要注意的是，获取 token 仅执行一次，而真正调用接口可以重试。token 方案的整体流程如图 3-4 所示。

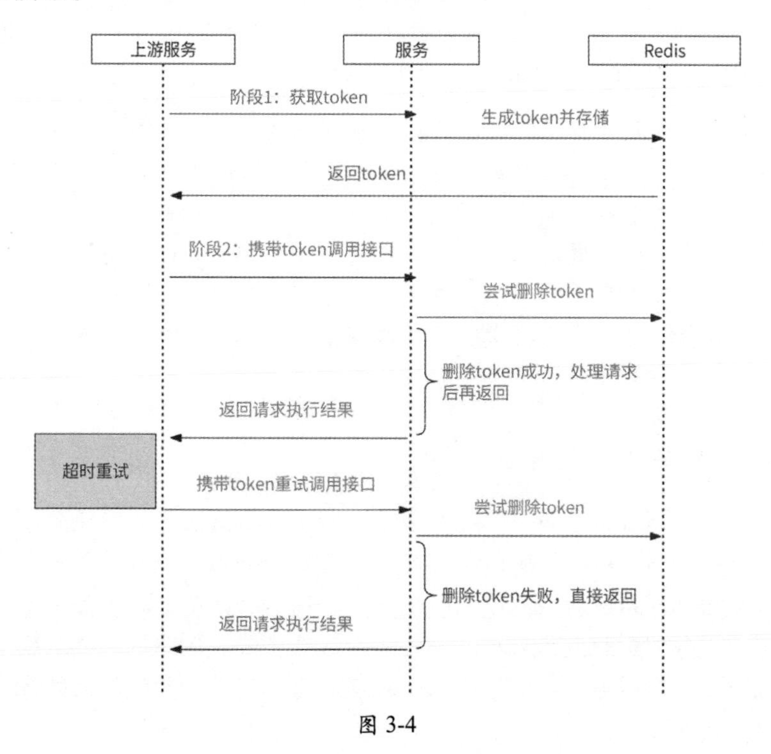

图 3-4

3.2.2 重试时机

在明确了什么样的 RPC 接口请求可以被重试后，我们再来讨论一下重试时机。重试时机包括两个维度：RPC 接口调用遇到什么错误时重试请求，以及何时重试请求。

RPC 接口调用遇到的错误可以分为如下几类。

◎ 业务逻辑错误，即下游服务认为请求不符合业务逻辑而返回的错误。比如下游服务在处理扣款请求时发现用户余额不足，或者某请求包含非法参数，这些都属于业务逻辑错误。

◎ 服务质量异常错误，即反映下游服务稳定性的相关错误。比如下游服务对请求限流（见 3.4 节）、下游服务拒绝提供服务，或者由于调用下游服务失败率过高请求被熔断（见 3.3 节），这些都属于服务质量异常错误。

◎ 网络错误，如请求超时、数据丢包、网络抖动、连接断开等。

重试的退避策略（backoff）决定何时重试请求。

◎ 无退避策略：请求失败后立即重试。

◎ 线性退避策略：每次请求失败后都等待固定的时间重试。

◎ 随机退避策略：在一个时间范围内随机选取一个时间等待重试。

◎ 指数退避策略：对一个请求连续重试时，每次等待的时长都是上一次的 2 倍。

◎ 综合退避策略：可以是指数退避策略与随机退避策略结合的形式，各开源消息中间件在应对消息消费失败时常使用此策略。

当 RPC 接口调用遇到业务逻辑错误时不应该重试请求，因为此请求涉及的业务逻辑有异常，无论重试多少次都是一样的结果；当 RPC 接口调用遇到服务质量异常错误时，由于服务质量处于异常状态是有一定的持续时间的，使用无退避策略（立即重试请求）会大概率继续请求失败，所以此时适合使用各种有退避的策略，比如指数退避策略，这样可以在一定程度上给足下游服务质量恢复的时间；当 RPC 接口调用遇到网络错误时，因为网络错误具有随机性，重试请求再次失败的概率很小，所以可以在下游服务未熔断的前提下立即重试请求。

3.2.3 重试风险与重试风暴

重试虽然可以提高服务质量，但是也会给下游服务带来服务质量风险。假设在用户请求量较大的晚高峰时间，由于下游服务容量不足导致服务负载升高，质量下降，上游服务的请求调用就会出现网络超时或网络断开的情况。这时，如果上游服务决定重试请求，那么就会导致下游服务的负载继续升高，服务质量继续下降，最终拖垮整个服务。重试带来的请求量放大会使下游服务的负载压力雪上加霜，每个请求的重试次数越多，下游服务的负载压力就越大。

如果上游服务未限制每个请求的重试次数（无限重试），则等同于请求量被无限放大，对下游服务的影响也会无限大。因此，上游服务应该为每个请求都设置最大重试次数。在大部分互联网公司的生产环境中，一般请求失败后最多重试 3 次，即额外重试 2 次。

即使对请求设置了最大重试次数，也可能会产生重试风暴现象。如图 3-5 所示，假设将每个服务对下游服务的请求最大重试次数均设置为 3。如果数据库出现了负载过高的情况，Server-3 服务对数据库的请求最多重试 3 次，而 Server-3 服务的上游服务 Server-2 由于得不到响应，对 Server-3 的请求重试 3 次，Server-1 服务对 Server-2 服务的请求也重试 3 次，那么这时候离奇的现象就产生了：原本是来自 Server-1 服务的 1 次业务请求，由于层层重试变成了对数据库的 27 次请求！数据库本来就负载过高，这样的级联重试让数据库更加难以应对。这种现象就被称为“重试风暴”。

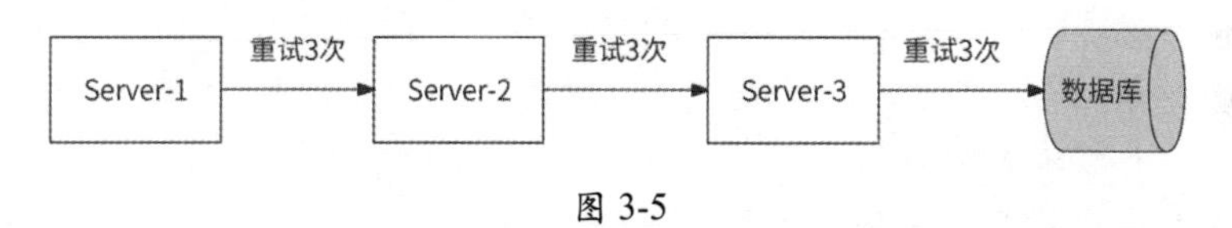

图 3-5

这里只举例说明了具有 3 个微服务的简单架构遇到的重试风暴，而在真实的互联网微服务架构环境中，一个请求经过数十个微服务是很常见的，此时如果某个环节出现故障，那么重试风暴造成的请求量放大更加可怕。

3.2.4 重试控制：不重试的请求

重试需要谨慎进行，否则它会成为洪水猛兽。重试是为了提高服务质量，如果某请求的重试不会保障服务质量，那么就一定不要重试。这里总结了一些不应该重试请求的场景。

1. 非关键下游服务

如果某个下游服务不是我们的服务的关键下游服务，那么我们应该坦然接受请求失败，而不执意重试。是否是关键的下游服务需要结合业务场景来综合判断，比如在查看某用户个人页时，我们更在意的是用户昵称、头像、发布的内容，而用户 IP 地址的归属地仅仅是一个锦上添花的信息，那么个人页服务在调用地理位置服务遇到失败时可以果断地不再重试请求，而将地理位置服务的容量大方地留给那些认为它更重要的上游服务。

2. 上游服务的重试请求不再重试

为了有效防止重试风暴，我们可以在收到上游服务的某请求后，检查这个请求是否是上游服务的重试请求，如果是，则在调用下游服务遇到失败时不再重试请求，防止请求量被级联放大。比如 3.2.3 节的例子，如果 Server-1 服务向 Server-2 服务发送了重试请求，而 Server-2 在此链路上调用 Server-3 服务时遇到错误，那么 Server-2 最好不执行重试请求。这种策略要求重试请求在请求头中携带一个标记，以便下游服务可以识别该请求是否为重试请求。

3. 服务质量异常错误

3.2.2 节中提到，如果我们的服务遇到来自下游服务的限流错误，或者服务内部的熔断器已经将下游服务熔断，则说明下游服务的负载过高。为了不成为压垮下游服务的“最后一根稻草”，我们的服务也不重试请求。

3.2.5 重试控制：重试请求比

通过设置最大重试次数可以有效控制单个请求的重试放大倍数，但是如果有较多的请求被重试，那么下游服务依然会收到大量的重试请求，服务负载也依然会有进一步升高的风险，所以我们应该对上游服务的整体重试量级进行相应的控制。Google SRE 建议每个上游服务都要控制正常请求总数与重试请求总数的比例（重试请求比）。如果在一段时间内重试请求总数低于正常请求总数的 10%（即重试请求比低于 10%），那么只有当某请求失败时才允许被重试。从具体的实现角度来说，可以使用如图 3-6 所示的滑动窗口方式。

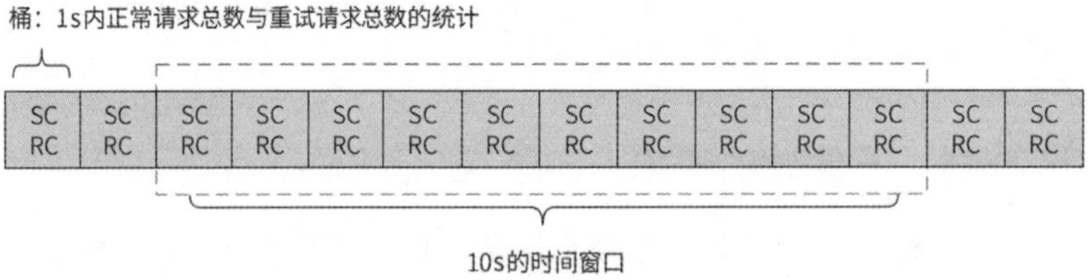

桶：1s内正常请求总数与重试请求总数的统计

SC RC | SC RC | SC RC | SC RC | SC RC | SC RC | SC RC | SC RC | SC RC | SC RC | SC RC | SC RC | SC RC | SC RC

10s的时间窗口

图 3-6

上游服务实时统计 1s 内的正常请求总数（SC）与重试请求总数（RC）并将其作为一个桶。假设重试控制策略是最近 10s 内重试请求比低于 10%时才重试请求，那么在某请求被尝试重试前，取最近 10s 的 10 个桶并根据重试请求总数与正常请求总数来计算重试请求比。如果 sum(RC)/sum(SC)<0.1，则可以重试请求。通过这样的重试请求比来控制重试，可以使重试请求达到最大请求量被放大 1.1 倍的效果。

3.3 熔断与隔离

熔断和隔离都是上游服务可以采取的流量控制策略，其中熔断可以有效防止我们的服务被下游服务拖垮，同时可以在一定程度上保护下游服务；而隔离可以防止一个服务内各个接口之间因质量问题而相互影响。

3.3.1 服务雪崩

由于网络原因或服务自身设计问题，每个微服务一般都难以保证 100%对外可用。如果某服务出现了质量问题，那么与其相关的上游服务网络调用就容易出现线程阻塞的情况；如果有大量的线程发生阻塞，则会导致上游服务承受较大的负载压力而发生宕机故障。在微服务架构中，由于在服务间建立了依赖关系，所以一个服务的故障会不断向上传播，最终导致整个服务链路发生宕机故障。这就是服务雪崩现象。

假设有 3 个服务形成如图 3-7 所示的依赖关系，最上游的 Server-1 服务直接负责与用户请求交互。

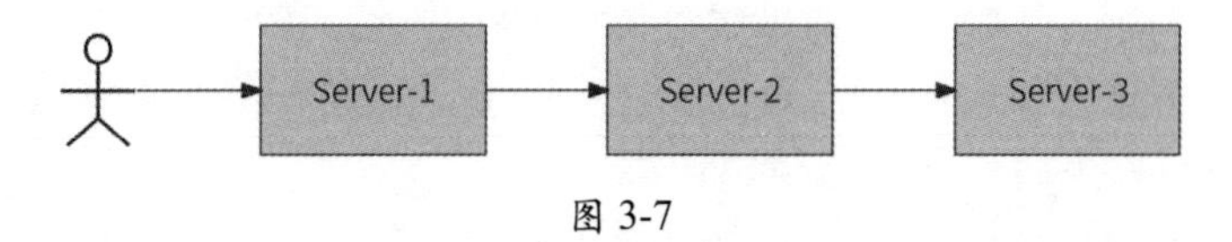

图 3-7

如图 3-8 所示，某一天，Server-3 服务因请求量暴增或设计不合理而宕机。由于 Server-2 是其上游服务，所以 Server-2 服务还会有源源不断的请求继续调用 Server-3 服务。

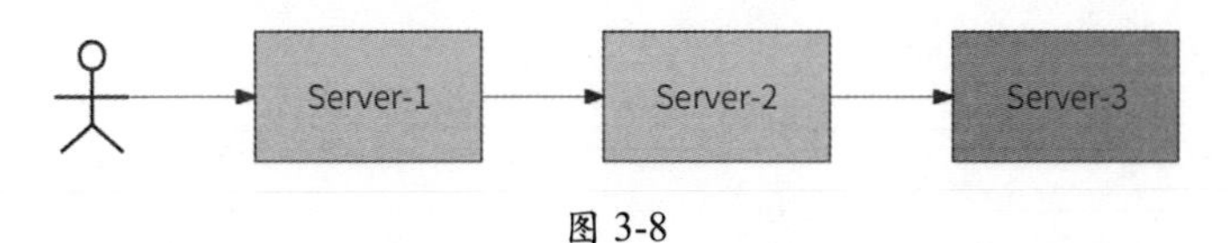

图 3-8

如图 3-9 所示，随着 Server-2 服务内大量的请求调用线程被阻塞在对 Server-3 服务的调用上，Server-2 服务最终也由于大量的线程发生阻塞而宕机，即 Server-3 服务硬生生地把 Server-2 服务拖垮了。

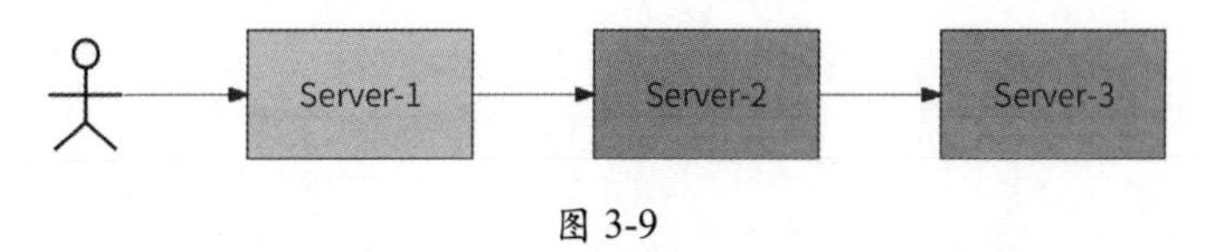

图 3-9

以此类推，Server-1 服务也被 Server-2 服务拖垮了，整个服务链路将不可用，如图 3-10 所示。作为 Server-1 服务的直接访问者，用户感知到服务宕机，开始对产品频繁吐槽。

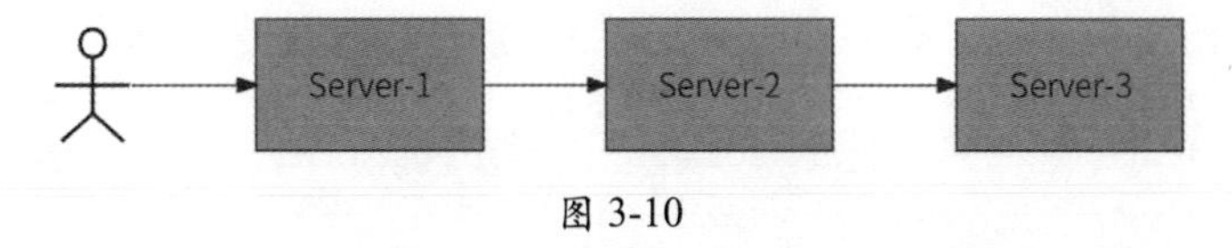

图 3-10

对于“熔断”，大家应该都不陌生，它并不是一个计算机术语，它在股市、电力、交通等领域都频繁出现。服务熔断与这些熔断场景的道理相同，出发点都是为了及时控制风险。在电力领域，熔断器是一种特殊的电流保护器，当电流超过某个阈值时它主动通过产生热能使熔体熔断、电路断开，这可以有效防止电气设备因短路、过电而损坏。与此对应的是，服务雪崩场景也可以通过服务熔断的方式阻断对下游服务的调用，使我们的服务不被发生故障的下游服务拖垮。接下来介绍通过 Hystrix 组件实现的一个经典的熔断器。

3.3.2 Hystrix 熔断器

Hystrix 熔断器将下游服务分为 3 种熔断状态。

◎ 熔断关闭（Closed）状态：默认状态，此时下游服务正常，服务调用方可以正常进行请求调用。

◎ 熔断开启（Open）状态：如果服务调用方在最近一段时间内对某下游服务的请求调用失败率达到某个阈值，则认为它不可用，为此下游服务设置熔断开启状态，并且不再对此下游服务进行请求调用。

◎ 熔断半开（Half-Open）状态：如果某下游服务的熔断已经开启了一段时间，则会自动进入熔断半开状态。此时服务调用方会允许一个请求尝试调用下游服务，以检测下游服务是否已经恢复，然后根据检测结果将熔断状态设置为关闭或开启。

3 种熔断状态的转化关系如图 3-11 所示。

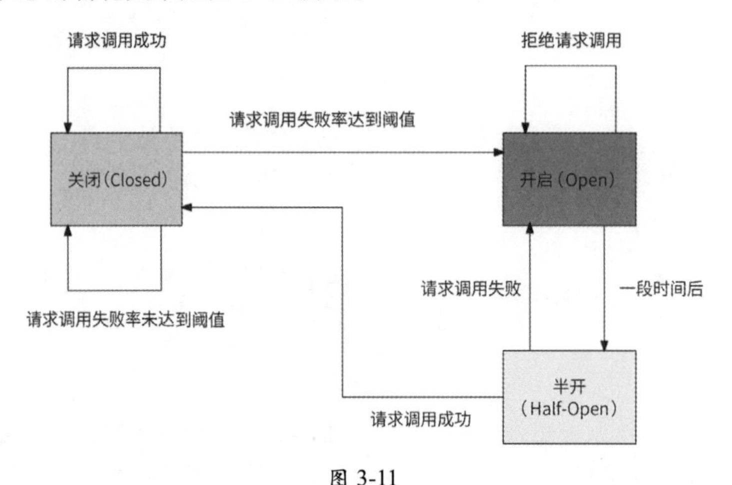

图 3-11

在熔断状态转化条件中，有一些地方需要人为预设阈值，在 Hystrix 熔断器的实现中有一些关键变量，如表 3-1 所示。

表 3-1

变量名	含义
timeInMilliseconds	统计时间窗口。开启熔断（Closed 状态转化为 Open 状态）需要统计最近多少秒内的请求失败率。Hystrix 默认值为 10s
requestVolumeThreshold	请求总数阈值。在统计时间窗口内请求总数必须达到一定的量级，Hystrix 才会将请求失败率作为统计失败率的依据，这样可以防止统计样本太小导致的数据统计值不具代表性的问题。Hystrix 默认值为 20。这意味着，如果在统计时间窗口内请求总数不足 20，那么即使请求调用都失败了，Hystrix 也不会开启熔断
sleepWindowInMilliseconds	休眠时间窗口。熔断器处于 Open 状态后，会经过一段时间自动进入 Half-Open 状态，这段时间就是休眠时间窗口
errorThresholdPercentage	请求失败率阈值。如果在统计时间窗口内请求失败率达到此阈值，则会开启熔断。Hystrix 默认值为 50，即请求失败率达到 50%才开启熔断

接下来详细介绍熔断器的工作流程。在服务调用方准备请求调用某下游服务前，熔断器会先判断此请求是否被允许调用下游服务（下文简称“请求是否被允许执行”）。

◎ 如果熔断器处于 Closed 状态，则请求被允许执行。

◎ 如果熔断器处于 Open 状态，则进一步将当前时间戳和处于 Open 状态时设置的时间戳的差值与 sleepWindowInMilliseconds 的值进行比较，如果 sleepWindowInMilliseconds 较大，则说明熔断器依然维持开启状态，请求不被允许执行；而如果差值较大，则说明熔断器处于 Open 状态已经足够长时间了，实际上熔断器应处于 Half-Open 状态，于是请求被允许执行，以便试探下游服务是否已经恢复，且熔断器状态转化为 Half-Open。

◎ 如果熔断器处于 Half-Open 状态，则请求不被允许执行，因为在熔断器被设置为 Half-Open 状态前就已经有一个请求被允许执行了。这个逻辑可以保证熔断器在 Half-Open 状态仅有一个请求被允许执行。

如果请求被允许执行，那么请求调用下游服务后，会将调用结果（成功或失败）上报给 Hystrix Metrics 统计器。特别的是，如果此请求是来自 Half-Open 状态的试探请求，则会根据调用结果直接设置最新的熔断器状态。

◎ 请求调用成功，熔断器状态从 Half-Open 转化为 Closed，即熔断器认为下游服务已经恢复。

◎ 请求调用失败，熔断器状态从 Half-Open 转化为 Open，即熔断器继续保持开启状态。

Hystrix Metrics 统计器会统计每秒请求成功与请求失败的总数，同时对最近时间窗口内的统计数据进行检查。如果熔断器处于 Closed 状态、此时间窗口内的请求总数不小于 requestVolumeThreshold 的值，且请求失败率不低于 errorThresholdPercentage 的值，则熔断器认为下游服务发生故障，于是设置熔断器状态为 Open。

通过基于时间窗口的请求失败率开启熔断，Hystrix 可以做到对下游服务故障的有效感知，而通过在 Half-Open 状态允许一个请求试探执行的机制，可以使 Hystrix 具有对下游服务恢复的感知能力。

Hystrix 官网已经处于不再维护的状态，Hystrix 官方推荐使用新一代熔断器 Resilience4j 作为其替代品。另外，阿里巴巴开源的 Sentinel 项目也是一个很好的选择。这里之所以介绍 Hystrix，是因为它足够经典，其熔断器方案也被业界的替代品纷纷采用，只不过新增了一些优化机制。接下来简单介绍 Resilience4j 和 Sentinel 相比 Hystrix 有哪些更好的机制。

3.3.3 Resilience4j 和 Sentinel 熔断器

Hystrix 熔断器通过时间窗口请求失败率的策略来开启熔断，Resilience4j 除了采用此策略，还采用了一种称为慢调用比例的策略来开启熔断，即通过统计时间窗口内慢速请求调用在请求总数中的比例来判断是否对下游服务开启熔断。如表 3-2 所示，Resilience4j 为此策略提供了两个变量。

表 3-2

变量名	含　义
slowCallDurationThreshold	调用耗时的阈值，高于该阈值的请求调用被视为慢调用
slowCallRateThreshold	慢调用比例的阈值，当慢调用请求的比例高于该阈值时开启熔断

此策略与时间窗口请求失败率策略的计算方式较为相似，只不过前者关注请求调用的耗时，后者关注请求调用的失败率。通过这两种策略的结合，Resilience4j 可以从下游服务的质量和性能两个角度，综合评判下游服务是否应该开启熔断。相比于 Hystrix 熔断器，它有更多的视角感知下游服务是否可用。

Sentinel 熔断器在这方面的表现更为全面，除实现了时间窗口请求失败率策略和慢调用比例策略外，Sentinel 熔断器还支持错误计数策略：如果最近 1min 的请求失败数超过阈值，则会开启熔断。此策略使用请求失败数而非请求失败比例判断是否开启熔断，可以有效防止当请求量样本数太大时，需要大量的请求失败才可以达到请求失败率阈值的问题，提高了对下游服务不可用的感知能力。目前介绍的 3 个开源项目的熔断器策略的对比如表 3-3 所示。

表 3-3

开源项目	熔断器策略
Hystrix	时间窗口请求失败率
Resilience4j	时间窗口请求失败率和慢调用比例
Sentinel	时间窗口请求失败率、慢调用比例和错误计数

3.3.4 共享资源与舱壁隔离

一般的业务服务都会定义固定大小的线程池来处理对下游服务的请求调用，在下游服务响应慢的情况下，线程池作为服务内共享资源有可能导致服务内各接口的质量相互影响。这里举一个例子，服务 A 的线程池大小为 150，并对外提供 3 个接口，即 I1、I2、I3，这 3 个接口分别依赖 3 个下游服务 B、C、D。在正常情况下，服务 A 接收的请求量不超过 150 个是可以正常对外提供服务的。为了方便反映问题，我们假设服务 A 已经接收的请求量是 150 个，且 3 个接口的请求量都是 50 个。

如图 3-12 所示，3 个接口分别从线程池中获取 50 个线程调用下游服务。假设服务 B 在某时间接口的响应速度变得非常慢，那么正在调用服务 B 的线程会发生较长时间的阻塞，于是接口 I1 相比于其他两个接口会更长时间地占用线程。随着时间的推移，线程池中大部分可用线程都被接口 I1 所持有，接口 I2 和接口 I3 所能获取的可用线程都达不到 50 个，于是这两个接口开始拒绝请求，接口质量下滑，如图 3-13 所示。

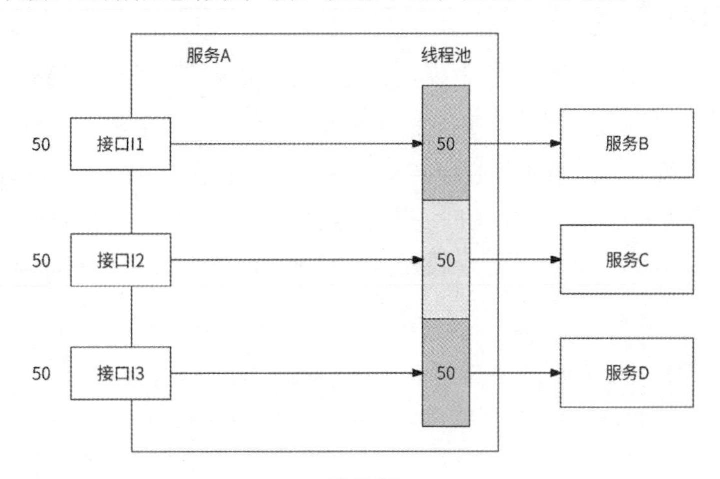

图 3-12

由于线程池是服务内接口间的共享资源，所以一个接口过度占用可用线程，就会对其他接口产生挤压。这不是我们想看到的结果。最理想的情况是，各个接口间应该互不影响，这就要求我们对共享资源进行隔离。

在船舶工业中经常会使用舱壁将船舱分隔成多个隔离的空间，当一个船舱漏水时不会影响到其他船舱。“舱壁”的概念可以被应用在资源隔离问题上，我们需要以某种形式的“舱壁”将共享资源分隔为多个独立资源。Hystrix、Resilience4j、Sentinel 都实现了舱壁隔离。

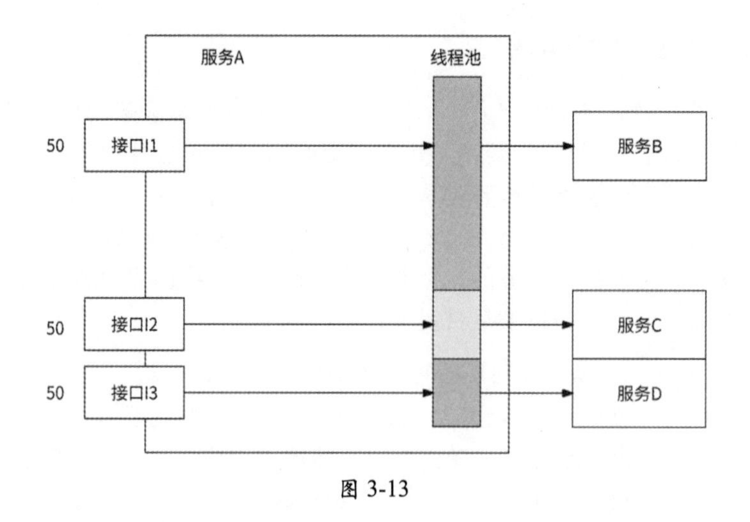

图 3-13

3.3.5　舱壁隔离的实现

Hystrix 提供了两种舱壁隔离的策略，分别是线程池隔离和信号量隔离。这两种策略都是通过限制对共享资源的并发请求量来实现资源隔离的。

线程池隔离的实现思路很简单，就是为服务调用方的每个下游服务单独创建各自的专用线程池，每个线程池仅可用于调用同一个下游服务。仍以 3.3.4 节的服务 A 为例，Hystrix 为服务 A 的 3 个下游服务创建了 3 个线程池，每个线程池的大小为 50，如图 3-14 所示。

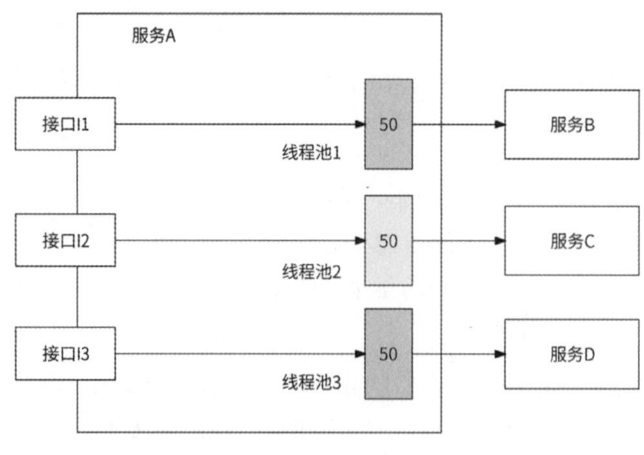

图 3-14

由于服务 B 的响应时间变长，其对应的线程池被很快用完，之后服务 A 在处理接口 I1 的请求时，没有可用线程，于是直接拒绝调用服务 B，而不从其他线程池中获取可用线程。通过将共享线程池切分为多个独立线程池，即使服务调用方的一个下游服务发生问题，也不会影响到对其他下游服务的调用。

不过，线程池隔离策略要求服务调用方为其所依赖的每个下游服务都建立线程池。如果其所依赖的下游服务较多，那么对应数量的线程池会带来较大的内存开销，也为服务器带来更大的线程调度开销和上下文切换开销。Hystrix 提供的另一种策略是通过信号量 PV 操作来控制共享资源并发调用，即信号量隔离策略。

我们先回顾一下信号量 PV 操作。信号量是一种并发控制机制，其数据结构由一个整数值 S 和一个指针组成，指针指向被阻塞在信号量的下一个进程。信号量的 S 值一般与资源使用情况有关。

◎ $S>0$：表示当前可使用的资源数量为 S。
◎ $S\leqslant 0$：表示当前无可用资源，但有 S 个进程被阻塞，正在等待使用该资源。

信号量的值仅可以通过 PV 操作修改。PV 操作由 P 操作和 V 操作组成。

◎ P 操作：表示从信号量中获取一个资源。如果 $S\leqslant 0$，则 P 操作发生阻塞等待；否则，S 值减 1，即 $S=S-1$。
◎ V 操作：表示向信号量归还一个资源，S 值加 1，即 $S=S+1$，并尝试唤醒队列中第一个等待信号量的进程。

信号量的 S 值决定了并发访问量。Hystrix 为服务调用方依赖的每个下游服务都创建一个信号量并赋初始值为 X，于是实现了对每个下游服务的并发调用控制。服务调用方在试图调用某个下游服务前，先对相关信号量执行 P 操作，操作成功后才可调用该下游服务，再执行 V 操作。比如 Hystrix 在服务 A 内为下游服务 B、C、D 分别创建值为 50 的信号量，保证每个下游服务的并发调用量不超过 50 个。这样一来，即使服务 B 的响应时间过长，在服务 A 内最多也就占用 50 个并发调用，不会对其他下游服务调用产生影响。

3.4 限流

3.2 节和 3.3 节介绍的重试、熔断、资源隔离，都是上游服务为了提高自身服务质量和适当保护下游服务而采用的策略。本节将介绍作为下游服务，为了应对多个上游服务的请求访问，以防被上游服务打垮应做好的预防机制，这个预防机制就是老生常谈的“限流”。

在现实生活中有大量应用限流的场景，比如某些著名景区在劳动节、国庆节等节假日期间往往人满为患，不仅容易破坏景区环境，而且容易发生踩踏事故，游客的体验也非常差，于是景区管理部门就会通过一系列手段对景区限流，如限定每日票量、限制游玩项目同时参与的人数等。在互联网场景中，这样的例子也随处可见，比如“双十一”电商秒杀抢购、火车票抢票等场景，都通过限流策略来防止服务被海量请求打垮。限流的表现形式主要包括如下几种。

◎ 频控：控制用户在 *N* 秒内只可执行 *M* 次操作，比如限制用户在 30s 内只能下载 1 次文件、在 1h 内最多只能发布 5 条动态。

◎ 单机限流+固定阈值：某服务的每台服务器在 1s 内最多可处理 *M* 个请求，*M* 值是预先设置好的。

◎ 全局限流+固定阈值：某服务在 1s 内总共可处理 *M* 个请求，与前者的主要区别在于限流范围是某服务的全部服务实例。

◎ 单机自适应限流：某服务的每台服务器根据自身服务状况，使用各种自动化算法动态判断是否限制请求，不再预先设置限流阈值。

接下来介绍各种限流形式及其具体实现方案。

3.4.1　频控

我们可以借助 Redis 实现频控，不过，用户在 *N* 秒内只能执行 1 次操作和最多执行 *M* 次操作可以用两种不同的方案来实现。

对于用户在 *N* 秒内只能执行 1 次操作的频控场景，可以使用 Redis SET 命令结合 EX 参数实现，并设置 *N* 秒作为 Key 的过期时间。以限制用户在 30s 内只能下载 1 次文件为例，判断用户是否可以下载文件的 Go 语言代码实现如下：

```
func canDownload(ctx context.Context, userID int64) bool {
    key := fmt.Sprintf("download_%d", userID)
    // 实际执行的命令是“SET download_{userId} 0 EX 30 NX”
    result := redisClient.SetNX(ctx, key, 0, time.Second*30)
    if result.Err() != nil {
        return false
    }
    // 如果 Key 已经存在，则返回 false，否则返回 true
    return result.Val()
}
```

在用户执行下载文件操作前，调用 canDownload 函数判断一个用户 ID 是否可以下载文件。此函数先根据用户 ID 拼接 Redis Key“download_{userID}”表示此用户的下载行为，然后尝试执行 Redis 命令“SET download_{userId} 0 EX 30 NX”为用户的下载行为设置键值。如果设置失败，则说明 Key 已经存在且未过期，即在最近 30s 内此用户已经下载过文件，于是函数返回 false；如果设置成功，则说明在最近 30s 内用户无下载行为，于是函数返回 true，表示用户可以执行此次文件下载操作。

对于用户在 N 秒内最多执行 M 次操作的频控场景，由于涉及具体的操作次数 M，因此只能通过维护用户操作计数并通过 INCR 命令更新计数来实现。这里包括两个细节：一是如果 INCR 的结果大于 M，则表示用户操作次数已经达到阈值，应该被频控；二是用户操作计数数据应该在首次设置时被设置过期时间为 N 秒，首次设置意味着 INCR 返回值为 1。

由于设置过期时间需要先判断 INCR 返回值，所以这时最多涉及两个 Redis 命令：INCR 和 EXPIRE（设置过期时间）。为了确保这两个操作的并发安全性，设置过期时间需要通过 Lua 脚本来实现。我们以用户在 1h 内最多只能发布 5 条动态为例，其 Lua 脚本实现如下：

```
local count = redis.call('incr', 'publish_{userID}')
if count == 1 then  // 判断是否为首次设置，如果是，则需要设置过期时间
   redis.call('expire', 'publish_{userID}', 3600) // 设置过期时间为 1h
end
return count // 返回最新计数
```

而用户是否可以发布动态，需要根据 INCR 返回值是否大于 M 来判断。Go 语言代码实现如下：

```
// limit 参数表示频控 M 值
func canPublishContent(ctx context.Context, userId int64, limit int64) bool {
   key := fmt.Sprintf("publish_%d", userId)
   script := "local count = redis.call('incr', KEYS[1]); if count == 1 then
redis.call('expire', KEYS[1], ARGV[1]) end; return count" // 上面的 Lua 脚本
   result := redisClient.Eval(ctx, script, []string{key}, 10)
   if result.Err() != nil {
      return false
   }
   count := result.Val().(int64)
   return count < limit
}
```

在用户发布动态前，调用 canPublishContent 函数判断其是否被频控。此函数先根据用户 ID 拼接 Redis Key“publish_{userID}”表示此用户的动态发布行为，再执行上面所示的 Lua 脚本并获取 INCR 返回值（这样可以保证在首次设置计数时顺便设置过期时间）。如果 INCR 返回值小于频控阈值 5，则说明用户在 1h 内发布动态不足 5 条，因此允许发布，此函数返回 true。

3.4.2 单机限流 1：时间窗口

一种简单的限流算法是通过固定时间窗口来实现的，比如限制在 1s 内请求量不超过 100 个，可以将时间线切分为以 1s 为单位的时间窗口，每个时间窗口都维护这 1s 内允许通过的计数 100。如图 3-15 所示，当请求到来时，先向当前所处的时间窗口申请 1 个计数，

如果该时间窗口内的计数大于 0，则计数减 1 并允许请求通过；否则，请求被限流器丢弃。

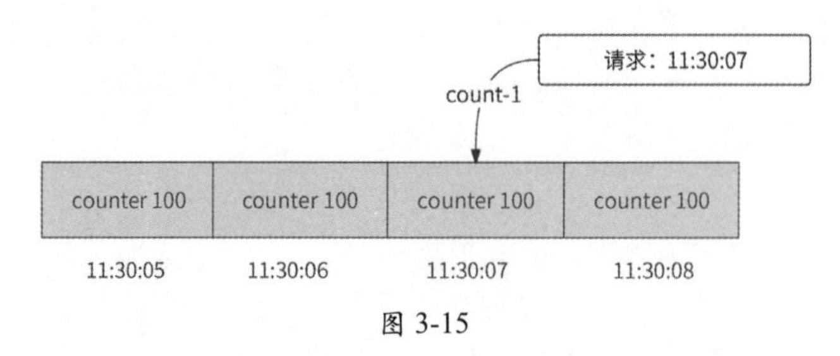

图 3-15

固定时间窗口最大的缺点是无法防止时间窗口边界附近的流量暴增，可能会有 2 倍限流阈值的请求通过限流器，不符合限流器的预期。比如在 11:30:06 的前 500ms 内没有任何请求进入，在后 500ms 内有 100 个请求进入，它们全部被允许通过限流器；而在 11:30:07 的前 500ms 内也有 100 个请求进入，它们也全部被允许通过限流器。这样一来，在 11:30:06:500 ~ 11:30:07:500 这 1s 内实际上有 200 个请求通过了限流器，不符合限制在 1s 内请求量不可超过 100 个的设定，因此限流效果比较差。

我们可以使用滑动时间窗口的方式来弥补上述缺点。滑动时间窗口把时间线以更小的时间粒度（如 50ms）划分为一个个槽，将限流计数均摊到每个槽，一个时间窗口就是最近时间的 20 个槽的总和，如图 3-16 所示。这个时间窗口会随着时间的推移不断向后滑动。当请求到来时，先在当前时间最近的 20 个槽中查找第一个计数大于 0 的槽，如果找到了，则说明在这个时间窗口内依然有限流计数可用，将该槽计数减 1，请求被允许通过限流器；如果在整个时间窗口内所有的槽计数都为 0，则说明已经达到限流阈值，请求将被限流器丢弃。

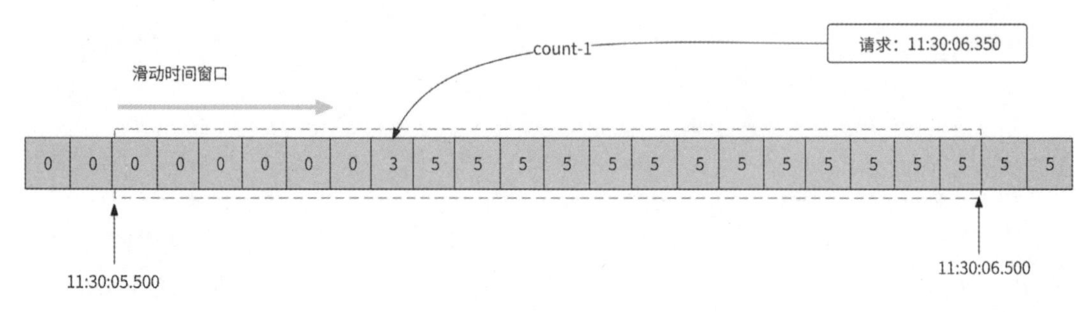

图 3-16

滑动时间窗口限流器可以有效提高限流的准确性，且槽的时间粒度越小，限流的准确性越高。不过，由于需要维护较多的槽信息，判断限流需要在时间窗口内遍历查找可用槽，此实现方式有较大的内存与 CPU 开销。为了对海量请求进行限流设定，限流器应该有更加轻量级的实现方式。

3.4.3 单机限流 2：漏桶算法

漏桶算法很好理解。如图 3-17 所示，一个漏桶承接水流，并通过一个出水口匀速出水，当水流过大、漏桶已满时会导致水溢出。水流被视为进入服务器的请求，出水口匀速出水可被视为服务器处理请求的固定速率，当请求过多导致漏桶满了时，将开始拒绝新来的请求。

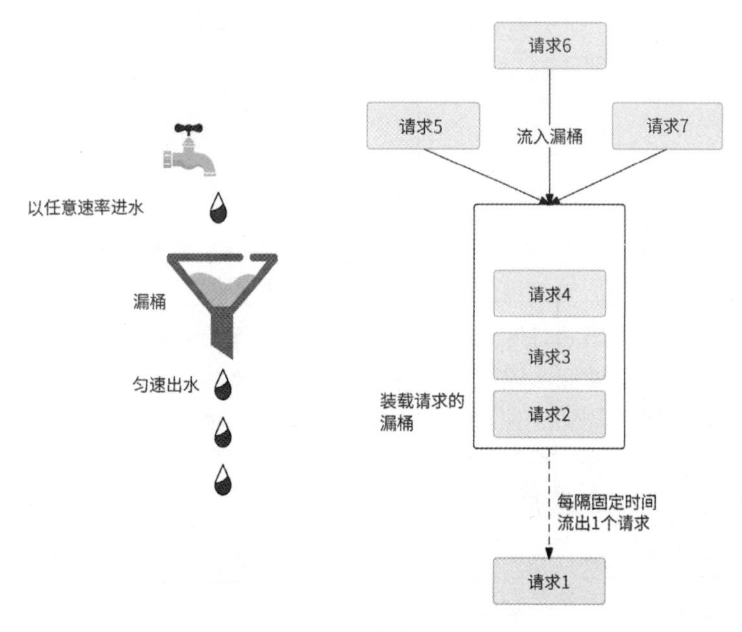

图 3-17

漏桶算法是先进先出概念的体现，可以使用队列实现漏桶。每个新来的请求都先尝试进入漏桶，如果漏桶已满，则拒绝请求；否则，请求在漏桶中排队，服务器按照固定的时间间隔从漏桶中获取第一个请求并对其进行处理。使用漏桶算法，请求可以以任意速率进入服务器，而服务器永远以固定的速率处理排队的请求。

我们以一个完整的例子来描述请求是怎样在漏桶中排队的。假设设置漏桶的限流阈值为每秒处理 10 个请求（即请求处理速率是 1req/100ms），漏桶的容量为 10，此时同时有 5 个请求流入漏桶中：

（1）第一个请求进入漏桶，由于此时漏桶为空，所以请求无须排队，可以直接被处理。

（2）第二个请求进入漏桶，由于第一个请求刚刚被处理，所以此请求需要排队，严格按照请求处理速率的设置，即需要排队 100ms。

（3）第三个请求，需要等待第二个请求被处理后再排队 100ms，所以排队时间是 200ms。

（4）以此类推，第四个请求排队 300ms，第五个请求排队 400ms，如图 3-18 所示。

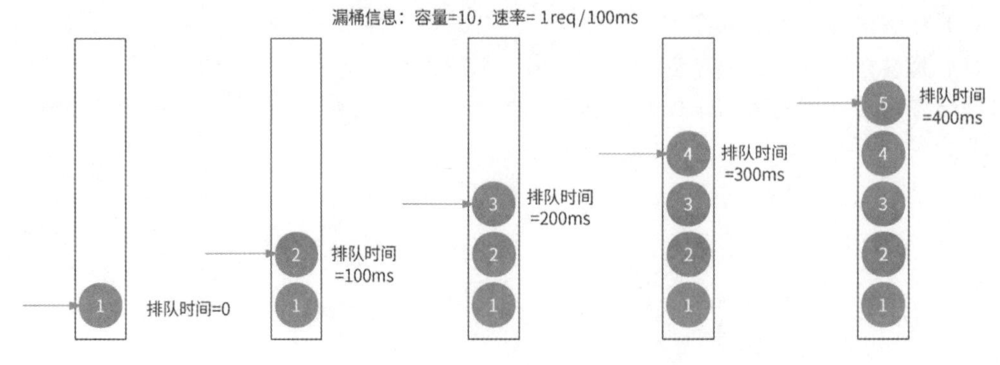

图 3-18

漏桶算法可以保证无论有多少个请求涌入服务器，它们都将按照固定的速率被处理，有效保障了服务的稳定性。不过，漏桶算法的缺点也非常明显，为了按照固定的速率处理请求，漏桶算法强行要求请求排队等待，从上游服务的视角来看，请求的响应时间会有一定程度的增加。另外，漏桶算法应对流量不够灵活，不支持突增流量，这些突增流量对服务来说可能完全没有处理压力，但请求却在缓慢排队，其实这是对服务性能的浪费。

3.4.4　单机限流 3：令牌桶算法

令牌桶算法是一种高效且易于实现的限流算法，并消除了漏桶算法的缺点。令牌桶算法的原理是系统会以一个恒定的速率向令牌桶中放入令牌，如图 3-19 所示。在处理请求前，需要先从令牌桶中获取一个令牌，如果桶中没有令牌可取，则拒绝请求。

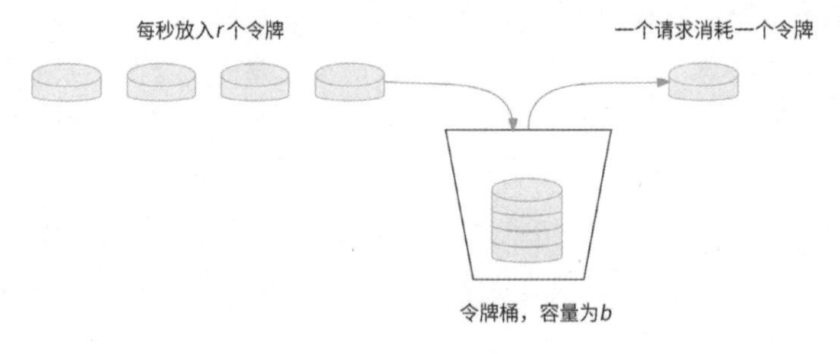

图 3-19

令牌桶算法的基本工作流程如下。

（1）每秒向令牌桶中放入 r 个令牌，即每 $1/r$ 秒新增一个令牌。

（2）令牌桶容量为 b，即最多存放 b 个令牌，桶满时新放入的令牌会被丢弃。

（3）当一个请求到来时，从令牌桶中获取一个令牌。如果桶中有令牌，则令牌总数减

1，请求被允许执行。

（4）如果桶中没有可用令牌，则该请求被限流。

令牌桶算法可以容忍一定程度的突增流量，这个特性体现在两个方面。首先，令牌桶的容量 b 保证此算法允许在 1s 内最多有 b 个并发请求访问服务；其次，令牌在不断生成，并且只有请求访问服务时才扣减令牌的形式，对请求波动的限流更加灵活。如果我们预期的限流阈值是 1s 处理 100 个请求，那么令牌桶算法每秒会向桶中放入 100 个令牌。假设第 1 秒只有 80 个请求访问服务，还剩下 20 个令牌，那么第 2 秒可以允许 120 个请求通过限流器。

从长期运行结果的表现来看，令牌桶算法依然是将 1s 内请求并发数限制为 r，只不过它允许一定程度的流量突增。由于令牌桶算法既能支持高并发场景，又能平滑控制流量，所以大部分业务场景会采用此限流算法。

令牌桶算法的 Go 语言代码实现如下：

```
type TokenBucket struct {
    latestTokenTime time.Time      // 上次放入令牌的时间
    availableToken  int64          // 可用令牌数量
    capacity       int64           // 令牌桶容量
    interval       time.Duration  // 放入一个令牌需要的时间周期
    lock          sync.Mutex      // 并发控制
}

// 创建令牌桶，capacity 表示容量，rate 表示 1s 放入的令牌数量
func NewTokenBucket(capacity int64, rate int64) *TokenBucket {
    // 计算放入一个令牌需要的时间周期
    interval := time.Second / time.Duration(rate)
    return &TokenBucket{
        latestTokenTime: time.Now(),
        availableToken:  capacity,
        capacity:       capacity,
        interval:       interval,
    }
}

// 调整令牌数量，模拟匀速放入令牌的操作
func (tb *TokenBucket) adjust() {
    // 令牌桶已满，不放入令牌
    if tb.availableToken == tb.capacity {
        return
    }
    now := time.Now()
    // 距上次放入令牌经过的时间周期，也就是需要放入的令牌数量
    newTokenCount := int64(now.Sub(tb.latestTokenTime) / tb.interval)
    if newTokenCount == 0 {
```

```
        return
    }
    // 放入令牌，并处理令牌桶溢出情况
    tb.availableToken += newTokenCount
    if tb.availableToken > tb.capacity {
        tb.availableToken = tb.capacity
    }
    // 更新放入令牌的时间
    tb.latestTokenTime = now
}

// 获取令牌
func (tb *TokenBucket) Take() bool {
    tb.lock.Lock()
    defer tb.lock.Unlock()
    tb.adjust() // 调整令牌桶中最新的令牌数量
    // 若有可用令牌，则允许请求通过
    if tb.availableToken > 0 {
        tb.availableToken -= 1
        return true
    }
    return false
}
```

3.4.5　全局限流

与单机限流不同，全局限流旨在对一个服务的所有实例统一限流，所有服务实例共用一个限流配额，这个限流配额一般由专门的限流服务器下发。当一个服务的任意一个实例收到请求时，服务实例的限流模块会先访问限流服务器，查询此请求是否被允许通过，而限流服务器根据自身规则决定是否触发对此请求的限流，如图 3-20 所示。

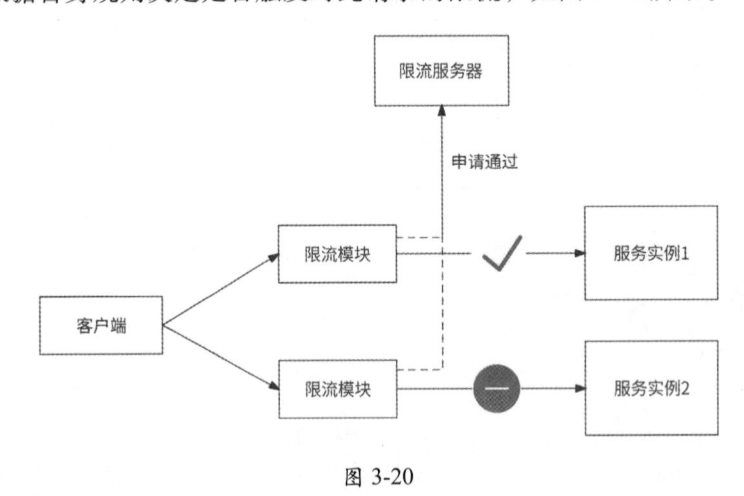

图 3-20

限流服务器可以使用 Redis 实现，实现细节与 3.4.1 节的“在 N 秒内最多执行 M 次操作的频控场景”的频控方案一样，即使用 Redis INCR 命令，这里不再赘述。全局限流的特点是，由统一的限流服务器对各服务实例统一限流，服务实例数量不会影响限流阈值，但是限流服务器的引入为请求的执行增加了一次额外网络调用，且在请求量较大的情况下，限流服务器单点很容易成为影响业务服务的瓶颈。所以，这种全局限流方案不是很适合请求量巨大的服务。

不过，如果对限流阈值的精确性和实时性的要求适当放宽，那么我们可以换一种交互方式：服务的各个实例周期性地将一段时间的流量统计上报到限流服务器，限流服务器根据各服务实例的流量情况重新计算最新限流配额，然后下发到各个服务实例，每个服务实例都根据收到的限流配额本地决定请求是否允许被处理。接下来具体介绍一种可行的技术实现：时间片统计。

（1）将时间划分为连续的时间片，每个服务实例都记录每个时间片内的请求总数、请求调用延迟时间，并在每个时间片结束时将统计日志发送到消息队列。

（2）创建一个日志收集器服务，作为消息队列的消费者。当一个时间片下的所有服务实例的统计日志都已到达日志收集器后，汇总计算此时间片的实际 QPS：QPS=总请求数/时间片长度。

（3）日志收集器将汇总统计数据上报给限流服务器。

（4）限流服务器计算最新的限流比例 dropRate，计算公式如下所示。如果一个时间片的实际 QPS=1200，限流阈值=1000，则 dropRate=0.167。

$$\text{dropRate} = (\text{实际 QPS} - \text{限流阈值}) \div \text{实际 QPS}$$

（5）限流服务器下发最新的限流比例到各个服务实例。

（6）服务实例根据限流比例限流：每个请求有 16.7%的概率被丢弃。

需要注意的是，时间片长度不宜过长，否则限流调整实时性过差；时间片长度也没必要太短，否则会影响服务性能，一般 10s、30s 都是比较合适的时间片选择。此方案架构如图 3-21 所示。

使用 Redis 频控方案进行全局限流，限流效果精准、时效性强，但是由于 Redis 会成为业务服务的额外单点，反而影响了业务服务的稳定性，所以此方案只适合请求量不大的服务。而使用时间片统计方案，注定不会有精准的限流阈值控制，时效性也没有绝对保障，所以它更适合请求量大的服务，对请求进行粗略筛选。

实际上，并不是所有的业务场景都需要进行全局限流。如果限流的目的是保护服务不被大量请求击垮，那么进行单机限流即可，没有必要上升到全局限流；而如果限流的目的是对某个共享资源的全局访问控制，则可以进行全局限流，比如秒杀场景可以参考使用商品的总库存作为限流阈值，对用户抢购请求进行全局限流。

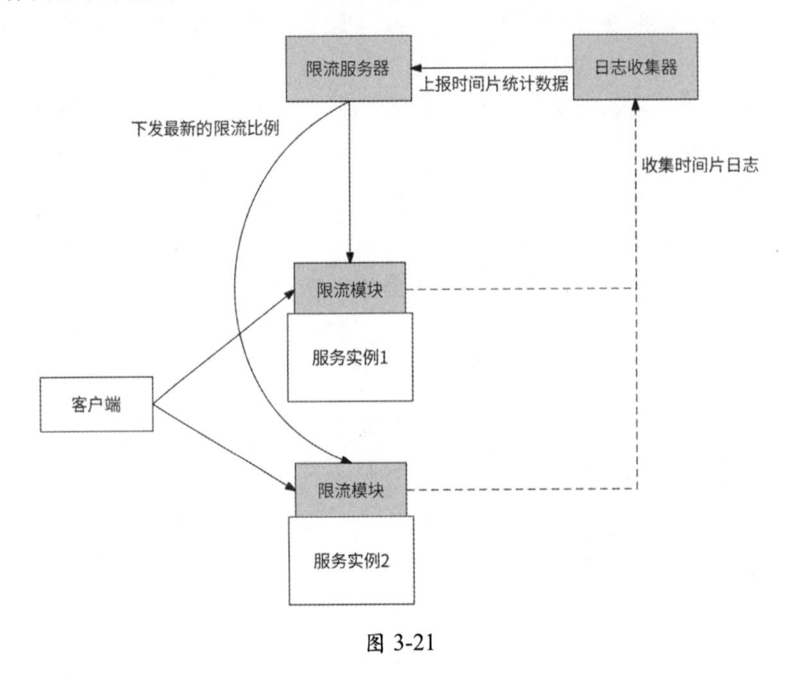

图 3-21

3.5　自适应限流

无论是时间窗口、漏桶算法、令牌桶算法，还是全局限流方案，限流阈值都是人为设置的，这就意味着这些限流策略的实际效果很被动，依赖限流阈值的设置是否足够合理。为了设置合理的限流阈值，在一个服务正式上线前，我们一般会事先对它进行一段时间的全链路压测，再根据压测期间服务节点的各项性能指标，选择服务负载接近临界值前的 QPS 作为限流阈值。基于服务的压测数据得出的限流阈值看似是合理的，但是服务的性能会随着服务的不断迭代而变化，例如：

◎ 某服务的单个实例可承受的最大 QPS 为 100，研发工程师不满意此服务的性能表现，于是对服务进行了系统性重构，性能得到大幅提升，单个实例可承受的最大 QPS 变为 300；

◎ 某服务原本是一个轻量级服务，单个实例可承受的最大 QPS 为 500。但是在某次产品需求变更中，为此服务增加了对多个下游服务的调用，于是服务性能下降到单个实例可承受的最大 QPS 为 100。

可以看到，服务的每次迭代都有可能影响服务的性能，性能可能提升，也可能劣化。

如果服务的性能提升了，则原限流阈值会限制服务发挥性能，浪费服务资源；如果服务的性能劣化了，则原限流阈值无法有效保护服务不被打垮。理论上，服务每涉及变更时都应该更新其限流阈值，这也就意味着服务每次迭代后都需要执行全链路压测。但是，实际上这么做需要较多的准备工作和较高的人力成本，而且难以保证可持续执行。

最了解自己的人还是自己。实际上，服务实例可以根据自身的负载情况自动判断是否可以继续处理请求，我们不再基于人工观测和个人经验设置限流阈值，而是把限流这件事交给服务自己来做，这就是自适应限流。无论服务怎样迭代，无论网络状况和下游服务状况怎样，自适应限流都可以使服务根据自身当下的负载情况对新来的请求做合理取舍。

3.5.1 服务与等待队列

在正式介绍自适应限流算法前，我们需要先了解一下等待队列的概念。每个服务都有一定的并发度（concurrency），对于一定范围内的并发请求，服务能立即处理这些请求，而当到达服务的请求量级大于服务并发度时，请求就会排队等待。Netflix 技术团队形象地用一个等待队列（queue）来表述服务与请求之间的关系，无法立即被处理的请求在这个等待队列中排队，如图 3-22 所示。

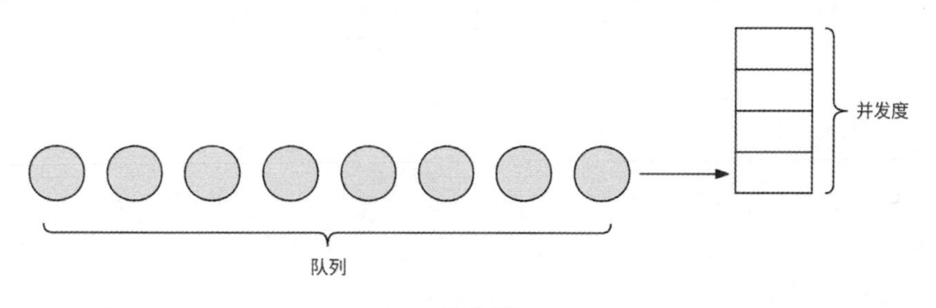

图 3-22

如图 3-23 所示，如果不对等待队列加以限制，那么随着越来越多的请求在等待队列中排队，请求延迟逐渐增加，直到所有请求都超时未响应，服务最终也会因为内存耗尽而崩溃。当服务有逐渐崩溃的趋向时，我们认为服务“过载”。

限流不是新鲜事，但是如何在并发请求量和请求延迟不断动态变化的服务中找到最合适的限流阈值，防止服务过载却是一件难事。最合适的限流阈值指的是在请求延迟开始升高前服务允许通过的最大请求并发数，而自适应限流就是为了自动识别这个最合适的限流阈值，且应该具有如下特点。

◎ 研发工程师无须手动设置限流阈值，无须引入人为经验和推断等不稳定因素。

◎ 能适应服务性能变化，或服务所在服务器的性能与资源变化。

◎ 限流决策易于计算和执行，能精准防止服务过载。

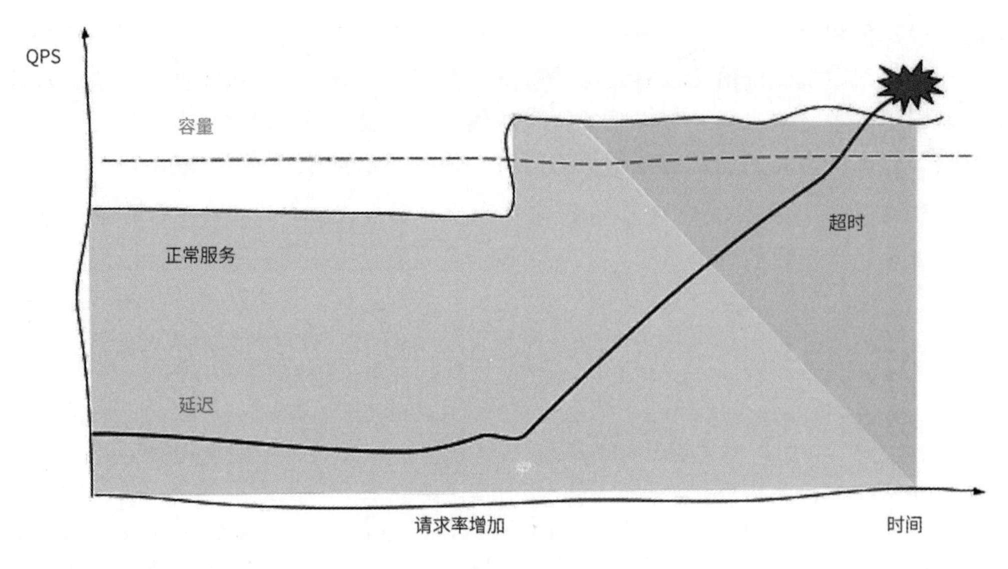

图 3-23

相信有些读者曾经接触过“过载保护”这个概念，实际上，服务防止自身过载的场景与自适应限流是一回事：自适应限流是防止服务过载的方法。很多公司设计了各种自适应限流方案，其原理也各不相同，接下来我们介绍 3 种较有影响力的自适应限流方案。

3.5.2　基于请求排队时间

Dagor 是微信团队研发的微服务过载控制系统，它提供了服务过载检测、准入控制等能力。准入控制指的是服务处于过载状态时，服务进一步细分哪些请求可以通过。Dagor 的设计思路是优先保证业务优先级或用户优先级更高的请求被允许通过，而低业务优先级、低用户优先级的请求被丢弃。准入控制属于自适应限流的上层高级应用，我们需要重点关注的是 Dagor 如何检测服务过载。

Dagor 使用等待队列中请求的平均等待时间（即排队时间）来判断服务是否过载。一个请求的排队时间的计算公式如下：

排队时间 = 请求开始被处理的时间 − 请求到达服务的时间

微信团队设置的平均等待时间的阈值为 20ms。如果请求在被服务处理前平均等待时间超过 20ms，则认为服务已经过载。据说这个阈值配置已经在微信业务系统中应用了很多年，微信业务服务的稳定性已经验证了这种过载检测方式和阈值配置的有效性。

为什么 Dagor 不使用 CPU 使用率作为服务过载的检测标准？这是因为 CPU 使用率过高固然可以反映出一个服务是否处于高负载的状态，然而，它只是一个必要不充分条件，只要服务可以及时处理请求，即使 CPU 使用率再高，我们也不应该认为服务过载，此时不宜限流。

为什么 Dagor 不使用请求响应时间（请求最终被响应的时间与请求到达服务的时间的差值）作为服务过载的检测标准？这是因为请求响应时间受下游服务请求处理能力的影响过大，如果下游服务的请求处理能力不佳，则不应该认为调用者服务负载过高。

3.5.3 基于延迟比率

Netflix 技术团队实现了自适应限流组件 concurrency-limits，它的算法借鉴了 TCP 拥塞控制的部分思想，通过检查请求最小延迟和采样延迟之间的比值动态调整限流窗口。此算法有两个核心公式，其中第一个核心公式用于计算请求延迟比率，并将其作为延迟变化的梯度：

$$gradient = RTT\_noload \div RTT\_actual$$

RTT_noload 变量表示服务无负载时的最佳请求延迟，concurrency-limits 组件用最近一段时间内最小的请求延迟作为它的值；RTT_actual 变量表示当前采样请求的实际延迟。这两个变量之间的比值被称为梯度（gradient）。gradient 的值为 1，表示没有请求在等待队列中排队，可以适当放宽限流窗口；gradient 的值小于 1，表示可能已有请求排队，为了防止过多的请求排队，需要逐渐收紧限流窗口。第二个核心公式就是用 gradient 控制限流窗口的具体方式：

$$new\_limit = current\_limit \times gradient + queue\_size$$

current_limit 变量表示当前限流窗口的大小，通过其与 gradient 相乘来上下调整限流窗口，current_limit 在服务初始状态时以较小的初始值开始运行；queue_size 变量表示允许一定程度的排队，此变量的值一般是当前限流窗口大小 current_limit 的平方根。在没有请求排队时，这个公式可以产生限流窗口很小则增长很快、限流窗口过大则增长缓慢的效果，与 TCP 拥塞控制很像。通过反复调整限流窗口，算法主键趋于稳定，不仅能让请求延迟保持在较低的状态，而且允许一定程度的突发流量。

这种自适应限流算法在 concurrency-limits 组件中的实现被称为 gradient 算法。实际上，我们查看 concurrency-limits 组件的源码就能发现，Netflix 技术团队还提供了其他自适应限流算法，如 gradient2 算法、vegas 算法等。从名称上看，就可以知道 gradient2 算法是对 gradient 算法的改进，而 vegas 算法则参考了 TCP vegas 拥塞控制算法。无论何种算法，其原理归根结底都是根据等待队列的长度或请求延迟情况不断地对限流窗口进行上下调整，最终收敛到一个合理的范围内，如图 3-24 所示。

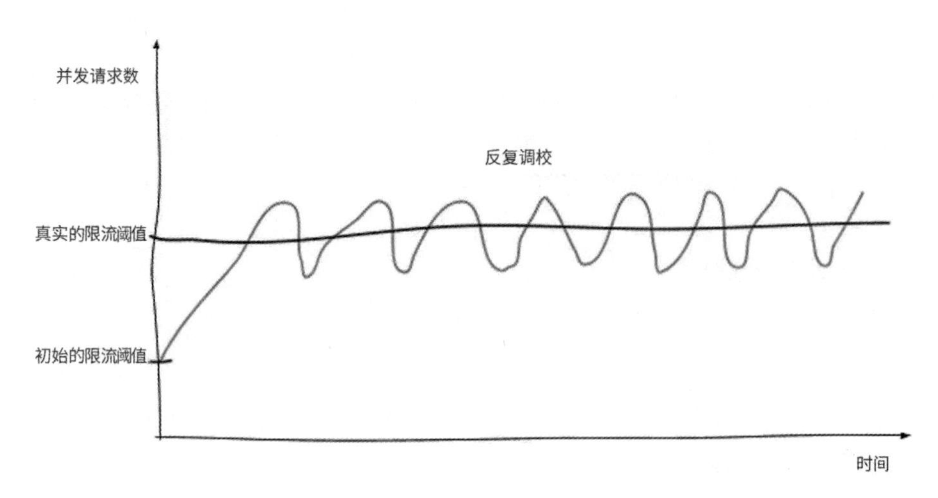

图 3-24

在采用了自适应限流算法后，Netflix 技术团队在官方技术博客中也开心地表示，再也不需要“保姆式”地人工干预服务限流阈值的决策了，服务的稳定性和可用性也因此得到了进一步提升。

3.5.4　其他方案

Kratos 是由 bilibili 公司开源的一套轻量级 Go 语言微服务框架，其中包含大量微服务相关工具。值得称赞的是，Kratos 实现了较多保障服务可用性的中间件，其中就包括使用了 BBR limiter 算法的自适应限流器。

简单来说，BBR limiter 算法使用 CPU 负载做启发阈值。如果 CPU 负载超过 80%，则获取最近 5s 的最大吞吐量；如果此时服务中正在处理的请求数大于最大吞吐量，则丢弃新请求。

我们先来看 BBR limiter 算法的 BBR 结构体：

```
type BBR struct {
    cpu             cpuGetter
    passStat        window.RollingCounter
    rtStat          window.RollingCounter
    inFlight        int64
    bucketPerSecond int64
    bucketSize      time.Duration
    prevDropTime atomic.Value
    maxPASSCache atomic.Value
    minRtCache   atomic.Value
    opts *options
}
```

其中几个主要字段的含义如下。

◎ cpu：用于从系统所在的服务器中获取当前 CPU 使用率。

◎ passStat：系统处理过的请求数采样数据，使用滑动窗口统计。

◎ rtStat：请求响应时间的采样数据，同样使用滑动窗口统计。

◎ inFlight：当前系统中正在处理的请求数。

◎ bucketPerSecond：滑动窗口中一个槽的时间长度。

◎ prevDropTime：上次触发请求限流的时间。

BBR limiter 算法使用如下函数判断请求是否可以通过：

```
func (l *BBR) Allow(ctx context.Context) (func(), error) {
    if l.shouldDrop() { // shouldDrop 函数用于判断请求是否可以被执行（详见下文）
        return nil, ErrLimitExceed
    }
    atomic.AddInt64(&l.inFlight, 1) // 正在处理的请求数+1
    stime := time.Since(initTime) // 请求开始执行的时间
    return func() { // 请求处理完成后，需要主动调用此函数
        // 请求响应时间，单位是 ms
        rt := int64((time.Since(initTime) - stime) / time.Millisecond)
        l.rtStat.Add(rt) // 把请求响应时间放进采样数据中
        atomic.AddInt64(&l.inFlight, -1) // 请求处理完成，正在处理的请求数-1
        l.passStat.Add(1) // 请求处理完成，放入已处理请求的采样数据中
    }, nil
}
```

shouldDrop 是最核心的函数，用于判断请求是否可以被执行：

```
func (l *BBR) shouldDrop() bool {
    curTime := time.Since(initTime)
    if l.cpu() < l.opts.CPUThreshold { // 当前 CPU 使用率小于阈值（默认为 80%）
        // 获取上次请求被丢弃的时间
        prevDropTime, _ := l.prevDropTime.Load().(time.Duration)
        if prevDropTime == 0 { // 从未有过请求限流
            return false
        }
        if curTime-prevDropTime <= time.Second { // 上次请求被丢弃的时间距现在不足 1s
            inFlight := atomic.LoadInt64(&l.inFlight)
            // 如果正在处理的请求数大于系统最大吞吐量，则丢弃新请求
            return inFlight > 1 && inFlight > l.maxInFlight()
        }
        l.prevDropTime.Store(time.Duration(0)) // 更新上次请求被丢弃的时间
        return false
    }
    // 当前 CPU 使用率大于阈值
    inFlight := atomic.LoadInt64(&l.inFlight)
    //如果正在处理的请求数大于系统最大吞吐量，则丢弃新请求
    drop := inFlight > 1 && inFlight > l.maxInFlight()
```

```
        if drop {
            prevDrop, _ := l.prevDropTime.Load().(time.Duration)
            if prevDrop != 0 {
                return drop
            }
            l.prevDropTime.Store(curTime) // 更新上次请求被丢弃的时间
        }
        return drop
    }
```

maxInFlight 函数用于获取服务最近 5s 的最大吞吐量。在阅读源码前，我们先思考一下，一个服务的最大吞吐量应该如何计算？这里举一个例子：某大学每年招生 2000 人，每个学生需要 4 年时间才能毕业离校，那么此大学的总人数是多少？答案是 8000 人（2000 × 4），因为每个学生在学校停留 4 年，而每年有 2000 个学生入校和离校。同理，假设 λ 表示一个物体进入某系统的速率，W 是此物体在系统中的平均停留时间，那么系统中平均持有的物体数量 L 的计算公式如下：

$$L = \lambda \times W$$

这就是利特尔法则。结合上例，λ 是大学每年招生的人数，W 是每个学生在学校停留的时间，L 是大学里学生的总人数。服务的吞吐量也可以利用利特尔法则来计算，将 QPS 作为 λ，将请求响应时间 RT（response time）作为 W，则 QPS × RT 就可以代表服务的吞吐量。通过 BBR limiter 算法计算服务最近最大吞吐量的源码如下：

```
    func (l *BBR) maxFlight() int64 {
        return int64(math.Floor(float64(l.maxPASS()*l.minRT()*l.bucketPerSecond)
/1000 + 0.5))
    }
```

l.maxPASS()*l.bucketPerSecond/1000 表示用最近最大请求数来计算每毫秒处理的请求数，l.minRT()表示最近请求的最小响应时间，基于利特尔法则，两者相乘的结果可以认为是服务最大吞吐量。源码最后的+0.5 表示将浮点数向上取整。

请求是否被丢弃的完整逻辑（shouldDrop 函数）如图 3-25 所示。

（1）判断当前 CPU 使用率是否已经达到阈值（默认为 80%）。

（2）如果达到阈值，则进一步判断服务当前正在处理的请求数是否大于服务最近最大吞吐量。

①如果是，则请求应该被丢弃。

②否则，请求可以被处理。

（3）如果没有达到阈值，则进一步判断上次请求被丢失的时间距现在是否超过 1s。

①如果超过 1s，则请求可以被执行。

②否则，继续判断服务当前正在处理的请求数是否大于服务最近最大吞吐量；如果是，则请求被丢弃。

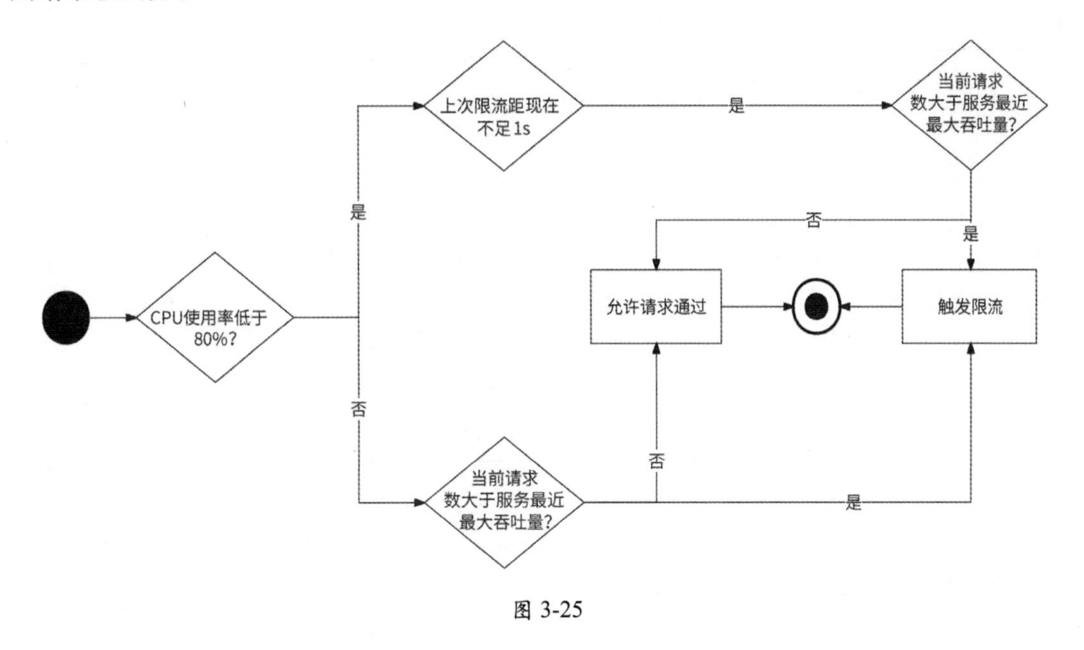

图 3-25

3.6 降级策略

在 3.4 节中，我们曾列举著名景区在节假日期间限制游客数量的例子来表述限流，而景区在节假日期间将不重要的、安全风险较大的或难以管理的游玩项目暂时关闭叫作“降级”，其目的是保障游客的游玩核心体验。与此类似，服务降级的目的是重点保障用户的核心体验和服务的可用性。在异常、高并发的情况下可以忽略非核心场景或换一种简单处理方式，以便释放资源给核心场景，保证核心场景的正常处理与高性能执行。服务降级的实施方案灵活性较大，一般与业务场景息息相关，接下来我们介绍几种思路。

3.6.1 服务依赖度降级

一个服务虽然会有多个下游服务，但是每个下游服务的重要程度对它来说都是不一样的。例如，3.1 节中提到的用户信息服务、内容列表服务对于个人页服务来说很重要，而地址位置服务和关系服务就不是很重要。

如果 B 服务是 A 服务的下游服务，那么 B 服务对 A 服务的重要性被称为“依赖度”。依赖度越高，表明下游服务越重要。依赖度可以用如下两种（但不限于）表示形式来反映下游服务对上游服务的重要程度。

◎ 二元：强依赖（出现故障时业务不可接受）和弱依赖（出现故障时业务可暂时接受）。

◎ 三元：一级依赖（故障导致服务完全不可用）、二级依赖（故障基本不影响服务的可用性，会有少许可接受的用户投诉）和三级依赖（故障不影响服务的可用性，没有用户投诉）。

在判断出某服务的各下游服务的依赖度后，便可以明确地知道请求量暴增时应该优先切断哪些下游服务调用，使得服务资源能够向更重要的下游服务倾斜，保障核心场景的可用性。假设出于拉新的目的，在年底针对某产品立项了一个盛典活动，并会在春节除夕夜 20 点整正式开启，于是研发团队开始了忙碌的备战与活动保障工作。

（1）在项目筹备初期，架构师团队盘点盛典活动涉及的服务，以便提前发现风险，对每个服务进行改造。

（2）架构师预测在活动期间 A 服务的 QPS 会高达 100 万，A 服务成为此次活动的重点关注对象。

（3）项目启动后，SRE 工程师对 A 服务进行了扩容与全链路压测，经过反复的容量调整，初步认为在正常情况下，A 服务已经可以应对 100 万 QPS 的请求量。

（4）为了防止出现非预期故障，研发工程师重新梳理了 A 服务的全部下游服务，并使用三元依赖度给出了梳理后的依赖度视图。如图 3-26 所示，B、D、H、J 服务是一级依赖，C、G 服务是二级依赖，E、F、I、K 服务是三级依赖。

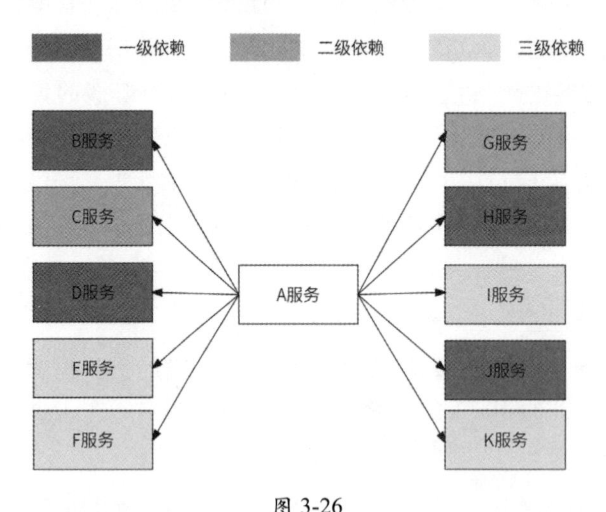

图 3-26

（5）研发工程师根据依赖度，在 A 服务的动态配置中心为不同的下游服务设计了如下配置规则：

```
{
    "depend_map":{
        "B":"level_1",
        "C":"level_2",
        "D":"level_1",
        "E":"level_3",
        "F":"level_3",
        "G":"level_2",
        "H":"level_1",
        "I":"level_3",
        "J":"level_1",
        "K":"level_3"
    },
    "level_3":true,
    "level_2":true
}
```

depend_map 字段表示每个下游服务所对应的依赖级别（level_1、level_2、level_3），而 level_2 和 level_3 字段的值为布尔类型，表示在此依赖级别下是否可以执行下游服务调用。

（6）在 A 服务调用某个下游服务前，先检查动态配置规则是否允许执行调用，如果不允许则不执行调用。研发工程师对动态配置中心的功能进行了演练测试。

（7）在盛典活动开始前 1 分钟，研发工程师在动态配置中心控制开关，即设置"level_3"=true，将 A 服务三级依赖的调用关闭，A 服务降级。

（8）盛典活动开始，研发工程师时刻监控 A 服务的性能指标，如果发现 A 服务的性能劣化，则将二级依赖的调用关闭，即在动态配置中心设置"level_2"=true，A 服务进一步降级。

此时 A 服务的全部资源都已经留给其一级依赖的调用，A 服务降级到仅保障最核心功能的可用性，仅对 B、D、H、J 服务进行调用，这就是服务依赖度降级在活动属性的高并发场景中的应用。

其实服务依赖度不仅仅可以在高并发场景中应用，前面讲述的重试、熔断、限流也都可以基于服务依赖度做更高级的增益精细化处理。

◎ 重试：仅对强依赖的下游服务进行重试。

◎ 熔断：把弱依赖的下游服务的熔断阈值设置得比强依赖的下游服务高一些，以便较早地停止调用弱依赖的下游服务，以及在确定强依赖的下游服务不可用时熔断它。

◎ 限流：如果上游服务认为下游服务是强依赖的，则优先保证其请求被执行；而如果认为下游服务是弱依赖的，则及时对其限流，将限流窗口更多地留给那些认为下游服务更重要的上游服务。

3.6.2　读请求降级

读请求降级策略与第 2 章介绍的高并发读场景的方案很类似，读请求的服务降级策略主要是缓存（Cache）和兜底数据。一个请求从客户端发起到最终数据响应一般会依次经过客户端、接入层网关、HTTP 服务、RPC 服务、分布式缓存、数据库，我们可以在客户端、接入层网关和 HTTP/RPC 服务中设置本地缓存，并在动态配置中心动态控制各层是否使用缓存，以及缓存的过期时间，如图 3-27 所示。

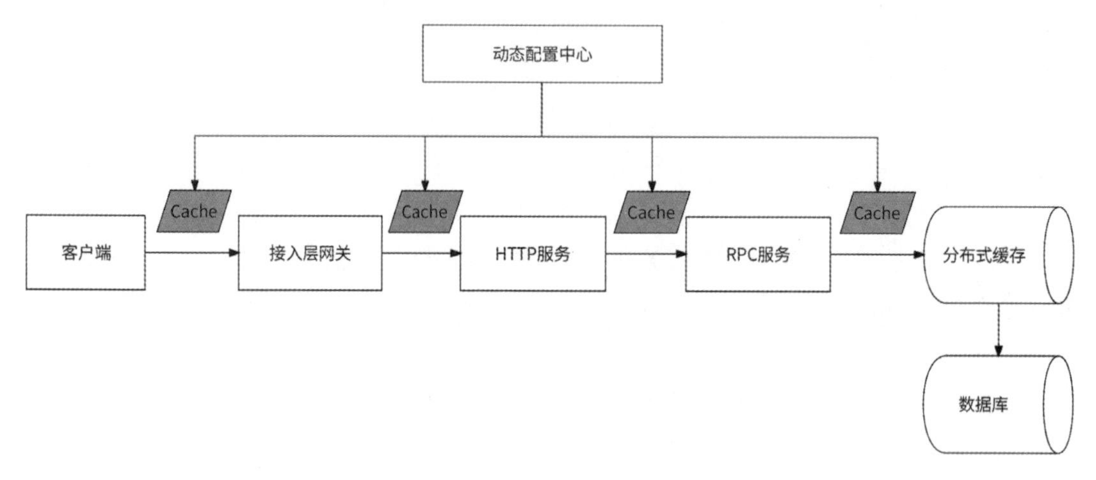

图 3-27

除缓存方式外，我们还可以应用兜底数据的思想：如果访问某数据失败，则降级为访问另一份基本可用的数据，其形式可以是静态数据，也可以是来自另一个数据源的数据。下面举两个例子。

（1）将另一个数据源的数据作为兜底数据。近年来，很多互联网应用都内置了非常流行的内容推荐功能，由信息流推荐服务负责提供服务。信息流推荐服务有两个核心的下游服务：推荐算法服务和内容服务。推荐算法服务先根据用户爱好计算出一批内容 ID，再由内容服务对完整的内容进行打包。不过，推荐算法服务是典型的计算密集型场景，它的可用性和性能表现一般，如果它不可用了，那么信息流推荐服务也就不可用了。解决方法是应用兜底数据的思想：每天零点离线计算出一批用户可能感兴趣的内容或热门内容的 ID 列表，由兜底推荐服务维护，当信息流推荐服务调用推荐算法服务超时或推荐算法服务不可用时，就转而调用兜底推荐服务获取内容 ID 列表，如图 3-28 所示。

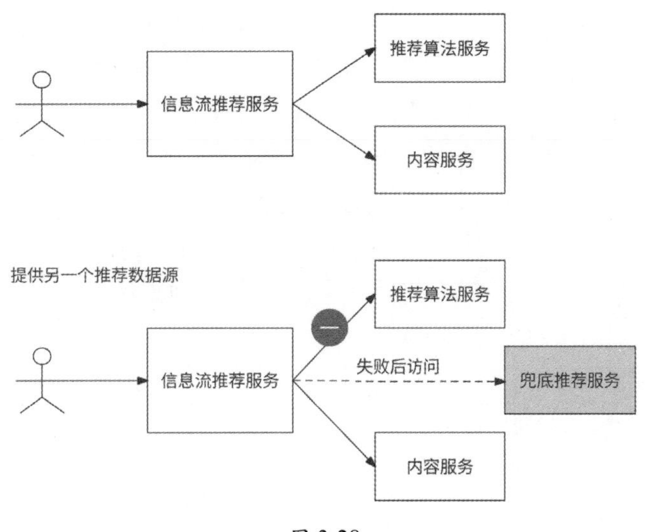

图 3-28

（2）将静态数据作为兜底数据。例如，很多直播平台都提供了打赏功能，用户打开礼物列表选择礼物送给主播，主播根据礼物的价值获得收入。如果礼物列表服务不可用，那么用户想打赏时就会发现没有礼物可选，进而导致直播平台收入受损。解决方法是事先在接入层网关配置几个常见礼物数据，如果在接入层网关访问礼物列表服务失败，则可以直接返回配置的礼物数据，这样用户打开礼物列表至少可以看到几个礼物，提高了用户打赏的可能性。

3.6.3 写请求降级

写请求降级策略有异步写和写聚合，这些内容在第 2 章中有详细介绍，这里不再赘述。在某些业务场景下，我们还可以直接丢弃写请求，一个值得介绍的例子就是直播间弹幕自见。

用户可以在直播间内发送弹幕与主播进行文字互动。在正常流程下，用户发送弹幕到对应的弹幕服务，然后弹幕服务将用户的弹幕消息广播到直播间的所有用户。如果直播间热度较高，则会有海量用户参与发送弹幕。假设某直播间有 100 万个在线用户，每秒有 100 个用户发送弹幕，为了让 100 万个用户都能看到这 100 条弹幕消息，弹幕服务每秒需要下发 1 亿条消息，服务器网络带宽被占满。

一种可能的降级方案是直播间弹幕自见。

◎ 用户 A 发送弹幕，客户端直接在直播间展示这条弹幕消息，用户 A 认为弹幕发送成功。

◎ 在动态配置中心配置客户端消息丢弃比例，客户端按比例决定是否把这条弹幕消息发送到服务端。

◎ 弹幕服务不再直接把弹幕消息广播到直播间的全部用户，而是根据动态配置中心配置的消息广播比例，将弹幕消息随机广播到一部分直播间用户。

◎ 研发工程师根据弹幕服务的性能，实时调整客户端消息丢弃比例和消息广播比例。

这种降级方案的可行性在于：热门直播间弹幕量大，一个用户发送的弹幕本来就会被淹没在不断刷屏的新弹幕中，用户也并没有执念一定要让直播间的其他用户看到自己发送的弹幕，所以这个场景的写请求很适合做请求丢弃和广播控制。

3.7　本章小结

微服务架构最大的特点就是通过错综复杂的网络调用串联起各司其职的微服务，网络的健壮性和请求流量的变化都会影响每个服务的质量。如图 3-29 所示，通过在网络调用链路上引入重试、熔断、隔离、限流、降级，可以有效控制流量和保证各服务的可用性。

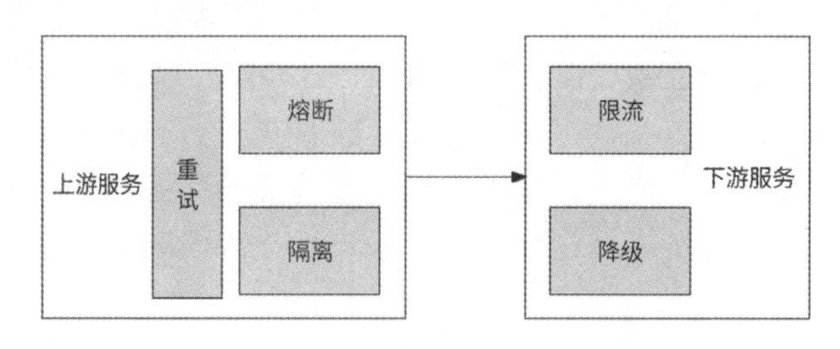

图 3-29

下面我们逐个复习本章的主要技术点。

（1）重试：提高单次请求的成功率。

◎ 只有幂等接口可以被重试，读接口天然满足幂等性，而写接口需要做幂等性接口设计。

◎ 幂等性接口设计方案包括 Redis 分布式锁、数据库防重表、token 方案。

◎ 根据调用失败的原因决定是否需要重试。如果重试、则需要使用合适的退避策略决定请求重试的时机。

◎ 为了防止重试风暴，可以控制最大重试次数和重试请求比。

（2）熔断：上游服务保护下游服务不被打垮。

◎ 熔断器可以自动感知下游服务的故障状态并开启熔断，停止下游服务调用。

◎ Hystrix 熔断器基于时间窗口失败率的策略开启熔断，是最基本的熔断器。

◎ 在开启熔断一段时间后，Hystrix 熔断器通过半开状态探测下游服务是否已经恢复。

◎ Resilience4j 熔断器还采用了慢调用比例策略开启熔断：慢速请求在总请求量中的

比例是否达到阈值。

◎ Sentinel 熔断器还基于错误计数的策略开启熔断：最近 1 分钟的请求失败数超过阈值。

（3）隔离：防止下游服务调用相互影响。一般使用线程池隔离或信号量隔离策略对每个下游服务的调用做并发控制。

（4）限流：下游服务保护自己不被上游服务打垮。

◎ 频控是一种特殊的限流，对单个用户限制操作频率，基于 Redis 实现。
◎ 单机限流有滑动时间窗口算法、漏桶算法、令牌桶算法，限流阈值依赖人工设置，令牌桶算法表现最优。
◎ 全局限流通过引入限流服务，业务服务的各个实例共享限流配额，只有涉及共享资源并发控制时才建议使用此策略。
◎ 服务处理请求的流程可以被抽象为请求在等待队列中排队等待执行。
◎ 自适应限流不需要人工设置限流阈值，而是根据服务实例的当前服务能力动态限流。业界采用的方案有基于请求排队时间和基于延迟比率的自适应限流，以及 BBR limiter 算法等。

（5）降级：保障服务核心功能的可用性，具体的实施方案比较灵活。

◎ 使用服务依赖度表示下游服务的重要程度，当服务压力升高时可以切断不重要的下游服务调用，将服务资源倾斜给重要的下游服务。
◎ 对于海量的读请求，可以使用多级缓存数据或兜底数据做降级策略，兜底数据可以是静态数据，也可以是来自另一个数据源的数据。
◎ 对于海量的写请求，异步写和写聚合是较为通用的降级策略，在某些业务场景中也可以丢弃写请求，减小写请求量级。

基础服务设计篇

第 4 章　唯一 ID 生成器

本章我们开始介绍第一个重要的通用基础组件：唯一 ID 生成器。它的应用范围非常广泛，任何涉及唯一标识的业务实体，如用户 ID、商品 ID、内容 ID 等都需要唯一 ID 生成器的帮助，它是服务于业务的核心基建之一。本章介绍如何设计一个高性能、高可用的唯一 ID 生成器，具体的学习路径与内容组织结构如下。

◎ 4.1 节介绍唯一 ID 的用途和相关概念，以及根据业务诉求对唯一 ID 生成器进行分类。

◎ 4.2 节介绍单调递增的唯一 ID 生成器的设计方案。

◎ 4.3 节和 4.4 节介绍趋势递增的唯一 ID 生成器的设计方案，包括基于时间戳和基于数据库自增主键的思路。

◎ 4.5 节介绍一个工业级的唯一 ID 生成器：美团 Leaf 的设计思路和工作原理。

本章关键词：自增主键、趋势递增、批量生成、分库分表、Snowflake 算法、时钟回拨。

4.1　分布式唯一 ID

在复杂的系统中，每个业务实体都需要使用 ID 做唯一标识，以方便进行数据操作。例如，每个用户都有唯一的用户 ID，每条内容都有唯一的内容 ID，甚至每条内容下的每条评论都有唯一的评论 ID。

4.1.1　全局唯一与 UUID

在互联网还未普及的年代，由于用户量少、网络交互形式单调，互联网产品后台数据库使用单体架构就可以满足日常服务的需求。当时每个业务实体都对应数据库中的一个数据表，每条数据都简单地使用数据库的自增主键作为唯一 ID。近年来，随着互联网用户的爆发式增长，数据库从单体架构演进到分库分表的分布式架构，同一个业务实体的数据被分散到多个数据库中。由于数据表之间相互独立，在插入数据时会生成相同的自增主键，此时，如果还使用自增主键作为唯一 ID，就会导致大量数据的标识相同，造成严重事故。我们应该保证无论一个业务实体的数据被分散到多少个数据库中，每条数据的唯一 ID 都是全局的，这个全局唯一 ID 就是分布式唯一 ID。

RFC 4122 规范中定义了通用唯一识别码（Universally Unique Identifier，UUID），它是计算机体系中用于识别信息的一个 128 位标识符。UUID 按照标准方法生成时，在实际应用中具有唯一性，UUID 重复的概率可以忽略不计。JDK 1.5 在语言层面实现了 UUID，可以轻松生成全球唯一 ID：

```
import java.util.UUID;
public class idgenerator {
    public static void main(String[] args) {
        String uuid = UUID.randomUUID().toString();
        System.out.println(uuid);
    }
}
```

UUID 的标准格式由 32 个十六进制数字组成，并通过连字符“-”分隔成“8-4-4-4-12”共 36 个字符的形式。例如，6a0d3e6f-a11c-4b7d-bb35-c4c530a456b0、123e4567-e89b-12d3-a456-426655440000 这种唯一 ID 的生成方式足够简单，利用本地计算即可生成全球唯一 ID。不过，UUID 字符串需要占用 36 字节的存储空间，如果每条数据都携带 UUID，那么在海量数据场景下存储空间消耗较大。此外，UUID 是无数据规律的长字符串，如果将其用作数据库主键，则会导致数据在磁盘中的位置频繁变动，严重影响数据库的写操作性能。

4.1.2 唯一 ID 生成器的特点

UUID 仅适合数据量不大的场景，比如一个存储集群使用 UUID 标识每个数据分区。真正可用于海量数据场景的唯一 ID 生成器，除保证 ID 不可重复外，还应该具有如下特点。

◎ 空间占用小：作为每条数据都携带的字段，唯一 ID 不应该占用过多的存储空间。

◎ 高并发与高可用性：唯一 ID 生成器是大部分业务服务的重要依赖方，唯一 ID 的生成操作需要做到高并发无压力，维持长期高可用性。

◎ 唯一 ID 可用作数据库主键：为了不对数据库的写操作造成负面影响，需要保证唯一 ID 对数据库主键友好。

前两点很好理解，最后一点，什么样的唯一 ID 才对数据库主键友好呢？我们以 MySQL 数据库的 InnoDB 引擎为例。InnoDB 使用基于磁盘的 B+树表示数据表，并以主键作为索引，即 B+树按照主键从小到大的顺序排列数据。

如图 4-1 所示，B+树的节点使用默认为 16KB 大小的数据页（Page）表示，其中：

◎ 节点分为叶节点和非叶节点，底层是叶节点。

◎ 同层数据页之间相互组成双向链表。

◎ 非叶节点仅保存 N 个主键作为指向下一层 N 个数据页的索引,主键从小到大排列。

◎ 叶节点保存实际的数据，叶节点组成的双向链表上的所有数据按照主键从小到大的顺序排列。

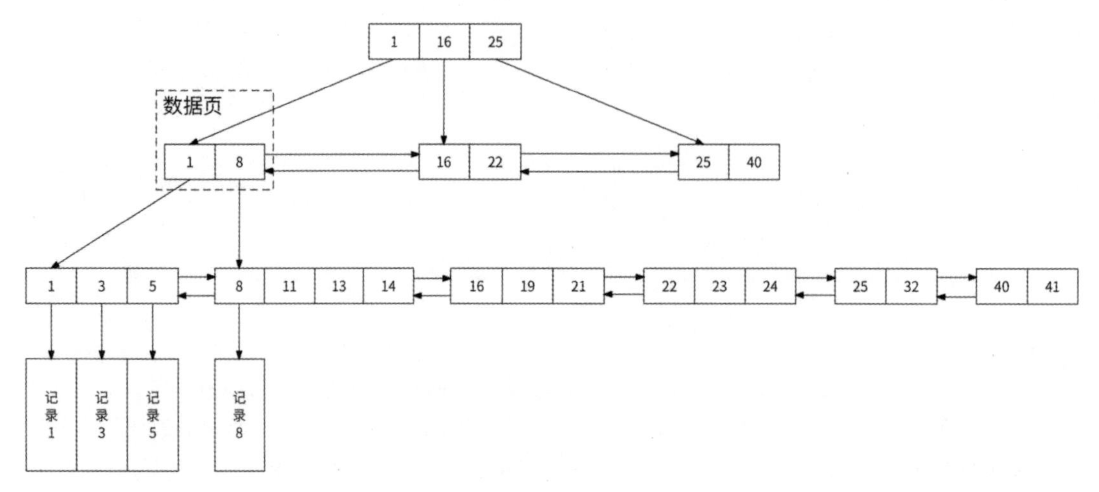

图 4-1

使用自增性质的字段作为 InnoDB 数据表的主键是一个很好的选择，每次写入新数据时，数据都被顺序添加到对应数据页的尾部；一个数据页写满后，B+树自动开辟一个新的数据页。如图 4-2 所示，主键值为 203 的新数据被插入数据页 2 的尾部，这样一来，B+树将会形成一个较为紧凑的索引结构，空间利用率较高；而且，每次插入数据时也不需要移动已有的数据，时间开销很小。

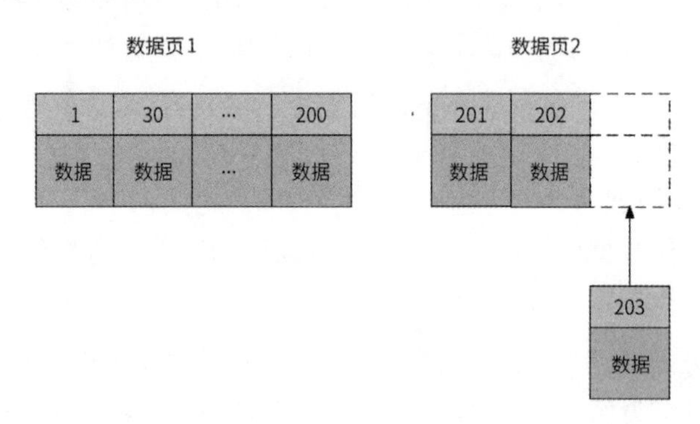

图 4-2

而如果使用非自增性质的字段（比如身份证号码、电话号码）作为主键，由于主键值较为随机，新数据可能要被插入数据页中间的某个位置。如图 4-3 所示，主键值为 15 的新数据只能被插入数据 1 和数据 30 之间，数据 30、50、90 都需要向后移动。

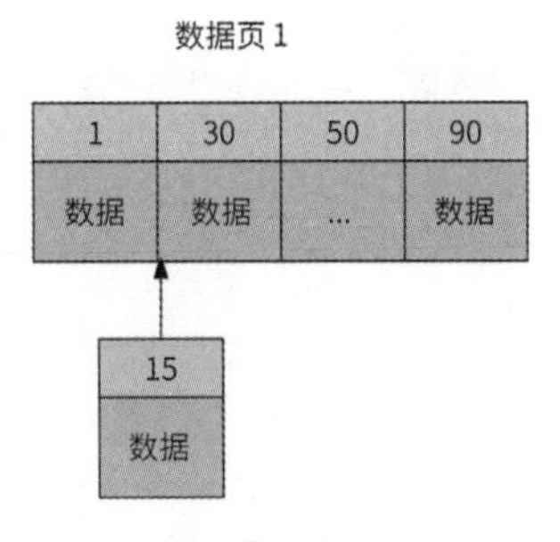

图 4-3

为了给新数据腾出位置，B+树不得不将已有的数据向后移动——如果数据页已满，则会进行多次分页操作。频繁的数据移动和分页操作使得 B+树在磁盘上产生大量的碎片，且时间开销很大。因此，官方建议尽量使用自增性质的字段作为 InnoDB 数据表的主键。

为了成为自增性质的主键，唯一 ID 生成器生成的唯一 ID 在数值上应该是递增的，这样的唯一 ID 对数据库主键就是友好的。

占用 8 字节（64 位）的 long 类型整数适合用作唯一 ID，因为：一是 long 类型虽然占用的空间较小，但是可表示的 ID 范围却非常大；二是 long 类型整数很容易实现递增的效果。至此，本章的议题已经明确：设计一个可以生成递增的 long 类型唯一 ID 的生成器。

4.1.3 单调递增与趋势递增

在正式开始设计唯一 ID 生成器之前，我们还需要解释一下递增。递增可以分为单调递增和趋势递增，从技术实现的角度来看，它们的差异较大。

◎ 单调递增：T 表示绝对时间点，如果$T_{n+1} > T_n$，则一定有$F(T_{n+1}) > F(T_n)$。如果唯一 ID 生成器生成的 ID 单调递增，则说明下一次获取到的 ID 一定大于上一次获取到的 ID。

◎ 趋势递增：如果$T_{n+1} > T_n$，则大概率有$F(T_{n+1}) > F(T_n)$。虽然在一小段时间内数据有乱序的情况，但是从整体趋势上看，数据是递增的。

单调递增和趋势递增的数据特点如图 4-4 所示。

虽然我们在 4.1.2 节中已经讨论了唯一 ID 应该是递增的，但无奈受限于全局时钟、延迟等分布式系统问题，单调递增的唯一 ID 生成器的设计方案往往会有较大的局限性，与此相比，趋势递增的唯一 ID 生成器更受业界欢迎。接下来具体介绍这两种递增类型的唯一 ID 生成器设计方案的差别。

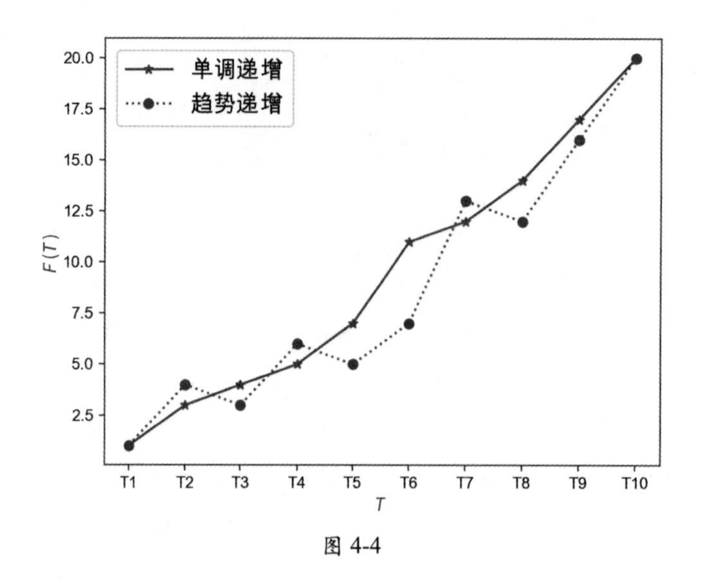

图 4-4

4.2　单调递增的唯一 ID

唯一 ID 生成器本身也是一个服务，为了生成单调递增的唯一 ID，这个服务需要使用某种存储系统记录可分配的唯一 ID。Redis 和其他数据库都可以达到这个目的。

4.2.1　Redis INCRBY 命令

Redis 提供的 INCRBY 命令可以为键（Key）的数字值加上指定的增量（Increment）。如果键不存在，则其数字值被初始化为 0，然后执行增量操作。使用 INCRBY 命令限制的值类型为 64 位有符号整数，此命令的特性与单调递增的唯一 ID 的诉求非常契合。基于 Redis INCRBY 命令实现的唯一 ID 生成器的 Go 语言代码非常简单：

```
func GenID() (int64, error) {
    // 执行 Redis 命令：INCRBY seq_id 1
    cmd := rdb.IncrBy(context.TODO(), "seq_id", 1)
    if cmd.Err() != nil {
        return 0, cmd.Err()
    }
    return cmd.Val(), nil
}
```

每当生成唯一 ID 的请求到来时，唯一 ID 生成器都对同一个键 seq_id 执行一次加 1 的增量操作，并将键的值作为唯一 ID 返回，这样就可以保证 ID 生成器生成的 ID 是唯一且单调递增的。

由于 Redis 具备高性能，且 INCRBY 命令执行的时间复杂度是 $O(1)$，所以基于 Redis

INCRBY 命令实现的唯一 ID 生成器性能表现很好，不过还有优化的空间。唯一 ID 生成器服务可以每次从 Redis 中批量获取 ID 并存储到本地内存中，当业务服务请求到来时，直接从本地内存返回最小可用的 ID。如果本地内存中没有可用的 ID，则再次从 Redis 中批量获取。这个优化方案的整体架构和流程如图 4-5 所示。

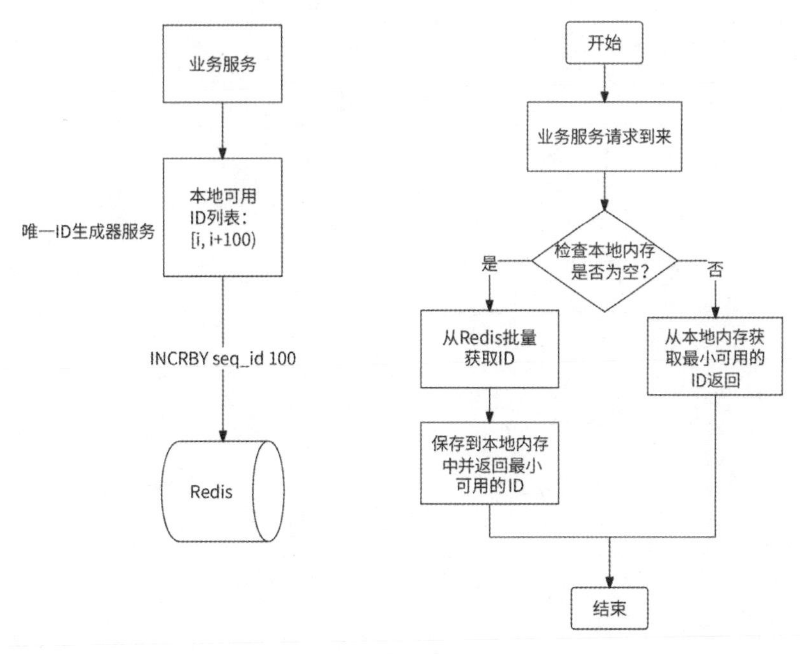

图 4-5

唯一 ID 生成器的 Go 语言代码实现如下：

```
// 唯一 ID 生成器服务结构
type IdGeneratorService struct {
    rdb             *redis.Client       // Redis 客户端
    lock            sync.Mutex          // 使用互斥锁保护对可用 ID 的读/写
    group           singleflight.Group  // 保证并发一次访问 Redis
    nextIdAvailable int64               // 下一个可用的 ID，初始值为-1
    maxIdAvailable  int64               // 最大可用的 ID
}

// 从 Redis 中批量获取 ID
func (svr *IdGeneratorService) multiGenIDFromRedis(count int64) error {
    // 执行命令：INCRBY seq_id count
    cmd := rdb.IncrBy(context.TODO(), "seq_id", count)
    if cmd.Err() != nil {
        return cmd.Err()
    }
    lastInsertId := cmd.Val()                           // 得到 seq_id 键的最新值
    svr.nextIdAvailable = lastInsertId - count + 1      // 反算出第一个 ID
```

```
        svr.maxIdAvailable = lastInsertId
        return nil
    }

    // 请求处理函数：获取唯一 ID
    func (svr *IdGeneratorService) GenID() (id int64, err error) {
        svr.lock.Lock()
        // 如果是初始化或者目前没有可用的 ID，则需要从 Redis 中获取
        needPull := svr.nextIdAvailable == -1 || svr.nextIdAvailable >
svr.maxIdAvailable
        if !needPull {
            // 有可用的 ID，更新下一个可用的 ID
            id = svr.nextIdAvailable
            svr.nextIdAvailable++
        }
        svr.lock.Unlock()
        if !needPull {
            return
        }
        // 并发一次从 Redis 中获取 100 个 ID
        _, err, _ = svr.group.Do("multi_gen_id", func() (interface{}, error) {
            e := svr.multiGenIDFromRedis(100)
            return nil, e
        })
        if err != nil {
            log.Fatalf("generate id from redis failed, err:%v\n", err)
            return
        }
        // 已有可用的 ID，再次执行此函数
        return svr.GenID()
    }
```

唯一 ID 生成器服务从 Redis 中批量获取 ID 的方式，不仅可以进一步提高服务的性能，而且可以降低由于网络抖动而导致 Redis 访问超时所带来的影响。不过，Redis 主要用作缓存，它并不具有严格的数据持久化能力。如果最新的唯一 ID 数据丢失，则很容易生成重复的 ID，给业务服务带来难以估计的风险。我们先来看一个 Redis 实例宕机的例子。

（1）*T*1 时刻 seq_id 键的值为 1000，Redis 已将数据持久化到 RDB 文件和 AOF 文件中。

（2）*T*2 时刻唯一 ID 生成器服务从 Redis 中获取 10 个 ID，得到 1001 ~ 1010，seq_id 键的最新值变为 1010。

（3）*T*3 时刻 Redis 实例宕机，seq_id 键的最新值还未来得及被持久化。

（4）*T*4 时刻 Redis 重启，Redis 使用 RDB 文件和 AOF 文件重建内存数据，seq_id 键的值依然是 1000。

（5）*T*5 时刻唯一 ID 生成器服务从 Redis 中获取 10 个 ID，再次得到 1001 ~ 1010。

如果采用 Redis 主从架构呢？依然无法彻底解决 ID 重复的问题，因为 Redis 主从复制是异步的，即 Redis 主节点无法确定从节点是否已经复制了某数据。假设唯一 ID 生成器服务从 Redis 主节点获取了 1001 ~ 1010 的 ID 后主节点发生宕机，由于 seq_id 键的最新值尚未被复制到从节点，从节点上 seq_id 键的值依然是 1000；如果此时从节点被提升为主节点，那么下一次唯一 ID 生成器服务从其获取的 10 个 ID 依然是 1001 ~ 1010，即生成了重复的 ID。

4.2.2 基于数据库的自增主键

生成单调递增的唯一 ID 的另一种方式是基于数据库的自增主键。首先在数据库中创建数据表 seq_id：

```
CREATE TABLE seq_id (
    id bigint(20) unsigned NOT NULL auto_increment,
    col tinyint NOT NULL,
    PRIMARY KEY (id)
) ENGINE=InnoDB;
```

其中，id 字段使用 auto_increment 声明为自增主键，首次向 seq_id 数据表中插入数据后，该数据主键被设置为 1，之后每次插入新数据时，数据主键都会以 1 的增量自增；col 字段只是为了方便插入数据，没有特殊含义。唯一 ID 生成器服务先在 seq_id 数据表中插入一条数据，然后读取此数据的主键并将其作为唯一 ID 返回。使用 Go 语言代码实现如下：

```
func GenID() (int64, error) {
    // 执行 SQL 语句：INSERT INTO seq_id(col) VALUES 0
    result, err := db.Exec("INSERT INTO seq_id(col) VALUES (?)", 0)
    if err != nil {
        return 0, err
    }
    lastInsertID, err := result.LastInsertId() // 获取所插入数据的主键
    return lastInsertID, err
}
```

基于数据库的自增主键插入数据生成唯一 ID 的性能不高，我们同样可以将其改进为采用 4.2.1 节介绍的批量生成 ID 的方式。唯一 ID 生成器服务的代码实现与 Redis 方案类似，只是批量生成 ID 的函数不一样：

```
// 从数据库中批量获取 ID
func (svr *IdGeneratorService) multiGenIDFromDB(count int64) error {
    query := "INSERT INTO seq_id(col) VALUES "
    var inserts []string
    var params []interface{}
    for i := int64(0); i < count; i++ {
        inserts = append(inserts, "(?)")
```

```
        params = append(params, 0)
    }
    // 组装成批量插入的 SQL 语句: INSERT INTO seq_id(col) VALUES (0),(0),(0),...
    queryVals := strings.Join(inserts, ",")
    stmt, err := db.Prepare(query + queryVals)
    if err != nil {
        return err
    }
    // 批量插入数据
    res, err := stmt.Exec(params...)
    // 获取插入的第一条数据的主键，作为最小 ID
    lastInsertID, err := res.LastInsertId()
    if err != nil {
        return err
    }
    svr.nextIdAvailable = lastInsertID
    // 计算出批量插入的最后一条数据的主键，作为最大 ID
    svr.maxIdAvailable = lastInsertID + count - 1
    return nil
}
```

为了保证高可用性，数据库采用主从架构，同时主从数据复制采用半同步复制或 MGR（MySQL 组复制）的机制，这样每次将新数据插入数据库主节点时，主节点都会将新数据同步复制到从节点。如果数据库主节点宕机，那么从节点可以立刻代替主节点对外提供服务，唯一 ID 生成器服务不会因为访问从节点而生成重复的 ID。

4.2.3　高可用架构

需要注意的是，如果批量生成唯一 ID 的生成器服务有多个实例对外提供服务，则无法生成单调递增的唯一 ID。如图 4-6 所示，假设唯一 ID 生成器服务初次启动并有两个实例接收业务请求。

（1）*T*1 时刻实例 A 收到请求 1，于是从数据库中批量获取 10 个唯一 ID，即 1 ~ 10，将其缓存到本地，然后为请求 1 返回 ID=1。

（2）*T*2 时刻实例 B 收到请求 2，也从数据库中批量获取 10 个唯一 ID，即 11 ~ 20，将其缓存到本地，然后为请求 2 返回 ID=11。

（3）*T*3 时刻实例 A 收到请求 3，于是返回本地可用的 ID=2。

（4）*T*4 时刻实例 B 收到请求 4，于是返回本地可用的 ID=12。

唯一 ID 生成器服务依次生成的 ID 是不满足单调递增的 1、11、2、12，而是趋势递增的，所以此服务在任何时刻只能有一个实例对外提供服务。而服务只有一个实例，则意味着这个服务的可用性较差。为了提高唯一 ID 生成器服务的可用性，可以增加一个备用实例：此实例日常不对外提供服务，仅当工作实例宕机后，它才接替工作实例处理业务请求。最终的唯一 ID 生成器服务的架构如图 4-7 所示。

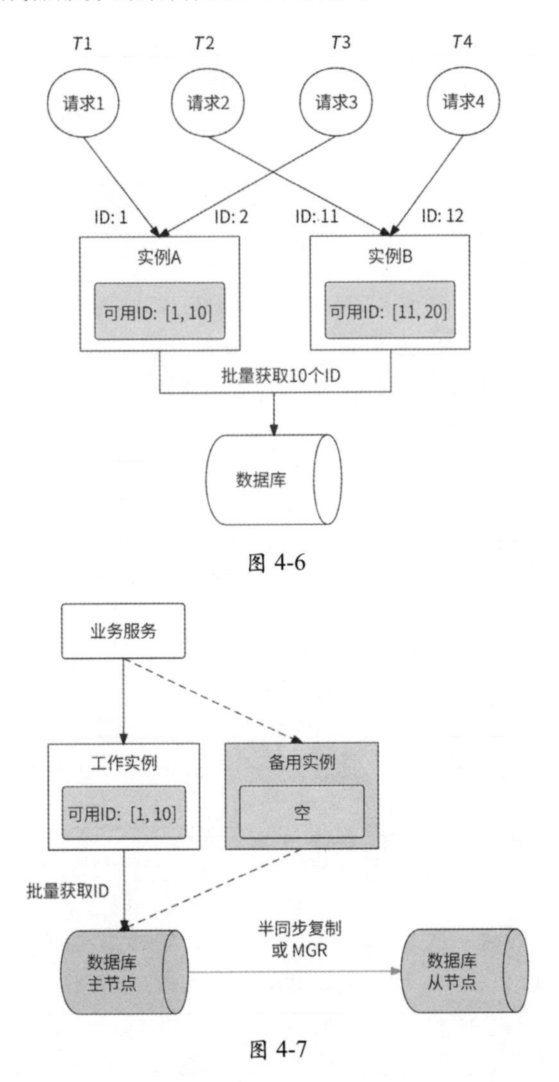

图 4-6

图 4-7

无论是否采用批量获取 ID 的思路，单调递增的唯一 ID 生成器都始终无法支持高并发访问，这是单调递增的唯一 ID 不被广泛使用的最主要原因。如果不批量获取 ID，则意味着每个业务请求都会写数据库，数据库难以承受高并发写入操作，性能表现不佳，甚至可能会被击垮；而如果批量获取 ID，虽然数据库访问量级降低　　了，但是 ID 生成器服务只能有一个工作实例，单实例所能承载的并发量级非常有限，服务失去了可扩展性。相比之下，唯一 ID 生成器能被广泛接受的实现方式是生成趋势递增的唯一 ID。

4.3　趋势递增的唯一 ID：基于时间戳

时间戳是指计算机维护的从 1970 年 1 月 1 日开始到当前时间经过的秒数，并且随着时间的流逝而逐步递增。几乎所有的编程语言都仅需要一行代码，就可以轻而易举地得到当前时间戳，并支持毫秒精度，甚至是纳秒精度。时间戳自增的属性非常适合生成趋势递增的唯一 ID。

4.3.1　正确使用时间戳

时下最为普及的计算机普遍采用 64 位操作系统，对应的时间戳也是用 64 位表示的。在 4.1.2 节中已经明确了唯一 ID 也是 64 位的，这样不就意味着唯一 ID 正好可以用时间戳表示吗？这种做法是不可取的，原因很简单，在高并发场景下，同一时间有很多业务请求到达唯一 ID 生成器，如果用时间戳表示唯一 ID，就会生成重复的 ID。

对于基于时间戳的唯一 ID，应该继续考虑高并发与分布式环境下的其他变量。例如：

◎ 服务实例：同一时间业务请求 1 和业务请求 2 分别从 ID 生成器服务实例 A 和服务实例 B 获取唯一 ID，为了防止生成重复的 ID，在唯一 ID 上应该对服务实例的差别有所体现。

◎ 请求：同一时间业务请求 1 和业务请求 2 从 ID 生成器服务实例 A 获取唯一 ID，在唯一 ID 上应该区分这两个请求。

话是没错，但是时间戳已经占用了唯一 ID 的全部空间，还怎么考虑其他变量呢？其实照搬计算机时间戳的概念是一个常见的谬误。根据笔者的面试经验来看，不少面试者都知道唯一 ID 生成器可以用时间戳来实现，但是对时间戳已经占用唯一 ID 的全部空间（64 位时）往往百思不得其解。

再看一遍时间戳的概念：从 1970 年 1 月 1 日开始到当前时间经过的秒数。假设我们设计的唯一 ID 生成器在 2023 年 1 月 1 日上线，那么根本不需要关心在上线时间之前时间戳的数值。所以，我们可以将时间戳的起始时间改为上线时间，仅记录唯一 ID 生成器从上线时间到当前时间经过的秒数就行。对于毫秒精度也是同样的道理。

假设我们期望唯一 ID 生成器可以正常提供服务 50 年（已经很久了），总计 1,576,800,000s，那么实际上使用 31 位整数即可表示时间戳。即使采用毫秒精度的时间戳，41 位整数也已经足够使用。所以，我们只记录唯一 ID 生成器从上线时间到当前时间的相对时间戳即可。

另外，需要强调的是，一个整数的大小优先由数字的高位决定。所以，时间戳应该被设置到唯一 ID 的高位，这样才能保证随着时间的推移唯一 ID 趋势递增。

4.3.2 Snowflake 算法的原理

Snowflake 的中文意思是雪花，所以 Snowflake 算法也被称为雪花算法。它最早是 Twitter 公司内部后台使用的分布式环境下的唯一 ID 生成算法，2014 年开源了 Scala 语言版本。

Snowflake 算法的原理是将分布式环境下的各变量按数位组合成 64 位的 long 类型数字生成唯一 ID。如图 4-8 所示，唯一 ID 是由多个数位分段组成的，这些分段从高位到低位依次如下。

◎ 1 位：符号位，固定值为 0，用于保证生成的 long 类型 ID 是正整数。

◎ 41 位：存储当前时间与指定时间（可以是上线时间）的毫秒差值，从指定时间开始可运行$2^{41} \div (1000 \times 60 \times 60 \times 24 \times 365) \approx 69$年。

◎ 5 位：用于区分不同的机房，最多支持$2^5 = 32$个机房。

◎ 5 位：用于区分 ID 生成器服务的不同实例，支持$2^5 = 32$个实例。不过，这 5 位与前 5 位共享 10 位存储空间——如果是单机房环境，则无须区分不同的机房，可以用 10 位来区分 ID 生成器服务的不同实例，即支持 1024 个服务实例；如果最多会建设 6 个机房，则区分不同的机房只需 3 位，可以用剩下的 7 位来区分 ID 生成器服务的不同实例。

◎ 12 位：最后 12 位用于区分单个 ID 生成器服务实例在同一毫秒内生成的唯一 ID，最多支持$2^{12} = 4096$个唯一 ID，即单个服务实例 1s 可支持约 410 万个唯一 ID 生成请求。

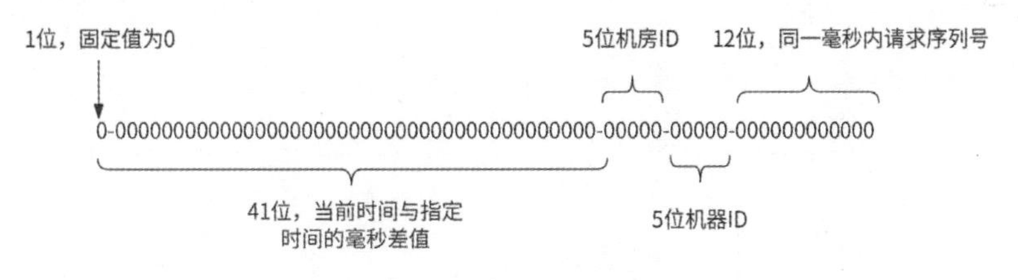

图 4-8

最终效果是，Snowflake 算法给出的唯一 ID 生成器是一个支持多机房共 1024 个服务实例规模、单个服务实例每秒可生成 410 万个 long 类型唯一 ID 的分布式系统，且此系统可以正常工作 69 年。

4.3.3 Snowflake 算法的灵活应用

Snowflake 算法是想告诉我们：需要将所考虑的高并发与分布式环境下的变量都体现在唯一 ID 上，不是必须使用 41 位表示毫秒级时间戳、5 位表示机房、5 位表示服务实例、12 位表示同一毫秒内的并发请求，而是应该按照实际的业务情况进行灵活调整。

假设某互联网公司将唯一 ID 生成器立为项目，该公司目前的条件如下。

◎ 采用 3 个机房（北京、上海、深圳）的多活架构，均匀承接用户请求。
◎ 按照当前的日活跃用户数量做乐观估计，将来每秒有近 10 亿次获取唯一 ID 的需求。
◎ 当前的硬件和服务器框架可支持单个服务实例每秒最多处理 100 万个请求。
◎ 期望唯一 ID 生成器可以工作 30 年。

根据如上条件，采用 Snowflake 算法设计的唯一 ID 按位从高到低分段如下。

◎ 1 位：依然是符号位，固定值为 0，以保证生成正整数。
◎ 40 位：系统运行的总毫秒数，30 年约为 9461 亿毫秒，可以用 40 位二进制数表示。
◎ 2 位：用于区分 3 个机房，并满足将来增加一个新机房的需求。
◎ 接下来的 10 位：单个服务实例每秒处理 100 万个请求，即每毫秒处理 1000 个请求。使用 10 位二进制数来区分同一毫秒内的并发请求。
◎ 最后的 11 位：可全部用于区分单个机房内唯一 ID 生成器服务的不同实例，即可支持部署最多 2048 个服务实例。

最终的唯一 ID 生成器服务在全部机房每秒可承接的用户请求量为$3 \times 2048 \times 100$万≈ 61亿个，远超公司预期的请求量，并可实际运行 34 年有余。这个服务的核心代码实现也很简单，需要额外注意的细节是，如果在某一毫秒内处理的用户请求量超过 1024 个，那么服务将报错返回或者使请求阻塞等待到下一毫秒：

```
// ID 生成器服务结构体
type IdGeneratorService struct {
    lock         sync.Mutex
    dataCenterId int64          // 机房 ID，人为指定
    workerId     int64          // 服务实例 ID，人为指定
    startTime    time.Time      // 系统初始时间，人为指定
    millisPassed int64          // 上一次请求的处理时间距离初始时间有多少毫秒
    concurrency  int64          // 记录在同一毫秒内生成的 ID 数
}

// 生成唯一 ID
func (svr *IdGeneratorService) GenID() (id int64, err error) {
    // 计算当前时间距离初始时间有多少毫秒
    millis := time.Now().Sub(svr.startTime).Milliseconds()
    svr.lock.Lock()
    defer svr.lock.Unlock()
    // 与上一次生成 ID 的请求处于同一毫秒内
    var concurrencyValue int64
    if millis == svr.millisPassed {
        // 本毫秒内生成的 ID 数已超过最大并发数范围，报错返回
        if svr.concurrency >= 1<<10 {
            return 0, errors.New("concurrency limit")
        } else {
```

```
            concurrencyValue = svr.concurrency // 当前并发数
            svr.concurrency += 1               // 更新并发数
        }
    } else {
        concurrencyValue = 0      // 此请求是本毫秒内的第一个请求，标记为 0
        svr.concurrency = 1       // 更新并发数
        svr.millisPassed = millis // 更新最新毫秒总数
    }
    // 按 1-40-2-11-10 的占位排布各变量
    id = (millis << 23) | (svr.dataCenterId << 21) | (svr.workerId << 10) |
concurrencyValue
    return
}
```

Snowflake 算法要求人工指定系统初始时间、机房 ID 和服务实例 ID。系统初始时间，可以设置为唯一 ID 生成器服务上线的时间；机房 ID，很容易人为指定，如指定北京机房 ID 为 1，深圳机房 ID 为 2，上海机房 ID 为 3；服务实例 ID，由于唯一 ID 生成器服务本身涉及功能迭代、扩容、缩容，服务实例的集合相对动态，所以直接人工指定服务实例 ID 不太现实，我们需要找到一种自动化的方式，为目前在线的唯一 ID 生成器服务的不同实例分配服务实例 ID。

4.3.4 分配服务实例 ID

为了保证生成的 ID 的唯一性，应该为 ID 生成器服务的不同实例分配不同的服务实例 ID（worker ID）。这其实也是唯一 ID 生成器的问题，4.2.2 节介绍的数据库自增主键方案就是一种合适的选型。

设计数据表 worker_id，其中 ip_address 字段用于保存服务实例的 IP 地址：

```
CREATE TABLE worker_id (
    id bigint(20) unsigned NOT NULL auto_increment,
    ip_address varchar(20) NOT NULL,
    PRIMARY KEY (id)
) ENGINE=InnoDB;
```

当一个 ID 生成器服务实例启动时，将携带本地 IP 地址查询 worker_id 表，如果找到对应的数据，则使用该数据行的主键作为其 worker ID；否则，服务实例向 worker_id 表中插入 IP 地址，并将插入数据后得到的主键作为 worker ID。如果某服务实例获得的 worker ID 数值超过所允许的范围，则启动失败。

分布式协调技术的相关开源项目如 ZooKeeper 或 etcd，也可以实现服务实例 ID 分配的功能，这里以 etcd 为例介绍实现方案。

etcd 是一个高可用的键值存储系统，通常用于服务发现、分布式锁、Leader 选举、消息订阅和发布等场景中。etcd 提供了 Revision 机制：一个 etcd 集群有一个全局数据版本号

Revision，当集群内任何数据发生变更（创建、删除、修改）时，Revision 值都会加 1。etcd 保证 Revision 全局单调递增，任何一次数据变更都对应唯一的 Revision 值。etcd 中存储的每个键值数据都会维护两个与 Revision 相关的版本。

◎ create_revision：键值数据被首次创建时，记录此时的 Revision 值。

◎ mod_revision：键值数据被修改时，记录此时的 Revision 值。

使用 etcd 为服务实例分配 worker ID 的方案就依赖 create_revision 字段：每个服务实例都向 etcd 中写入一个代表自己的键值，然后与其他服务实例比较 create_revision 的大小。如果有 *M* 个服务实例的 create_revision 小于此服务实例的 create_revision，则说明在此服务实例启动前已经有 *M* 个服务实例相继启动过，于是将此服务实例的 worker ID 设置为 *M*。服务实例从 etcd 中获取 worker ID 的流程如下。

（1）当唯一 ID 生成器服务实例启动时，将携带本地 IP 地址在 etcd 集群中创建新的键值"worker_id_{IP}"。

（2）此服务实例从 etcd 中获取所有前缀为"worker_id_"的键值列表。

（3）对所获取到的键值列表按照 create_revision 从小到大的顺序排列。

（4）将此服务实例的键值在排序后的键值列表中的下标位置作为其 worker ID。

对应的 Go 语言代码实现如下：

```
func GetWorkerID(ctx context.Context, ipAddress string) (int, error) {
    // 携带本地 IP 地址创建 worker_id_{IP}键值
    myKey := fmt.Sprintf("worker_id_%s", ipAddress)
    if _, err := etcdClient.Put(ctx, myKey, "0"); err != nil {
        return 0, err
    }
    // 获取所有前缀为 worker_id_的键值列表
    resp, err := etcdClient.Get(ctx, "worker_id_", etcd.WithPrefix())
    if err != nil {
        return 0, err
    }
    kvList := resp.Kvs
    // 按照 create_revision 从小到大的顺序排列键值列表
    sort.Slice(kvList, func(i, j int) bool {
        return kvList[i].CreateRevision < kvList[j].CreateRevision
    })
    for i, kv := range kvList {
        // 此服务实例在排序后的键值列表中的下标位置就是 worker ID
        if string(kv.Key) == myKey {
            return i, nil
        }
    }
    return 0, errors.New("no such a node")
}
```

4.3.5 时钟回拨问题与解决方案

时间戳的数据通过计算机的时钟获得，而计算机的时钟用专门的硬件来模拟：计算机主板上有一个石英晶体振荡器和一个纽扣电池，其中石英晶体振荡器的频率为 32,768Hz。在通电状态下，石英晶体振荡器每振动 32,768 次，电路就会传出一次信息，表示 1s 到了，计算机就是通过这种方式来记录时间的。不过，用石英晶体模拟时钟会有误差，在正常情况下，每天的计时误差在 ± 1s 内，而在极端条件下（如低温）误差会变大。这种现象被称为“时钟漂移”。

由于时钟漂移的存在，一组工作的计算机之间可能会存在时间戳误差。1985 年，David L. Mills 设计了网络时间协议（Network Time Protocol，NTP）来同步计算机之间的时钟，它可以将所有计算机之间的时钟误差调整到几毫秒以内，一个局域网内的计算机时钟误差甚至可以在 1ms 内。NTP 有效地解决了时钟漂移的问题。

但是 NTP 时钟同步又带来了另一个问题：时钟回拨。如果某计算机的时钟时间远快于 NTP 标准时间，那么经过 NTP 时间校准后，此计算机的时钟时间需要回退到 NTP 标准时间，即发生了时钟回拨，这个问题会导致基于 Snowflake 算法的唯一 ID 生成器服务生成重复的 ID。如图 4-9 所示，唯一 ID 生成器服务的某个实例的时间为 2023 年 1 月 1 日 11 时 05 分 05 秒，经过 NTP 时间校准后，此服务实例的时间变为 2023 年 1 月 1 日 11 时 05 分 00 秒，此时此服务实例生成的唯一 ID 与 5s 前生成的 ID 产生了重复。

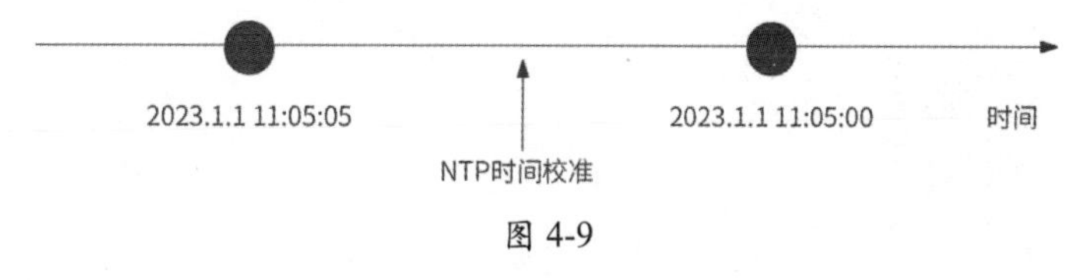

图 4-9

当唯一 ID 生成器服务的某个实例收到请求时，首先计算出此时的毫秒时间戳 millis，然后与上一次请求的毫秒时间戳 svr.millisPassed 进行比较，如果 millis 小于 svr.millisPasseds，则说明发生了时钟回拨。当发生时钟回拨时，可以采取如下措施防止生成重复的 ID。

◎ 如果回拨的时间较短（如 10ms），则阻塞请求一段时间后再重新执行。

◎ 如果回拨的时间较长，则阻塞请求不可取，此时服务实例可以直接拒绝请求。

另外，还有一种建议的做法是对唯一 ID 生成器服务的全部实例直接关闭 NTP 时钟同步功能，防止发生时钟回拨。关闭 NTP 时钟同步功能，虽然可能会导致一些服务实例发生大幅度的时钟漂移，但是我们可以选择从服务集群中摘除这些服务实例。

4.3.6 最终架构

基于 Snowflake 算法的唯一 ID 生成器服务的最终架构如下所述，如图 4-10 所示。

◎ 每个机房都单独编号。

◎ 在每个机房内都部署一个 worker ID 分配器，可以基于数据库或 etcd 等。

◎ 在每个机房内都部署若干唯一 ID 生成器服务实例，这些服务实例每次启动时都从本机房的 worker ID 分配器中获取 worker ID。

◎ 每个服务实例都在本地维护当前毫秒时间戳和毫秒内并发数，并与机房编号、worker ID 一起作为输入参数，执行 Snowflake 算法生成唯一 ID。

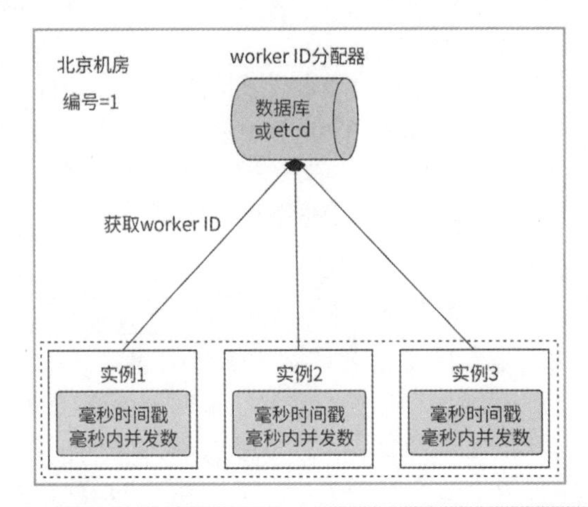

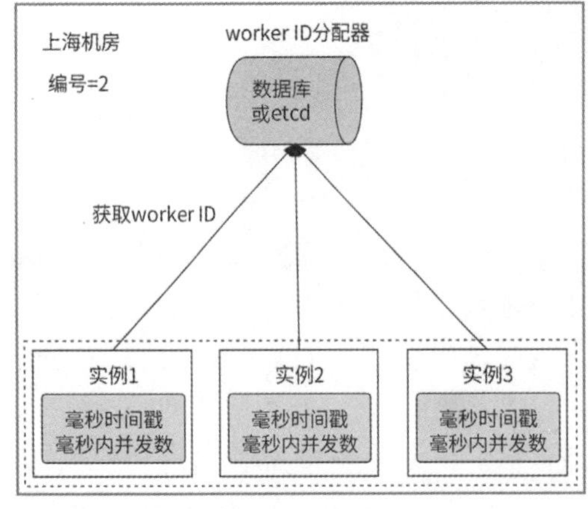

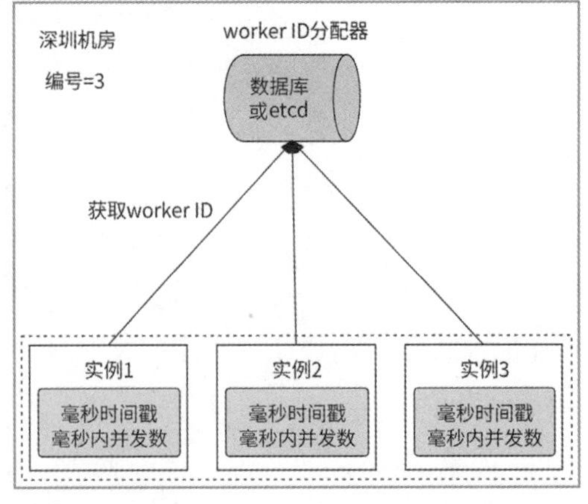

图 4-10

4.4 趋势递增的唯一 ID：基于数据库的自增主键

基于数据库的自增主键也可以生成趋势递增的唯一 ID，且由于唯一 ID 不与时间戳关联，所以不会受到时钟回拨问题的影响。

4.4.1　分库分表架构

数据库一般都支持设置自增主键的初始值和自增步长，以 MySQL 为例，自增主键的自增步长由 auto_increment_increment 变量表示，其默认值为 1。MySQL 可以使用 SET 命令设置这个变量值，比如 SET @@auto_increment_increment=3 会将自增步长设置为 3。

在创建数据表时，MySQL 可以为自增主键指定初始值。例如，如下建表语句会为 test_primary_key 表的自增主键设置初始值为 10：

```
CREATE TABLE `test_primary_key` (
  `id` bigint unsigned NOT NULL AUTO_INCREMENT,
  `col` tinyint NOT NULL,
  PRIMARY KEY (`id`)
) ENGINE=InnoDB AUTO_INCREMENT=10;
```

接下来向这个表中插入 5 条数据，然后看看主键的增长情况，如图 4-11 所示。

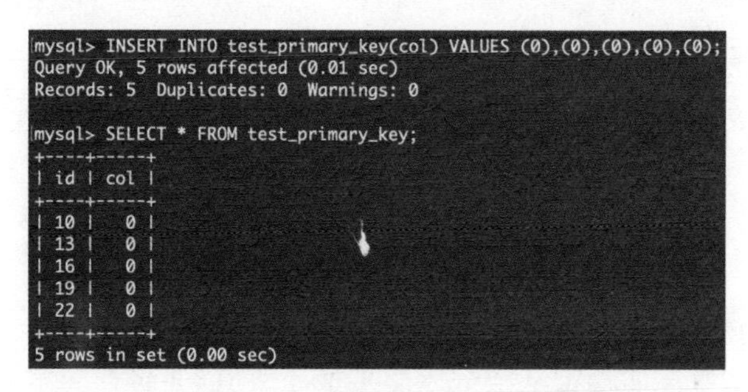

图 4-11

可以看到，第一条数据的主键为 10，之后每个主键都自增 3。这个数据库功能可以保证数据库分库分表后每个子表的自增主键全局唯一。如图 4-12 所示，假设数据库被水平拆分为 5 个子表：依次创建 5 个子表并分别设置自增主键的初始值为 1 ~ 5，然后设置每个子表的自增主键的自增步长也为 5。最终，子表 1 生成的自增主键是 1, 6, 11, 16, 21, …，子表 2 生成的自增主键是 2, 7, 12, 17, 22, …，其他子表以此类推。将基于这个思路实现的分库分表架构应用到唯一 ID 生成器服务，就会生成趋势递增的唯一 ID，有效地解决了数据库单点问题，并在一定程度上提高了数据库并发吞吐量。

不过，分库分表架构将自增主键的自增步长与分表个数强行绑定，所以系统整体的可扩展性较差，无法对数据库进行任何扩容操作。也就是说，这个方案只适合不需要扩容的场景。

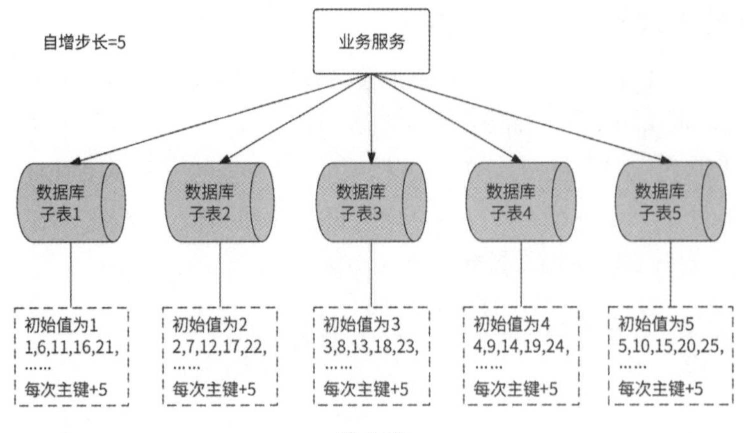

图 4-12

4.4.2　批量缓存架构

4.2 节介绍了基于数据库的自增主键生成单调递增的唯一 ID 的方案，当时我们讨论过一个关于高可用性的细节问题：如果采用从数据库中批量获取 ID 的方式，则可以大幅提高系统性能，但是任何时刻只能有一个服务实例工作，否则生成的唯一 ID 将不是单调递增的，而是趋势递增的。这恰好是我们需要的效果。

既然生成的唯一 ID 是趋势递增的，那么唯一 ID 生成器服务可以有任意多个服务实例。如图 4-13 所示，每个服务实例都从数据库中批量获取 ID 并缓存到本地；同时，为了保证数据库主从切换不会生成重复的 ID，数据库主从节点采用半同步复制或 MGR 方式同步最新数据。

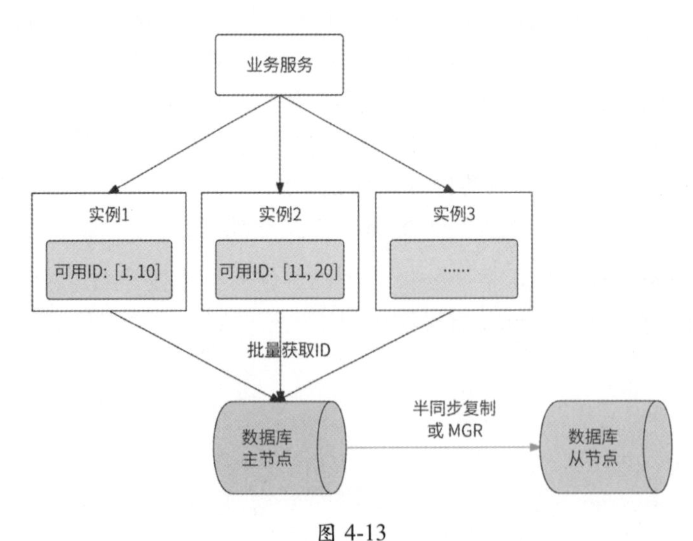

图 4-13

4.5　美团点评开源方案：Leaf

Leaf是美团点评公司基础研发平台推出的一个唯一 ID 生成器服务，其具备高可靠性、低延迟、全局唯一等特点，目前已经被广泛应用于美团金融、美团外卖、美团酒旅等多个部门。Leaf 根据不同业务的需求分别实现了 Leaf-segment 和 Leaf-snowflake 两种方案，前者基于数据库的自增主键，后者基于 Snowflake 算法。接下来介绍这两种方案的技术原理。需要注意的是，Leaf 和前几节介绍的几种技术方案非常相似，只是多了一些思考和优化，这也是我们在本节中重点着墨的部分。

4.5.1　Leaf-segment 方案

Leaf-segment 方案与 4.4.2 节介绍的批量缓存架构方案类似，只不过它没有依赖数据库的自增主键，而是在数据库中为每个业务场景都记录目前可用的唯一 ID 号段。具体的数据表设计如表 4-1 所示。

表 4-1

字 段 名	类　型	含　义
biz_tag	varchar(128)	主键，用于区分不同的业务方
max_id	bigint(20)	此 biz_tag 业务目前被分配的最大唯一 ID
step	int(11)	下一次生成多少个唯一 ID
desc	varchar(256)	用于描述业务信息，非核心数据
update_time	timestamp	记录每次生成唯一 ID 的时间戳

不同业务方的唯一 ID 需求用 biz_tag 字段区分，每个 biz_tag 的 ID 相互隔离。当某业务请求携带 biz_tag 访问 Leaf 服务时，数据库会通过执行如下语句生成唯一 ID：

```
BEGIN
UPDATE table SET max_id=max_id+step WHERE biz_tag=xxx
SELECT tag, max_id, step FROM table WHERE biz_tag=xxx
COMMIT
```

比如在数据表中外卖业务方的 biz_tag 为 waimai_ordertag，此时 max_id 为 10000，step 为 2000，那么外卖业务方下次得到的唯一 ID 号段是 10001 ~ 12000，max_id 的值被更新为 12000。通过修改 step 字段值，可以方便地控制一个业务访问数据库的频率：如果 step 为 1，则说明每次生成唯一 ID 时业务方都要访问数据库；如果 step 为 1000，则说明每用完 1000 个唯一 ID 时，业务方才再次访问数据库。

美团技术团队官网给出了 Leaf-segment 方案的大致架构图，如图 4-14 所示。

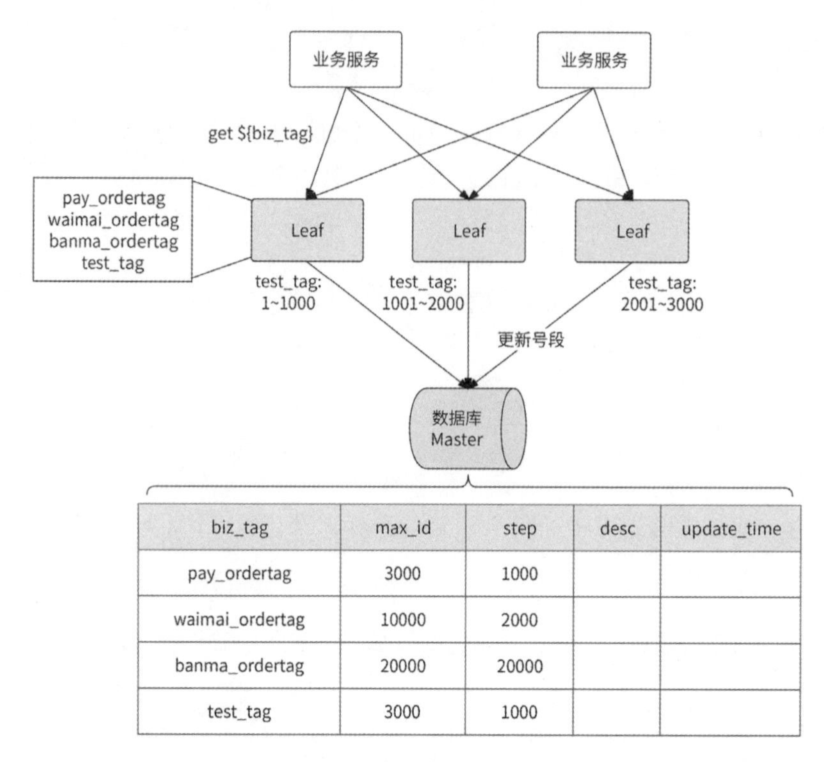

biz_tag	max_id	step	desc	update_time
pay_ordertag	3000	1000		
waimai_ordertag	10000	2000		
banma_ordertag	20000	20000		
test_tag	3000	1000		

图 4-14

从架构图中可以看到，Leaf-segment 方案与 4.4.2 节介绍的批量缓存架构方案确实大同小异，服务实例在本地缓存一批可用的唯一 ID 号段供业务请求使用，当某业务请求发现唯一 ID 号段用完时，再从数据库中批量获取新的唯一 ID 号段。如果此时数据库发生网络抖动或慢查询，则会导致访问数据库的业务请求被阻塞，整个服务的响应变慢。

Leaf-segment 方案针对这个问题做了优化：当使用可用的唯一 ID 号段到达某个检查点时，Leaf 服务实例就异步地从数据库中获取下一个可用的唯一 ID 号段，而不需要等到唯一 ID 号段用完才访问数据库，这样可以防止唯一 ID 号段用完时阻塞业务请求。

具体来说，Leaf 服务实例内部有两个唯一 ID 号段缓存区，其中第一个缓存区用于对外提供服务，业务请求从这里获取唯一 ID；第二个缓存区用于提前向数据库加载下一个可用的唯一 ID 号段。当第一个缓存区已经下发 10%可用的唯一 ID 时，Leaf 服务实例将启动一个线程异步访问数据库，并将获取到的下一个可用的唯一 ID 号段保存到第二个缓存区。这样一来，当某业务请求发现第一个缓存区中已无可用的唯一 ID 时，Leaf 服务实例就直接切换到第二个缓存区继续下发可用的唯一 ID，如此循环往复，业务请求不会被阻塞在访问数据库的过程中。这个技术优化的示意图如图 4-15 所示（参考自美团技术团队官网）。

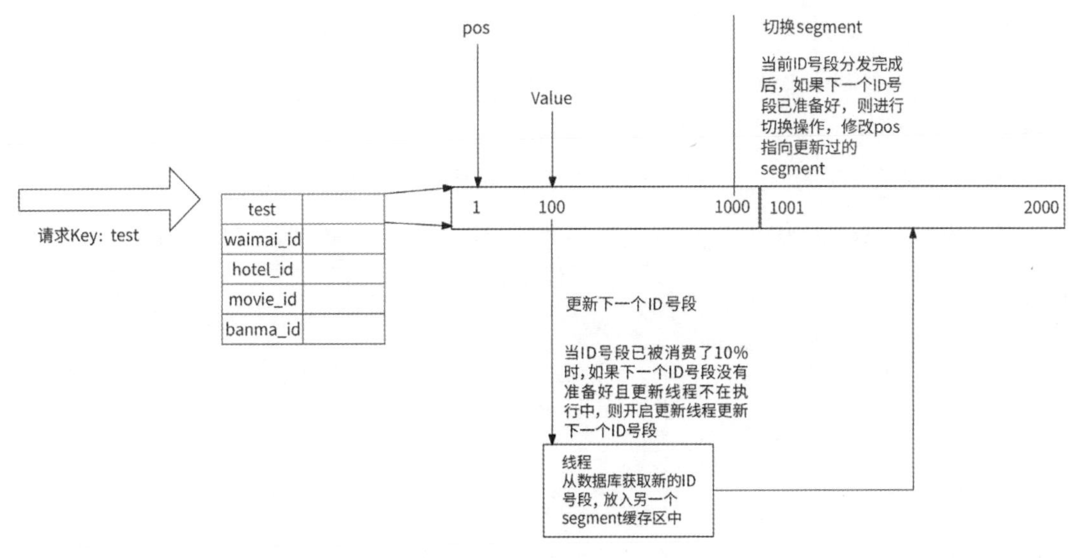

图 4-15

4.5.2 Leaf-snowflake 方案

使用 Leaf-segment 方案可以生成趋势递增的唯一 ID，但是 ID 值会反映实际的数据量，并不适用于订单 ID 生成的场景。如果将此方案应用在订单 ID 生成的场景中，则很容易被竞品公司计算出订单的总量，这等于把业务的数据表现直接实时暴露给其他公司。为了解决这个问题，美团点评公司提供了 Leaf-snowflake 方案，这个方案和 4.3 节介绍的基于时间戳的方案类似。

Leaf-snowflake 方案在唯一 ID 的设计上完全沿用 Snowflake 算法，即使用“1+41+10+12”的方式组装 ID；至于 worker ID 的分配问题，Leaf-snowflake 方案借助了 ZooKeeper 持久顺序节点的特性，每个 Leaf 服务实例都会在 ZooKeeper 的 leaf_forever 节点下注册一个持久顺序节点，将对应的顺序数字作为 worker ID。假设现在有 4 个服务实例注册了持久顺序节点，leaf_forever 节点的结构可能如图 4-16 所示。

每个服务实例都携带 IP 地址和端口号在 leaf_forever 节点下注册持久顺序节点（格式为“IP:port”），然后 ZooKeeper 会自动生成一个自增序号作为每个顺序节点的后缀，这个序号就可被分配作为实例的 worker ID。Leaf-snowflake 方案分配 worker ID 的流程如下。

（1）Leaf 服务实例启动时，连接 ZooKeeper。

（2）服务实例查询 leaf_forever 节点是否存在。如果不存在，则跳至第 4 步，否则继续。

（3）服务实例读取 leaf_forever 节点下的子节点列表，然后根据自身的 IP 地址和端口号遍历子节点列表，查询自己是否注册过子节点。

（4）如果未找到子节点，则实例在 leaf_forever 节点下创建子节点，将所得到的节点后缀序号作为 worker ID。

（5）如果找到子节点，则将此子节点的后缀序号取出作为 worker ID。

（6）获取到 worker ID 后，Leaf 服务实例就启动成功了；否则，启动失败。

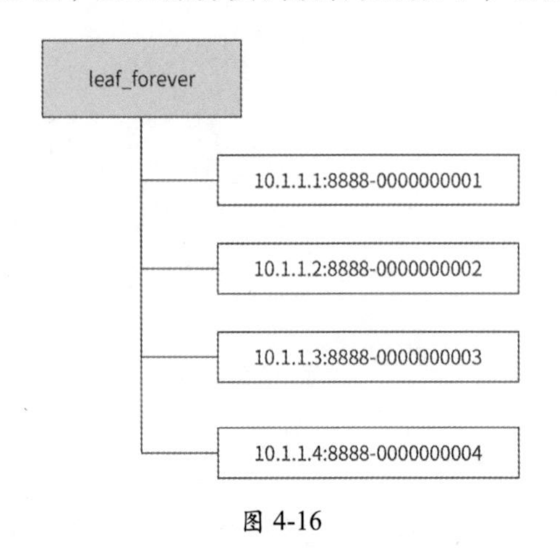

图 4-16

Leaf 服务实例在获取到 worker ID 后会将其保存到本地文件中，这样可以做到对 ZooKeeper 的弱依赖。将来，如果 ZooKeeper 出现故障，而此时 Leaf 服务实例恰好重启，那么就可以从本地文件中得到 worker ID，避免了无法正常启动的问题。

每个 Leaf 服务实例都会每隔 3s 将自身的系统时间上报到其在 leaf_forever 节点下注册的子节点，并且还会在另一个 ZooKeeper 节点 leaf_temporary 下创建一个临时节点，leaf_temporary 下的临时节点列表代表了此时正在运行的 Leaf 服务实例集合。也就是说，Leaf 服务实际上与两个 ZooKeeper 父节点交互：leaf_forever 节点与 leaf_temporary 节点，如图 4-17 所示。

Leaf-snowflake 方案使用这两个节点来解决时钟回拨问题，具体的工作流程如下。

（1）如果 Leaf 服务实例在 leaf_forever 节点下未注册持久顺序节点，那么在注册节点时将顺便写入自身的系统时间。

（2）如果 Leaf 服务实例已在 leaf_forever 节点下注册持久顺序节点，则对比持久顺序节点记录的时间与自身的系统时间。如果自身的系统时间更小，则认为发生了时钟回拨，服务实例启动失败。

（3）否则，获取 leaf_temporary 节点下的所有临时节点信息，然后向这些临时节点代表的 Leaf 服务实例发送 RPC 请求查询它们的系统时间，并计算出平均时间，用于表示 Leaf

服务集群的系统时间。

（4）如果平均时间与 Leaf 服务实例自身的系统时间的差值小于某个阈值，则认为本服务实例的系统时间是准确的，服务实例可以正常启动。

（5）否则，说明本服务实例的系统时间相较于 Leaf 集群中的其他服务实例发生了大幅度的时钟漂移，服务实例启动失败。

（6）启动成功的 Leaf 服务实例每隔 3s 将自身的系统时间上报到在 leaf_forever 节点下注册的持久顺序节点。

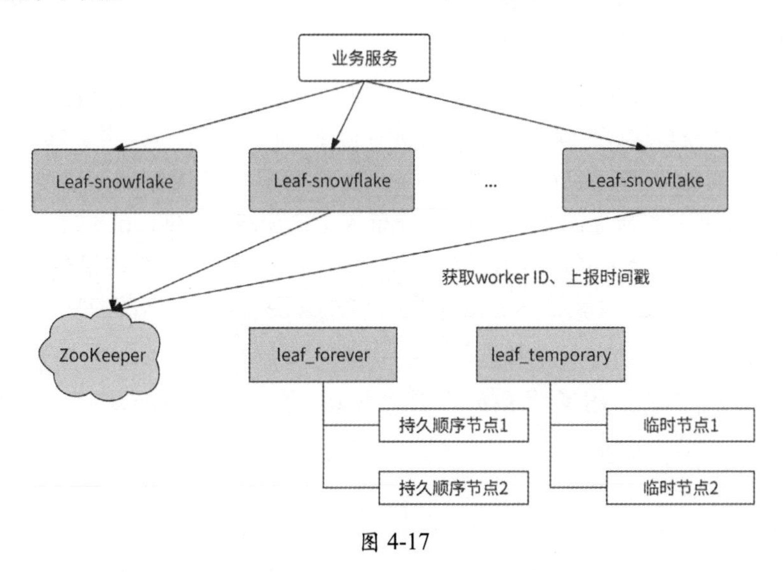

图 4-17

Leaf-snowflake 方案通过检查服务实例上报的自身系统时间和其他 Leaf 服务实例的平均时间来解决时钟回拨问题，按照美团点评公司技术博客中的说法，这个策略有效地避免了时钟回拨对业务造成的影响。另外，此方案也建议关闭 NTP 时钟同步功能。

4.6 本章小结

分布式唯一 ID 应该具备占用空间小、可用作数据库主键的能力，所以一般用递增的 long 类型整数来表示。

递增可以分为单调递增和趋势递增。

单调递增的唯一 ID 生成器可以基于 Redis INCRBY 命令实现，或者基于数据库的自增主键实现。采用批量生成 ID 的方式可以提高唯一 ID 生成器的性能，ID 生成器服务实例将一批唯一 ID 缓存到本地对外提供服务，当可用的唯一 ID 消耗完时再生成下一批唯一

ID。不过，为了保证唯一 ID 单调递增，此时只能有一个服务实例对外工作。由于单调递增的唯一 ID 生成器服务无法兼顾高可用性和高性能，所以应用相对具有局限性。

如果把单调递增改为趋势递增，那么唯一 ID 生成器服务将打破局限性。一种方案是使用数据库分库分表架构生成自增主键，同时利用数据库自带的自增主键调整自增步长和设置初始值来防止各分表生成的自增主键冲突。这种方案可以提高数据库的高可用性与性能，但是可扩展性较差。另一种方案是使用批量缓存架构，即在批量获取单调递增的唯一 ID 的基础上采用多服务实例生成趋势递增的唯一 ID。这两种方案都是基于数据库的自增主键生成唯一 ID 的，数值的可读性过强，在某些场景中有泄露业务数据的风险。基于时间戳生成唯一 ID 可以解决这个问题。

如何基于时间戳设计唯一 ID 生成器呢？Snowflake 算法为我们提供了很好的思路：将分布式环境下的各变量体现到唯一 ID 的二进制位上，比如不同的机房、不同的服务实例、不同的时间、相同时间不同的请求。每个 ID 生成器服务实例都需要有唯一表示自己的 worker ID，可以使用数据库的自增主键、分布式协调服务 ZooKeeper 或 etcd 来实现；同时，服务实例维护从系统上线时间开始经过的总毫秒数、当前毫秒内已生成的 ID 数量，以便区分时间和并发请求。最后，一定要防止时钟漂移问题影响 ID 的唯一性。

美团点评公司的唯一 ID 生成器服务 Leaf 实现了两种生成唯一 ID 的方案：Leaf-segment 和 Leaf-snowflake。前者采用了批量缓存 ID 的思想，后者是对 Snowflake 算法的应用。

第5章 用户登录服务

从本章开始，我们正式与用户相关服务打交道。当用户想使用一个互联网产品的完整功能时，要做的第一件事情就是在应用中注册账号并登录。这个功能由用户登录服务负责，也是本章的主题。在正式学习用户登录服务前，我们先来了解本章的学习路径与内容组织结构。

◎ 5.1 节介绍用户账号对互联网产品的意义。

◎ 5.2 节介绍用户登录服务的功能要点。

◎ 5.3 节介绍如何对用户密码进行最大可能的保护。

◎ 5.4 节介绍手机号登录和邮箱登录的实现方式。

◎ 5.5 节介绍第三方登录的实现方式。

◎ 5.6 节介绍登录态问题以及登录态管理的方案。

◎ 5.7 节介绍扫码登录的实现方式。

本章关键词：单向加密、用户认证、手机号一键登录、第三方登录、Session、长短令牌、扫码登录。

5.1 用户账号

在早期互联网时代，大部分互联网产品是不需要用户注册与登录的。因为早期互联网产品主要是信息发布与浏览的平台，比如门户网站、搜索引擎，当时的用户行为非常简单（几乎就是浏览），不需要为用户提供个性化服务，所以不需要识别用户，更不需要用户注册与登录。

而随着互联网的发展，用户数量逐渐增加，用户的需求与行为也变得多样化和个性化，互联网产品开始逐渐转向注重社交性、交互性、个性化等多方面发展，于是用户概念和用户账号等逐渐成为互联网产品设计与运营的核心。

用户账号是一种身份认证和授权机制，它对互联网产品具有如下意义。

◎ 身份认证：用户账号是识别用户身份的重要途径，用户通过输入账号和密码等登录信息来进行身份认证，保护用户信息安全，并确保只有合法的用户才可以访问相关产品。

◎ 个性化服务：有了用户账号，互联网产品可以根据用户的个人信息和操作行为来提供个性化、精准的服务，如推荐、定制、购买等。

◎ 数据积累和分析：互联网产品通过收集用户账号信息、访问记录等，可以进行数据的积累和分析，优化产品体验，改进产品的设计和迭代等。

◎ 运营与推广：使用用户账号，可以更方便地进行互联网产品的运营与推广。例如，使用用户账号，可以通过社交媒体的分享、邮件等途径发送推广信息等。

以上这些正是互联网产品提供用户注册与登录功能的理由，所以说用户登录服务几乎是每个互联网公司后台最重要的服务之一。

5.2　用户登录服务的功能要点

用户登录服务负责用户的注册与登录，这是一个看似非常简单、很容易设计的服务。在学习数据库的过程中，很多同学都做过数据库的各种管理系统课程设计，比如图书馆管理系统、学生成绩管理系统等，使用数据库作为数据存储系统，使用 HTTP 协议的 HTML 页面作为用户操作界面。无论哪个管理系统，必不可少的一个功能都是用户注册与登录。当时，大家实现这个功能的方式基本如下。

首先，在数据库中创建一个用户表 User 来记录用户账号、密码和用户状态等信息，如表 5-1 所示（注意：用户昵称、头像、个性签名等这里暂不列出，它们不是用户登录服务的重点）。

表 5-1

字段名	类　型	含　义
id	BIGINT	自增主键，用作用户 ID
username	CHAR(100)	用户账号，是用户注册时填写的唯一存在的字符串，也用于用户登录，如微信号
password	CHAR(100)	用户密码
status	INT	用户状态枚举，比如：0 未登录，1 已登录，2 已注销，3 已冻结，4 已封禁，等等

然后，开发用户注册页面和登录页面。页面元素如下。

◎ 账号文本框：用户在此输入账号。

◎ 密码文本框：用户在此输入密码。

◎ 验证码标签：用户打开页面时，网页随机生成一个验证码并展示。

◎ 验证码文本框：用户在此输入验证码。

◎ 注册按钮：用户点击后注册。

◎ 登录按钮：用户点击后登录。

用户注册的流程如下。

（1）用户打开注册页面，并在上述三个文本框中依次输入待注册的账号（如 abc）、密码（如 123456）和验证码。

（2）用户点击“注册”按钮，HTTP 使用 POST 方式将用户填入的账号、密码提交到后台。

（3）后台在 User 表中查询账号 abc 是否存在，如果存在，则报错返回；否则，将账号、密码插入 User 表中。SQL 语句为 INSERT INTO User(username, password, status) VALUES('abc', '123456', 0)。

（4）插入数据成功后，后台返回给用户“注册成功”的响应信息。

用户登录的流程如下。

（1）用户打开登录页面，依次输入账号（如 abc）、密码（如 123456）和验证码。

（2）用户点击“登录”按钮，将账号、密码提交到后台。

（3）后台尝试在 User 表中将账号为 abc、密码为 123456 且未登录的用户状态更新为“已登录”。SQL 语句为 UPDATE User SET status=1 WHERE username='abc' AND password='123456' AND status=0。

（4）如果数据库中有 1 行数据被更新了，则说明用户存在且密码正确，于是后台返回给用户“登录成功”的响应信息；否则，提示用户“账号/密码错误或账号异常”。

通过这种方式，用户登录服务只需要依赖数据库，且用户注册与登录功能在同一个数据表上执行一条 SQL 语句就能实现，看似用最简单的方式就可以满足要求。

然而，正规的互联网公司都不可能这么做，因为这种方式虽然简单，但是漏洞百出。

◎ 用户 ID 依赖数据库的自增主键，其值可以反映出目前已注册用户有多少，这属于泄露商业机密。我们应该使用基于时间戳的分布式唯一 ID 来生成用户 ID，具体细节参见第 4 章。

◎ HTTP 将用户账号、密码以明文形式传输到后台，如果在网络传输过程中遭到攻击者监听，则会直接造成用户账号、密码的泄露。

◎ 后台直接把用户密码保存到数据库中，如果数据库被意外泄露到公网，则等于曝光了用户密码。此外，与用户登录服务相关的工程师可以直接在数据库中查看用户密码，这会降低用户的安全感。如果有“内鬼”工程师利用职务之便使用这些数据做什么事情，后果将难以估量。

◎ 需要使用用户账号、密码登录的限定形式，会导致注册与登录成为用户的负担，因为缺少便捷性，用户不得不绞尽脑汁创建并牢记账号与密码。为了减少用户的访问负担，很多互联网产品都提供了各种登录方式，如手机号登录、邮箱登录、第三方（QQ、微信、微博、抖音等）登录。对于同时存在 PC 端、移动端的互联网产品，用户在登录移动端后还可以扫码登录 PC 端，比如爱奇艺、支付宝等。总之，用户注册与登录应该越简单越好，一键注册、一键登录是最好的选择。

◎ 在微服务架构下，很多后台服务都需要先判断用户是否已登录（即查询用户登录态），于是纷纷从用户登录服务中获取信息。如果使用 User 表查询用户登录态，则会导致数据库被迅速击垮。实际上，用户登录态是一个热门话题，我们会专门用一整节来介绍其细节（见 5.6 节）。

如上种种充分说明用户登录服务的设计实现并没有那么简单，它至少需要满足如下技术要求。

◎ 密码安全：任何时候都不可以将用户密码暴露给任何人，包括服务设计方。

◎ 以多种方式登录：需要具有支持手机号登录、邮箱登录、第三方登录和扫码登录的能力。

◎ 支持登录态查询：很多服务都会依赖用户登录态，需要使用高性能、高可用的方式支持这个需求。

5.3　密码保护

无论是客户端与服务端之间通过网络传输密码，还是将密码保存到数据库中，都需要保证密码安全。

5.3.1　使用 HTTPS 通信

首先我们来解决客户端发送注册、登录请求到服务端时，防止第三方抓包工具获取到密码的问题。客户端与服务端之间使用 HTTPS 通信。HTTPS 是身披 SSL 外壳的 HTTP，在 HTTP 通信链路中利用 SSL/TLS 建立全信道加密数据包，在请求传输过程中，第三方抓包工具看到的是密文，所以获取不到密码。

需要注意的是，使用 HTTPS 并不能彻底保证密码安全，因为 HTTPS 的加密、解密行为发生在 HTTP 层和 TCP 层之间，如图 5-1 所示。

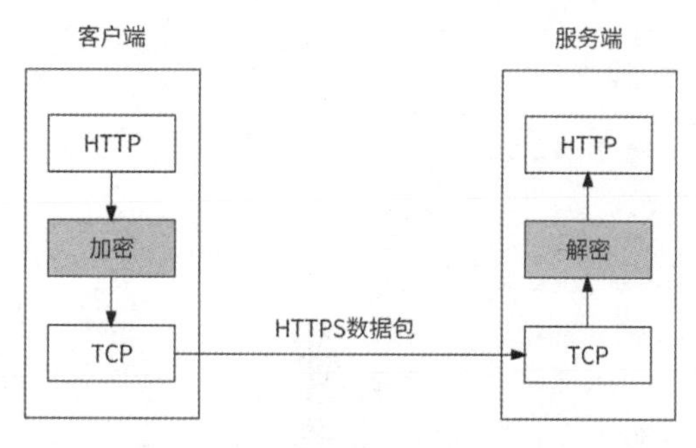

图 5-1

这就意味着，虽然 HTTPS 在网络传输过程中可以保证数据是密文，但是数据包到达服务端后，一旦经过解密进入 HTTP 层，数据就会变为明文，这时如果攻击者入侵服务端并在网络层拦截数据，那么依然可以获取到密码。攻击者入侵客户端同样可以获取到密码，况且客户端被入侵的可能性远大于服务端被入侵的可能性。所以需要强调的是，HTTPS 保证的是数据在传输过程中的安全性，而攻击者依然可以在客户端和服务端拦截数据得到明文密码。

5.3.2 非对称加密

为了防止用户密码在客户端和服务端泄露，很多互联网公司都选择在客户端提交密码前对密码进行非对称加密。我们可以将非对称加密直接理解为数据的加密和解密使用了两把不同的钥匙，分别是公钥和私钥。公钥由服务端下发给客户端，用于数据加密；私钥由服务端自己持有，任何经过公钥加密的数据都只能被对应的私钥解密。即使攻击者在客户端网络层截获了所下发的公钥也没用，因为数据解密所需的私钥藏在服务端。

在将密码组装到数据包前先使用公钥对其进行加密，即使攻击者截获了明文数据包，密码也依然是加密的，这样就可以保证密码在客户端和服务端的安全。使用非对称加密实现用户注册与登录请求安全传输的流程如下所述，如图 5-2 所示。

（1）客户端从服务端获取公钥。

（2）客户端利用公钥对用户提交的密码进行加密。

（3）客户端使用 HTTPS 向服务端请求注册与登录。

（4）服务端解密 HTTPS，得到 HTTP 明文数据包。

（5）用户登录服务处理数据包，使用私钥解密得到原始密码。

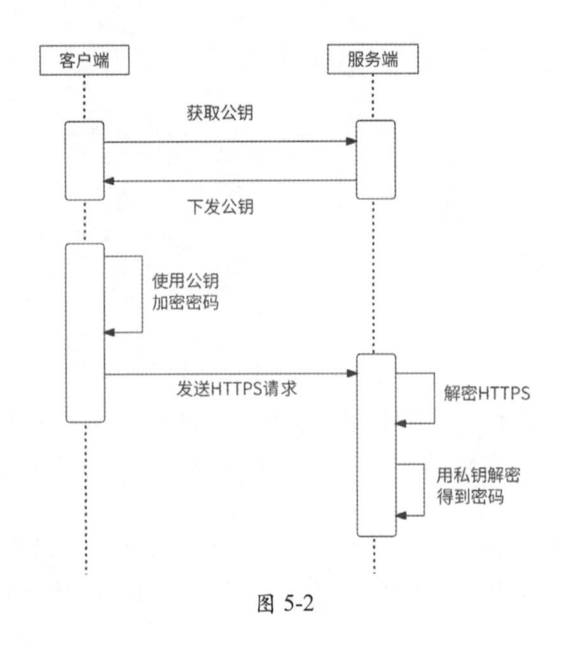

图 5-2

5.3.3　密码加密存储

接下来，我们解决密码在数据库中存储的安全问题。解决方法也是加密，只不过这里使用的是单向加密算法。单向加密算法指的是可以对数据加密，但是无法解密（即不可逆）的算法，比如 MD5、SHA1 等。用户注册、修改密码等场景都要存储密码，用户登录服务在存储密码前先对密码进行单向加密，然后存储加密结果；用户登录时，针对用户输入的密码，再次使用相同的单向加密算法加密，然后将加密结果与数据库中存储的值进行对比，如果它们相同，则说明密码一致。

基于单向加密算法不可逆的特点，任何人都无法从用户数据表中查询到用户真实的密码，即使数据库被泄露了，也不会导致用户密码曝光。所以，采用这种对用户密码单向加密后存储的方式可以杜绝密码泄露。

5.4　手机号登录和邮箱登录

大部分互联网应用都支持手机号登录和邮箱登录的功能，这不仅仅使登录方式多样化，更重要的是，使用手机和邮箱往往具有如下优势。

◎ 用户习惯：人们在日常生活中通常使用手机和邮箱进行通信，互联网用户更是习惯使用固定的手机号或邮箱地址作为登录凭证，而不是花费心思去记住自己的各种账号与密码。

◎ 数据唯一：一个手机号只会属于一个用户，不存在多个用户使用同一个手机号的情况。对于邮箱也是如此。使用手机和邮箱可以免去冗长的账号注册流程，降低用户使用门槛。

◎ 身份认证：使用手机和邮箱能对用户进行身份认证，确保用户身份合法。

◎ 数据安全：手机和邮箱通常与用户数据权限关联，当用户忘记密码时，使用它们可以有效缩短找回密码的流程，提高账号的安全性。

总之，提供手机号登录和邮箱登录功能的目的是方便用户快速、安全地登录，提升用户体验，降低用户使用门槛。

5.4.1 数据表设计

为了支持以手机号、邮箱等类似方式登录的功能，在数据库中需要额外创建一个用户授权表 User_auth，如表 5-2 所示。

表 5-2

字段名	类　型	含　义
id	BIGINT	自增主键，无特殊含义
auth_id	CHAR(100)	授权 ID，用于保存手机号、邮箱地址，同时作为索引
auth_type	INT	授权类型枚举，比如：1 手机号，2 邮箱
user_id	BIGINT	用户 ID，也作为索引
auth_status	TINYINT	授权是否通过：0 未通过，1 通过

User_auth 表与 User 表是多对一的关系，且有两个索引。

◎ auth_id 索引：根据手机号或邮箱地址查询授权记录，找到对应的用户。

◎ user_id 索引：根据用户 ID 查询其手机号和邮箱。

5.4.2 用户注册

当用户使用手机号或邮箱注册账号时，需要确认用户使用的确实是自己可支配的手机号、邮箱，确认的方式就是使用验证码：用户在注册时，服务端会向对应的手机号或邮箱发送一条比如有效时间为 5min 的随机验证码，用户需要在这 5min 内提交正确的验证码才认为手机号或邮箱地址合法。使用手机号注册的流程和使用邮箱注册几乎完全一致，这里仅以手机号注册为例介绍用户注册流程。

（1）用户进入注册页面，选择手机号注册方式并填入当前可用的手机号，然后点击“发送验证码”按钮。

（2）用户登录服务收到请求后，先在 User_auth 表中查询此手机号是否已存在且被他人使用。SQL 语句为 SELECT count(1) FROM User_auth WHERE auth_id = '手机号'AND auth_type=1。

（3）如果此手机号未被使用，则继续注册流程：为此用户创建用户 ID，在 User_auth 表中插入新记录。SQL 语句为 INSERT INTO User_auth(auth_id, auth_type, user_id, auth_status) VALUES("手机号", 1, 用户 ID, 0)。

（4）用户登录服务生成一个随机验证码，并以 String 对象的形式保存到 Redis 中，其中 Key 为 telephone_{手机号}，Value 为验证码，用于保存手机号和验证码的关系。然后，调用第三方运营商的短信接口向这个手机号发送验证码。此时，用户注册请求得到响应"验证码已发送"。

（5）用户收到验证短信并填入验证码，点击"注册"按钮，手机号和用户输入的验证码被发送到用户登录服务。

（6）用户登录服务使用手机号在 Redis 中查询验证码，并与用户输入的验证码进行对比。如果用户输入的验证码和服务端下发的验证码相同，则说明用户确实是此手机号的使用者，注册流程继续。

（7）用户登录服务将 User_auth 表中的授权状态（auth_status）改为"通过"，然后用户得到响应"请设置密码"并跳转到密码设置页面。

（8）用户提交所输入的初始密码，用户登录服务在 User 表中插入用户账号数据，其中用户名称被默认设置为"手机用户_{手机号}"。SQL 语句为 INSERT INTO User(id, username, password, status) VALUES(用户 ID, 用户名, 密码, 0)。

至此，整个注册流程结束。

5.4.3　用户登录

使用手机号登录时分为两种方式，其中一种方式是使用手机号和账号密码登录，另一种更方便的方式是使用手机号和验证码登录。前者是比较常规的方式，免去了用户要记住用户名的痛苦，但是用户依然要记得密码；而后者更为人性化，只需要保证手机号确实为请求者所使用即可，因为需要接收验证码。

使用手机号和账号密码登录的流程如下。

（1）用户输入手机号和账号密码，并点击"登录"按钮。

（2）用户登录服务从 User_auth 表中获取手机号对应的授权用户 ID。SQL 语句为 SELECT user_id FROM User_auth WHERE auth_id=手机号 AND auth_type=1。如果获取到数据，则说明此手机号已被注册。

（3）用户登录服务根据查询到的用户 ID，继续从 User 表中查询密码。SQL 语句为 SELECT password FROM User WHERE id=用户 ID。然后，将查询到的密码与用户输入的密码进行对比，如果它们一致，则登录成功。

使用手机号和验证码登录的流程如下。

（1）用户输入手机号，然后点击“发送验证码”按钮。

（2）用户登录服务收到请求后，先在 User_auth 表中查询此手机号是否已被授权。SQL 语句为 SELECT count(1) FROM User_auth WHERE auth_id = '手机号' AND auth_type=1。

（3）如果此手机号已被授权，那么用户登录服务会生成一个随机验证码，并将其保存到 Redis 中（以与注册流程同样的方式），同时发送验证短信。

（4）用户输入所收到的短信验证码，点击“登录”按钮。

（5）用户登录服务发现用户输入的验证码与 Redis 中的数据相同，用户登录成功，将该用户在 User 表中的 status 更新为“1”。

虽然这里是分开介绍注册与登录流程的，但是很多互联网公司都将两者做了结合：对用户只提供登录页面，如果在登录流程中发现手机号不存在，则使用这个手机号先注册再登录，使得注册流程对用户无感，极大地简化了注册流程。

5.4.4 手机号一键登录

使用手机号登录，用户需要依次输入手机号、等待接收短信验证码、填写验证码、点击“登录”按钮，整个过程可能会花费几十秒，用户操作依然较为烦琐。而且，短信验证码常常莫名收不到，或者过了很久才收到，这会导致一批用户放弃注册、登录。那么，是否有更简单的方式可以实现手机号登录呢？

大家先回想一下，使用手机号登录为什么需要短信验证码？短信验证码的作用就是认证这个手机号你正在使用，那么是否还有其他的方式对手机号进行认证？答案是肯定的，即本机号码认证。

当用户在移动端发起登录时，应用可以获取到此时移动端设备插入的 SIM 卡对应的手机号，如果此号码与用户登录时填写的手机号相同，则说明此登录手机号就是用户正在使用的号码。不过，出于安全的考虑，无论是 Android、iOS 还是其他移动端平台，均不允许应用直接获取手机号。

幸运的是，目前主流的移动运营商都已经开放了相关能力，我们可以调用运营商提供的接口判断用户输入的手机号是否与本机号码相同，这样用户就免去了接收验证码的步骤。甚至更进一步，用户连登录手机号都不需要填写，这就是本节的主角：一键登录。

目前国内三大运营商都提供了一键登录的开放平台，比如中国电信的天翼账号开放平台、中国移动的互联网能力开放平台等。无论是哪个运营商，都提供了相似的接入一键登录能力的流程。首先，应用开发商在运营商开放平台注册应用信息并填写相关资料，待运营商审核资料通过后，为此应用下发 AppKey 和 AppSecret（相当于运营商提供给应用开发商使用一键登录功能的权限认证）。然后，应用开发商携带 AppKey 和 AppSecret，调用运营商接口获取本机号码相关信息。

手机号一键登录的完整流程如下所述，如图 5-3 所示。

（1）用户登录时，客户端调用运营商 SDK，传入 AppKey 和 AppSecret 完成 SDK 初始化工作。

（2）调用运营商 SDK 唤起授权页。SDK 从运营商那里获取手机号掩码，获取成功后跳转到授权页。授权页会显示手机号掩码以及运营商协议让用户确认，其中手机号掩码特指用星号代替手机号中间 4 位的形式，如 181****6738。

（3）用户同意相关协议，点击授权页面的“登录”按钮，SDK 会从运营商那里获取此次取号的令牌（token），这个令牌是当前使用此手机号的唯一标识。

（4）用户点击“登录”按钮后，令牌被发送到应用服务端。服务端携带此令牌，调用运营商一键登录的接口获取具体的手机号。

（5）服务端使用运营商返回的手机号作为用户登录的手机号，然后执行登录流程（与 5.4.3 节介绍的登录流程相同）。

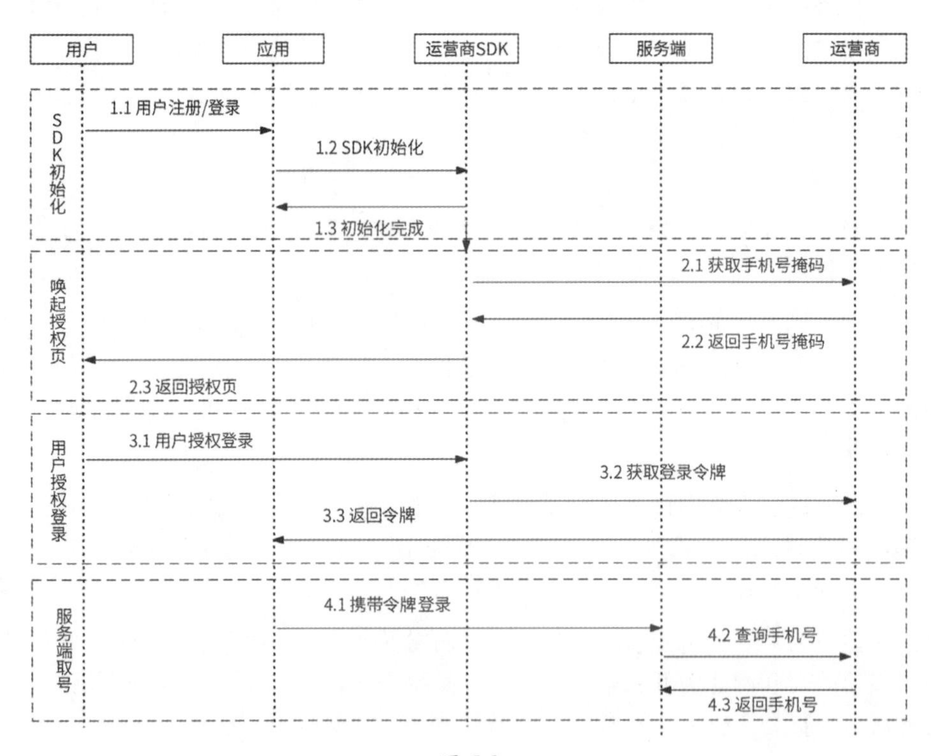

图 5-3

为了减少用户登录等待时间，通常第 1 步和第 2 步会在应用启动时就提前执行了，当用户准备登录时可以直接进入授权页。其实授权页大家都非常熟悉，它一般如图 5-4 所示。

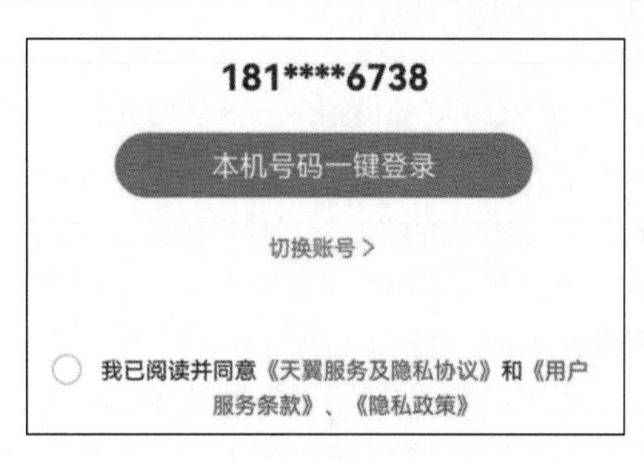

图 5-4

一键登录的好处是显而易见的，用户不需要关心手机验证码，甚至不用主动输入手机号，就可以非常方便、快捷地完成注册与登录流程，将原本可能要花费数十秒的流程缩短到只需几秒，在很大程度上降低了注册与登录环节的用户流失。只要是使用移动端应用，且移动端设备插入 SIM 卡的用户，就可以享受到手机号一键登录带来的极大便利。在移动互联网高速发展的今天，满足这两个条件的用户占比极高，所以实现手机号一键登录功能的收益较大。

5.5 第三方登录

第三方登录指的是基于用户在第三方平台已有的账号和密码来快速完成乙方应用的注册与登录功能。这里的第三方平台一般是指已经拥有大量用户的知名平台，比如微信、微博、支付宝、QQ 等。第三方登录具有如下优势。

◎ 快速登录：用户无须花费时间记忆和输入账号、密码，通过第三方平台的账号授权即可完成身份验证。

◎ 账号安全：第三方登录可以帮助用户保护账号在乙方应用中的安全，比如防止账号被盗等。

◎ 提升用户体验：第三方登录允许不同的网站或应用共享同一条登录信息，让用户可以更便捷地使用各种应用。例如，微信用户可以使用微信登录大众点评、拼多多、腾讯视频、小红书等应用。

◎ 用户数据分析：第三方登录平台可以帮助乙方应用有效地跟踪用户，并对用户数据进行智能分析和挖掘，为用户提供更具针对性和有价值的产品与服务。

5.5.1　OAuth 2 标准

目前市面上主流的第三方登录协议是 OAuth 2，它是一个开放的授权标准，允许用户授权乙方应用访问他们存储在第三方平台的信息，而不需要将第三方平台的用户名和密码提供给乙方应用。微信、微博、QQ 等提供第三方登录的开放平台都遵循 OAuth 2 标准。

乙方应用必须先得到用户的授权，才能访问用户在第三方平台的信息。OAuth 2 提供了多种用户授权模式，这里需要重点介绍的是授权码模式，它是功能最为完整、流程最为严格的授权模式。在此授权模式下，OAuth 2 标准定义了 4 种角色。

◎ 资源所有者：代表希望第三方登录的终端用户。

◎ 资源服务器：第三方登录服务提供商用于存放受保护的用户资源的服务器，访问这些用户资源需要获取访问令牌（Access Token）。典型的用户资源包括头像、昵称、联系人列表等。

◎ 授权服务器：负责验证资源所有者，下发访问令牌。

◎ 客户端：乙方应用。

使用授权码模式完成微信账号授权的流程如下所述，如图 5-5 所示。

（1）用户在客户端选择微信登录，跳转到微信登录页面，请求用户授权。

（2）用户在微信登录页面确认授权，于是微信会给客户端提供一个授权码。

（3）客户端得到授权码，向微信授权服务器发送请求获取访问令牌。

（4）如果客户端身份和授权码验证通过，则授权服务器为客户端返回访问令牌。

（5）客户端使用访问令牌从资源服务器中获取用户资源。

（6）如果访问令牌验证通过，则资源服务器返回用户资源给客户端。

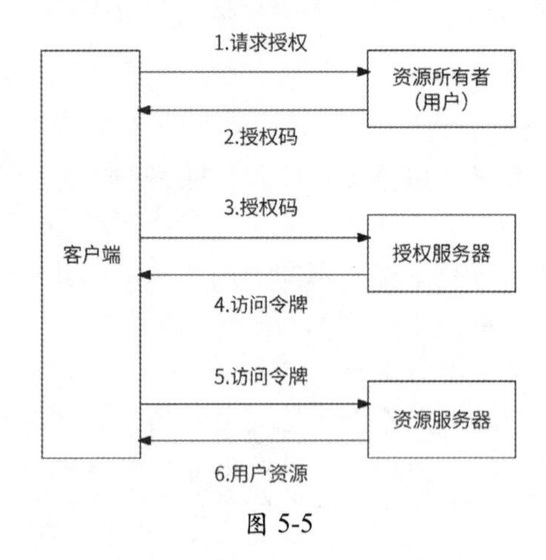

图 5-5

5.5.2 客户端接入第三方登录

与手机号一键登录类似，比如我们的应用 Friendy 想接入微信第三方登录，首先要做的事情就是去微信开放平台以开发者身份申请接入，这是几乎所有应用使用第三方服务所必需的步骤。在微信开放平台填写应用相关信息并提交申请，微信相关工作人员审核通过后，我们就可以获得 AppID 和 AppSecret，这是应用 Friendy 可以调用微信第三方登录的官方认证。接下来，我们就可以开始在客户端接入第三方登录流程了。

Friendy 客户端开发者需要先引入微信提供的 SDK，然后通过 SDK 完成微信唤起与用户授权的流程。用户选择微信登录时，Friendy 客户端调用 SDK 唤起微信客户端，同时将 AppID 等信息传递给微信服务端，由微信服务端检查 AppID 是否已在微信开放平台注册；如果微信服务端确认无误，则将授权信息返回给微信客户端，由用户在微信内登录（如果已经登录，则不需要这一步）并确认授权，如图 5-6 所示。

图 5-6

用户同意授权后请求微信服务端生成授权码，微信服务端响应后唤起 Friendy 客户端并返回授权码。至此，OAuth 2 标准的获取授权码环节就完成了，Friendy 客户端可以使用授权码继续授权流程。

5.5.3 服务端接入第三方登录

Friendy 客户端获取到授权码后，紧接着需要获取访问令牌。Friendy 客户端先将授权码告知 Friendy 服务端，由 Friendy 服务端使用授权码、AppID、AppSecret 从微信服务端（特指微信的授权服务器）获取访问令牌；微信服务端验证 AppID、AppSecret 已注册，且授权码有效后，会返回对应用户的访问令牌和 openID。openID 是用户在第三方平台的唯一身份标识，使用第三方登录时，每个第三方平台用户都有一个独一无二的 openID。

Friendy 服务端得到 openID 和访问令牌后，接下来就可以通过访问令牌从微信服务端获取用户身份信息了。至此，OAuth 2 标准的获取访问令牌和获取用户资源的环节也就都完成了。

不过，这时我们获取到的用户信息毕竟是第三方的，第三方用户信息不一定能满足我们的业务需要。比如第三方用户使用 openID 标识，如果我们直接将其作为用户 ID，那么，一方面，用户 ID 一般用 64 位整数表示，而 openID 普遍采用字符串形式；另一方面，微信用户 openID 可能与微博用户 openID 相同，我们无法保证不同第三方平台的用户 openID 也一定不同。

我们需要为新加入的第三方登录用户创建符合系统的用户信息，其方式与手机号登录、邮箱登录的方式相同，即在数据库中创建一个第三方授权表 User_auth_3rd，如表 5-3 所示。

表 5-3

字段名	类　型	含　义
id	BIGINT	自增主键，无特殊含义
open_id	CHAR(100)	openID，同时作为索引
access_token	CHAR(100)	访问令牌
auth_type	INT	第三方平台类型枚举，比如：1 微信，2 微博，3 QQ
user_id	BIGINT	用户 ID
access_expired	DATE	访问令牌的有效期

如果某个微信用户从未登录过我们的系统，那么首次登录时需要创建系统用户账号。所以，Friendy 服务端得到 openID 和访问令牌时，需要先查询 openID 在 User_auth_3rd 表中是否存在。SQL 语句为 SELECT * FROM User_auth_3rd WHERE open_id='openID' AND auth_type=1。

如果没有记录存在，则需要创建新用户 ID，将微信授权信息插入 User_auth_3rd 表中，然后使用访问令牌从微信服务端获取用户信息，保存到 User 表中。

如果有记录存在，则说明该微信用户曾经登录过系统，且对应的系统用户 ID 是 user_id 字段值，我们就直接将此用户 ID 作为登录者。同时，若访问令牌尚未过期，则无须再从微信服务端获取用户信息；若访问令牌已过期，则需要更新访问令牌并重新获取用户信息。

至此，微信用户第三方登录完成。

5.5.4 第三方登录的完整流程总结

第三方登录的完整流程如下所述，如图 5-7 所示。

（1）用户打开 Friendy 客户端，选择微信登录。

（2）Friendy 客户端调用微信 SDK，唤起本机安装的微信客户端登录页。

（3）微信客户端将注册过的 AppID 信息发送到微信服务端。

（4）微信服务端验证 AppID 通过，允许此 AppID 第三方登录服务，将授权信息下发到微信客户端登录页。

（5）用户对授权信息进行确认，发送请求到微信服务端。

（6）微信服务端得到用户确认，下发授权码，微信客户端切回到 Friendy 客户端。

（7）Friendy 客户端将授权码发送到 Friendy 服务端。

（8）Friend 服务端向微信服务端请求访问令牌，传入 AppKey、AppSecret 和授权码。

（9）微信服务端验证 AppKey、AppSecret 通过，Friendy 服务端有权限使用第三方登录服务，且授权码有效，于是返回用户 openID 和访问令牌。

（10）Friendy 服务端得到 openID 和访问令牌，先在第三方授权表 User_auth_3rd 中查询此微信 openID 是否有记录。

（11）如果查询到记录，且记录的访问令牌仍在有效期内，则直接登录成功。

（12）如果未查询到记录，或者在查询到的记录中访问令牌已过期，则携带最新得到的访问令牌访问微信服务端。

（13）微信服务端验证访问令牌合法，返回对应的用户信息。

（14）Friendy 服务端更新第三方授权表 User_auth_3rd 和用户表 User，登录完成。

需要强调的是，虽然本节一直用微信做第三方平台、用 Friendy 做乙方应用，但实际上微信开放平台提供的第三方登录服务不一定与上述流程完全对应，真正的乙方应用在接入第三方登录时也可能有其他交互行为，只不过它们的实现与上述流程大差不差，都遵循 OAuth 2 标准完成用户认证与授权。

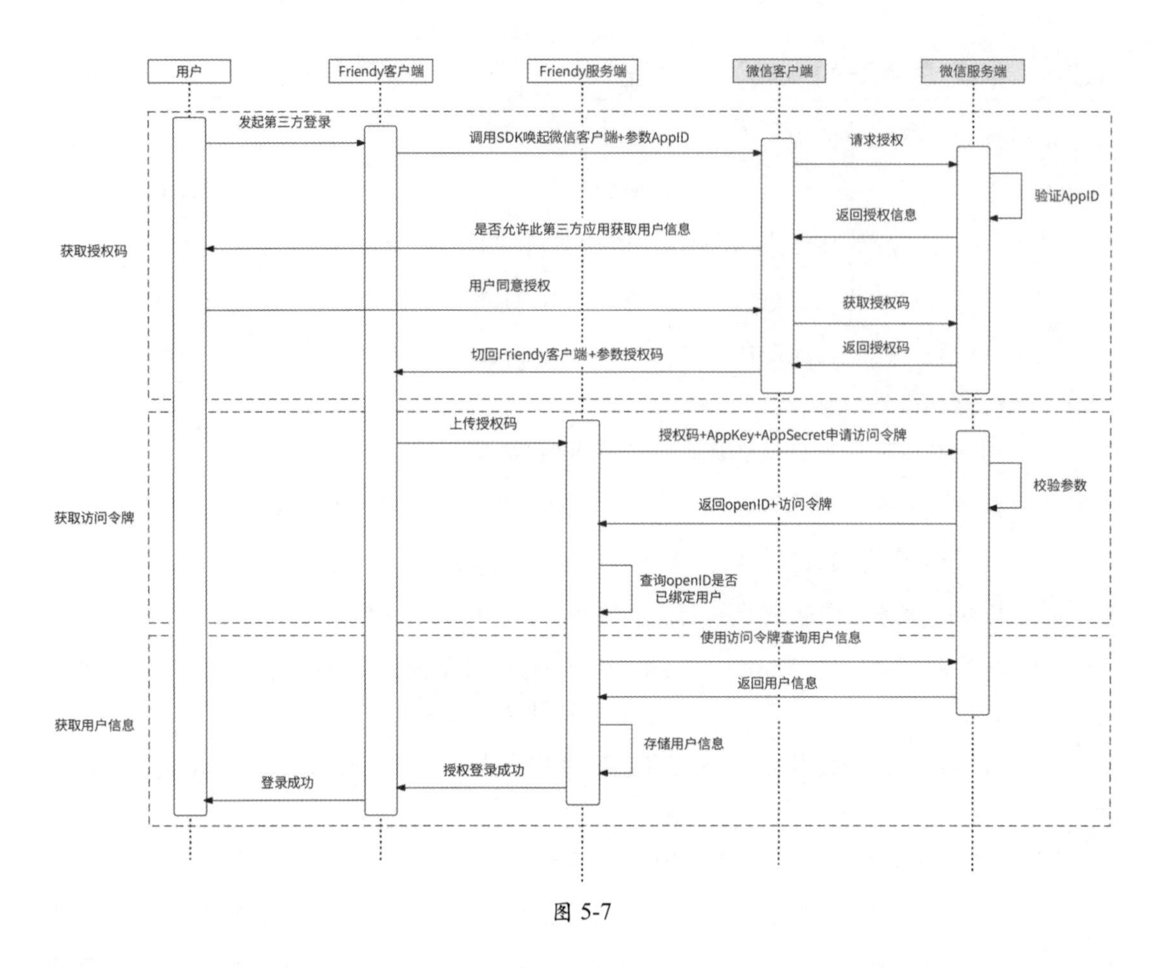

图 5-7

5.6 登录态管理

客户端与服务端之间的通信是基于 HTTP 的，而 HTTP 是无状态的，即客户端每次发出请求时都永远无法得知上一次请求的状态数据，任何请求之间都是相互隔离的。比如客户端发起一次用户登录请求，之后再发起请求时并不知晓用户已经登录，更不知道自己的请求来自哪个用户。

然而，请求是否是已登录用户发起的是一个强诉求，对于绝大多数的写数据请求（如关注某人、发文章、发评论、转账等）来说，服务端都必须要求从请求中能识别出发起的用户，不然服务端根本不知道这些请求应该为谁执行；对于读数据请求也应该有类似的诉求。因此，所有的客户端请求都应该携带某些数据，以便服务端能够判断请求的发起者是否已登录，以及对应的用户 ID。

这个问题似乎很容易解决：用户登录后，客户端把返回的用户 ID 保存起来，然后每次发起请求时都将用户 ID 强制作为参数之一传递即可。但是这种做法太过直白，任何稍有 HTTP 知识的人都可以把作为参数的用户 ID 随意修改后发送给服务端，使用户受到攻击。比如某个黑客通过本地网络抓包工具得知查询用户账户余额的 HTTP path 是“api.friendy.com/wallet/get?user_id=xxx”，他将任意用户 ID 作为入参就可以直接查询到此用户的账户余额。可见，这种解决问题的方式无法被接受。

若要真正安全且正确地识别出请求的发起用户 ID，则需要使用专门的用户登录态方案来管理，其目标是可以做到认证用户：用户是否已登录，以及请求是否真的是此用户发起的。

5.6.1 存储型方案：Session

Session 一般被称为会话，我们把客户端与服务端之间一系列的交互动作称为 Session。Session 技术是 HTTP 状态保持的解决方案，它通过在服务端保存用户会话上下文信息，使得无状态的 HTTP 请求之间可以共享信息。Session 技术的典型应用场景就是登录态。

在 Session 技术中，Session 有时也指代一个用户会话的存储结构。客户端登录后，Session 被创建，且在整个用户会话中一直存在，直到客户端退出登录或超时才被销毁。Session 作为存储结构时，就像一个哈希表，其保存了与用户相关的若干变量。一个登录用户的 Session 一般包括（但不限于）如下内容。

◎ 用户 ID。
◎ 用户登录设备 ID。
◎ 用户登录设备 IP 地址。
◎ 用户登录设备平台类型，如 Android、iOS、iPad、PC 端等。
◎ 用户登录方式，如账号登录、微信登录、扫码登录等。
◎ Session 的创建时间和更新时间。

使用 Session 技术实现用户登录态时，需要考虑的主要问题有两个：一是 Session 如何存储，二是用户请求如何查询到对应的 Session。在解决这两个问题前，我们需要先介绍一下 SessionID。SessionID 是一个 Session 的唯一标识，是对分布式唯一 ID 的应用，并且是在 Session 创建时生成的。

对于 Session 存储方式，几乎所有的用户请求都会查询用户对应的 Session，所以 Session 存储需要满足高性能、高可用性和可扩展性。我们可以使用 Redis 存储 Session 数据，其中 Key 为 SessionID，Value 为 Hash 类型，以保存 Session 数据哈希表中的每个键值对。

对于请求查询 Session，服务端与客户端之间通过 Cookie 来传递 SessionID，用户登录时服务端会创建 Session，并将对应的 SessionID 通过 Set-Cookie 字段响应给客户端；客户端收到响应数据后，之后的请求会在 Cookie 中携带服务端下发的 SessionID，服务端收到请求后，根据 Cookie 中保存的 SessionID 查询用户对应的 Session 数据。

如上所述，通过 Cookie 技术与 Session 技术的结合就可以实现用户登录态检查，其完整流程如下所述，如图 5-8 所示。

（1）客户端发起用户登录请求，如账号登录、手机验证码登录、扫码登录等。

（2）服务端（用户登录服务）接收用户登录请求，在完成登录流程后，在 Redis 中创建 Session。

（3）用户登录服务响应客户端，并下发 SessionID：

```
HTTP/1.0 200 OK
Set-Cookie:SessionID=xxx; // 下发 SessionID
Max-Age=3600 // 设置 Cookie 的有效期，在此有效期内客户端请求一直携带此 Cookie
```

（4）客户端登录后发起的任何请求，在 Cookie 的有效期内会一直携带 SessionID：

```
GET / HTTP/1.0
HOST:api.friendy.com
Cookie:SessionID=xxx
```

（5）服务端收到用户请求，发现在请求的 Cookie 中 SessionID 字段有数据，于是使用 SessionID 查询 Redis。

（6）如果查询到 Session，则说明请求来自已登录用户，于是从 Session 中读取用户 ID，进行正常的请求处理；否则，说明用户未登录，或者用户已较长时间不活跃，请求被服务端阻断，并告知客户端需要重新登录。

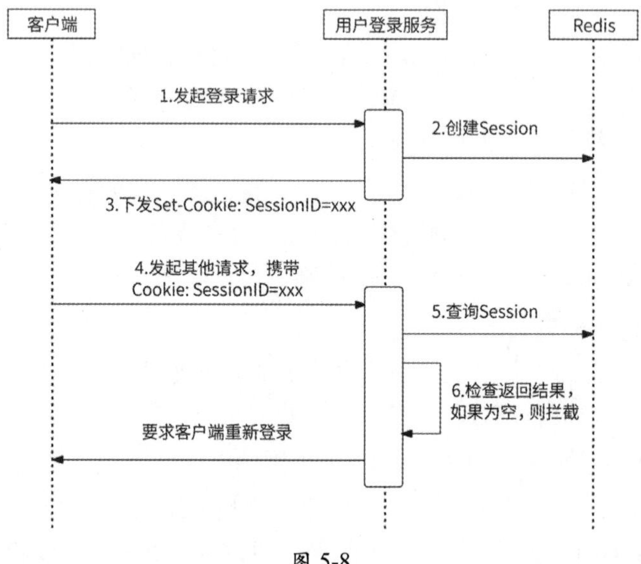

图 5-8

Cookie 是存储在客户端的，且用户可以对其随意修改。如果用户故意修改了 Cookie 中的 SessionID 值，则接下来的用户请求会携带不属于自己的 SessionID 访问数据，于是用户登录服务将请求发起者识别为其他用户，导致其他用户数据被意外暴露，且数据有被恶意篡改的风险。为了识别 SessionID 是否被篡改，可以为 SessionID 绑定一个数字签名。具体操作如下。

（1）用户登录服务在下发 SessionID 前，使用某加密算法（如 MD5）对 SessionID 进行加密，将所得到的结果字符串选取前 N 位作为数字签名。

（2）用户登录服务把 SessionID 与数字签名用连字符“-”等组装后再下发给客户端，即 Set-Cookie:SessionID=sid-secret，其中 sid 是 SessionID，secret 是数字签名。

（3）服务端在处理后续客户端请求时，使用同样的加密算法再次为请求 Cookie 中的 sid 计算数字签名。如果计算结果与 secret 相同，则认为 Cookie 未被篡改，即 sid 是有效的 SessionID；如果计算结果与 secret 不同，则说明 Cookie 被篡改了，客户端必须重新登录。

Session 方案的优势是简单清晰、易于实现，服务端可以完全决策用户是否登录，甚至可以主动踢用户下线，统计某时刻登录人数；但是该方案要求 Session 数据使用 Redis 存储，即 Redis 是该方案的强依赖，只要 Redis 响应变慢或者发生网络抖动，就会导致出现用户登录判断不可用的情况。另外，几乎所有的用户请求都要从 Redis 中查询 Session，对于拥有海量用户的应用来说，查询 Redis 的请求量会极其庞大，虽然硬件资源足够支撑这么大的请求量，但是会非常浪费存储资源。

5.6.2 计算型方案：令牌

在互联网后台服务架构设计中，会将业务场景划分为两种主要类型。

◎ I/O 密集型：是指需要大量输入/输出操作的场景，例如读/写文件、网络通信、数据库操作等。这类场景的特点是需要等待 I/O 操作完成后才能继续执行，因此 CPU 的利用率比较低，且比较依赖存储系统。

◎ 计算密集型：是指需要大量计算操作的场景，例如图像处理、视频编码、科学计算等。这类场景的特点是需要大量的 CPU 计算资源，而不需要存储系统。

Session 技术就是将用户登录态设计为一种 I/O 密集型业务，所以 Redis 成为这类场景的核心依赖。而如果通过某种技术方案把用户登录态设计为计算密集型业务，那么就可以完全不依赖存储系统，进而大幅度提高用户登录态判断的可用性与性能，同时可以大量节约存储资源，这就是令牌方案。

令牌是用户登录的凭证，用户在完成登录后，服务端会基于用户身份信息加密生成一个安全令牌返回给客户端，客户端的后续用户请求在请求头中携带此令牌给服务端，服务端通过验证令牌的合法性来验证用户是否已登录，对合法的令牌解密后，即可获取到用户信息。

令牌设计应该是相对灵活的，我们需要尽可能遵循的原则是令牌认证不宜太简单，且能包含业务常用的用户信息。一种可能的令牌设计如图 5-9 所示。

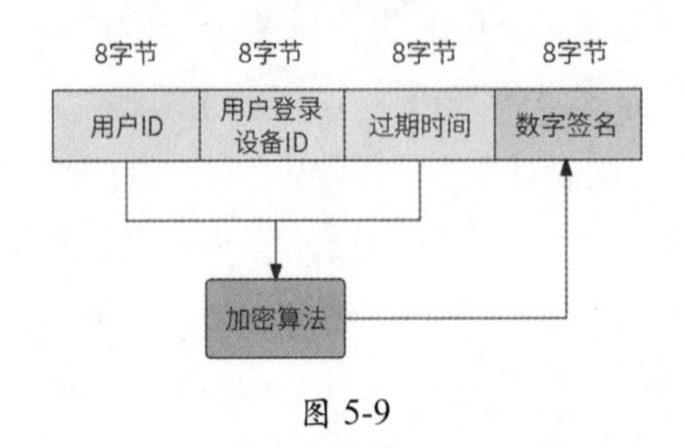

图 5-9

上面的令牌总长度为 32 字节，其中分别使用 8 字节来保存用户 ID、用户登录设备 ID、过期时间，然后对这 24 字节的数据进行加密计算得到数字签名，并使用 8 字节来保存签名结果。

验证此令牌的合法性需要依次满足如下条件。

（1）令牌长度为 32 字节。

（2）对令牌前 24 字节的数据进行加密计算得到的值，与最后 8 字节的数据相同。

（3）从第 1 个 8 字节的数据中解析用户 ID，得到非 0 值。

（4）从第 2 个 8 字节的数据中解析用户登录设备 ID，得到非 0 值。

（5）从第 3 个 8 字节的数据中解析过期时间，此时间应该大于当前时间戳值。

如果任意一个条件不满足，则令牌被视为非法的或无效的，服务端均会要求客户端重新登录；如果所有条件均满足，则令牌通过合法性验证，解析得到的用户 ID 就是请求发起者。

令牌方案不依赖任何存储系统，服务端通过本地计算就可以判断用户是否已登录，以及识别用户 ID，所以它的性能很好，延时开销极低。不过，由于用户状态完全由分散的令牌管理，服务端很难管理登录用户，比如无法主动踢用户下线，无法统计某时刻处于登录状态的用户信息。

5.6.3　长短令牌方案

考虑到 Session 方案和令牌方案各自的优劣，我们可以将这两种方案结合起来：用户登录依然在 Redis 中创建 Session，也依然生成令牌，只不过 Session 被设置了较长的过期时间，而令牌被设置了较短的过期时间，然后服务端把 SessionID 和令牌都下发到客户端；客户端发起后续用户请求时会携带这两个信息，服务端优先认证令牌，如果发现令牌过期，那么再使用 SessionID 从 Redis 中查询用户 Session。在这种结合方案中，令牌相当于 Session 数据的“缓存”，既保持了令牌方案的高性能优势，又兼顾了 Session 方案的服务端对用户登录可控的能力。此方案名为“长短令牌方案”，其短令牌指的是 5.6.2 节介绍的令牌，而长令牌就是 SessionID。

下面详细描述一下基于长短令牌方案的用户登录态工作流程。

（1）客户端发起登录请求（无论以何种方式登录）。

（2）用户登录服务处理请求，分别执行长令牌和短令牌的逻辑。

- ◎ 长令牌：生成 SessionID，并在 Redis 中创建用户 Session 数据，设置过期时间为 30 天。这个过期时间表示用户登录在 30 天内有效。
- ◎ 短令牌：根据用户 ID、用户登录设备 ID 和一个较短的过期时间如 1 天，生成短令牌。

（3）用户登录服务对长短令牌分别加密得到数字签名后成功响应客户端，并下发长短令牌。

- ◎ 长令牌：long_token=SessionID+数字签名。
- ◎ 短令牌：short_token=用户 ID+用户登录设备 ID+过期时间+数字签名。

客户端的后续用户请求都会在 HTTP 请求头中携带长短令牌。

（4）客户端登录成功后，所发起的任何请求都携带 long_token 和 short_token 字段。

（5）服务端收到请求，先以 5.6.2 节所列的条件验证短令牌（即请求头中的 short_token 值），如果验证通过，则用户登录态识别完成；如果验证不通过，原因是令牌已过期，则执行下一步，否则认为令牌非法，要求客户端重新登录。

（6）如果服务端发现短令牌已过期，则读取长令牌（即请求头中的 long_token 值）。如果校验数字签名后认为 SessionID 被篡改了，则要求客户端重新登录；否则，从用户登录服务中查询 SessionID 对应的用户 Session 数据。

（7）如果 Session 数据不存在，则说明用户登录态过期，客户端需要重新登录；否则，认为用户登录态识别完成，同时用户登录服务重新生成一个短令牌，再次随着请求的响应下发到客户端。

（8）客户端请求成功得到响应，更新短令牌，便于后续使用，此时用户完全感知不到短令牌的更新。

当服务端需要强制某用户下线时，直接删除用户 Session 数据即可——当用户请求中携带的短令牌过期时，由于查询不到 Session 数据，因此可以产生用户下线的效果。短令牌的过期时间影响强制用户下线的生效时间，短令牌的过期时间越短，强制用户下线越及时。但是短令牌还承担了 Session 数据缓存的角色，如果其过期时间太短，那么用户登录服务和 Redis 的访问压力就会增加，所以短令牌的过期时间需要根据业务的实际情况和资源压力综合权衡。

总之，拥有海量用户的应用非常适合采用长短令牌方案来管理用户登录态，因为它结合了 Session 方案和令牌方案的优势，同时补齐了两者的短板。

◎ 高性能、高可用性：短令牌相当于长令牌的缓存，用户请求在短令牌的有效期内，可以通过本地计算高效识别用户登录态，使得真正需要长令牌访问 Session 数据的请求量大大降低。
◎ 服务端管理用户登录：长令牌作为登录态的最后决策者，依然可以操作和统计用户登录态，只不过降低了一些时效性。

5.7 扫码登录

很多互联网产品不仅提供了移动端应用，还提供了 PC 端应用或网页访问方式，比如爱奇艺、腾讯视频等视频类产品，以及淘宝、微信等国民级产品。这些兼顾 PC 端用户体验的产品一般都提供了扫码登录功能：如果用户已在移动端登录，那么在 PC 端可以通过在移动端应用内扫描二维码的方式完成一键登录。

手机扫码登录方式具有方便快捷、安全性高、密码管理成本低、用户体验好等优势，后面我们会讨论这个功能的技术实现。

5.7.1 二维码

二维码是一种可以存储大量信息的矩阵条形码，最早是在 1994 年由一家日本公司发明的。随着移动互联网的发展，二维码得到了非常广泛的发展和应用。

二维码采用特殊的编码方式将数字信息编码成黑白相间的矩阵图案，且编码方式多种多样，例如 QR 码、Data Matrix 码等。使用扫描仪设备或相机对二维码进行扫描，可以将二维码解码转换回数字信号。二维码种类繁多，这里我们仅需要知道一段数据可以被编码生成二维码图片，使用手机扫描二维码图片可以将其解码回原始数据即可。

5.7.2　扫码登录的场景介绍

假设小 A 是 Friendy 产品用户，并且他已经在自己的手机上登录了 Friendy 客户端。有一天小 A 访问网页版 Friendy，为了操作方便，他在网页登录环节选择扫码登录，步骤如下。

（1）小 A 在网页端点击“扫码登录”。

（2）网页端展示了一个二维码，并提示小 A“请打开手机 Friendy 客户端扫一扫登录”。

（3）小 A 打开手机，使用 Friendy 客户端的“扫一扫”功能扫描二维码。

（4）扫码完成，Friendy 客户端自动跳转到登录确认页面，询问小 A 是否确认登录。

（5）小 A 点击“确认”按钮登录。

（6）网页显示登录成功，小 A 在网页端登录了与客户端相同的账号。

相信大家都很熟悉上述步骤，因为微信、淘宝等应用的扫码登录均采用类似的操作流程。接下来通过分析每一步后发生了什么事情来介绍扫码登录的技术实现。

5.7.3　扫码登录的技术实现

小 A 在网页端点击“扫码登录”，网页端会展示一个二维码，这个二维码编码的原始数据是一条跳转指令和一个 UUID。

◎ 跳转指令：用于告知客户端，请跳转到登录确认页面。
◎ UUID：用于全局唯一标识这次扫码登录请求，也可以将其理解为二维码的唯一 ID。

所以，小 A 点击“扫码登录”，网页端会先从服务端获取二维码原始数据；服务端收到扫码登录请求后生成新的 UUID，并记录此 UUID 状态为未扫码，然后将与客户端约定的跳转指令和 UUID 响应给网页端，作为二维码原始数据；网页端收到数据，编码生成二维码图片并展示在页面上。

小 A 使用已登录的手机客户端扫描二维码，将二维码解码得到跳转指令和 UUID，于是客户端跳转到登录确认页面，等待小 A 点击“确认”按钮后携带 UUID 向服务端发起确认登录请求。由于手机客户端是已登录状态，所以服务端可以从确认登录请求中识别用户 ID，然后记录 UUID 已被此用户 ID 成功扫描。至此，手机客户端的工作就完成了。

接下来，网页端需要知晓登录是否成功。因为网页端无法感知到用户什么时候扫码，所以网页端在二维码图片展示出来后会周期性向服务端轮询：此 UUID 的二维码是否已被扫描、被谁扫描。服务端查询到 UUID 的二维码被小 A 扫描了，于是生成与登录态相关的 SessionID 或新令牌下发给网页端。小 A 在网页端的后续任何请求都会携带登录态信息，且请求被识别出的用户 ID 与客户端的完全一致，网页端登录正式完成。

可以看到，实现扫码登录的技术关键是登录态，只有已在手机客户端登录的用户扫码登录网页版，服务端才可以构建二维码与用户的关联关系。服务端可以使用 Redis 存储一个二维码是否被扫描的信息：设置 Key 为 UUID，如果二维码被某个用户扫描了，则设置 Value 为用户 ID；如果未被扫描，则设置 Value 为 0。此外，一般需要为二维码设置有效期。如果在指定的时间内（如 1min）没有完成扫码，则二维码应该失效。所以，也需要为 Key 设置一个过期时间。

扫码登录的技术实现流程如下所述，如图 5-10 所示。

（1）用户在网页端发起扫码登录请求。

（2）网页端向用户登录服务请求生成二维码原始数据。

（3）用户登录服务生成 UUID，并以其为 Key、以 0 为 Value 写入 Redis。

（4）用户登录服务将跳转指令和 UUID 组装为“redirect_login_confirm:UUID”，作为原始数据下发到网页端。

（5）网页端将原始数据编码生成二维码图片并展示。

（6）网页端开启本地后台线程向用户登录服务轮询 UUID 对应二维码的扫码状态。

（7）用户打开已登录的手机客户端扫描二维码，解析得到 UUID 并跳转到确认登录页面。

（8）用户点击“确认”按钮登录，手机客户端携带 UUID 请求用户登录服务。

（9）用户登录服务从 Redis 中查询 UUID 是否存在。如果存在，则根据手机客户端请求中的长短令牌获取用户 ID，将 UUID 在 Redis 中的 Value 设置为用户 ID；否则，说明扫码超时。

（10）网页端后台线程轮询时，用户登录服发现 Redis 中 UUID 的 Value 是一个用户 ID，说明此二维码已被该用户扫码确认。

（11）用户登录服务根据用户 ID 生成 Session 数据、长短令牌，然后响应给网页端，下发登录态信息。

（12）用户在网页端的所有请求均携带长短令牌，表示用户已成功登录，可正常访问网站。

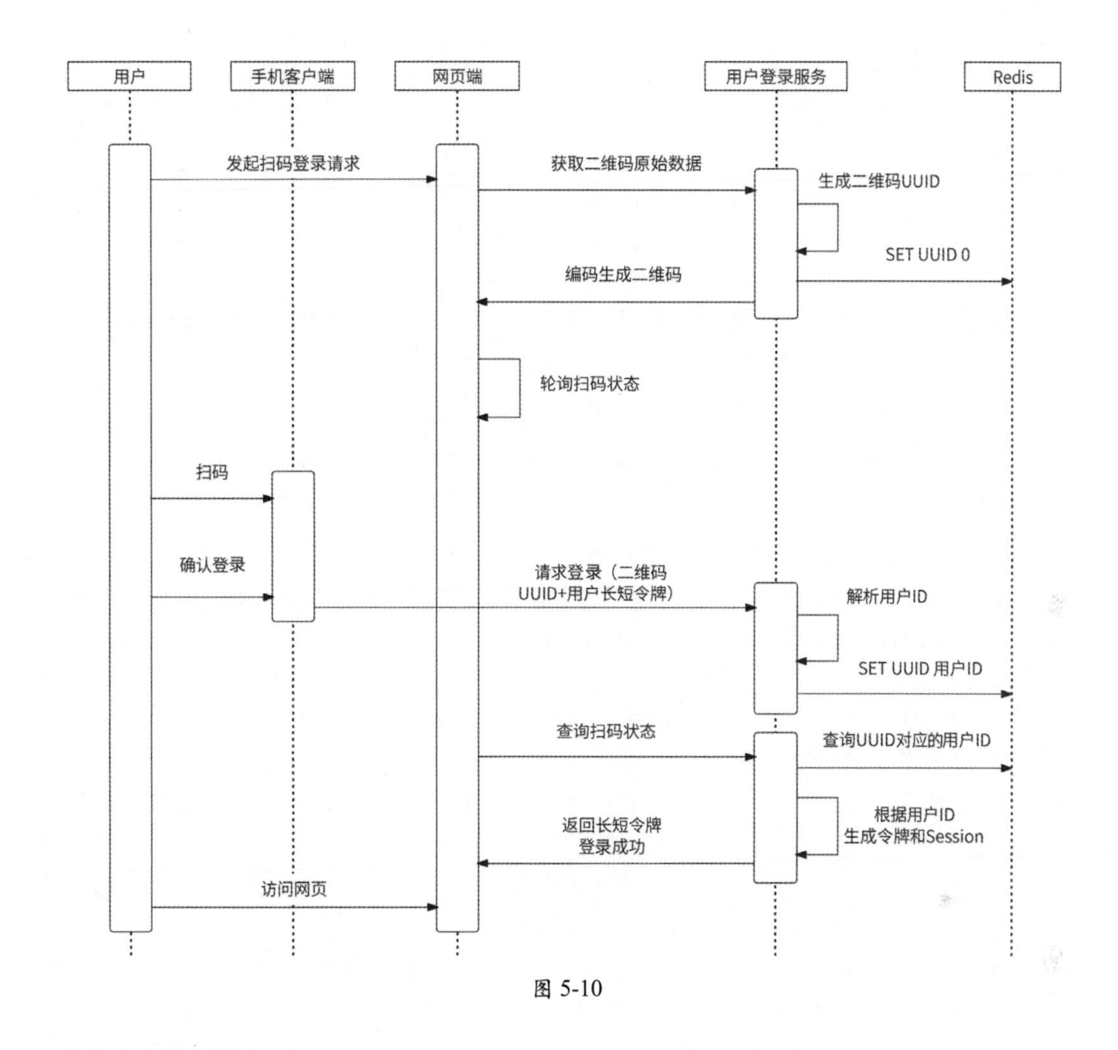

图 5-10

5.8 本章小结

用户注册与登录是几乎所有互联网应用的最基础也是最重要的功能。本章介绍了多种常见的登录方式，包括账号密码登录、手机号登录和邮箱登录、手机号一键登录以及第三方登录。

◎ 账号密码登录：这是最常规的登录方式，用户体验一般。实现此登录方式的重点是保障用户的账号密码不被泄露，包括使用非对称加密算法加密账号密码明文，使用 HTTPS 加密通信链路，以及使用单向加密算法存储密码。

◎ 手机号登录和邮箱登录：手机号和邮箱有易于验证使用者身份的优势，所以此登录方式需要下发动态验证码，以及存储用户授权记录。

◎ 手机号一键登录：这是最近几年非常流行的、真正意义上的一键登录方式。此登录方式抛弃了收发短信验证码的步骤，而是依赖移动运营商开放的能力，自动获取用户当前移动设备的手机号掩码来验证用户。

◎ 第三方登录：借助各大拥有海量用户的第三方平台，实现第三方用户到乙方应用的转化。乙方应用客户端、第三方应用客户端、乙方应用服务端、第三方应用服务端四者遵循 OAuth 2 标准实现第三方登录，依次获取授权码、访问令牌、用户信息。第三方平台使用 openID 作为用户唯一标识，我们需要记录 openID 与乙方应用的用户 ID 的关联关系。

无论用户以何种方式登录，最后一步服务端都要告知客户端接下来的请求携带用户登录态信息。这样一来，对于用户登录后发出的请求，服务端能够做到准确识别请求的发起者，以及用户是否已登录。关于请求如何携带用户登录态信息，本章介绍了 3 种解决方案。

◎ Session 方案：服务端需要为每个用户、每个登录设备在登录后创建 Session 代表此次登录会话，并在 Redis 中进行管理；用户请求在 Cookie 中携带对应的 SessionID，服务端根据 SessionID 从 Redis 中查询 Session 即可识别登录态。此方案的优点是服务端易于管理用户登录行为，而缺点是存储资源占用和请求量都极大，可能会为用户请求带来额外的延时和可用性下降的问题。

◎ 令牌方案：纯计算型登录态方案，用户登录后，服务端将包含用户 ID、设备 ID 等的主要信息编码到一个令牌中并使用专用规则加密令牌。请求会在 HTTP 请求头中携带令牌，如果这个令牌可以被服务端有效地解密和解析，则认为是合法用户登录。此方案的优点是不依赖任何存储系统，登录态识别的性能极高，而缺点是服务端无法管理用户登录行为，难以统计登录数据。

◎ 长短令牌方案：此方案结合了 Session 方案与令牌方案的优点，其中长令牌用于 Session 方案，短令牌用于令牌方案。短令牌相当于长令牌的缓存，服务端先解析短令牌，除非在短令牌的有效期内就完成了登录态识别，否则会使用长令牌查询 Session。短令牌的有效期设置是一种权衡：有效期越长，越能发挥令牌方案的优势，但同时放大了 Session 方案的缺点；有效期越短，Session 的压力越大，但是踢用户下线、统计在线人数的实效性高。

第 6 章 海量推送系统

“推送”指的是把消息主动地实时推到客户端的行为。在互联网早期发展阶段，推送更多地属于即时通信（IM）领域范畴，但是随着移动互联网的普及，大量用户会维持很长时间的在线状态，于是对消息的实时触达能力有了广泛的需求。不仅仅在即时通信领域，几乎所有当代的互联网应用都对推送有大量的场景需求。例如，社交互动类应用会实时通知与你相关的新互动（关注/私聊/回复/点赞）、你关注的人发布了新内容、在直播间内谁给主播赠送了礼物；电商类应用会告诉你所收藏的商品刚刚降价了、你的订单已完成退款、你的物流已到达目的地、你观看的带货直播间有新商品“上车”；新闻类应用会推送你感兴趣的新闻和实时热点新闻；更为普遍的是，大量应用都有系统版本升级主动提醒、重要全服公告能力等。如上种种，都是非常典型的推送场景。在如今这样一个大数据个性化推荐的时代，很多应用出于保持用户活跃度的目的，甚至会投你所好，推送你可能感兴趣的消息，比如图 6-1 所展示的那样。

图 6-1

消息推送的应用场景如此广泛，我们很有必要来讨论一下推送系统这个议题。我们希望设计一个通用的推送系统，支持各种业务方主动向在线用户发出各种各样的事件消息，而且它能服务于百万级、千万级甚至上亿级的在线用户，并在保证消息实时到达的同时，有较高的性能，具备高可用性。

本章的学习路径与内容组织结构如下。

◎ 6.1 介绍推送系统的核心，即分布式长连接服务的技术要素，包括 WebSocket 协议、长连接服务器、分布式推送服务器和路由算法。

◎ 6.2 节详细介绍海量推送系统的设计。首先给出整体架构，然后分别介绍长连接的建立过程、消息格式设计、消息推送接口设计和各种消息类型的推送细节，最后介绍 pusher 的平滑升级与扩容。

本章关键词：WebSocket、长连接、分布式推送、单点消息推送、多点消息推送、全局消息推送、平滑升级。

6.1　分布式长连接服务的技术要素分析

一般来说，客户端与服务器的交互都是客户端主动发起请求，服务器进行应答的方式。而消息推送场景则不一样，服务器需要主动向客户端发起请求，那么推送系统必然需要客户端与服务器保持长连接，即推送系统需要构建长连接服务。长连接服务是推送系统设计的核心，我们的所有讨论都会围绕它展开。

6.1.1　WebSocket 协议简介

客户端一般通过 HTTP 与远程服务器进行网络通信。HTTP 采用了请求/响应模型，它是一种无状态、无连接、单向的应用层协议。网络请求只能由客户端主动发起，服务器被动接收请求进行应答，原生 HTTP 无法实现服务器主动向客户端发送数据。

采用请求/响应模型注定：如果服务器有信息变更想告知客户端，则交互会变得非常麻烦。比如客户端每隔几秒就要对服务器进行一次请求轮询，检查是否有新消息待接收。这种方式看起来简单粗暴，但是在使用轮询时需要格外谨慎，因为轮询本身效率低下，实时性不佳，不仅浪费了大量网络带宽，而且会让服务器增加无谓的访问压力。

在这种困境下，HTML 5 定义了一种全新的通信协议：WebSocket，并于 2011 年被 IETF 定义为标准 RFC 6455。WebSocket 是一种基于 TCP 的全双工通信协议，允许在客户端与服务器之间建立全双工通信连接，这样客户端和服务器都可以主动将数据推送到另一端。如图 6-2 所示，WebSocket 仅需要建立一次连接就能一直保持连接状态，比轮询的效率高。

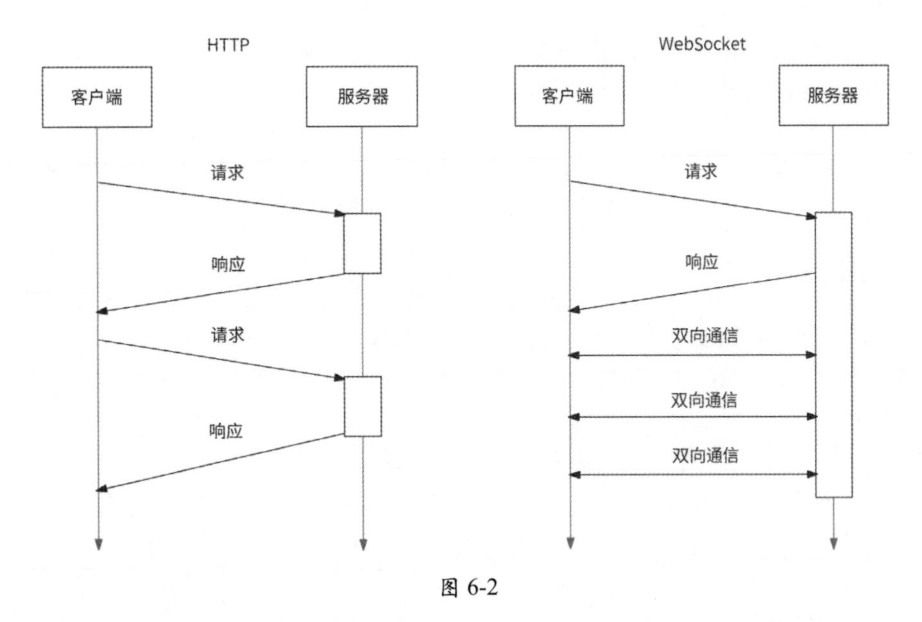

图 6-2

由于 WebSocket 协议很适合消息推送场景，所以我们可以在客户端开发一个基于 WebSocket 协议的长连接通信 SDK，客户端通过调用这个 SDK 来创建专门用于接收服务器推送消息的通道。对于各种推送类型的业务场景，客户端都从这个专用通道接收推送的消息。

6.1.2 长连接服务器

客户端通过 WebSocket 协议与服务器建立长连接，从服务器的视角来说，其本身应该是一台可支持高并发、对长连接进行维护和管理的服务器。下面简单回顾常见的高并发服务器模型。

- ◎ accept+fork 多进程模型：当一个客户端连接到来时，分配一个子进程负责处理这个连接的读/写请求，即一个连接对应一个进程。这种模型虽然简单、直观，但是缺点明显，大量连接会生成等量的进程，服务器资源消耗较大。
- ◎ accept+thread 多线程模型：它是对多进程模型的优化。当一个客户端连接到来时，分配一个线程负责处理这个连接的读/写请求，即一个连接对应一个线程。虽然线程相比进程节约了一些资源，但是治标不治本，当连接量太大时，依然会有较大的服务器资源消耗。早期 Tomcat 曾使用过这种设计。
- ◎ 单线程多路复用模型：在单线程中使用 epoll 对所有的连接进行监听管理，当没有事件到来时，线程被 epoll_wait 阻塞；而当有连接读/写事件到来时，线程从阻塞中返回并回调 handler。这种方式也被称为 Reactor 模式，其很适合有大量连接的 I/O 密集型场景。不过，由于只能使用单核 CPU，如果 handler 耗时过长，则会影响服务器整体响应时间。此模型的典型代表是 Redis。

◎ 多进程多路复用模型：它是对单进程多路复用模型的优化。其充分利用了多核能力，且对 handler 的耗时有一定的容忍性。此模型的典型代表是 Nginx。

◎ 多线程多路复用模型：与多进程多路复用模型类似，只不过它用多线程代替了多进程。此模型的典型代表是缓存服务器 Memcached。

推送服务器的主要职责是与客户端建立长连接，并将上游消息转发到客户端，是一台相对纯粹的消息转发服务器，属于典型的 I/O 密集型应用。所以，根据对上述常见的高并发服务器模型的简单分析，只要是多路复用类型的模型，就是比较合适的选型。使用单线程多路复用模型，无须考虑并发安全，开发较为简单，但是仅局限于单核 CPU；而使用多进程/多线程多路复用模型，可以充分利用多核 CPU，不过出于并发安全的考虑，有一定的开发成本。由于推送服务器的逻辑较为轻量级，这些服务器模型均可以较为优秀地支持数十万个长连接并发访问。

我们暂且称这台负责与客户端建立连接以及推送消息的单体长连接服务器为 pusher。

6.1.3 分布式推送服务器

一台 pusher 服务器虽然可以承载数十万个客户端设备的长连接，但是由于同时在线的用户设备远不止这个数量级，可能有数百万个、数千万个乃至上亿个设备，所以一个 pusher 节点是无法满足要求的。另外，单体服务器天然不具备高可用性和可扩展性，所以势必需要将若干 pusher 节点组成一个分布式 pusher 集群对外提供服务。

将若干 pusher 节点组成一个分布式 pusher 集群，我们需要考虑如下主要问题。

◎ 问题 1：集群中有哪些 pusher 节点，以及每个 pusher 节点的地址信息、每个 pusher 节点的活跃状态等，在哪里维护？

◎ 问题 2：当一个客户端设备连接到来时，我们选择哪一个 pusher 节点与其建立连接？

◎ 问题 3：当一条消息需要被推送给某个或某些设备时，我们如何找到这个或这些设备对应的长连接，它们在哪个或哪些 pusher 节点上？

◎ 问题 4：当 pusher 集群需要扩容时，对存留的长连接如何处理？是否需要或者说是否能做到连接迁移？

问题 1 很好回答，无非就是服务发现问题。我们可以使用 ZooKeeper 或 etcd 等分布式一致性中间件来维护 pusher 节点列表：每当集群中新增 pusher 节点时，就向 ZooKeeper 进行地址注册，同时针对 pusher 节点的日常运行也向 ZooKeeper 上报心跳信息。如此一来，就可以从 ZooKeeper 中获取在工作的 pusher 节点地址列表了。

问题 2 和问题 3 的本质其实是一样的，即我们需要提供一套什么样的设备连接与 pusher 节点的关联规则。利用这套关联规则，我们可以为设备连接选择具体的 pusher 节点，并可以知道哪些设备与哪些 pusher 节点连接。设备连接与 pusher 节点的关联规则，其实就是路由问题，更通俗的叫法是负载均衡。这个问题会在下一节中具体介绍。

对于问题 4，不同于分布式存储系统扩容时的数据迁移，推送系统的长连接本身不是实体数据，无法做到跨机器迁移，只能断开与旧服务器的连接，再连接新服务器。为了不让用户感知到重连，客户端应充分权衡影响面后再做决定。

6.1.4　路由算法

推送系统有两处需要利用路由算法。

◎ 用户设备发起连接请求，pusher 集群需要通过路由算法，选择一个合适的 pusher 节点与这个用户设备建立连接。

◎ 当向某个 device_id 进行消息推送时，pusher 集群需要通过路由算法，找到这个 device_id 与哪个 pusher 节点建立了长连接。

对路由算法的选型，要尽量保证各个用户设备的连接可以被均匀地分配到集群中的每个 pusher 节点上，不能出现有的 pusher 节点连接过多且趋于饱和，而有的 pusher 节点长期空闲的情况。此外，由于不同用户设备的长连接被分配到不同的 pusher 节点上，当我们想向指定的设备发送推送类型的消息时，必然需要知道这个用户设备在哪个 pusher 节点上，这样才能把待推送的消息转发到有此设备连接的 pusher 节点上，然后由此 pusher 节点进行真正的下行消息的下发。所以，我们需要时刻知道每个用户设备的 device_id 与 pusher 节点地址的关联关系。

常见的路由算法如 Random（随机调度）算法、Round-Robin（轮询调度）算法、一致性 Hash 算法，都可以较好地保证连接均匀地分布在 pusher 集群的每个节点上。不过，不同的算法在推送消息时获取 device_id 与 pusher 节点地址的关联关系的方式有较大差异。

◎ 对于 Random 算法、Round-Robin 算法：由于 device_id 与 pusher 节点地址的关联关系没有数学规律性（即不能通过一个固定的公式得到），我们无法直接获取到某个 device_id 对应于哪个 pusher 节点的信息，所以不得不在设备与 pusher 节点建立连接时使用一种外部存储系统来保存两者的关联关系。这里笔者推荐使用 Redis 分布式存储，一方面，Redis 有足够高的读/写性能，可以应对海量消息推送时的查询路由请求；另一方面，这种关联数据并非一定要保证在极端条件下不丢失，使用内存型存储是没有太大问题的。

◎ 对于一致性 Hash 算法或其他 Hash 算法：由于 device_id 与 pusher 节点地址的关联关系有明确的数学公式指导，也就是可以直接算出，我们无须使用外部存储系统来保存两者的关联关系。

既然一致性 Hash 算法作为路由算法可以免去额外存储 device_id 与 pusher 节点地址的

关联关系，那么它是否就是最合适的算法呢？其实未必，我们还没有考虑 pusher 集群中节点变化的情况。

如果目前 pusher 集群的压力较大而需要进行服务扩容，那么当向集群中新增一个 pusher 节点 p1 时，在一致性哈希环上与其相邻的 pusher 节点 p0 上大约一半的 device_id 都要指向 p1 节点，这些 device_id 与 p0 节点的长连接必须断开，再重连到 p1 节点。可以看出，一致性 Hash 算法在面对 pusher 集群的扩容时有较多额外的工作要做。

而 Round-Robin 算法对集群的扩容比较友好，当向集群中新增一个 pusher 节点 p1 时，全部存留的长连接都不需要进行迁移，所有的 device_id 与 pusher 节点地址的关联关系依然是有效的。

选择哪种路由算法，其实没有绝对的好坏之分，需要工程师来分析各种算法的优劣进行权衡。

在完成路由算法的选型后，下一步就是由谁来负责计算路由和转发请求。

对于设备的建立连接请求，我们可以让它们统一指向一个代理层服务器，比如 Nginx，由 Nginx 负责通过路由算法选择一个 pusher 节点与设备建立连接。

对于后端消息的推送请求，我们可以提炼出一个下行消息到 pusher 集群的代理网关，由它负责根据消息的目标设备进行路由计算，把消息转发到对应的 pusher 节点上。

6.2　海量推送系统设计

在 6.1 节中我们对推送系统涉及的关键技术做了基本介绍，本节将介绍推送系统的整体架构设计。

6.2.1　整体架构设计

推送系统的整体架构如图 6-3 所示，其中：

- ◎ Nginx 作为客户端设备与推送系统交互的代理，负责客户端建立连接的负载均衡与消息的最终下发；
- ◎ 每个 pusher 节点都负责与不同的客户端建立长连接，是消息的核心推送者；
- ◎ ZooKeeper/etcd 负责 Nginx 请求 pusher 集群时的服务发现，为 Nginx 转发连接请求时给出当前可用的 pusher 节点列表，进而帮助客户端连接到合适的 pusher 节点；
- ◎ Redis 集群负责保存用户设备与 pusher 节点的关联关系（如果采用 Round-Robin 等无数据规则的路由算法）；
- ◎ Push-gateway 作为下行消息到 pusher 集群的代理网关，负责后端应用服务与推送系统之间的交互，包括按照单点消息、多点消息以及全局消息的方式进行消息的路由转发，是后端应用服务与推送系统之间的唯一代理；

◎ 消息队列负责消息的异步发送。

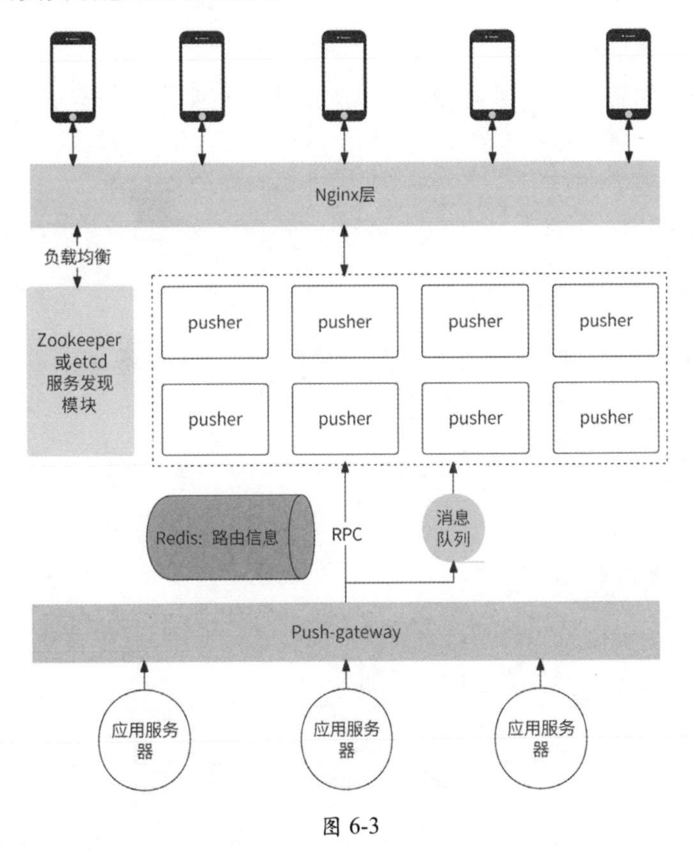

图 6-3

6.2.2 长连接的建立过程

在客户端与推送系统之间建立长连接的过程如下所述，如图 6-4 所示。

（1）当客户端进行登录/启动时，客户端长连接通信 SDK 使用 WebSocket 与后端尝试建立连接，在建立连接时可以携带若干客户端基本信息，如用户 ID、设备 device_id、设备版本号等。

（2）Nginx 收到客户端的建立连接请求，使用所设定的路由算法，选择一个 pusher 节点与其建立长连接。

（3）如果推送系统采用了 Round-Robin 等无数据规则的路由算法，则需要同时将 device_id 与 pusher 节点地址的关联关系以 Key-Value 的形式保存到 Redis 集群中。存储数据结构类型可以采用 Key-Value 的形式，其中 Key 是用户设备 device_id，Value 是对应的

pusher 节点的 IP:port 地址。

（4）pusher 节点与客户端建立长连接后，将 device_id 与连接 Socket 文件描述符 fd 的关联关系保存到本地内存中。

（5）客户端周期性地与 pusher 节点在长连接上确认心跳，如果 pusher 节点在所设定的时间内没有收到心跳，则认为客户端长连接已断开，关闭其连接。

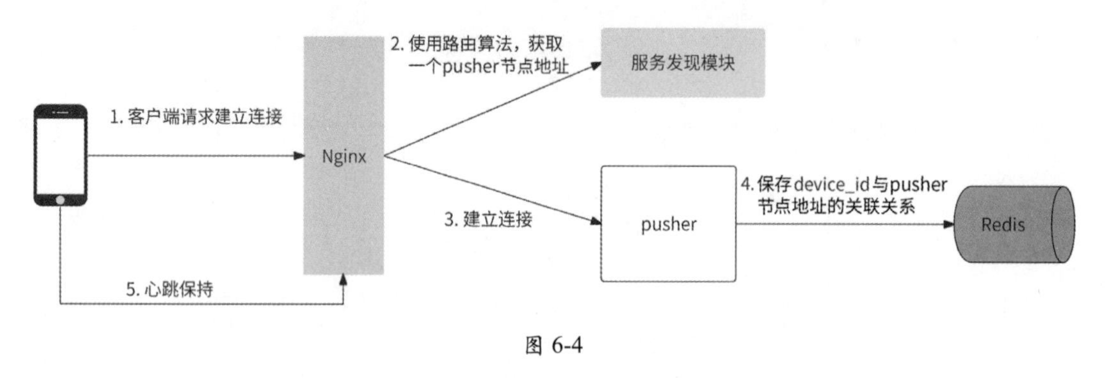

图 6-4

6.2.3　消息格式设计

pusher 节点发送到客户端的消息格式设计如表 6-1 所示（这里仅列出了最重要的消息字段，其他字段可以根据具体需求进行添加）。

表 6-1

消息名：PushMessage			
字 段 名	类　　型	含　　义	用　　途
uuid	uint64	消息的唯一 ID	客户端使用这个唯一 ID 识别重复的消息
target_did	uint64	消息的目标 device_id	客户端用它来检查消息是否是发给自己的
unique_name	string	消息的业务专用名称，指明 payload	客户端用它来识别此推送的消息的真正消息体
payload	string	序列化的消息内容	真正的消息体
encode_type	int	序列化方法	客户端根据序列化方法，正确解析 payload

下面对表 6-1 中的字段进行详细说明。

◎ uuid：每条消息都有自己独有的唯一 ID，客户端可以使用这个唯一 ID 判断消息是否是重复下发的，如果是则丢弃此消息。此外，唯一 ID 也可以协助服务端和客户端的工程师进行消息触达的测试与调试。

◎ target_did：消息的目标 device_id，客户端可以将目标 device_id 与本地 device_id 进行对比，如果不一致则丢弃消息。这是为了防止推送系统在遇到某些异常时将消息错发到其他设备。

◎ unique_name：用于告知客户端此消息中的 payload 数据实际上是哪段业务逻辑所需要的，以便客户端能把消息交给对应的 handler 来处理。

◎ payload：真正的消息体，不同业务场景的推送数据有不同的格式，将推送数据序列化到 payload。

◎ encode_type：指明 payload 的编码方式，用于告知客户端应该使用何种方式对 payload 进行解析。

我们可以通过一个例子来加深对上述后三个字段的理解。假设某个用户对你的文章发表了评论，产品经理希望系统可以在客户端的屏幕顶部弹出通知告诉你："A 对你的文章 B 发表了评论：×××"，那么负责文章评论模块的服务端开发人员和客户端人员共同约定了如下通知格式（假设采用了 protobuf 协议）：

```
message CommentNotify {
    int64 user_id;        // 评论人 ID
    string nickname;      // 评论人昵称
    int64 article_id;     // 文章 ID
    string article_title; // 文章标题
    string comment;       // 评论内容
}
```

在服务端，会使用 protobuf 将这个通知序列化保存到推送系统的消息结构 PushMessage 的 payload 字段，可以将 unique_name 字段设置为 CommentNotify，将 encode_type 字段设置为 PROTO_BUF。

当客户端收到这条推送的消息时，首先根据 unique_name 识别出这是评论通知，准备好 CommentNotify 结构处理解析结果；然后根据 encode_type 得知消息体是 protobuf 格式的，于是使用 protobuf 格式将 payload 内容解析到 CommentNotify 结构；最后客户端完整地获取到服务端下发的通知。

6.2.4 消息推送接口

推送系统暴露给后端应用服务的消息推送接口设计如下：

```
enum PushType {  // 消息类型
    Default,
    Single,      // 单点消息
    Group,       // 多点消息
    Broadcast,   // 全局消息
}

// 推送消息请求格式
struct PushMessageReq {
    1: required PushType PushType,    // 消息类型
    2: list<i64> TargetDeviceIds,     //  目标 device_id 列表
```

```
    3: required i64 Uuid,
    4: required string UniqueName,
    5: required string Payload,
    6: required i32 EncodeType,
}

// 推送消息响应格式
struct PushMessageResp {
    1: i32 StatusCode,          // 成功，返回 0；失败，返回错误码
    2: string ErrMessage,       // 错误描述
}

service PushMessageService {
    PushMessageResp PushMessage(1: required PushMessageReq req) // 推送消息接口
}
```

业务服务端需要先构造推送消息请求结构 PushMessageReq：使用 PushType 字段指定消息类型是单点消息、多点消息还是全局消息；使用 TargetDeviceIds 字段指定具体要发送的目标 device_id 列表。如果是单点消息，那么这个列表仅有一个 device_id；如果是多点消息，那么这个列表有若干 device_id；如果是全局消息，那么这个列表为空即可。请求格式中其他字段的说明与 PushMessage 结构相同。

业务服务端构造完推送消息请求结构后，调用推送系统的 PushMessage 接口进行消息推送。如果消息推送成功，则接口会返回 PushMessageResp 告知推送成功。如果不成功，则会额外携带错误信息。

6.2.5　单点消息推送的细节

将一条单点消息从服务端推送到客户端的完整过程如下所述，如图 6-5 所示。

（1）单点消息携带推送的消息体 payload、推送的目标 device_id，将推送消息请求发送到 Push-gateway。

（2）Push-gateway 从 Redis 集群中查询消息目标 device_id 对应的 pusher 节点地址。

（3）如果无须访问 Redis，则 Push-gateway 使用与建立长连接时相同的路由算法，计算出消息目标 device_id 对应的 pusher 节点地址。

（4）Push-gateway 将消息转发到计算出的 pusher 节点。

（5）pusher 节点在本地内存中查询长连接文件描述符 fd。

（6）pusher 将消息发送到 fd 上，下行消息推送完成。

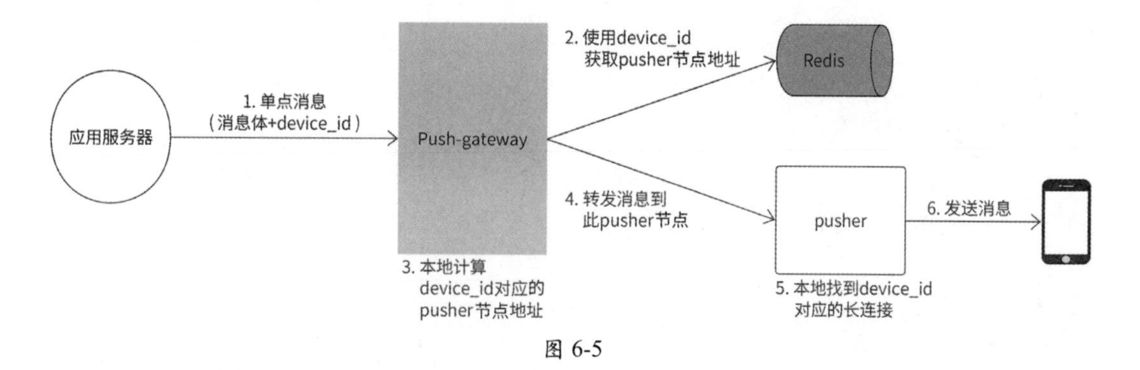

图 6-5

6.2.6 全局消息推送的细节

对于要发送给全部在线用户的推送的消息，我们可以让 Push-gateway 将推送的消息广播到所有 pusher 节点，由每个 pusher 节点将消息数据写入本地每个连接中。

这里涉及两个“写放大”，如图 6-6 所示，其中：

◎ Push-gateway 需要轮询所有 M 个 pusher 节点并进行消息的转发，写放大 M 倍；

◎ 假设一个 pusher 节点本地维护 N 个长连接，当它收到一条全局的推送的消息时，需要把消息发送到所有长连接的发送缓冲区，网络带宽会瞬间增大，写放大 N 倍。

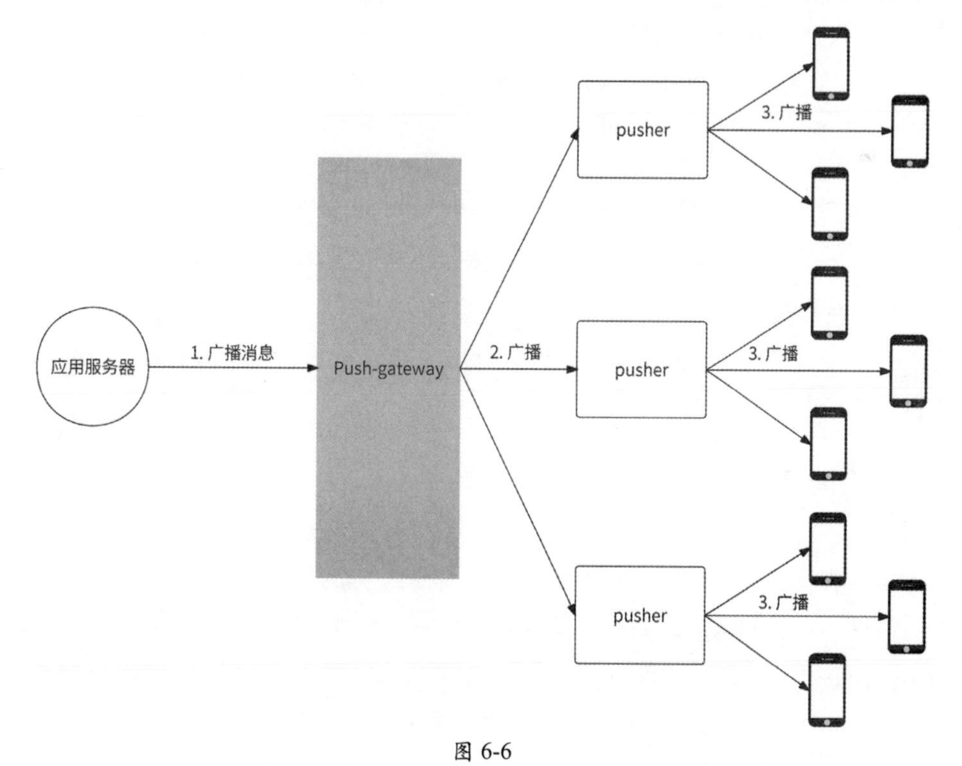

图 6-6

通常而言，一个被部署在商业级服务器上的长连接推送服务节点经过高性能设计，可以同时承载十多万个乃至数十万个长连接。也就是说，仅 1000 个 pusher 节点就可以管理承载上亿个在线用户的长连接。

如果有条件，部署 pusher 节点的服务器性能较高、网卡读/写快，那么由于 pusher 节点的单机长连接数量可以很大，pusher 节点不会很多，所以 $M \times N$ 倍的写放大压力很容易被接受。

但是如果条件有限，网卡的性能一般，甚至云服务器的性能较差，该怎么办?

我们可以换一种思路来解决这个问题。全局消息一般是系统推送的消息，这种消息对于同时到达全部用户的诉求不高，所以可以让一部分用户先收到消息，另一部分用户稍后收到消息。于是，我们可以尝试依次分批发送的思路。

广播的批次 M 可以根据服务器的性能而定，假设批次为 100。

（1）在 Push-gateway 上通过 mod 操作将发往设备 X 的消息分别归到批次 Y，即将 device_id%100 作为批次顺序。

（2）Push-gateway 与每个 pusher 节点都建立一个广播消息队列通道，并在消息体 PushMessage 结构中将新增字段 hash_id 作为批次顺序 ID；Push-gateway 收到全局消息后，将消息分为 100 次向消息队列投递：

◎ 第 1 次全局消息投递，设置 hash_id=0，发送到消息队列；

◎ 第 2 次全局消息投递，设置 hash_id=1，发送到消息队列；

……

◎ 第 100 次全局消息投递，设置 hash_id=99，发送到消息队列。

（3）每个 pusher 节点收到消息后，都根据 hash_id 向本地维护的满足 device_id%100 的长连接发送这条消息。

这样一来，通过将全局消息分 M 次分批逐步发送，可以使得原来的全局消息推送开销下降到 $1/M$。

6.2.7　多点消息推送的细节

为了支持多点消息推送，一条推送的消息的目标可以是多个 device_id。推送系统在接收到多点消息后，需要找到每个目标 device_id 对应的 pusher 节点地址，然后向这些 pusher 节点转发消息。这里的重点是如何高效地找到所有 device_id 对应的 pusher 节点列表。

如果 pusher 节点与客户端建立连接时使用的是如一致性 Hash 等有数据规则的路由算法，则 Push-gateway 在处理多点消息时，无论有多少个目标 device_id，都可以在本地内存中很快计算出相关的 pusher 节点地址，然后进行消息的转发。

而如果 pusher 节点与客户端建立连接时使用的是如 Round-Robin 等无数据规则的路由算法，此时 device_id 与 pusher 节点地址的对应关系被存放在 Redis 中，那么 Redis 的 MGET 命令可以支持我们一次性获取所有 device_id 对应的 pusher 节点地址。

不过，Redis MGET 是一个危险的命令。如果目标 device_id 较少，比如少于 50 个，那么使用 MGET 没有太大问题；但是当目标 device_id 较多时，MGET 会为 Redis 存储系统带来较大的风险，例如：

◎ 一次性获取过多的 Key，Redis 服务器需要较大的内存来存放响应数据，有较大的内存溢出风险；

◎ 如今大部分互联网公司的 Redis 架构都是类似于 Codis 的方式，由 Proxy 对 Redis 进行集群分片管理。为了满足 MGET 的需要，Proxy 不得不启动多个线程向各个相关的 Redis 分片分发 MGET 请求。一次性获取过多的 Key，可能造成 Proxy 启动大量线程，占用较多的系统资源，最终影响 Redis 存储服务的质量。

所以说，如果多点消息涉及的目标 device_id 较多，则不宜直接从 Redis 中获取 pusher 节点地址。让我们换一个思路：既然目标 device_id 较多，那么涉及的 pusher 节点大概率也较多，我们不如像全局消息那样将多点消息直接广播到各个 pusher 节点。如果 pusher 节点有相关的 device_id 长连接，则进行消息的推送，否则丢弃消息即可。

总的来说，多点消息的处理逻辑取决于长连接的路由算法。

（1）Hash 类路由算法：无论目标 device_id 有多少，Push-gateway 都可以直接计算出 pusher 节点地址，然后进行消息的转发。

（2）Round-Robin 类路由算法：进一步检查目标 device_id 的数量是否达到阈值（如 50 个）。

◎ 如果未达到阈值，则 Push-gateway 通过 Redis MGET 获取相关的 pusher 节点地址列表，然后进行消息的转发。

◎ 如果超过阈值，则 Push-gateway 向全部 pusher 节点广播此消息，由 pusher 节点自己判断是推送消息还是丢弃消息。

6.2.8 pusher 平滑升级的问题

pusher 服务器本身也是一个服务，也有系统开发、迭代升级或 Bug 修复，这就避免不了让原 pusher 进程退出和启动新的 pusher 进程。但是由于 pusher 服务器是一台长连接服务器，pusher 进程退出会导致所有长连接被关闭。假设一个 pusher 节点保持了 10 万个客户端连接，在对 pusher 节点进行服务更新时，这 10 万个长连接就都断掉了，此时对应的

5 万个客户端设备感知到长连接被重置，于是几乎在同一时间开始重新建立连接，推送系统会收到 10 万 QPS 的瞬时激增流量。

瞬时激增的 10 万个连接请求可能会直接击垮推送系统，导致整个系统无法创建长连接，这是一个极大的风险。针对这种情况，我们可以为建立连接的入口 Nginx 增加限流来保护推送系统。那么，我们是否有更好的方式，比如提供一种更加优雅的 pusher 节点升级方式，使得已建立的长连接得到保持？

其实，这是一个老生常谈的话题，它有成熟的解决方案：长连接服务平滑重启，业界高性能服务器如 Nginx、Service Mesh 的 MOSN Sidecar 都有平滑升级功能。根据笔者的研究，这些支持平滑升级的 TCP 服务器普遍采用了如下关键技术。

◎ 信号技术：使用自定义信号如 SIGUSR2 作为进程升级事件，而非直接杀死进程。
◎ fork+exec 技术：父进程调用 fork()创建子进程，子进程调用 exec()载入最新程序二进制文件，原父进程的文件打开信息会被自动继承下来。
◎ UnixSocket 协议：支持在进程间传输文件描述符。

平滑升级的原理可以被描述为：原服务进程以收到的 SIGUSR2 信号作为进程升级事件并监听此信号；当系统发起升级操作时，系统向父进程发送 SIGUSR2 信号。父进程收到此信号，开始调用 fork()创建子进程，子进程调用 exec()载入最新程序二进制文件。而后父进程将本进程内全部连接的 Socket 文件描述符都通过 UnixSocket 协议调用 sendmsg()发送到子进程，同时停止本进程内一切最新数据的处理操作；子进程收到 Socket 文件描述符并接管此 Socket 后续数据的读/写处理，并通知父进程终止。

平滑升级的流程如下。

（1）系统准备升级服务，向父进程发送 SIGUSR2 信号。

（2）父进程收到 SIGUSR2 信号，准备更新服务。

（3）SIGUSR2 信号处理函数会调用 fork()创建一个子进程，子进程调用 exec()导入最新的待升级二进制文件，并携带一个约定参数表示新进程是通过重启加载的。

（4）在父进程内不再对 listen_fd 读取新连接，且不再对各客户端连接读取数据，即停止对一切 Socket 的处理工作。

（5）父进程启动一个 UnixSocket，并尝试调用 sendmsg()向其发送 listen_fd 和全部客户端连接 fd，直到全部成功才停止。

（6）使用 exec()启动子进程后，子进程通过运行参数判断自己是否是通过重启启动的。如果是，则子进程不主动创建 listen_fd，而是创建与父进程同路径的 UnixSocket，用于接收父进程传输的信息。

（7）子进程收到 listen_fd，直接调用 accept()继续接收新的连接请求，此时子进程服务器正式可以对外提供服务了。

（8）子进程持续收到全部客户端连接 fd，创建每个连接的 handler 继续处理连接的读/写请求，此时子进程服务器正式接管了父进程存量的客户端连接。

（9）子进程通知父进程终止，最终新进程替换了旧进程，整个升级过程平滑完成。

完整实现上述流程的 C++程序如下（为了简洁、直观，程序代码采用了一个连接对应一个线程的服务器模型，且并未考虑并发问题，仅为展示平滑升级的主流程）：

```
#include <sys/socket.h>
#include <stdio.h>
#include <errno.h>
#include <string.h>
#include <strings.h>
#include <arpa/inet.h>
#include <stddef.h>
#include <set>
#include <pthread.h>
#include <sys/types.h>
#include <unistd.h>
#include <signal.h>
#include <sys/un.h>

int listen_fdg ;                // 以全局变量形式记录 listen_fd
std::set<int> cli_conns;        // 已连接客户端
bool stop_handle = false;       // 是否停止处理连接的读/写请求

// 父进程向 UnixSocket 发送连接
int send_fd(int listen_fd, std::set<int> fdset)
{
   int sockfd;
   struct sockaddr_un serun, cliun;
   char sendbuff0[5] = "list";    // 表示发送的是 listen_fd
   char sendbuff[5] = "send";     // 表示发送的是客户端连接
   char sendokbuff[3] = "ok";     // 表示发送完成
   char recvbuff[5];
   if ((sockfd = socket(AF_UNIX, SOCK_DGRAM, 0)) < 0){
      printf("create UNIX socket err:%s\n",strerror(errno));
      return -1;
   }

   memset(&serun, 0, sizeof(serun));
   serun.sun_family = AF_UNIX;
   strcpy(serun.sun_path, "server.socket");   // 子进程地址

   memset(&cliun, 0, sizeof(cliun));
   cliun.sun_family = AF_UNIX;
```

```
strcpy(cliun.sun_path, "client.socket");  // 父进程地址

int size = offsetof(struct sockaddr_un, sun_path) + strlen(cliun.sun_path);
unlink("client.socket");
if (bind(sockfd, (struct sockaddr *)&cliun, size) < 0) {
    perror("bind error");
    exit(1);
}

struct msghdr msg = {};
msg.msg_name = (sockaddr *)&serun;
msg.msg_namelen = sizeof(serun);
struct iovec io;
msg.msg_iov = &io;
msg.msg_iovlen = 1;
cmsghdr cm;
cm.cmsg_len = CMSG_LEN(sizeof(int));
cm.cmsg_level = SOL_SOCKET;
cm.cmsg_type = SCM_RIGHTS;
msg.msg_control = &cm;
msg.msg_controllen = CMSG_LEN(sizeof(int));

// 发送 listen_fd
io.iov_base = sendbuff0;
io.iov_len = 5;
*(int*)CMSG_DATA(&cm) = listen_fd;
if (sendmsg(sockfd, &msg, 0) == -1)
{
    printf("sendmsg err:%s\n",strerror(errno));
    return send_fd(listen_fd, fdset);
}
io.iov_base = sendbuff;
io.iov_len = 5;
// 发送客户端连接 Socket
for (std::set<int>::iterator it = fdset.begin(); it != fdset.end(); ++it)
{
    int fd = *it;
    *(int*)CMSG_DATA(&cm) = fd;
    if (sendmsg(sockfd, &msg, 0) == -1)
    {
        printf("sendmsg err:%s\n",strerror(errno));
        continue;
    }
}
// 告知对方，已发送完全部 Socket
io.iov_base = sendokbuff;
io.iov_len = 3;
int ret = sendmsg(sockfd, &msg, 0);
if (ret == -1)
{
```

```
        printf("sendmsg err:%s\n",strerror(errno));
        return -1;
    }
    // 等待子进程告知服务可结束
    int n = recvmsg(sockfd, &msg, 0);
    if (n < 0)
    {
        printf("recvmsg err:%s\n",strerror(errno));
        return -1;
    }
    else if (n > 0)
    {
        char* temp = (char*)msg.msg_iov[0].iov_base;
        temp[n] = '\0';
        printf("received: %s\n", temp);
        // 收到 fin，说明可以结束父进程
        if (strcmp("fin", temp) == 0)
        {
            printf("success!\n");
            close(sockfd);
            return 0;
        }
    }
    return -1;
}

// SIGUSR2 信号处理函数
void signal_handler(int signo)
{
    stop_handle = true;
    // 创建子进程
    int pid = fork();
    if (pid == -1)
    {
        printf("fork err:%s\n",strerror(errno));
        exit(1);
    }
    if (pid == 0)
    {
        // 子进程加载最新二进制文件，并传入 reload 变量表示服务升级
        int r = execl("/usr/bin/new_version_bin", "new_version_bin", "reload", NULL);
        if (r == -1)
        {
            printf("execle err:%s\n", strerror(errno));
        }
        return ;
    }
    else
    {
        // 父进程发送全部 Socket
```

```
        int ret = send_fd(listen_fdg, cli_conns);
        if (ret == -1)
        {
            printf("failed\n");
            exit(1);
        }
        exit(0);
    }
}

// 客户端连接 handler
void* conn_handler(void *args)
{
    int* ptr = (int*)args;
    int connfd = *ptr;
    char rbuff[10];
    char wbuff[] = "pong";
    for (;;)
    {
        // 不再处理请求
        if (stop_handle)
        {
            return nullptr;
        }
        int ret = ::read(connfd, rbuff, 10);
        if (ret == -1)
        {
            printf("read data from conn:%d failed, err:%s\n", connfd, strerror(errno));
            break;
        }
        else if (ret == EOF)
        {
            break;
        }
        else
        {
            if (strcmp(rbuff, "ping") != 0)
            {
                printf("read wrong data conn:%d, data:%s\n", connfd, rbuff);
                break;
            }
            ret = ::write(connfd, wbuff, 4);
            if (ret == -1)
            {
                printf("write data to conn:%d failed, err:%s\n", connfd, strerror(errno));
                break;
            }
        }
    }
    cli_conns.erase(connfd);
```

```
    ::close(connfd);
    return nullptr;
}

// 子进程读取父进程发送的 Socket
int read_fd()
{
    int listen_fd;
    struct sockaddr_un serun, cliun;
    socklen_t cliun_len;
    int sockfd, size;
    char buf[10];
    int i, n;
    char finbuff[5] = "fin";

    if ((sockfd = socket(AF_UNIX, SOCK_DGRAM, 0)) < 0) {
        perror("socket error");
        exit(1);
    }

    memset(&serun, 0, sizeof(serun));
    serun.sun_family = AF_UNIX;
    strcpy(serun.sun_path, "server.socket"); // 子进程地址

    memset(&cliun, 0, sizeof(cliun));
    cliun.sun_family = AF_UNIX;
    strcpy(cliun.sun_path, "client.socket"); // 父进程地址

    size = offsetof(struct sockaddr_un, sun_path) + strlen(serun.sun_path);
    unlink("server.socket");
    if (bind(sockfd, (struct sockaddr *)&serun, size) < 0) {
        perror("bind error");
        exit(1);
    }
    printf("UNIX domain socket bound\n");
    struct msghdr msg = {};
    msg.msg_name = NULL;
    struct iovec io;
    io.iov_base = buf;
    io.iov_len = 10;
    msg.msg_iov = &io;
    msg.msg_iovlen = 1;

    while(1) {
        cmsghdr cm;
        msg.msg_control = &cm;
        msg.msg_controllen = CMSG_LEN(sizeof(int));

        n = recvmsg(sockfd, &msg, 0);
        if (n < 0) {
```

```
            perror("read error");
            break;
        } else if(n == 0) {
            printf("EOF\n");
            break;
        }
        char* temp = (char*)msg.msg_iov[0].iov_base;
        temp[n] = '\0';
        printf("received: %s\n", temp);
        if (strcmp("list", temp) == 0) // 收到 listen_fd
        {
            listen_fd = *(int*)CMSG_DATA(&cm);
            printf("listen-fd: %d\n", listen_fd);
        }
        else if (strcmp("send", temp) == 0) // 收到客户端连接 Socket
        {
            int fd_to_read = *(int*)CMSG_DATA(&cm);
            int *ptr = new int;
            *ptr = fd_to_read;
            printf("conn-fd: %d\n", fd_to_read);
            pthread_t tid;
            ::pthread_create(&tid, nullptr, conn_handler, (void*)ptr);
            ::pthread_detach(tid);
        }
        else if (strcmp("ok", temp) == 0) // 收到父进程完成发送 Socket 的通知
        {
            msg.msg_name = (sockaddr *)&cliun;
            msg.msg_namelen = sizeof(cliun);
            io.iov_base = finbuff;
            io.iov_len = 3;
            if (sendmsg(sockfd, &msg, 0) == -1)
            {
                printf("sendmsg err:%s\n",strerror(errno));
            }
        }
    }
    close(sockfd);
    return listen_fd;
}

// 从 UnixSocket 中获取 listen_fd
int get_listenfd_fromfork()
{
    return read_fd();
}

// 自主创建 listen_fd
int get_listenfd_fromcreate()
{
    int sockfd = ::socket(AF_INET, SOCK_STREAM, 0);
```

```
    if (sockfd == -1)
    {
        printf("create socket failed, err:%s\n", strerror(errno));
        return -1;
    }
    struct sockaddr_in servaddr;
    ::bzero(&servaddr, sizeof (servaddr));
    servaddr.sin_family = AF_INET;
    servaddr.sin_addr.s_addr = htonl(INADDR_ANY);
    servaddr.sin_port = htons(8888);

    if (::bind(sockfd, (struct sockaddr *)&servaddr, sizeof (servaddr)) == -1)
    {
        printf("bind socket failed, err:%s\n", strerror(errno));
        return -1;
    }
    if (::listen(sockfd, 512) == -1)
    {
        printf("listen socket failed, err:%s\n", strerror(errno));
        return -1;
    }
    return sockfd;
}

int main(int argc, char const *argv[])
{
    ::signal(SIGUSR2, signal_handler); // 监听与注册 SIGUSR2 信号处理函数
    // 如果收到 reload 变量，则说明此进程是子进程，从 UnixSocket 中读取 listen_fd
    if (strcmp(argv[argc - 1], "reload") == 0)
    {
        listen_fdg = get_listenfd_fromfork();
    }
    else
    {
        // 否则，说明是进程首次启动，正常创建 listen_fd
        listen_fdg = get_listenfd_fromcreate();
    }
    socklen_t addr_len = sizeof (struct sockaddr_in);
    struct sockaddr addr;
    pthread_t tid;
    for (;;)
    {
        if (stop_handle)
        {
            continue;
        }
        int *connfd = new int;
        // listen_fd 监听新连接到来
        *connfd = ::accept(listen_fdg, &addr, &addr_len);
        if (*connfd == -1)
```

```
        {
            printf("accept failed, err:%s\n", strerror(errno));
            return -1;
        }
        cli_conns.insert(*connfd);
        // 创建连接 handler
        if (::pthread_create(&tid, nullptr, conn_handler, (void*)connfd) == -1)
        {
            printf("create thread failed, err:%s\n", strerror(errno));
            return -1;
        }
        ::pthread_detach(tid);
    }
    return 0;
}
```

6.2.9　pusher 扩容的问题

pusher 服务不仅与正常的业务服务一样涉及服务升级，而且为了应对请求量的逐渐增长，同样会有服务扩容的需求，以避免服务性能下滑。但是，由于长连接服务是一个典型的有状态服务，且长连接不是实体数据，无法直接迁移，所以其扩容行为会有各种各样的问题需要解决。

当向 pusher 集群中新增一个 pusher 节点时，我们希望这个 pusher 节点能尽快分担在工作的 pusher 节点的压力。

但是，如果我们采用的路由算法是 Random 算法、Round-Robin 算法等，那么在将一个新的 pusher 节点加入集群后，这个 pusher 节点并不能很有效地分担在工作的 pusher 节点的连接压力。下面以 Round-Robin 算法为例进行介绍。

假设有 5 个 pusher 节点 p1 ~ p5，每个节点都承载了 100 个长连接，现在系统压力很大，于是我们对推送系统进行扩容，新增 pusher 节点 p6。此时这 6 个 pusher 节点的长连接数量分别为 100、100、100、100、100、0，如图 6-7 所示。

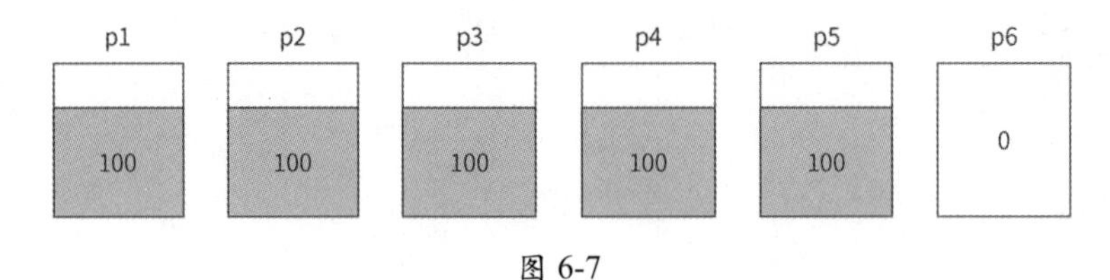

图 6-7

接下来有 60 个新客户端连接到来，pusher 节点的长连接数量分别为 110、110、110、110、110、10，如图 6-8 所示。

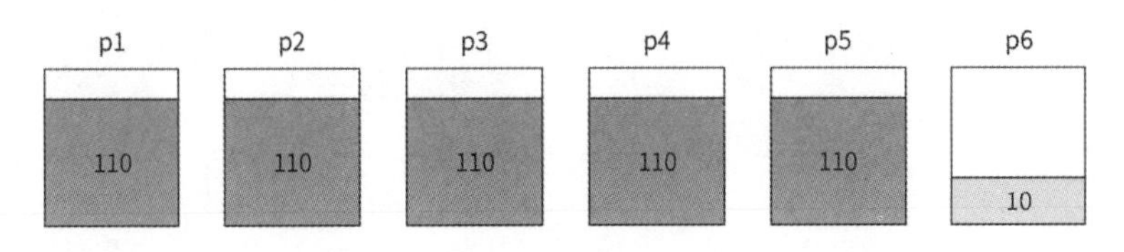

图 6-8

我们可以发现，虽然已建立的连接可以继续保持，但是原来的 5 个 pusher 节点的压力还在以近似于扩容前的速率逐渐增长。这个例子说明在集群扩容时，Round-Robin 算法并不能满足我们想要尽快均摊新连接的要求。

解决方法很简单，我们可以采用加权式 Round-Robin 算法：为每个 pusher 节点都引入权重，权重高的 pusher 节点优先对外建立连接。同时，对于新加入的 pusher 节点，在其开始工作的最初一段时间内为其设置较高的权重，当新的 pusher 节点达到与其他 pusher 节点相似的容量时，再将其权重下调到平均水平。这样一来，新的 pusher 节点在加入集群后，就能快速分担接下来的新连接压力，并能较快地与集群中的其他节点在长连接数量上持平。

而如果采用一致性 Hash 算法，则会遇到另一个问题：连接失效。当将新的 pusher 节点加入一致性哈希环中时，会使得环上相邻 pusher 节点的大量（约一半）长连接重新指向新的 pusher 节点，这些连接在原 pusher 节点上会全部失效，需要全部断开重新连接。通过 6.2.8 节的介绍，我们知道此时会有大量的客户端同时重新连接。为了防止出现这种情况，我们可以使用限流的方式来保护推送系统。另一种可行的做法是当新的 pusher 节点加入时，相邻 pusher 节点的受影响的长连接并不全部同时断开重新连接，而是逐步断开重新连接，拉长重新连接的时间线，减少瞬时请求量。

6.3 本章小结

本章主要讲解了应该如何设计一个推送系统，以及在设计推送系统时需要注意的一些技术细节。首先，客户端与 pusher 节点建立连接的路由算法非常重要，它直接决定了下行消息的转发路由逻辑与系统的可扩展性；其次，处理单点消息、多点消息、全局消息的推送，往往有不同的逻辑；最后，注意如何对 pusher 服务进行平滑升级和扩容。

核心服务设计篇

第 7 章　内容发布系统

在正式开始本章的学习之前，让我们先花一点儿时间来了解本章的学习路径与内容组织结构。

◎ 7.1 节介绍内容发布系统的设计背景，即我们为什么要设计内容发布系统，针对这个系统需要考虑哪些业务与技术问题。

◎ 7.2 节分析与设计内容数据的存储方式，并进行存储选型。

◎ 7.3 节讨论内容审核主题，包括内容审核的必要性、内容审核的时机策略、如何审核内容，以及审核中心的对外交互流程。

◎ 7.4 节重点围绕内容的生命周期管理展开，具体介绍内容的创建设计、内容的修改设计、内容审核结果处理与版本控制设计，以及内容的删除与下架设计。

◎ 7.5 节讨论内容分发主题，设计一个从发布到大众可见的内容分发流程。

◎ 7.6 节介绍内容展示设计，同时考虑了高性能与高并发请求的问题。

◎ 7.7 节对前几节的设计进行知识汇总与复习，展示了内容发布系统的完整架构视图。

本章关键词：存储选型、版本控制、内容分发、内容审核、读多写少。

7.1　内容发布系统的设计背景

以用户活跃度为出发点的互联网产品都有一个共性：任何用户都可以自由地以各种形式创作一段内容来表达自己的观点，并将该内容曝光到各种频道，与其他用户进行内容互动和讨论。如图 7-1 所示，用户创建的内容可能是一段文字、几张图片、一个视频等，这些内容在发布后，会被投递到各种内容分发渠道，比如推荐流、好友动态、用户主页搜索栏等。

内容是创作者与其好友及陌生人进行社交互动的主要媒介，可以帮助优秀的内容创作者成为有大量粉丝关注的内容达人。另外，创作者要持续不断地发布有趣的内容，这样可以大大提升社交类产品的活跃度、关注度，并形成独特的社区文化，对产品本身的推广有极大的推动作用。

图 7-1

内容发布系统旨在管理从用户发布内容到内容为大众所见的全生命周期流程，包括新建内容、修改内容、内容审核、内容分发、内容下架等。可以说，内容发布系统是面向用户的应用的核心功能性系统之一。

内容发布系统并不是一个简单地进行内容创建与数据存储的系统，其中有很多的业务细节与技术细节需要考虑。这里先抛出如下几个实际问题。

◎ 内容的表现形式可能是短文字、长文字、图片、音频、视频，也可能是这些表现形式的组合，我们应该怎样合理地存储内容？

◎ 用户发布的内容可能涉及反动、血腥、色情等问题，我们应该怎样迅速检测并屏蔽这些内容？

◎ 内容渠道有很多，比如主页、推荐流、好友动态、搜索框等，我们应该怎样让这些内容渠道得知用户发布的内容？

◎ 内容一般读多写少，热门内容如热点新闻、明星八卦等都会直接吸引海量用户点击，我们应该怎样设计系统，才能避免系统因为无法应对海量用户的请求而导致内容无法被读取，甚至服务宕机？

怎么样？针对内容发布系统需要考虑的业务细节与技术细节是不是很值得探讨？下面就让我们带着这些问题，一步步地设计一个充分考虑了这些细节的内容发布系统。

7.2 内容存储设计

本节讲解如何进行内容存储设计。

7.2.1 内容数据的存储

正如在 7.1 节中抛出的第一个问题，内容的表现形式可能是短文字、长文字、图片、音频、视频等，也可能是这些表现形式的组合，我们应该怎样合理地存储内容？

相信有很多读者在学习数据库系统课程设计时都做过类似于博客系统的课程设计项目！这就是一种典型的内容发布系统。不妨回忆一下，当年懵懂的我们是怎么设计数据存储的呢？当年的做法基本上都是很直白地把这些数据作为关系型数据库如 MySQL 的数据表中的一行来存储的，我们很有可能设计了表 7-1 所示的数据表。

表 7-1

字段名	类　型	含　义
id	int64	库表的唯一自增主键，表示博文的唯一 ID
creator_id	int64	创作者的用户 ID
title	string	博文标题
content	string	博文内容主体
create_time	int64	博文创建时间

可以看到，博文数据（博文标题、博文内容主体）和博文的元信息（博文唯一 ID、创作者的用户 ID、博文创建时间）被共同存储到数据表的一行中，仅需读取数据表中的一行数据就能完成对博文的读取。但这样的设计仅适合学生级别的项目，并没有真正的工业级内容发布系统的使用价值，其原因如下。

（1）关系型数据库只支持存储文章这种字符串类型的文本，并不支持存储图片、音频、视频这些文件数据，除非我们一意孤行，将文件数据也粗暴地当作文本存储到关系型数据库中。

（2）即使是纯字符串类型的长文本存储，采用关系型数据库也很“别扭”。以 MySQL 的 InnoDB 存储引擎为例，InnoDB 存储引擎的数据表是基于磁盘式 B+树来实现的，在正常情况下，数据表的一行数据会被存储到 B+树的叶节点；而如果某列文本类型的数据过长，则会占用较大的存储空间，进而严重影响 B+树的查询效率。于是，InnoDB 存储引擎选择将长文本数据单独存储到计算机磁盘的另一个区域，而非真正插入数据表 B+树的磁盘区域，在数据表中仅保留对该磁盘区域的引用，以便在读取数据时根据引用找到数据真正的磁盘存储区域。这样一来，每当读取一行完整的数据时，必然至少涉及 B+树的磁盘 I/O 和另一个文本数据的磁盘 I/O，这将导致 MySQL 读取数据的效率明显下降，且不符合关系型数据库的真正用途。

现在基本上可以得出结论：关系型数据库并不适合存储内容主体。

那么，我们应该如何高效地存储内容数据呢？其实，上面提到的 InnoDB 存储引擎处理长文本的方式，给了我们一定的指引方向，那就是将内容元信息和内容主体分开存储，仅将内容元信息存储到数据库 B+树中，将内容主体存储到别处，内容元信息仅保存对内容主体的存储地址的引用。下面我们来进行存储设计。

7.2.2 内容元信息的存储

内容元信息相对格式化，很适合被存储到关系型数据库中进行维护；而内容主体数据可能是文本、图片、音频、视频等各种形式或者它们的组合，这时使用关系型数据库就显得非常低效了，我们只能借助具有不同存储优势、不同存储原理模型的存储系统来存储这些数据（7.2.3 节会详细讲解这些内容）。本节先来设计并确定适合存储到关系型数据库中的内容元信息的数据模型。

对内容元信息进行存储需要如下两张数据表相互配合。

◎ 信息表 item_info：存储真正决定对外发布的内容元信息，包括创作者 ID、内容主体的存储地址、版本控制和审核管理（在 7.3 节中会进行详细解读）。

◎ 内容修改历史记录表 item_record：用于应对内容的修改操作，每次修改后的内容数据都先被暂存到这里，以便提供内容修改历史记录的查询途径。更重要的是，等待此内容修改被审核通过后再将其回写到信息表。

item_info 表需要拥有的字段包括但不限于表 7-2 中列出的这些。

表 7-2

字段名	类型	含义
item_id	int64	内容唯一标识，是主键
creator_id	int64	特指创作者 ID，是特殊的用户 ID
online_version	int	线上内容的版本号
online_image_uris	string	线上内容的相关图片 URI 列表，其被序列化为 String 形式
online_video_id	int64	线上内容的相关视频的唯一标识
online_text_uri	string	线上内容的相关长文本 URI，其被序列化为 String 形式
latest_version	int	最新变更的内容版本
create_time	int64	内容创建时间
update_time	int64	内容变更时间
visibility	int	线上内容的可见范围：私密、好友可见、粉丝可见、所有人可见
status	int	内容的状态：待审核、正常展示、被删除、被下架
extra	string	其他可扩展字段的键值对形式的序列化，应对个性化需求

其中有一些字段非常重要，具体说明如下。

◎ item_id 是一条内容的唯一标识，要求全局唯一。当然，要使用分布式唯一 ID 生成器系统。

◎ online_version：线上内容的版本号，用于在修改内容时进行版本控制。

◎ online_image_uris：如果内容包含图片，则此字段表示已成功发布的图片 URI 列表。

◎ online_video_id：如果内容包含视频，则此字段表示已成功发布的视频 ID。

◎ online_text_uri：当内容包含长文本时，此字段表示已成功发布的文本 URI。

◎ latest_version：表示创作者最近一次改动内容后的版本号，创作者每改动一次内容，版本号就加 1。

◎ visibility：创作者设置的内容可见范围。

◎ status：已成功发布的内容的生效状态，可能是待审核、正常展示、被删除、被下架。

item_record 表需要拥有的字段（包括但不限于）如表 7-3 所示。

表 7-3

字段名	类型	含义
item_id	int64	此次变更操作关联的内容 ID
latest_version	int64	此次变更内容的版本号
latest_status	int	枚举此次变更内容的审核状态：待审核、审核通过、审核拒绝
latest_reason	int	如果此次变更内容的审核状态是拒绝，则此字段枚举了审核拒绝的原因，比如涉恐、涉黄、侵权等
latest_image_uris	string	与此次变更内容相关的图片 URI 列表，其被序列化为 String 形式
latest_video_id	int64	与此次变更内容相关的视频唯一标识
latest_text_uri	string	此次变更内容的最新长文本文件
update_time	int64	此次内容的变更时间

item_record 表存储用户变更内容的记录，每行数据都代表一次变更记录。其中，latest_version、latest_status、latest_image_uris、latest_video_id、latest_text_uri 字段非常重要。

为什么对内容元信息使用了两张数据表？这是因为每次变更内容后，都不一定能立刻将内容发布上线。item_info 表的主要作用是存储此内容的基本信息，直接对接每个用户读取的内容元信息；而 item_record 表的主要作用是存储内容变更记录，待内容审核通过后再将变更记录替换到 item_info 表中，相当于暂存待生效的内容元信息。

你可能对这里的数据表及其字段的含义云里雾里，但没关系，7.4 节会讲解内容的创建、修改、删除、下架、审核结果回调流程，让你深刻理解其含义。

7.2.3 内容主体的存储选型

各种常见的非关系型数据库的特点如下。

◎ 内存型 KV 数据库：典型的代表是 Redis。由于内存资源较为珍贵，所以它仅适合用来存储较短的文本，且考虑到内存数据的易失性，数据的可持久化表现一般。

◎ 分布式 KV 存储系统：比如基于 RocksDB 存储引擎的上层应用存储系统 Cassandra、

TiDB 等，有较好的可扩展性和数据可持久性，且由于依赖较为廉价的磁盘资源，所以它很适合用来存储各种短文本数据。

◎ 分布式文件存储系统：比如 Google 的 GFS、开源项目 HDFS 等，可被视为操作系统内文件系统的分布式上层应用，以文件目录结构形式管理文件数据，天然支持文件存储。

◎ 分布式文档数据库：文档数据库指可以存放 XML、JSON、BSON 类数据段的数据库，典型的代表是 MongoDB。MongoDB 以文档形式存储 XML、JSON、BSON 数据，文档相当于数据表中的一行数据，而文档的集合（Collection）相当于数据表。MongoDB 底层基于分布式文件系统管理文档，提供了较为易用的类 SQL 查询功能。

◎ 分布式对象存储系统：比如 Amazon 公司的 S3、开源项目 Swift 等。根据笔者的理解，分布式对象存储其实更像对分布式文件系统的优化，不再以目录形式访问文件，而是以更高效的 Key-Value 形式访问文件，天然支持文件存储。

通过对各种非关系型数据库的对比，我们可以得到适合各种内容表现形式的存储选型。

◎ 短文本：可以使用分布式 KV 存储系统和分布式文档数据库，两者都是比较适合的存储选型。如果更在意易用性的话，则可以使用分布式文档数据库。

◎ 长文本/图片/音频/视频：这些数据都是静态的，更适合使用分布式文件存储系统或者分布式对象存储系统来存储。为了提高易用性和文件存取效率，可以使用分布式对象存储系统。分布式对象存储系统会为所存储的文件返回其唯一 URI，方便我们使用 URI 从中获取文件。

我们最终选定使用分布式 KV 存储系统存储内容的短文本，使用分布式对象存储系统存储长文本文件、图片文件及音视频文件。

7.2.4 音视频转码

如果用户上传的内容包含音视频，那么一般需要进行音视频转码。这里要特别讲一下视频转码的概念：视频转码指将已经编码的视频码流转换成另一种视频码流，以适应不同的网络带宽、终端处理能力和用户需求。转码在本质上是先解码再编码的过程，因此转换前后的码流可能遵循相同的视频编码标准，也可能不遵循相同的视频编码标准。转码后的视频和原视频在内容上完全一致。

视频转码一般具有如下好处。

◎ 提高兼容性：我们可以通过视频转码技术降低视频的分辨率，进而降低网络带宽压力，提高视频在不同网络条件下的整体播放率。此外，用户的设备千差万别，存在某些视频编码不支持解码播放的情况，将视频转码为用户的设备可解码播放的视频格式，可提高视频在不同的设备间解码播放的兼容性。

◎ 提供多种画质：假设创作者上传了一段 1080P 的视频，那么我们可以将它转码成各种画质版本，如 360P、480P、720P 等，用户在播放视频时可以根据网络情况选择调整视频画质。我们还可以引入一些营收策略，比如仅会员才可播放 1080P 的画质版本。

◎ 版权保护与内容分析：视频转码会对视频做图像处理，比如出于版权保护的目的，为视频加产品专属水印、创作者 ID 声明，以便将用户引流到产品和创作者；还可以对视频关键帧进行截取，进一步做视频封面选择、视频特征识别、视频鉴黄审核等工作。

将视频上传到后台之后，专门的视频转码服务会将原视频转码为多种画质及编码格式的新视频，并为视频添加水印。至于具体是怎么转码视频的，读者可以自行阅读相关资料。

7.3　内容审核设计

本节介绍与内容发布系统息息相关的一个周边系统：审核中心。审核中心虽然不属于内容发布系统本身的内容，却是内容发布系统的重要合作方，它或多或少会影响内容发布系统的自身架构设计，其中的一些细节值得我们关注。

7.3.1　内容审核的必要性

有人可能认为把内容存储到存储系统中就算完成内容发布了，其实不然。由于内容是由创作者自由创作的，别有用心的创作者可能会借助社交应用恶意传播暴力、反动、色情、诈骗、侵权或者其他不良的信息，不但污染了产品的内容生态，引起用户的不适与反感，还可能直接激怒大众，导致产品下架……所以，任何产品，只要为用户提供了相对宽松、自由的可发布内容的权限，对其内容的审核就是重中之重！

7.3.2　内容审核的时机策略

下面设计内容审核的时机策略。

方案一：只要用户发布和修改内容，就属于内容变更，此时要把最新的内容发送到审核中心进行审核（下文简称“送审”），等待审核通过后再使内容发布生效。

可以说，方案一很保险，因为全部的内容变化都可以被审核中心感知，但是并未考虑互联网应用中海量用户每天发布的内容是什么规模。比如，推特在 2022 年上半年的每日用户发推量已远远超过 3 亿条！即每秒 3500 条发推量。让内容审核团队每天应对这个数量级的新增内容，不仅非常消耗资源和时间，而且很难保证完成全部审核工作。所以，方案一并不可取，不应该在任何用户发布内容时都触发内容审核，而是应该换一种方案。

方案二：因为审核内容的目的是防止不合规的内容污染产品生态，所以可以从如下角度思考。

- ◎ 什么体量的内容更容易造成负面影响？当然是有一定曝光量的内容，比如内容有很高的浏览量/互动量，或者内容发布者有大量粉丝。
- ◎ 什么人发布的作品更可能是不合规内容？当然是经常被举报的创作者和其作品经常被审核拒绝的创作者。

于是，对内容审核时机策略的设计就有思路了。

- ◎ 粉丝量超过 10000 人的创作者在发布或修改内容时，由于内容会直接被较多的用户看到，也就是自带一定的传播力、影响力，所以需要先送审后发布。
- ◎ 最近一段时间被举报超过 100 次、最近发布的作品被审核拒绝超过 10 次的创作者发布或修改的内容，其作品极有可能是负面内容，所以需要先送审后发布。
- ◎ 当某条内容的浏览量超过 500 次，点赞量、点踩量、收藏量或评论量超过 300 次时，内容已经具备了较大的曝光度，所以需要送审。
- ◎ 有 3 个以上用户投诉的内容，可能包含不健康的信息，也需要送审。

通过上述几种内容审核时机策略的设计，当不健康的内容有广泛传播的苗头时，可及时对其审核，并对曝光量很小的内容放弃主动审核，而是依赖用户举报，这样一来，审核数据量相比方案一大幅度减少。

在内容审核时机策略的设计中所涉及的各种触发条件阈值，会直接影响内容审核的严格程度。

- ◎ 阈值越低，被送审的内容越多，内容审核就会显得越严格。
- ◎ 阈值越高，被送审的内容越少，内容审核就会显得越宽松。

这里建议把触发条件的阈值尽量设计成可动态配置的形式，这样就可以在不同的时间段对审核力度进行灵活控制：在一些公共事件敏感时期调低阈值，加大对内容发布的审核力度；在日常时间段适度调高阈值，对内容发布的审核适当放宽，缓解内容审核压力，节约审核资源。

7.3.3 如何审核内容

我们已经设计了内容审核的时机策略，假设内容命中该策略，那么在将内容送达审核中心后，审核中心如何判断对一条内容的审核是通过还是不通过？

因为不同的互联网公司对内容的评判有不同的审核标准，审核技术的原理差异较大，且在审核逻辑中包含较多专用的业务逻辑，并不具有通用性的服务设计，所以本节仅讲解基本通识，不做具体设计。

审核一般由人工智能自动审核和人工审核两种方式配合完成。

引入人工智能自动审核的主要目的是节约审核人力成本。对于文本内容，审核中心会对文本进行分词及关键词提取，然后采用自然语言处理技术进行敏感词匹配、情感分析与舆情分析等，进而得出审核结果。

◎ 对于图片内容，审核中心很可能会采用图像处理与模式识别技术来鉴定图片是否涉及血腥、暴力、色情等元素。
◎ 对于音频内容，审核中心很可能会采用语音识别算法将音频转换为文本，再采用与文本审核一样的方式进行处理。
◎ 对于视频内容，在视频转码过程中，会提取视频关键帧作为一组图片执行图片审核流程，也会提取视频中的音频执行音频审核流程。

我们需要知道，无论是何种类型的内容，采用人工智能自动审核都不能保证 100% 判断正确，所以在给出审核结果的同时给出了审核结果判断的置信度。如果置信度极高，则认为采用人工智能进行判断的结果是可信的，判断为审核通过的内容就通过，判断为审核拒绝的内容就拒绝；而如果置信度很低，则属于存疑情况，计算机无法得出明确的结论，需要进一步做人工审核。人工审核的流程比较简单：一批审核人员人工判断内容是否应该通过审核。审核人员会经过公司的专门培训，在对什么内容不可通过审核有强烈的认知后，进入审核岗位。

审核中心中一种简单的人工审核模块如图 7-2 所以。

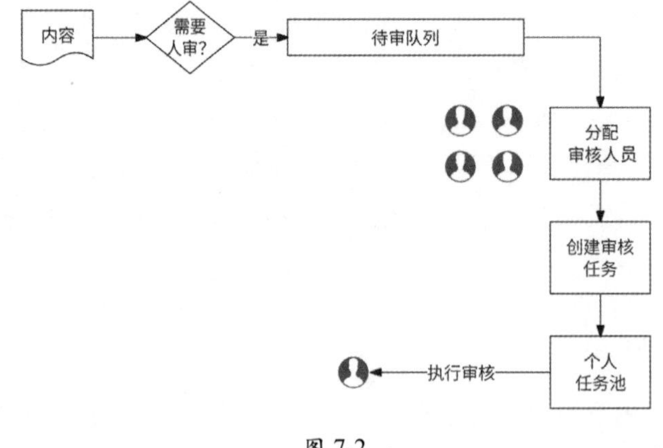

图 7-2

其审核流程如下。

（1）如果某内容需要人工审核，则进入待审队列，待审核内容排队等待分配审核人员。

（2）根据分配策略，选出一位审核人员为其创建审核任务。

（3）将审核任务投递到这位审核人员的个人任务池中。

（4）审核人员在个人任务池中逐个完成审核任务，给出审核结果。

总之，从宏观的角度来说，对内容应该优先依赖人工智能自动审核，如果通过人工智能自动审核无法得到高置信度的结果，则人工再介入做第二次审核并得出结论。让人工审核为人工智能自动审核的兜底，能够尽量节约审核人力成本。

需要强调的是，本节内容仅是对审核中心应该怎么做的一种粗略建议。由于各互联网公司产品特性的差异化，实际的内容审核可能涉及更多的人工智能自动审核细节与人工审核细节，所以对本节内容适当参考即可。不过，如何判断内容是否通过审核并不会影响整个内容发布系统的业务架构设计，我们姑且将审核中心的内部逻辑当作一个黑盒。

7.3.4 审核中心的对外交互

内容发布系统需要将内容发送到审核中心，审核中心需要将内容的审核结果返回给内容发布系统，两者之间适合基于消息队列的异步化形式进行交互。

如表 7-4 所示，内容发布系统与审核中心之间的交互需要两个消息队列主题。

表 7-4

消息队列主题	含　义	生 产 者	消 费 者
event_audit_content	内容送审	内容发布系统	审核中心
event_audit_result	内容审核完成	审核中心	内容发布系统

审核中心的对外交互流程如下。

（1）产生新的待审核内容的事件对应的消息队列主题被命名为 event_audit_content，内容发布系统为其消息生产者，审核中心为其消息消费者。当内容满足审核条件时（比如内容的播放量或互动量达到阈值、内容由粉丝量较大的创作者发布、内容被投诉），内容发布系统向 event_audit_content 消息队列发送消息，消息内容是 item_id（内容唯一标识）和 version（内容版本号），用于告知审核中心需要审核某内容的某版本。

（2）审核中心在收到 event_audit_content 消息队列中的新消息后，根据 item_id 获取内容的全部信息，此内容排队等待审核。

（3）内容审核完成的事件对应的消息队列主题被命名为 event_audit_result，审核中心为其消息生产者，内容发布系统为其消息消费者。

（4）当内容通过人工智能自动审核或者人工审核后，审核中心将审核结果发送到 event_audit_result 消息队列，消息内容是 item_id（内容唯一标识）、version（内容版本号）、audit_result（审核结果）和 reason（不通过的原因）（如果最终的审核结果是“拒绝通过”），用于告知内容发布系统某内容的某版本的审核结果。

（5）内容发布系统在收到 event_audit_result 消息队列中的消息后，根据审核结果进行相应的处理（处理细节在 7.4 节中会涉及，但是需要依赖一些前置设计，这里先一笔带过）。

7.4　内容的全生命周期管理设计

本节讲解内容的全生命周期管理设计，前面产生的各种问题都会在本节得到解答，比如：内容元信息的存储为什么使用两张数据表，数据表每个字段的实际用途是什么，如何处理内容审核结果，等等。

7.4.1　内容的创建设计

当创作者在产品客户端新创建了一条内容并准备将其提交到内容发布系统的服务端时，我们应该怎么处理这个请求？

首先，客户端需要进行内容数据类型的识别和归类。如果新创建的内容包含长文本、图片，则需要先将它们以文件形式上传到分布式对象存储系统中。如果分布式对象存储系统成功存储了这些文件，则会返回长文本 URI 和图片 URI；如果新创建的内容包含视频，则由于涉及必要的视频编解码，所以需要先将本地视频文件上传到由专门的视频团队开发的视频服务中（这个服务会先对视频进行转码，然后把结果存储到分布式对象存储系统中），并由视频服务返回一个唯一的视频 ID 代表这个视频，我们可以根据这个视频 ID 从视频服务中获取视频。

然后，在将这些特殊文件存储到服务端后，客户端会收到服务端的响应，接收到长文本 URI、图片 URI 和视频 ID。

最后，客户端携带创作者信息、内容可见性设置、内容短文本及服务端返回的长文本 URI、图片 URI 和视频 ID 再次请求服务端。此时，我们在内容发布系统中为此内容创建元信息：通过分布式唯一 ID 生成器生成一个全局唯一的 item_id 来标识这条内容，并填充 item_info 表的 item_id、creator_id（创作者 ID）、visibility（内容可见性）、create_time（内容创建时间）和 update_time（内容变更时间）字段。

关于是否直接发布内容的重点来了：如果内容创作者拥有大量粉丝，或者其近期被举报多次，或者其近期发布的内容总是被审核拒绝，则此创作者要发布的内容需要满足审核条件，即这条新创建的内容需要通过审核后才能发布。此时，我们在 item_info 表中为此内容设置 online_version 字段为 0，表示此内容无线上发布版本，属于初次创建（这是理所当然的，因为新创建的内容尚未对外发布），同时设置 latest_version 字段为 1，作为此次内容创建的 version（版本号），而将 status（内容的状态）字段设置为“待审核”，其他字段留空。然后，将内容元信息暂存到 item_record 表中，填充全部字段，并设置 latest_status 字段为“待审核”。

如果此内容未命中审核时机策略，则意味着此创作者新创建的内容可被直接发布，于是直接设置 online_version 和 latest_version 字段分别为 1，同时将 status 字段设置为“正常展示”，将内容正式对外发布。

关于 item_id，这里强烈推荐使用基于时间戳的分布式唯一 ID 生成器来生成，这样会使 item_id 天然包含内容的发布时间，可以让我们很方便地识别一条内容是新内容还是旧内容，为对与内容相关的各种数据做冷热分离和数据路由提供了较大的自动化便利。

例如，我们约定发布时间为 2022 年 1 月 1 日至今的内容相关数据为热数据，其他时间发布的内容相关数据为冷数据，将热数据存储到性能较高的存储引擎中，将冷数据存储到资源相对廉价且容量大的存储引擎中。当请求一条内容的相关数据时，我们先读取此内容唯一标识 item_id 中的时间戳字段来判断是热数据还是冷数据，进而将请求路由到合适的存储引擎中来获取数据（在内容相关章节中会反复提及）。

在内容元信息创建完成后再次检查内容表现形式：如果内容包含短文本，则将短文本内容存储到分布式 KV 存储系统中，将{item_id}_{version}作为数据 Key，将短文本内容作为数据 Value。

至此，整个内容创建流程的设计就完成了。

现在我们通过图文形式重新描述这个流程。用户在客户端创建内容并上传内容的流程如下所述，如图 7-3 所示。

（1）如果新创建的内容包含图片，则先将图片上传到后端的分布式对象存储系统中，此系统返回一个 URI 列表 image_uris。如果新创建的内容包含长文本，则先将长文本以文件形式上传到后端的分布式对象存储系统中，此系统返回此文件的 URI text_uri。

（2）如果新创建的内容包含视频，则先将视频上传到由专门的视频团队开发的视频服务中，视频服务返回一个视频 ID video_id。

（3）客户端携带创作者 ID、内容文本、image_uris（图片 URI 列表）、text_uri（长文本 URI）、video_id（视频 ID）信息请求内容发布系统。

（4）为新创建的内容生成一个基于时间戳的唯一 ID，作为此内容的唯一标识。

（5）将内容元信息存储到 item_info 表中，填充 item_id、creator_id、visibility、create_time、update_time 字段。如果创作者本身的条件需要被审核，则设置 online_version 字段为 0，表示暂未创建成功，并将 latest_version 字段设置为 1，作为此次内容创建的 version；将 status 字段设置为“待审核”。而如果无须审核创作者本身的条件，则将 online_version 和 latest_version 字段分别设置为 1，表示内容已发布。

（6）如果内容包含短文本，则将短文本内容存储到分布式 KV 存储系统中，并设置存储项的 Key 为{item_id}_{version}，Value 为短文本内容。

（7）将内容元信息再存储到 item_record 表中，填充全部字段。如果内容需要送审，则将 latest_status 字段设置为“待审核”，否则设置为“审核通过”。

（8）如果内容需要送审，则通过异步消息队列方式将 item_id、version 异步发送到由专门的审核团队开发的审核中心服务中，由审核中心对新创建的内容进行审核。

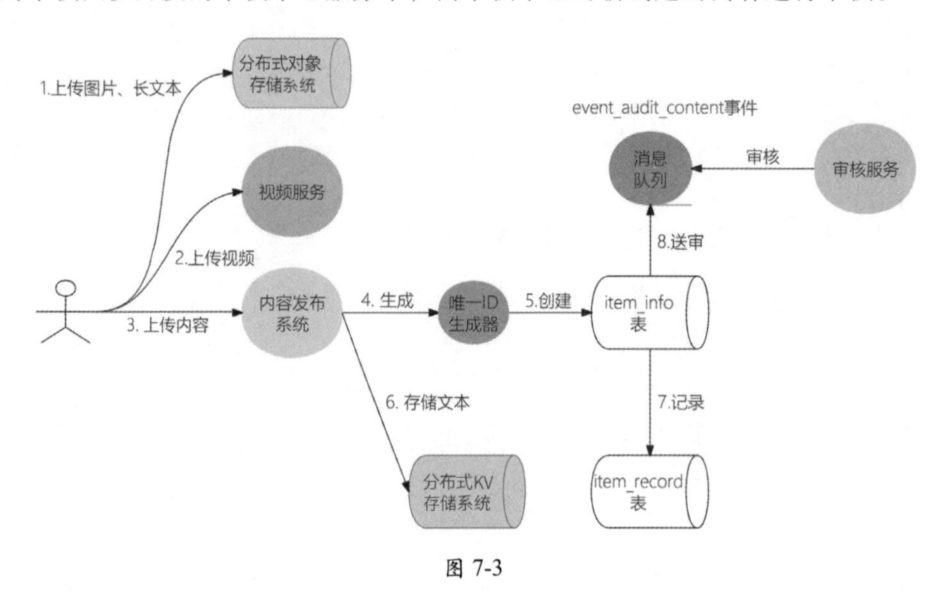

图 7-3

7.4.2　内容的修改设计

内容修改与内容创建的流程大同小异，只不过在修改内容时会考虑是否要将此内容送审。

如果此次修改的内容之前已经达到送审的播放量、互动量的条件阈值，则此次内容修改需要通过审核，否则可以直接发布内容。

如果内容需要通过审核，则流程如下。

（1）如果此次修改的内容有新增的图片，则先将图片上传到后端的分布式对象存储系统中，再将此系统返回的 URI 列表追加到此次提交的 image_uris 中。

（2）如果此次修改的内容包含长文本，则先将长文本以文件形式上传到后端的分布式对象存储系统中，此系统返回此文件的 URI：text_uri。

（3）如果此次的内容修改是替换了新视频，则将新视频上传到视频服务中，视频服务返回一个视频 ID：video_id。

（4）客户端携带 item_id、内容文本、image_uris、video_id、text_uri 信息请求内容发布系统。

（5）根据 item_id 查询 item_info 表中的记录，并将所找到的数据行的 latest_version 字段值加 1，作为此次变更的 version。

（6）如果有内容短文本变更，则将内容短文本存储到分布式 KV 存储系统中，Key={item_id}_{version}。

（7）将内容元信息再存储到 item_record 表中，填充全部字段，并将 item_record 表的 latest_status 字段设置为"待审核"。

（8）将 item_id、version 异步发送给审核中心服务，由审核中心对此次修改的内容进行审核。

（9）对于需要送审的内容，其修改流程的重点是不直接将修改后的内容更新到 item_info 表中，而是先将修改后的内容暂存到 item_record 表中。这是因为可能需要对此次修改的内容进行审核，来确认是否将此内容发布到线上。

如果内容不需要通过审核（创作者不满足审核条件），则流程如下（不涉及内容审核）。

（1）如果此次修改的内容有新增的图片，则先将图片上传到后端的分布式对象存储系统中，再把此系统返回的 URI 列表追加到此次提交的 image_uris 中。

（2）如果此次的内容修改是替换了新视频，则将新视频上传到视频服务中，视频服务返回一个视频 ID：video_id。

（3）客户端携带 item_id、内容文本、image_uris、video_id 信息请求内容发布系统。

（4）根据 item_id 查询 item_info 表中的记录，并将所找到的记录项的 latest_version 字段值加 1，作为此次变更的 version。

（5）如果此内容主体包含短文本，则将内容短文本存储到分布式 KV 存储系统中，Key={item_id}_{version}。

（6）将内容元信息再存储到 item_record 表中，填充全部字段，并将 item_record 表的 latest_status 字段设置为“已上线”。

如果创作者没有改动内容本身，仅仅修改了内容属性（比如调整内容的可见性），则直接更新 item_info 表即可。

7.4.3　内容审核结果处理与版本控制设计

回顾 7.3 节的内容，内容审核一般借助人工智能自动审核和人工审核完成，我们将内容审核视为黑盒，只需要知道：内容审核不一定能实时得出结果，审核结果只能通过异步通知的方式告知内容发布系统。7.3.4 节介绍过，在有了审核结果后，审核中心会将审核结果发送到 event_audit_result 消息队列，消息内容是 item_id、version、audit_result 和 reason（如果审核结果是“拒绝通过”）。下面介绍内容发布系统收到消息后的技术细节。

内容发布系统在收到 event_audit_result 消息队列中的审核结果后，需要根据审核结果决定是否发布内容。

◎ 如果审核结果是“审核通过”，则将 item_record 表中的此 item_id、此版本 version 的暂存数据覆盖到 item_info 表中，表示发布内容。
◎ 如果审核结果是“审核拒绝”，则在 item_record 表中的此 item_id、此版本 version 对应的数据行中，设置 latest_status 字段为“审核拒绝”，并将拒绝原因 reason 设置到 latest_reason 字段中。

不过，在上述审核结果是“审核通过”的处理逻辑中，还有一个重要的问题：既然在有了审核结果后，审核中心会将消息发送到 event_audit_result 消息队列中，那么我们需要重点考虑消息的顺序问题。

假设一个用户在短时间内进行了三次内容变更，这三次变更内容的版本号分别为 100、101、102，依次将其投递到审核中心（假设审核中心对这三个版本的变更内容的审核结果都是“审核通过”）。在正常逻辑上，内容创作者当然希望最终发布的内容是 102 版本。但是，审核中心并不会保证这三个版本的变更内容的审核响应速度与回调顺序。比如审核中心对 100 版本的变更内容耗时 10min 才得出审核结果，对 101 版本的变更内容耗时 5min 得出审核结果，而对 102 版本的变更内容仅耗时 10s 便得出审核结果，即在审核速度上，102 版本>101 版本>100 版本，那么内容发布系统将会先收到 102 版本的审核回调，再收到 101 版本的审核回调，最后才收到 100 版本的审核回调。如果内容发布系统每收到一条内容审核通过消息，就直接更新 item_info 表，那么最终 item_info 表的数据是 100 版本的变更内容，与内容创作者的预期相悖。

那么，怎么才能如内容创作者所预期的那样，最终使得 102 版本的变更内容生效呢？由于三次变更内容的版本号是单调递增的，所以解决方法很简单：内容发布系统在收到内容审核通过的消息后，先检查当前 item_info 表中的 online_version（线上内容的版本号）字段，如果审核通过的 version（内容版本号）小于 online_version，则说明是更早的内容变更版本，变更生效会导致内容回退，于是忽略此次回调；否则，说明是新的内容变更，于是更新 item_info 表。这样一来，无论变更内容的哪个版本先回调审核结果，最终线上生效的内容版本一定是版本号最大的变更内容。

内容审核结果的处理流程设计如下所述，如图 7-4 所示。

（1）审核中心完成审核，将 item_id、version、audit_result、reason 信息打包成一条消息发送到 event_audit_result 消息队列中。

（2）内容发布系统收到 event_audit_result 消息队列中的消息，根据所收到消息的 item_id 和 version，先查询 item_record 表中的记录，将 latest_status 字段设置为“audit_result”，将 latest_reason 字段设置为“reason”，再进一步检查 audit_result 的值：

①如果 audit_result 的值是“拒绝通过”，则不再进行下一步操作；

②如果 audit_result 的值是“审核通过”，则继续进行下一步操作。

（3）如果 audit_result 的值是“审核通过”，则查询 item_info 表中线上内容的版本号：

①如果 online_version = version，则说明此次审核的内容是线上内容（可能是内容的播放量、互动量达到审核阈值，或者内容被用户投诉），将审核结果写入 item_info 表中的 status 字段；

②如果 online_version < version，则说明此次审核结果对应的内容版本比线上的新，是新变更的内容，需要执行第 4 步；

③如果 online_verison > version，则说明此次审核结果对应的内容版本滞后，不再继续。

（4）使用 item_record 表中的记录替换 item_info 表中的数据行：item_info 表中行数据的 online_version、online_image_uris、online_text_uri、online_video_id 字段的值被依次替换为 item_record 表中行数据的 latest_version、latest_image_uris、latest_text_uri、latest_video_id 字段的值，完成了对内容的线上发布。

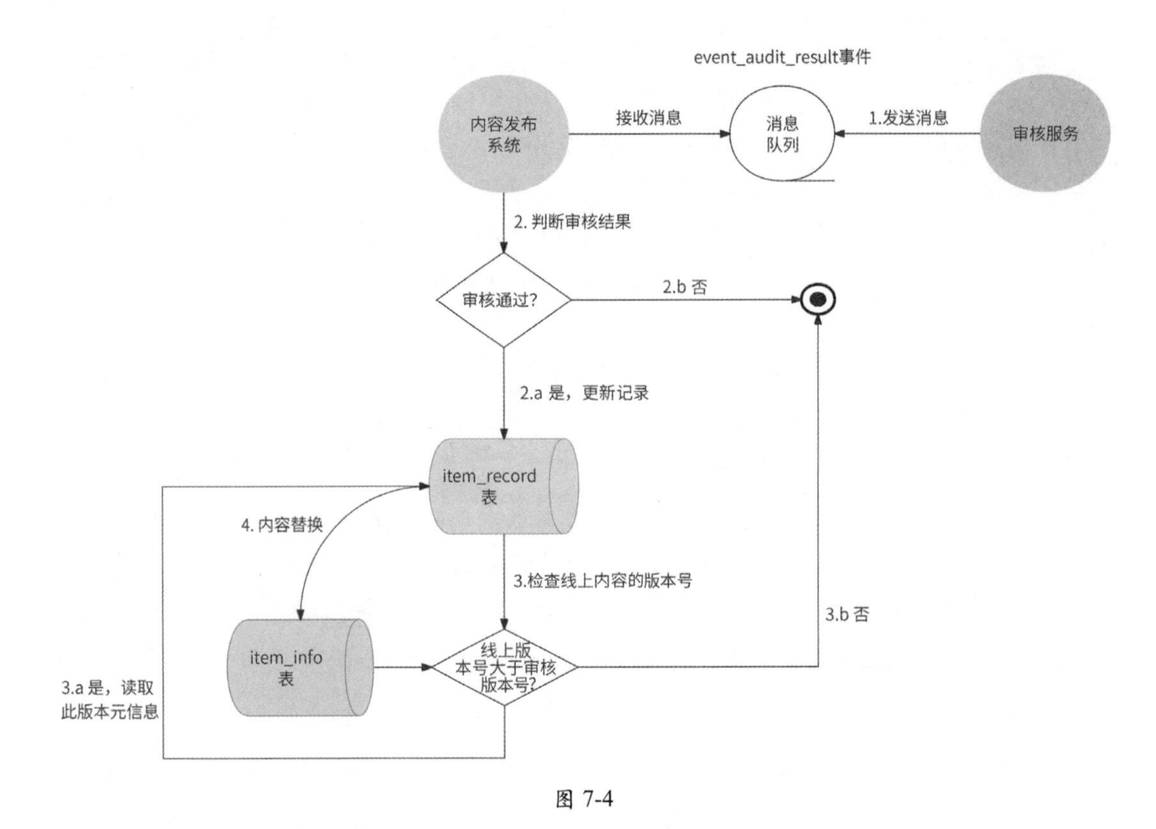

图 7-4

这就是在 7.3 节一笔带过的“内容审核结果处理”的详细设计流程。

7.4.4　内容的删除与下架设计

用户可以删除自己不想再展示的内容，产品运营人员也可以在内容运营后台（对公司内相关员工开放的用户内容管理系统）将高风险或不合规的用户内容下架，这两种操作最终的结果都是内容不再被展示。

当内容被删除、下架时，我们应该采用软删除策略，即只标记 item_info 表的数据行中的 status 字段为“被删除”或“被下架”，而不是直接删除数据行。这样做能让我们清晰地知道内容消失的原因是什么，有助于对“内容不可见”类型的问题反馈进行排查。

7.5　内容分发设计

内容被正式发布后并没有万事大吉，我们还有很重要的一个问题要讨论，那就是如何才能让别人看到这条已发布的内容。

7.5.1 内容分发渠道

根据刷社交软件的经验，我们知道一个用户的作品可以通过多种渠道呈现给其他用户。比如推荐 Feed 流可以把我们可能感兴趣的内容推送给我们，Timeline Feed（或称为关注人动态）可以让我们刷到所关注的人最近发布的内容，我们还可以主动按照自己的兴趣去搜索与某关键词相关的作品，去某热门话题下查看相关的用户讨论，去我们喜爱的创作者主页查看最新作品……这些能看到内容的场景就是内容分发渠道。

按照微服务的划分，这些内容分发渠道有各自的业务开发团队、技术栈和应用服务。比如推荐 Feed 流渠道会由专门的算法团队维护，他们使用大数据处理、推荐算法等技术构建内容推荐服务。

7.5.2 何时通知分发渠道

为了让内容在创作者的作品列表中曝光，需要将内容放到作品列表中；为了让内容被推荐，需要根据内容特征，将内容放入对应的推荐召回池中；为了让内容被创作者的关注者看到，可能需要将内容投递到关注者的收件箱中；为了让内容在创作者的主页上展示，可能需要把内容放入创作者的发布作品列表中；为了让内容被搜索到，需要为内容的关键词建立索引……总之，当一条内容发布完成时，我们需要通知各种内容分发渠道。

内容被删除、下架，以及被审核拒绝，需要通知内容分发渠道。这很好理解，既然一条内容已经被认为应该消失，那么自然不应该再在各种分发渠道展示了。

内容的可见性被修改时，也需要通知内容分发渠道。比如创作者将某内容的可见性从所有人可见改为私密，从其他用户的视角来看，等于此内容已被删除，推荐服务、搜索服务等各种渠道都不应该再展示此内容了。

7.5.3 将内容投递到分发渠道

上文说到，不同的内容分发渠道往往由不同的团队维护，对外提供应用服务，比如推荐服务、动态服务、搜索服务、话题服务（提供各种话题下的全部作品列表，类比微博超话）、作品列表服务（提供创作者发布的全部作品列表）等。为了将一条已发布的内容顺利地投递到各种分发渠道，内容发布系统的维护团队需要和渠道维护团队进行技术沟通与交互开发，这会产生较大的开发工作量和维护工作量。况且，随着产品的迭代升级，内容分发渠道会越来越多样化，每当产生新的内容分发渠道时，内容发布系统都要去配合开发吗？

我们是否可以不用关心各种内容分发渠道的逻辑细节，以及不用关心新的内容分发渠道？答案是肯定的，我们可以采用软件设计模式中经常被提及的“解耦”思路：为了让内容与内容分发渠道充分解耦，内容发布系统可以借助消息队列与内容分发渠道通信。

无论是内容的发布、删除、下架还是可见性变更，都属于内容元信息变更。也就是说，各种内容分发渠道在意的是内容元信息变更，所以内容分发渠道向消息队列发送的消息内容应该是内容元信息，而不是内容主体（如文本、图片、视频）。如果内容分发渠道需要内容主体，则按需调用内容发布系统的接口来获取即可。

如图 7-5 所示，我们为“内容的发布”“内容的删除”“内容的下架”“内容的可见性变更”等一切涉及内容元信息变更的事件都创建一个消息队列主题 event_content_meta_change，内容发布系统为其消息生产者，各种内容分发渠道为其消息消费者。每当有用户发布内容并上线时，各种内容分发渠道都会实时拿到新内容，执行各自的分发逻辑；每当有内容被用户主动删除时，各种内容分发渠道都会实时得到通知，然后从各自的内容池中删除这条内容。

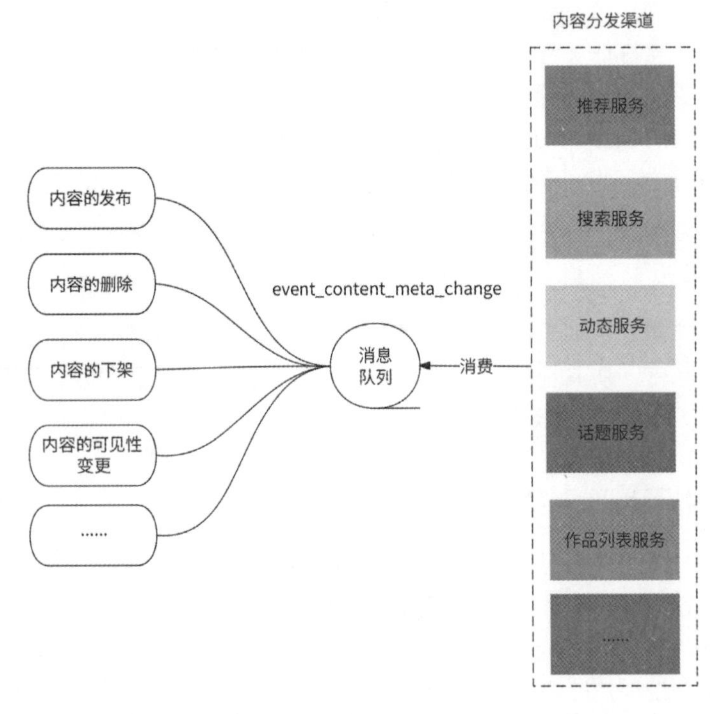

图 7-5

这里再简单了解一下各种内容分发渠道在收到新内容时会做什么事情：推荐服务在收到新内容时，会读取内容主体并对内容进行适当的特征提取，将内容放到合适的召回池中；搜索服务在收到新内容时，会读取内容主体并对内容进行自然语言处理，提取关键词，建立文档倒排索引，比如类 Elasticsearch 索引；动态服务在收到新内容时，可能会将内容的

item_id 投递到粉丝的收件箱中；话题服务、作品列表服务在收到新内容时，会把 item_id 分别加入 hashtag（话题标签）和创作者的作品列表中。

7.6 内容展示设计

前面已经完成了对内容创建、内容修改、内容审核、内容删除、内容分发的流程设计，本节将详细介绍内容展示设计，这是本章要讲解的最后一个重点功能。

用户读取内容，直观来看，是用户与数据库的 item_info 表、分布式 KV 存储系统（内容文本的存储源）、分布式对象存储系统（图片和视频的存储源）的交互。不过，出于应对高并发请求量的考虑，实际上这里需要引入更多的机制。让我们先从内容数据的特点入手。

7.6.1 内容数据的特点

内容生产是一个天然的读多写少且读远多于写的场景，创作者修改内容的请求量极少，用户读取内容的可能性极大。

对于一般的互联网应用的内容，由于用户创建和修改内容有一定的操作成本，所以注定了内容的创建和修改场景的请求量级不会太高。它的 QPS 一般是百级别的，如果 QPS 上千，那么几乎可以称得上国民级应用了。总体上，内容生产的高并发情况很少，且内容生产对内容生效的响应时间容忍性相对宽松，所以对应的高并发处理方式相对简单。即在高并发的内容创建和修改的极端情况下，对内容的发布或修改进行异步化处理，将发布或修改的内容投递到消息队列中，内容发布系统的消费消息队列进行内容的创建、修改或者通过审核，待发布成功后再通知用户。

虽然互联网应用的内容创建和修改的请求量级一般不会很高，但内容读取有可能是高并发场景。一个优秀的内容创作者发布了足够吸睛的作品，往往会引来大量围观；一个一线明星的绯闻爆料内容，会吸引亿万“吃瓜”群众围观；一个政治、经济、军事类账号发布的新闻，甚至可以直接引起全国人民的实时关注……可以说，内容读取的 QPS 的日常状态达到上百万都很正常。

根据我们的设计，对一条内容的读取包括对内容元信息的读取（来自 item_info 表）和对内容主体的读取，这两部分承载高并发的读请求往往有不同的策略。

7.6.2 使用 CDN 加速静态资源访问

对于静态数据，比如长文本、图片、视频，非常适合采用 CDN（Content Delivery Network，内容分发网络）技术来应对其高并发的读请求。

简单来说，CDN 就是把静态资源缓存到位于多个地理位置的边缘服务器上，当用户请求静态资源时，把用户的请求转发到附近的边缘服务器上实现就近访问。CDN 技术一方面能很好地解决数据就近访问问题，另一方面能很好地缓存静态资源。

CDN 的简单架构如图 7-6 所示。

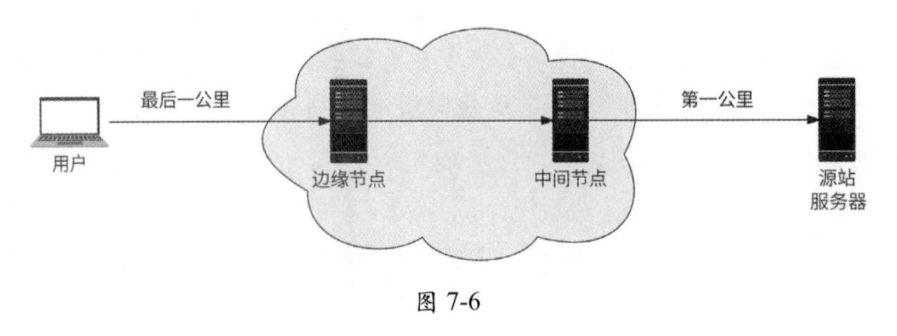

图 7-6

CDN 技术的关键术语如下。

◎ 边缘节点：缓存用户请求内容的节点，是用户实际访问的服务器。

◎ 中间节点：CDN 的内部节点，能缓存更多的内容。中间节点与边缘节点之间的网络是经过优化的，速度可观。如果用户在边缘节点访问不到数据，则会从中间节点访问或者经过中间节点回源。

◎ 源站服务器：真正的远端服务，中间节点可以从源站服务器获取数据，即“回源”。

◎ 第一千米：中间节点到源站服务器的连接。

◎ 最后一千米：用户到边缘节点的连接。

当某个静态资源被首次访问时，由于 CDN 边缘节点并未对它进行缓存，所以此时 CDN 中间节点会向源站服务器回源：获取静态资源，并将其缓存到边缘节点。在此之后，任何用户请求同样的静态资源时，都会在 CDN 边缘节点发现数据并响应，用户请求不再对源站服务器进行访问，这极大地缓解了源站服务器的带宽压力，且大大提高了静态资源在用户侧的加载速度。

总之，对于内容发布系统中的内容主体数据，比如图片、视频，可以通过接入 CDN 的方式来应对大量请求。

7.6.3　使用缓存和多副本支撑高并发读取

内容元信息属于非静态数据，发布者和产品后台可能都会对内容元信息进行修改，并要求近实时生效。比如发布者因“手滑”发布了一条本不想对外展示的内容，于是很急迫地删除内容，希望这条内容立刻消失。又比如产品后台希望对某条不健康的内容进行封杀，为了尽快止损与消除舆论风波，相关处理人员要求实时删除内容。

内容元信息被存储在关系型数据库中，为了应对高并发的读取请求，可以使用 Redis 对元信息数据进行中心化缓存，防止读请求直接访问数据库。

- ◎ 内容元信息使用 Redis Dict 结构存储，Key=content_{item_id}，Dict 中的每个存储项 Field 都是 item_info 表的字段，而 Value 是 item_info 表中各字段的值。
- ◎ 在读取某内容（内容 ID 为 item_id）元信息的 Redis 缓存项时，执行 HGETALL content_{item_id}命令便可获取此内容元信息。

但是这样还不足以承载上百万级 QPS，因为这条内容的元信息数据在 Redis 集群中最多占用一个 Redis 实例分片，让单个 Redis 实例承载上百万的请求量依然有较高的风险。我们可以进一步优化。

- ◎ 对 Redis 集群中的每个实例分片都采用主从架构，将一条内容的多个副本保存到多个 Redis 从节点上，尽量将对一条内容的读取分散到各个 Redis 从节点上。
- ◎ 对读取内容的服务节点增加 Local Cache，同样将 content_{item_id}作为缓存项 Key，将内容元信息的数据结构体作为缓存项 Value。Local Cache 会尽量让请求在服务节点的本地内存中寻找内容元信息，而不是通过网络访问 Redis。当然，需要注意的是，Local Cache 毕竟使用的是服务节点的本地内存，应该控制缓存总量不要太大，需要使用一定的缓存淘汰策略如 LFU 来维护缓存总量。

将 Local Cache 和 Redis 作为多级缓存策略，将 Redis 主从架构作为多副本策略，两者相互配合可以兜住大多数情况下的高并发读请求。

另外，可能有读者留意到，在 7.6.2 节中并没有提到短文本，这是笔者为了将短文本的缓存留到本节来讲而故意为之。短文本本身占用的空间不足 1KB，可以将其视为普通的字符串数据。如果使用对象存储系统来存储短文本，则显得有点小题大做。所以，短文本的缓存方式和内容元信息的一致，也是基于 Local Cache 和 Redis 进行缓存的，并且可以和内容元信息的缓存数据合成一条缓存数据。

- ◎ 为 Redis 中内容元信息的 Dict 结构增加 field="short_text"，将短文本字符串作为其 Value。
- ◎ 为 Local Cache 中缓存的内容元信息的数据结构体增加类型为 String 的 short_text 字段，用于存储短文本字符串。

这样一来，在读取内容元信息的缓存数据时，顺便就读取了内容的短文本数据。内容数据的缓存架构如图 7-7 所示。

如果 Redis 主从节点数量有限，或者 Local Cache 的缓存命中率不高，那么我们还可以采用另一种形式的多副本缓存策略——不是对存储节点做多副本，而是对内容元信息的数据本身做多副本。

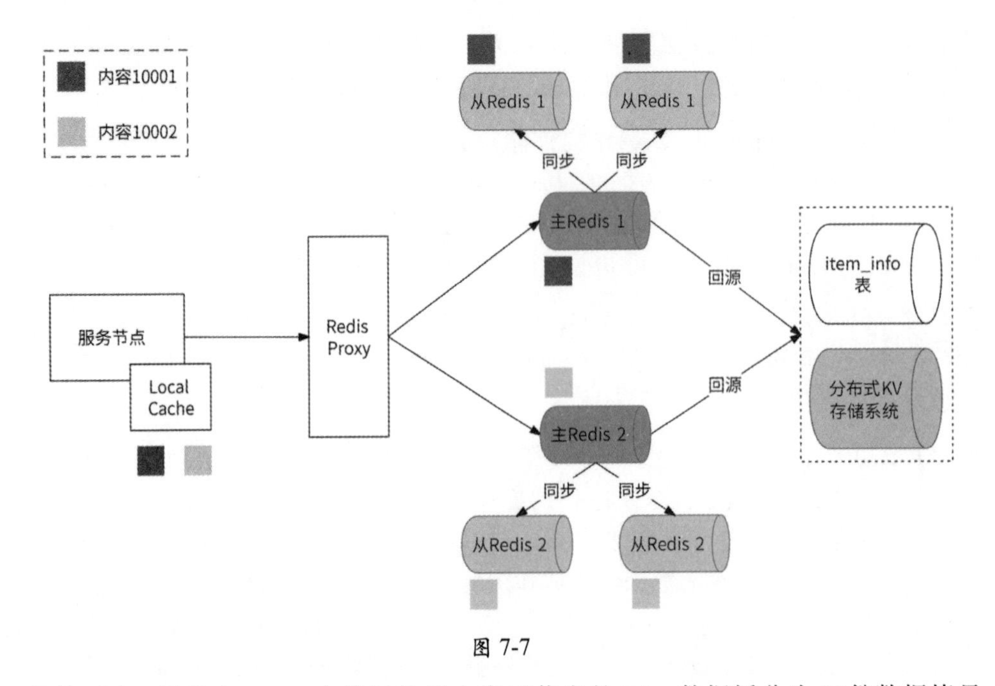

图 7-7

具体而言，就是在 Redis 中将过热的内容元信息的 Dict 数据拆分为 N 份数据拷贝，每份数据拷贝都使用不同的 Redis Key，Key=content_{content_id}_{shared_number}，其中 shared_number 为 N 的模；每份数据拷贝的 Dict 结构都是完全一样的。这样的拆分会使得一份内容元信息数据被存储到 Redis 集群中最多 N 个 Redis 节点上。图 7-8 展示了 N=3 的情况，我们将 item_id=123 的内容元信息的 Dict 缓存数据拷贝了 3 份，并为每份数据拷贝都设置了不同的 Redis Key，以便将各数据拷贝尽量映射到 Redis 集群中不同的 Redis 节点上。

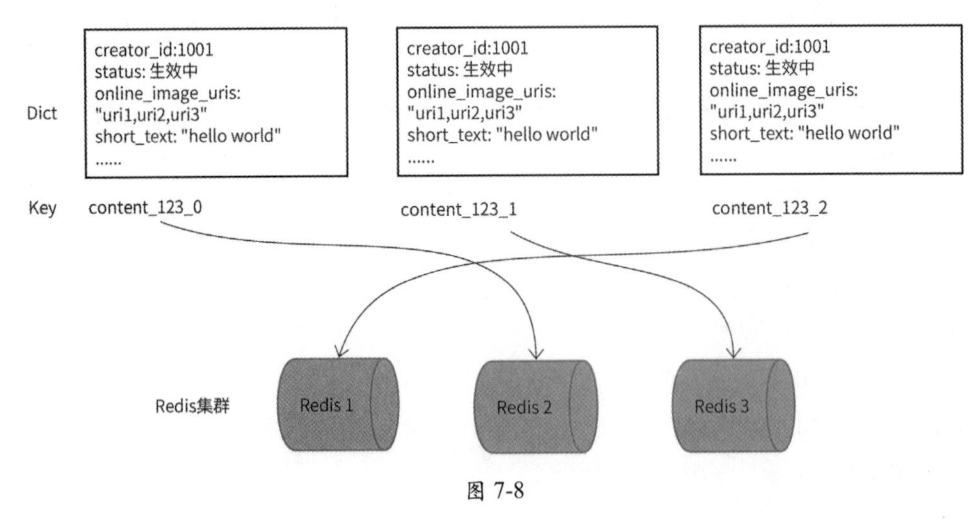

图 7-8

当读请求访问 Redis 时，Redis Proxy 使用随机 mod N 来决定其访问哪个 Redis Key，这样一来，每条热门内容的读请求在 Redis 集群中都可以被充分打散，使原本对单个 Redis 实例分片数百万级别的 QPS 下降到千级别。

既然为内容元信息建立了内容缓存，那么接下来就要考虑缓存的时效性问题。为了让内容元信息的变更可以更加实时地对线上用户生效，内容缓存也需要接收内容元信息变更的通知。想一想，这里是不是和内容分发渠道非常相似？实际上，我们确实可以将内容缓存理解为一种内容分发渠道，只不过这种内容分发渠道主要是用来为内容做数据缓存的。因此，需要将内容缓存作为 event_content_meta_change 消息队列的消息消费者，内容缓存在收到关于内容元信息变更的消息时可以主动更新缓存。

让内容缓存消费 event_content_meta_change 消息队列的消息，不仅可以达到缓存元信息主动更新的效果，而且可以作为一个更高级的功能：缓存预热。

在广义上，缓存预热是指系统上线时将相关的缓存数据预先直接加载到缓存系统中，这样就可以避免在用户请求数据时，先查询数据库，再构建数据缓存，用户直接查询的数据是事先预热的缓存数据。对于内容发布系统来说，在正式发布某内容前，如果业务架构师或产品策略师预测该内容对外发布后会有较高的访问热度，那么这条内容就可以被提前主动存储到缓存中，完成内容缓存预热。

假设产品策略师认为：拥有 100 万个粉丝的创作者每次发布的内容都可能成为热点，缓存预热系统每次从 event_content_meta_change 消息队列消费到属于“内容发布完成”的消息时，都先根据内容元信息中的 creator_id 获取创作者的粉丝量，如果粉丝量达到 100 万人，则将数据主动缓存到内容发布系统的各服务节点 Local Cache 中。

7.6.4　内容展示流程设计

7.6.2 节和 7.6.3 节分别告诉我们：内容元信息通过 Local Cache 和 Redis 缓存；内容图片或视频通过 CDN 缓存。当向用户展示一条内容时，将优先读取这些数据缓存。

假设某创作者只发布了一条内容，其 item_id 为 10001，某用户访问此创作者的个人主页，并点击了这条内容，这时客户端会向内容发布系统的服务端发起读取内容的请求，并携带 item_id 告知服务端希望读取这个内容 ID 的完整内容。

内容发布系统的任意一个服务节点在收到 item_id=10001 的内容读取请求后，会进入如下内容展示流程。

（1）内容发布系统的服务节点根据 item_id=10001 拼接缓存项 Key=content_10001，并尝试在 Local Cache 中查找内容元信息数据，如果查找到数据，则完成对内容元信息的获取，跳到第 9 步；如果未查找到，则进行下一步。

（2）使用 Key=content_10001 查询 Redis 缓存，如果查询到数据，则完成对内容元信息的获取，跳到第 9 步；如果未查询到，则进行下一步。

（3）使用 item_id 查询数据库的 item_info 表，主要读取 creator_id、online_version、online_image_uris、online_video_id、online_text_uri、visibility 和 status 字段。

（4）将读取到的数据存储到 Redis 缓存中，并缓存到服务节点 Local Cache 中。

（5）检查内容的状态：如果 status 字段的值为“正常展示”，则继续进行下一步；否则，直接返回空数据，表示内容不存在。

（6）检查内容的可见性：如果 visibility 字段的值为“私密”，则检查 user_id 是否等于 creator_id。如果不等于，则返回空数据，表示内容不存在；否则，表示内容可展示（创作者自见），继续进行下一步。

（7）如果 visibility 字段的值为“好友可见”或“粉丝可见”，则从关系服务（见第 10 章）中读取用户与创作者的关系。如果不满足好友、粉丝的关系，则返回空数据；否则，继续进行下一步。

（8）创建存储项 Key=10001_{online_version}，从分布式 KV 存储系统中读取内容文本。

（9）到了这一步，表示这条内容可对此用户展示，于是服务端将内容元信息、内容短文本数据及其他涉及内容主体的长文本 URI online_text_uri、图片 URI online_image_uris、视频 URI online_video_id 返回给客户端。

（10）客户端展示内容文本，同时携带 online_text_uri、online_image_uris、online_video_id（如果这 3 个字段非空）发起第 2 次请求访问服务端，用于获取长文本、图片、视频。

（11）CDN 检查用户附近的 CDN 边缘节点，如果图片和视频在此节点中已缓存，则直接向用户返回内容；否则，继续进行下一步。

（12）CDN 访问 CDN 中间节点，如果图片和视频在此节点中已缓存，则直接向用户返回内容，同时将图片和视频缓存到上一步中的边缘节点；否则，继续进行下一步。

（13）CDN 访问源站服务器（也就是内容发布系统服务端）以获取图片和视频。

（14）服务端分别根据 online_image_uris 和 online_text_uri 从对象存储系统中获取图片文件和长文本文件，同时根据 online_video_id 从视频服务中获取视频文件，并将它们回复给 CDN。

（15）CDN 将文本文件、图片文件、视频文件缓存到中间节点和边缘节点，并将它们返回给客户端，最终内容被完整地展示给用户。

从内容读取的流程可以得知，对内容的展示是分两阶段进行的：首先把内容元信息和内容短文本回传到客户端优先展示，包括内容创作者 ID（creator_id）、内容创建时间（create_time）和内容短文本数据（short_text），这样可以保证基本的内容读取体验（至少用户知道这条内容的主要话题是什么），并能让用户有耐心等待此内容中包含的图片和视频的展示；图片内容和视频内容则是客户端根据所收到的内容元信息数据向服务端进行第 2 次请求来获取和展示的，如图 7-9 所示。这样做与浏览器展示网页有类似的考虑：如果浏览器一定要等到页面的所有元素都返回后再展示，那么会有较大的概率让用户盯着空白的页面等待较长的时间，用户可能会不耐烦，进而关闭页面；而如果浏览器选择将已经返回的元素先展示，用户就可以先读取已展示的内容，同时给剩余未展示的内容元素争取到一定的获取时间。

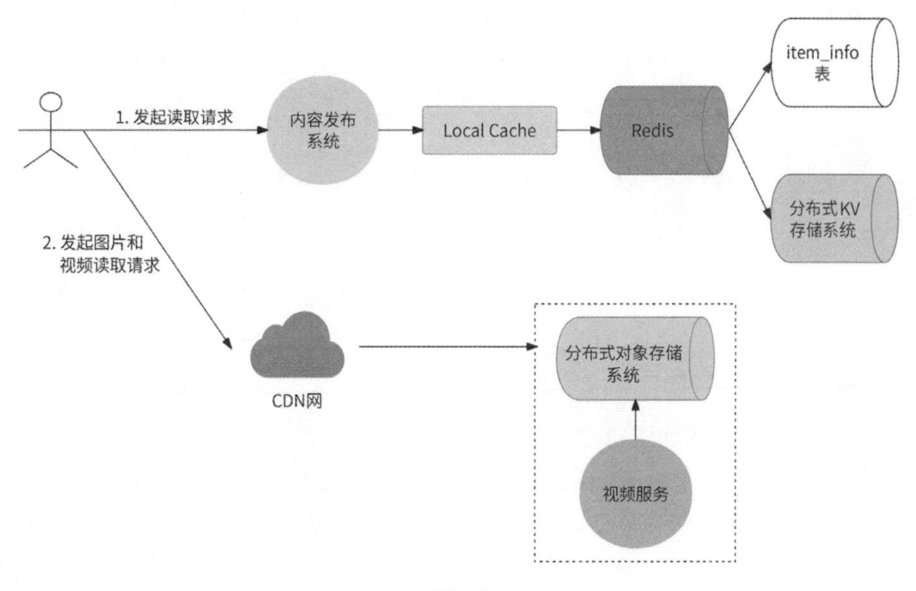

图 7-9

至于这条内容的其他周边展示元素，比如创作者的昵称与头像，可以从专门的用户服务中获取，而内容的点赞数、转发数、评论数、收藏数，可以从计数系统（见第 8 章）中获取。

7.7　完整架构总览

通过对内容发布系统的全部功能的设计，我们可以看到这是一个较为复杂、高度依赖监听内容各种状态变更事件的系统，内容的创建、修改、审核、发布、删除都属于内容状态的变更。图 7-10 展示了内容发布系统的完整架构视图，希望能让我们更直观地感受整个内容发布系统的运转原理。

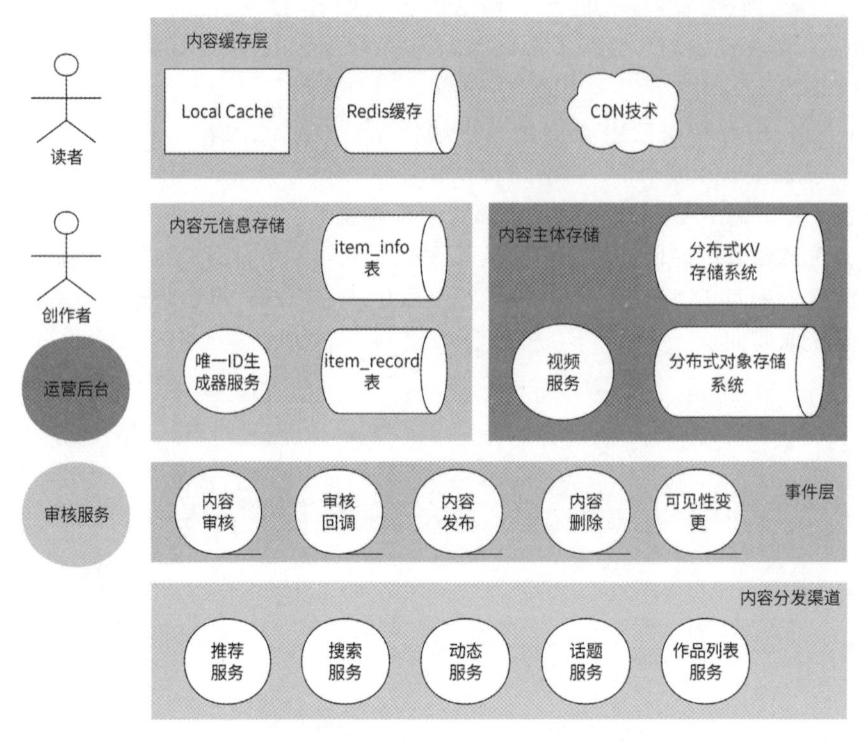

图 7-10

下面结合图 7-10 来系统性地复习内容发布系统的完整运转流程。

（1）创作者创建内容。客户端先将图片、音频、视频等文件上传到对象存储系统（在存储音视频文件前通常会进行音视频转码），然后在关系型数据库的 item_info 表中创建内容元信息，并将内容存储到 item_record 表中。如果内容文本较短（短文本），则直接将其存储到分布式 KV 存储系统中；而如果文本内容过长，则以文本文件的形式将其存储到对象存储系统中。新创建的内容可能需要审核，对于满足审核条件的内容，内容发布系统与审核中心建立送审消息队列，并向审核中心发送所创建的内容的消息，实现新创建的内容与审核服务的异步交互。

（2）创作者修改内容。创作者修改内容与创作者创建内容的业务架构流程是高度类似的。如果此次内容修改涉及图片、音频和视频的改动，则客户端先将新的图片、音频、视频文件上传到对象存储系统，然后将此次的内容变更存储到 item_record 表中，这样做是为了实现内容变更的多版本控制。满足审核条件的内容，在修改后依然需要走内容审核流程，因此也要向审核中心发送消息，实现内容的修改与审核服务的异步交互。

（3）内容审核。内容需要审核，但并不是所有的内容都有必要进行审核。我们需要对浏览量、互动量达到阈值的内容和粉丝量巨大的创作者的新内容进行审核，这样可以在某内容有广泛传播的苗头时对其加强监管。我们也需要对注定高危的内容进行审核，比如内容的创作者最近被投诉较多或者其创建的内容被若干用户投诉，这样可以对大概率会违规的内容进行有效监控。

（4）内容审核完成与内容上线。当一条新创建的内容、被修改后的内容的某版本、触发审核条件的内容被审核中心执行审核完成时，审核中心会将审核结果通过消息队列通知到内容发布系统。如果审核结果是“审核通过”，则检查审核通过的内容版本号是否大于线上版本号；如果是，则表示可以覆盖已上线的内容，于是将 item_record 表中的内容修改信息替换到 item_info 表中。在内容更新后，需要以发布内容事件的形式告知应用内的各种内容分发渠道，以便实现内容在各种内容分发渠道的快速曝光。

（5）内容对外展示。用户在读取内容详情时，实际上是先读取关系型数据库中的内容元信息，然后从分布式 KV 存储系统和对象存储系统中读取内容主体，同时会结合缓存策略来应对高并发的读取请求。内容元信息（动态数据）以及短文本被缓存到中心化缓存 Redis 和服务节点缓存 Local Cache 中，而长文本、图片、音频、视频等作为静态数据被缓存到 CDN 边缘节点中。

（6）内容分发。为了使内容对大众可见，需要将已发布的内容通知到各种内容分发渠道，同时内容分发渠道也会关注内容元信息的变更。如果内容被删除或下架，那么为了达到实时消失的效果，需要通知所有的内容分发渠道和缓存系统删除这条内容。为了让内容发布系统和内容分发渠道解耦，我们采用消息队列的形式完成两者之间的通信。

7.8 本章小结

本章从一条内容整个生命周期的角度出发，详细介绍了内容发布系统的核心要素。

首先，内容元信息和内容主体应该分开存储，对内容主体要根据各种存储系统的特点做出合适的存储选型。其次，由于内容审核的存在，对内容的创建或修改场景需要进行版本控制；对内容进行审核，并不是只要内容发生变更就送审，而是需要设计审核时机策略，考虑节约审核资源；内容发布系统还需要对接各种内容分发渠道。最后，内容生产是典型的读多写少的场景，对内容数据可以使用 CDN 技术、缓存和多副本策略来应对高并发的读取请求。

另外，需要注意的是，本章中的内容发布系统设计讨论更多的是通用能力建设，我们难免会忽略对各产品的一些个性化需求，比如有的产品在内容送审条件上有更合理的考虑，以及在内容审核交互流程上会更复杂，可能有多轮审核、多种维度审核策略……总之，各种个性化需求都需要读者朋友另行思考，这里仅仅是对可能的方案做出一些推断，但万变不离其宗。

第 8 章 通用计数系统

本章讲解一个相对简单但又很常见的服务：计数服务。本章的内容组织结构如下。

◎ 8.1 节介绍计数的常见用途。
◎ 8.2 节针对计数的数据特点，做出存储选型。
◎ 8.3 节正式介绍海量计数服务设计，也会对存储空间进行优化，对如何应对高并发访问进行深入探讨。

本章关键词：存储选型、内存优化、冷热分离、异步、聚合。

8.1 计数的常见用途

具有累计性质的计数数据广泛存在于各种用户应用中，比如：

（1）用户发布的每个作品，有点赞数、分享数、评论数、转发数、收藏数；

（2）用户主页，有关注数、粉丝数、作品数、热度等；

（3）评论列表中的每条评论，有点赞数、点踩数。

上述（1）和（3）属于作品维度的计数（评论也可以被认为是一种作品），在相当程度上反映了一个作品的受欢迎程度；而（2）属于用户维度的计数，可以直观地展示用户的活跃度与影响力。示例如图 8-1 所示。

在进行各类计数数据的展示时，初学者非常容易直白地认为数据的统计计数应该来源于数据记录本身。比如点赞数可以从作品点赞记录数据中统计总数得到，评论数可以从作品评论记录中统计总数得到……实际上，这样的做法有极大的并发访问风险。更安全、可靠的做法是将数据本身与数据记录解耦，将计数数据独立出来作为一个服务。而在本章中，我们就一起来学习计数服务。

图 8-1

8.2 如何存储计数数据

下面通过计数数据的特点，详细介绍为什么计数要单独存储，以及如何进行存储选型。

8.2.1 计数数据的特点

计数数据一般具有如下特点。

◎ 读请求量巨大：无论是作品维度的计数，还是用户维度的计数，都有较大的访问量，所以计数的展示需要支持高并发读取。

◎ 写请求量巨大：对于点赞、点踩、评论、转发、收藏等这些场景，由于用户触发动作的成本很低，计数会以较高的并发量增加，所以计数的增加需要支持高并发写入。

◎ 非产品的绝对强依赖：与用户钱包账户余额数据不同，具有累计性质的计数数据是否能正常展示通常不会影响用户使用产品的功能。在极端情况下，如发生网络抖动、服务 Bug、请求击垮机房、机房故障等，计数作为一种纯粹的加成效果，在无法展示时不会过于影响用户的心情。

◎ 对数据的精确性要求与数值的增加成反比：例如，当点赞数少于一定的数量时，用户会非常在意点赞数量并查看有哪些人为他点赞了；但是当点赞数已经达到千或万级别时，用户对点赞总数的关注会变得更加粗糙，不会再关注点赞数个位数的增加情况，而是更关注点赞数的级别跃迁，如点赞数从 10000 个增加到 20000 个。大部分用户产品也是按照这样的数据规律来做设计的，在计数达到一定的级别后会改为模糊化表示。例如，当点赞数为 1090 个时会显示 1100，当点赞数达到 12345 个时会显示 12000。即计数值越大，对数据的精确性要求越低。

8.2.2　关系型数据库的困境

以作品点赞数为例：某作品被哪些用户点赞过，会以点赞记录的形式被存储到关系型数据库 MySQL 中。为了获取此作品的点赞总数，我们需要执行 SQL count(1)语句。这种方式简单粗暴。这条 SQL 语句在不同 MySQL 存储引擎中的实现方式不同，所以执行效率也不同。

MyISAM 引擎把一个表的总行数存储在磁盘上，因此在执行 count(1)时会直接返回这个数，效率很高。

而 InnoDB 引擎在执行 count(1)时，需要把数据一行行地从引擎中读出来，然后进行累计计数。

但是由于 InnoDB 提供了较好的事务保证，在绝大多数业务场景中，MySQL 都会默认选择 InnoDB 作为存储引擎。对于点赞数较少的作品，count(1)仅涉及扫描较少的数据，使用这种方式获取总数问题不大；但是对于点赞数成千上万的作品（这样的作品并不在少数），count(1)会扫描 MySQL 中的所有点赞记录行，这会对 MySQL 的性能造成较大的影响。试想一下，我们仅仅想获取一个数据的总数而已，但是为了这个总数我们必须要关心每一条数据记录，这逻辑本身就很笨重。所以，依赖统计记录总数的形式来展示计数数据的做法被普遍认为是不可取的。

既然通过统计数据记录的总数来获取计数很低效，那么像 MyISAM 引擎一样把计数单独存储到一个数据表中是不是就行了？这种做法依然是不可取的。因为计数类场景的写请求量巨大，让关系型数据库来承载这样的高并发写请求风险极大。

8.2.3　是否要使用关系型数据库

通常来说，如果关系型数据库无法应对写压力，则可以使用异步方式对数据进行更新：先更新缓存数据，再使用消息队列异步通知关系型数据库进行数据更新；而如果关系型数据库无法应对读压力，则可以使用缓存对外提供服务。

对于大部分业务场景，这样的架构设计没有什么问题。不过，计数的读/写请求量巨大，几乎任何时间都在与缓存系统直接交互，在缓存系统的下一层再维护一份关系型数据库有点儿多此一举；而且，计数数据一般不是绝对不可丢失的数据，它可以由数据记录流水总数反向推出。以笔者的观点，对于计数数据，我们干脆将内存型数据库如 Redis 直接作为数据存储系统，不再使用关系型数据库。这样一来，计数系统不仅依然可以满足高并发的服务能力要求，而且减少了非必要的数据存储，整体架构会变得异常简洁，可维护性大大增加。

8.2.4 使用 Redis 存储计数数据

熟悉 Redis 的读者都知道，Redis 本身提供了 INCRBY、DECRBY、HINCRBY 等增量操作命令来进行数字的增减，我们可以很方便地使用 Redis 来维护计数值，Redis 在计数场景中有天然的易用性。

而在高并发请求方面，由于 Redis 是一个基于内存的单进程 Reactor 高性能服务器，所以其本身对高并发的读/写请求有较好的支持；而且，业界有很多成熟的 Redis 分布式集群架构（如 Codis），可以提供较好的高可用性和可扩展性，能够很好地支持海量用户请求。

Redis 是内存型数据库，一般用于缓存系统，不太在意数据的丢失。但是，计数服务选型 Redis 并不表示我们完全不在意数据的丢失，计数服务反而是把 Redis 视为数据的最终存储层来使用的，所以我们需要格外考虑数据丢失问题。幸运的是，Redis 提供了比较成熟的持久化方案，包括 RDB 持久化和 AOF 持久化。

◎ RDB 持久化：将 Redis 内存数据内容以文件的形式保存到磁盘上，这个文件就是 RDB 文件，它是经过压缩的二进制文件，小巧而紧凑。Redis 内存型数据库可以被转换为 RDB 文件，RDB 文件也可以被转换为内存型数据库。Redis 服务器会周期性地将数据持久化到 RDB 文件中。

◎ AOF 持久化：RDB 持久化是把数据库内容写到 RDB 文件中，而 AOF 持久化是通过把写 Redis 数据库的命令保存到 AOF 文件中来实现的，AOF 持久化对增量数据有天然的良好支持。如果 Redis 启用了 AOF 持久化功能，那么 Redis 服务器在结束一次事件循环之前，都会调用 flushAppendOnlyFile 函数将 AOF 缓冲区的内容全部写入 AOF 文件，并决定是否进行 AOF 文件的同步。

具体来说，flushAppendOnlyFile 函数将检查 Redis 服务器配置项 appendfsync 的值。

◎ always：将命令写入文件缓冲区，并调用 fsync 函数把文件缓冲区的数据刷写到 AOF 文件中，效果是将数据同步写到 AOF 文件中。

◎ everysec：将命令写入文件缓冲区；如果此时距离上次同步刷写的时间超过 1s，则再将文件缓冲区的数据全部刷写到 AOF 文件中，效果是每 1s 将数据同步写到 AOF 文件中。

◎ no：仅将命令写入文件缓冲区，不同步刷写 AOF 文件，而是交给操作系统来适时执行刷写。一般操作系统会在文件缓冲区满了以后刷写文件，同时也会周期性地执行刷写文件。

无论是何种配置，只要打开 AOF 开关，就一定会将命令写入文件缓冲区，Redis 配置只决定以何种方式将数据同步刷写到 AOF 文件中。

使用周期性 RDB 持久化配合 everysec 配置的 AOF 持久化方式，可以防止绝大部分情况下 Redis 数据的丢失。在最极端的情况下，虽然可能有 1s 的数据丢失，但是其概率在我们可承受的范围内，而且我们可以很容易地进行数据修复，比如以异步检查的形式，周期性地使用与计数相关的数据记录总行数来修正丢失的计数，或者人工介入。

8.3 海量计数服务设计

通过前面的讨论，我们已经确定采用 Redis 作为计数数据的存储系统，本节就围绕 Redis 设计一个海量计数服务。

8.3.1 Redis 数据类型

本节我们讨论使用哪种 Redis 数据类型来存储计数数据。

我们知道，Redis 支持 5 种数据类型：String、List、Set、Hash、ZSET。从直观上看，我们可以使用 String 对象保存计数数据。Redis String 对象支持保存整数、浮点数、字符串。如果使用 String 对象保存整数，那么 Redis 底层会以整数编码的形式存储这个整数，并且支持使用 INCRBY 命令和 DECRBY 命令对此整数进行加减。

以作品维度的计数（评论数、点赞数、分享数、转发数、收藏数）为例，我们可以使用 5 个 String 对象来保存一个作品的计数，如表 8-1 所示。

表 8-1

数　据	Redis String Key
评论数	count_{content_id}_comment
点赞数	count_{content_id}_like
分享数	count_{content_id}_share
转发数	count_{content_id}_forward
收藏数	count_{content_id}_collect

其中：

◎ 当用户对某作品 ID=content_id 点赞时，计数服务会向 Redis 执行“INCRBY count_{content_id}_like 1”命令为点赞数加 1；

◎ 当用户取消对某作品 ID=content_id 的点赞时，计数服务会向 Redis 执行“DECRBY count_{content_id}_like -1”命令为点赞数减 1；

◎ 当用户读取作品时，计数服务会向 Redis 执行“MGET count_{content_id}_comment count_{content_id}_like count_{content_id}_share count_{content_id}_forward count_{content_id}_collect”命令获取与此作品相关的全部计数数据。

这样的数据设计看起来简单、清晰，但是在性能和资源的使用上存在两个比较严重的问题。

◎ 问题 1：互联网公司中的 Redis 系统往往以集群的形式对外提供服务，MGET 命令获取 *N* 个 Key，会启动最多 *N* 个线程去对应的 Redis 节点上获取数据。当作品有大量的读取请求时，Redis 集群会有较大的线程资源开销，而且在 *N* 个线程中只要有一个线程获取数据失败，就会使得 MGET 命令整体失败，计数读取的可用性也会大打折扣。

◎ 问题 2：一个作品需要使用在 Redis 中分配的 5 个 String 对象，而一个亿级用户应用动辄上百亿个发布的作品，Redis 作为内存型数据库资源消耗非常大。

对于问题 1，目前主流的 Redis 集群（如 Codis）提供了较好的解决方案：我们可以为前缀相同的 Key 打上 hashtag 标签。Redis 集群会保证命中相同 hashtag 的 Redis Key 被存储在集群中的同一个 Redis 服务节点上。这里可以约定 hashtag 为 count_{content_id}，于是同一个作品的各个 String 对象类型的计数数据都被分配到同一个 Redis 节点上，结果 MGET 命令也仅会被一个 Redis 节点执行，与单机 Redis 的情况完全一致。

但是对于问题 2，使用 Redis String 对象存储计数数据，并没有太好的解决方案。如果想要彻底解决这个问题，那么只能放弃使用 Redis String 对象存储计数数据的方式，重新考虑其他 Redis 对象。

即使采用问题 1 的解决思路可以防止 MGET 命令占用资源，笔者也依然建议放弃使用 String 对象，而改为使用 Redis Hash 对象来保存计数数据。理由有二，如下所述。

（1）Hash 对象可以方便地将某场景下的全部计数数据以 Hash Field 的形式汇聚到同一个 Hash Key 下。还是以作品维度的计数为例，Redis Hash Key 为 count_{content_id}，Hash Field 分别被命名为 comment、like、share、forward、collect，它们分别表示评论、点赞、分享、转发、收藏，Value 依次为评论数、点赞数、分享数、转发数、收藏数。

（2）Hash 对象在 Key-Value 数据量较少的时候更加节约内存。根据 Redis 底层的实现，Hash 对象在存储少于 512 个 Key-Value 对，且 Key-Value 对的总大小不超过 64 字节时，Redis 底层会采用压缩列表的编码格式来实现 Hash 对象。压缩列表是为 Redis 节约内存而开发的数据结构，通过较为复杂的编码将全部数据压缩到同一段内存中（详见 8.3.3 节），其本身的冗余空间很少，尽最大可能做到了内存压缩。对于作品维度计数、用户维度计数等多计数组合的场景，Hash 对象的 Field 当然远远不会达到 512 个，而且计数值 Value 都是 int64 类型的，所以恰好会被 Redis 底层编码为压缩列表，大大节约了内存资源。

8.3.2　计数累计与读取的示例

依然以作品维度的计数为例，假设作品 content_id=123 的计数数据如下：

```
HMSET count_123 comment 10 like 12 share 5 forward 6 collect 3
```

当用户对此作品点赞时，执行 Redis 命令 HINCRBY 为“like”这个 Field 加 1：

```
HINCRBY count_123 like 1
```

同理，当用户取消对此作品的点赞时，同样使用 INCRBY 命令，只不过增加的值是-1：

```
HINCRBY count_123 like -1
```

当读取此作品的全部计数数据时，执行 HGETALL 命令：

```
HGETALL count_123
```

上述每个命令在 Redis 底层实现的执行效率都非常高，有较低的延迟，能较好地承载高并发访问。

8.3.3　优化内存的调研

计数数据以 Hash 对象的形式存储，Redis 底层会选择以压缩列表的编码格式维护数据，节约了较多的内存。不过，内存是较为昂贵的资源，我们应该想方设法继续减少内存的使用。所以，我们先尝试调研 Redis 压缩列表的底层设计，看看是否可以进一步优化内存。

Redis 官方对压缩列表的定义如下（来自 ziplist.c 文件的顶部注释）：

The ziplist is a specially encoded dually linked list that is designed to be very memory efficient. It stores both strings and integer values, where integers are encoded as actual integers instead of a series of characters. It allows push and pop operations on either side of the list in O(1) time. However, because every operation requires a reallocation of the memory used by the ziplist, the actual complexity is related to the amount of memory used by the ziplist.

中文大意为：压缩列表是一个经过特殊编码的双向链表，它的设计目标是大大提高内存的存储效率。它可以存储字符串、整数，其中整数是按照二进制形式编码的，而不是被编码为字符序列。它能以 $O(1)$的时间复杂度在链表两端提供 push 和 pop 操作。

在一个普通的双向链表中，每个链表项都独立占用一块内存，各链表项之间通过地址连接起来，这不仅会产生大量的内存碎片，而且各链表项的指针也需要占用额外的内存。普通的双向链表在空间的使用上并没有什么优势。而压缩列表不同，它将链表中的每个链表项依次放在前后连续的内存地址空间中，一个压缩列表整体使用一块连续的内存空间。压缩列表更像是一个数组，而不是链表，这就是官方说“压缩列表是一个经过特殊编码的双向链表”的原因。

压缩列表表现为一块连续的内存空间，其整体内存组成如图 8-2 所示。

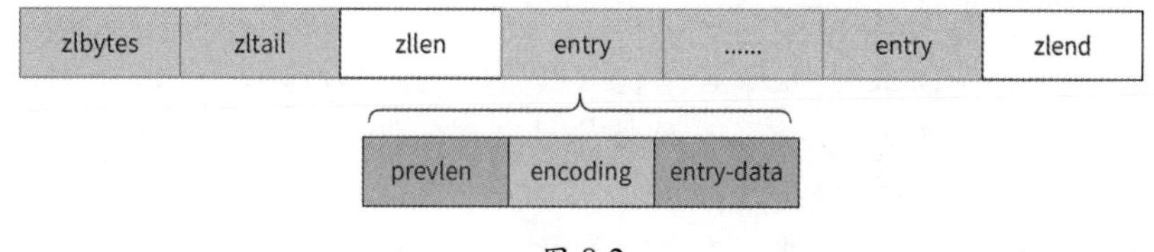

图 8-2

压缩列表的各个部分在内存地址上是连续的，它们的含义分别如下。

（1）zlbytes：4 字节，表示压缩列表占用的内存大小，即字节总数。

（2）zltail：4 字节，表示压缩列表中最后一个条目项（entry）在内存中的偏移量。zltail 可以用于快速定位压缩列表的尾部。

（3）zllen：2 字节，表示压缩列表中条目项的个数。

（4）entry：占用的字节不定，表示一个条目项，其本身也有自己的内部结构。

◎ prevlen：相邻的前一个条目项的字节总数，这个字段的存在是为了使压缩列表可以从后向前遍历。此字段是变长编码形式的，可能占用 1 字节或 5 字节。

◎ encoding：这个字段反映了本条目项 entry-data 的类型和字节数，也是变长编码形式的。它的数值依赖 entry-data 字段存放的数据类型是字符串还是整数，有 9 种情况。具体的数值逻辑较为复杂，Redis 源码 ziplist.c 文件的顶部注释有详细的解释，感兴趣的读者可以仔细阅读一下。

◎ entry-data：这个字段存放真正的数据。

（5）zlend：1 字节，值为 255，压缩列表的结束标记。

Redis 提供了 DEBUG OBJECT 命令来查看一个对象的实际内存字节占用情况。依然以作品维度的计数为例，作品 content_id=123 的计数数据及其内存字节占用情况如图 8-3 所示。

```
$ redis-cli
127.0.0.1:6379> HMSET count_123 comment 1000000 like 1200000 share 500000 forward
600000 collect 300000
OK
127.0.0.1:6379> DEBUG OBJECT count_123
Value at:0x600001654190 refcount:1 encoding:ziplist serializedlength:78 lru:305049
3 lru_seconds_idle:2
```

图 8-3

其中，serializedlength:78 就表示对象的内存字节占用值，即“123”这个作品的计数数据占用 78 字节的内存空间。

一般来说，在一个使用场景中需要统计哪些计数是相对确定的，比如作品维度的计数要统计评论数、点赞数、分享数、转发数和收藏数这 5 个数据。那么，对于每个作品，难道这 5 个 Hash Field 字符串都要重复地占用内存吗？

如果事先知道某个前缀的 Hash Key 包含哪些 Field 以及这些 Field 的顺序，那么甚至根本没有必要存储这些 Field 的名称。比如作品维度的计数，如果事先知道计数系统依次存储了评论数、点赞数、分享数、转发数、收藏数，那么使用一个长度为 5 的 long 类型（长整数类型）数组来保存计数即可，内存占用字节数为 5×8=40 字节，相比于 Redis 原生压缩列表的 78 字节，减少了几乎一半的内存占用。

这就是我们继续优化 Redis 内存占用的基本思路！不过，在进行内存优化前，有些观点还需要解释清楚。

Redis 的压缩列表已经在内存优化上做到了比较极致的设计，但是在我们的计数场景中依然有较大的优化空间。这并不是否定 Redis 的设计，评判一个系统的设计是否足够优秀，要重点考虑这个系统的设计目标。由于 Redis 的压缩列表设计的初衷是在足够通用的前提下尽量节约内存，所以这样的设计已经非常优秀了。我们之所以"鸡蛋里挑骨头"，认为内存依然有优化空间，是因为将 Redis 的使用场景仅仅局限于计数系统而已。

8.3.4　优化内存：定制化 Redis

通常而言，即使是一个海量用户应用，其产品内部的各种业务场景的计数值也远远不会超过 100 亿。即使在极端的情况下有超过 100 亿的计数值，也都会粗略地展示为 100 亿+。而我们都知道，计算机使用 5 字节就已经能表示远超 100 亿的整数了（$2^{40} >> 10\ 000\ 000\ 000$）。所以一个计数仅需要占用 5 字节即可，不需要使用占用 8 字节的 long 数据类型。我们定义这个 5 字节的整数类型为 Int5。

我们可以使用 Int5 类型的数组来存储一组计数，并将这个数组设计成 Redis 的一种新对象类型 CountInt，如图 8-4 所示。CountInt 对象占用的字节总数永远是 5 的整数倍，而 CountInt 对象中每个 Int5 类型计数的含义作为元信息被单独存储在计数元数据中心。

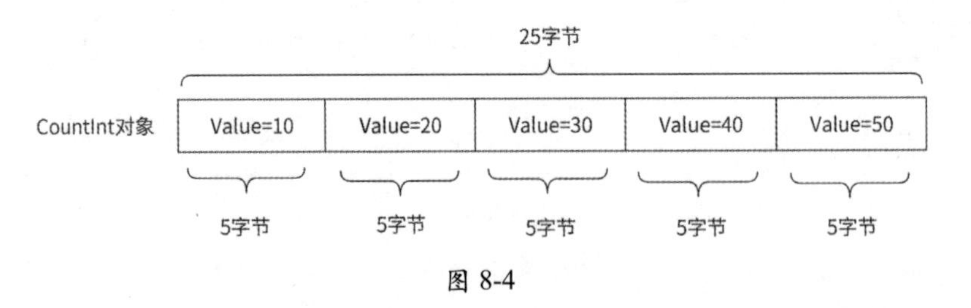

图 8-4

该 CountInt 对象占用一段 25 字节的连续内存空间，包括 5 个 Int5 整数，数值分别为 10、20、30、40、50。通过提供 CountInt 对象，我们实现了一个定制化的 Redis。那么，这个定制化的 Redis 究竟如何在计数系统中工作呢？

首先，计数系统需要提供一个元数据中心，允许业务开发工程师注册自己的使用场景信息，包括唯一的 Redis Key 模式、计数个数、计数数据格式（或称为计数 Schema）。

作品维度的计数在元数据中心被注册为表 8-2 所示的配置。

表 8-2

唯一的 Redis Key 模式	计数个数	计数 Schema
count_content_{%d}	5	1: comment //评论数 2: like //点赞数 3: share //分享数 4: forward //转发数 5: collect //收藏数

用户维度的计数在元数据中心被注册为表 8-3 所示的配置。

表 8-3

唯一的 Redis Key 模式	计数个数	计数 Schema
count_user_{%d}	4	1: following //关注数 2: follower //粉丝数 3: content //作品数 4: hot //热度

而在计数服务的 Redis 存储集群中，每个 Redis 节点本地都缓存了元数据中心的全部已注册场景信息，用于对 Redis CountInt 对象的读/写操作进行语义分析，如图 8-5 所示。

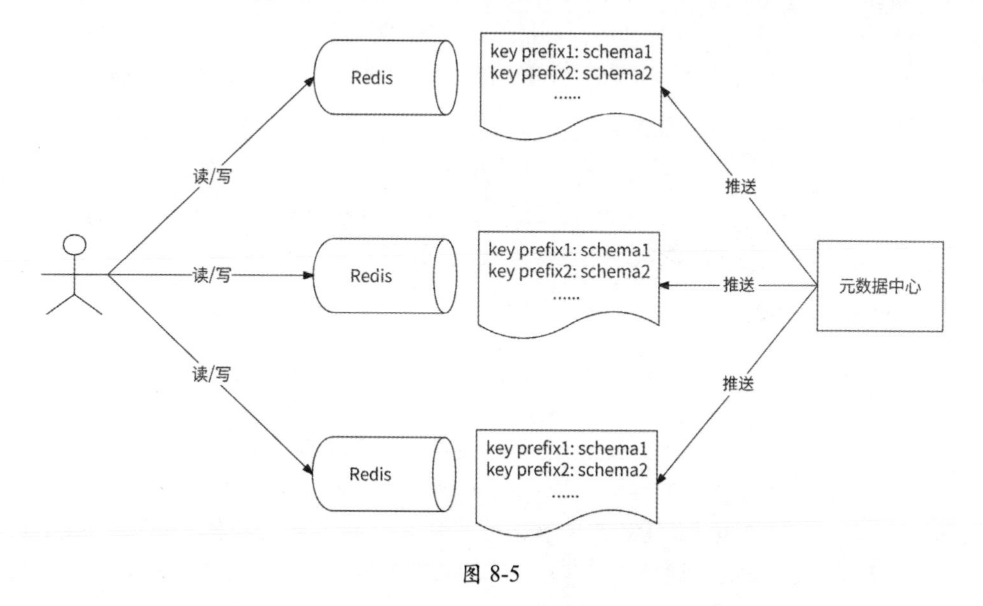

图 8-5

对于作品维度的计数和用户维度的计数，Redis CountInt 对象的内存布局如图 8-6 所示。

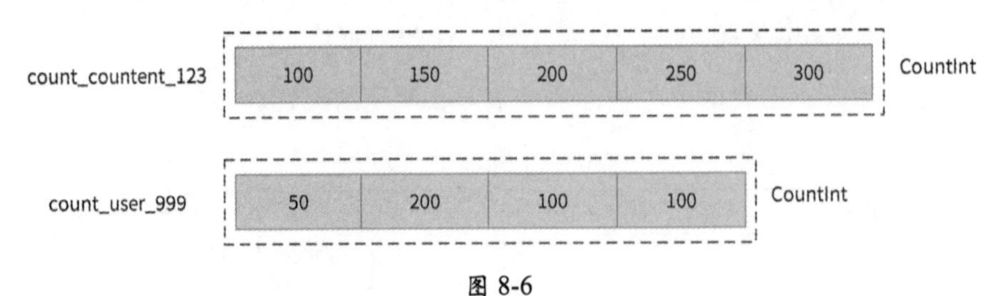

图 8-6

以作品 content_id=123 为例，其 CountInt 对象是一个长度为 5 的 Int5 数组，占用内存大小为 25 字节；5 个 Int5 整数的含义与元数据中心注册的 Redis Key 模式“count_content_{%d}”的 Schema 进行映射后，数据释义为：content_id=123 的作品有 100 条评论、150 个点赞、200 次分享、250 次转发和 300 次收藏。

对于用户 999，其 CountInt 对象是一个长度为 4 的 Int5 数组，占用内存大小为 20 字节；4 个 Int5 整数的含义同样可以被映射到 Redis Key 模式“count_user_{%d}”在元数据中心注册的 Schema，最终数据释义为：用户 999 有 50 个关注、200 个粉丝、100 个作品、100 的热度。

当进行计数修改时，假设某用户对作品 content_id=123 点赞了，计数服务会将“HINCRBY count_content_123 like 1”命令发送到定制化的 Redis 服务器。Redis 服务器在收到这条命令后，会根据 Redis Key“count_content_123”匹配到“count_content_{%d}”模式，于是找到了这条数据的计数 Schema，并得知“like”是这个 Schema 中的第 2 个字段，所以对 count_content_123 对应的 CountInt 对象的第 2 个 Int5 整数进行加 1 操作。

当进行计数读取时，假设某用户阅读了作品 content_id=123，计数服务会将“HGETALL count_content_123”命令发送到定制化的 Redis 服务器。Redis 服务器在收到这条命令后，会读取全部计数数值：100、150、200、250、300，然后根据前缀 count_content_找到其计数 Schema，最后将每个计数依次与 Schema 的定义字段进行关联：

◎ comment = 100；

◎ like = 150；

◎ share = 200；

◎ forward = 250；

◎ collect = 300。

如此一来，每个计数的含义和数值就关联完成了，我们的定制化 Redis CountInt 对象可以像原生 Hash 对象的返回值格式一样将全部计数返回。

通过上述内存优化设计，内存资源的使用效率相比压缩列表有了进一步的提高。比如作品维度的计数，采用 Redis 原生 Hash 对象，压缩列表编码格式占用的实际内存字节数为 78 字节，而采用 CountInt 对象数组结构仅需要占用 25 字节，减少了 53 字节，即节约了高达 68%的内存空间。在亿级用户应用中，一般都有上百亿数据量的作品（新浪微博仅在 2010 年就已经累计超过 20 亿条微博），因此也对应有上百亿的计数数据存储。假设作品数量为 100 亿，采用 Redis 原生 Hash 对象方案需要占用约 730GB 的内存空间，而采用定制化的 Redis 方案，仅需要占用 230GB 的内存空间。如果读者认为采用 Redis 原生 Hash 对象方案也就才占用 730GB 的内存空间，或许不足以反映内存消耗的奢侈，那么我们再试想另一个计数场景：评论的点赞和点踩计数。在一个亿级用户应用中，评论总数可以轻松达到万亿级别，可想而知，采用 Redis 原生 Hash 对象方案来存储计数数据会多么消耗内存资源。

由于定制化的 Redis 方案将各计数维度从数据中独立出来，且对整数字节进行了适度压缩，所以对于使用 Hash 对象来存储多维度计数数据有了较大的内存优化空间。其实不仅是这里示例中的用户维度的计数和作品维度的计数，在各种多维度计数场景中，上述优化方案均不同程度地优于 Redis 原生 Hash 对象方案。

最后，笔者想着重说明的是，定制化 Redis 并不是在任何时候都必须要做的优化工作。为了趋向于极致地节约内存资源，定制化 Redis 有较大的开发工作量，且后期维护成本较高。所以，如果公司的机房内存资源较为富余，则还是直接使用原生 Redis 就好，没有必要大费周折做过多的内存优化。

8.3.5 冷热数据分离

我们通过对 Redis 进行定制化开发优化了内存的使用，但是数据依然被全部存储在内存中。随着应用的用户活跃度长年累月的不断提升，越来越多的数据被存放到内存中，形成了资源与用户活跃度此消彼长的状态，而计数系统并不具备可持续发展的能力。

好在几乎所有的互联网应用都有一个特性：热门数据往往有海量的访问，而冷门数据只有零零星星的访问。我们可以对计数数据准实时地进行 LRU（最近最少访问）和 LFU（最近最频繁访问）计算，将最近被较多地使用、最近被高频访问的计数数据持续存储在 Redis 内存中，而将最近被较少地使用、最近被低频访问的计数数据迁移到相对廉价的磁盘上。

那么，如何在磁盘上存储计数数据？笔者的建议是使用 RocksDB 存储引擎。RocksDB 是一个基于 LSM 树的磁盘 KV 存储引擎，支持单个和批量 Key-Value 的读/写，在分布式数据库、大数据存储引擎、图数据库等应用级数据库的底层都或多或少地使用了 RocksDB 存储引擎。

目前业界有大量兼容 Redis 协议的分布式磁盘 KV 数据库。比如 360 公司的开源项目 Pika，它基于 RocksDB 存储引擎构建，是一种基于磁盘存储且完全兼容 Redis 协议的分布式 KV 存储系统，用于解决 Redis 因存储量巨大而导致内存不够的问题。

冷热数据如何区分，在不同的业务场景中差异较大。比如用户维度的计数，可以认为有较多粉丝、较为活跃的用户是热数据；对于作品维度的计数，可以认为近一年的作品是热数据，发布时间较久的作品是冷数据。

同样，冷热数据如何迁移，也需要深度考虑业务场景后再做出决策。如果计数数据自带时间属性信息，如唯一 ID 是基于时间戳生成的，则可以做自动化的冷热数据分离；而如果计数数据不携带任何时间属性信息，则可能会依赖周期性异步扫描或异步流式计算的方式甄别冷热数据，然后以半自动或纯人工形式进行冷数据向外迁移的工作。

8.3.6　应对过热数据

对计数数据的海量读取请求很好应对，Redis 自带的主从复制功能可以让 Redis 集群中的每个 Redis 服务节点都提供多副本方式的对外数据读取能力。在此基础上，Local Cache 机制也能进一步减少到达 Redis 集群的读取请求数量。

上文中提到，对计数数据也会有海量的更新操作。比如突发的某热点娱乐内容会瞬间引来大量用户“吃瓜”，纷纷点赞、评论、转发、分享，与此内容相关的作品维度计数短时间会有高并发的变更请求涌入，这些请求最终与技术系统中的 Redis 交互时，会使用同样的 Redis Key，即访问同一个 Redis 服务节点，这就有可能给这个 Redis 服务节点带来挂掉的风险。这样的 Redis Key 会形成热点 Key。为了防止出现这种意外情况，我们可以采用异步写和写聚合的方式。

异步写和写聚合需要引入在应对海量写请求时非常常用的一种中间件：消息队列。在进行与热点 Key 相关的计数更新操作时，计数系统并不实际执行计数更新，而是先把请求放入消息队列中后就成功返回了，这就是“异步写”。

接下来，我们创建消息队列的消费者，读取消息队列中的计数更新请求并真正执行 Redis 计数更新命令。同时，我们可以从消息队列中批量读取一定数量的请求，然后将这些请求中指向同一个 Redis Key 的请求聚合成一个 Redis 计数更新命令。下面举一个例子。

假设消费者从消息队列中读取了 10 个计数更新请求，内容分别如下：

◎ HINCRBY count_content_123 like 1;
◎ HINCRBY count_content_123 like 1;
◎ HINCRBY count_content_123 comment 1;
◎ HINCRBY count_content_123 like 1;

◎ HINCRBY count_content_123 comment 1;
◎ HINCRBY count_content_123 share 1;
◎ HINCRBY count_content_123 comment 1;
◎ HINCRBY count_content_123 like 1;
◎ HINCRBY count_content_123 share 1;
◎ HINCRBY count_content_123 like 1。

这 10 个计数更新请求均指向同一个 Redis Key“count_content_123”,其中有 5 个点赞、3 次评论、2 次分享。我们可以把这些请求改写为一个 Lua 脚本形式的计数更新请求:

```
1. EVAL "
2. redis.call('hincrby', 'count_content_123', 'like', 5);
3. redis.call('hincrby', 'count_content_123', 'comment', 3);
4. redis.call('hincrby', 'count_content_123', 'share', 2)
5. " 0
```

此 Lua 脚本有 3 个 Redis 命令，分别用于为点赞数加 5、为评论数加 3、为分享数加 2，与上述 10 个计数更新请求的最终效果相同。Redis 服务器最终会将 Lua 脚本作为一个写请求来处理。

将对同一份数据的多个写请求聚合为一个写请求，降低了写请求量级，这就是“写聚合”。写聚合机制直接依赖批量数据是否可被聚合：在无热点数据的时候，在从消息队列批量获取的写请求中，目标数据的差异性较大，写请求聚合的可能性不大，不会有明显的减少请求的效果；但是在有明显热点数据的时候，在从消息队列批量获取的写请求中，有较多的请求可能指向相同的目标数据，写请求聚合的可能性较大，能较为明显地起到减少写请求的作用。

8.3.7 计数服务架构图

至此，计数服务的计数要点都已经讲清楚了。接下来，我们可以画出完整的架构图，如图 8-7 所示。

图 8-7 中各个组成元素的作用如下。

◎ 计数服务（Counter Service）：对外提供服务，承接计数的读取与更新逻辑，直接同步与 Redis 集群交互，或者作为消息队列的生产者，实现计数更新的异步写。
◎ 消息队列（Message Queue）：消息队列组件，负责异步写请求的接收与分发。
◎ 计数更新（Counter Updater）：消息队列的消费者，用于接收消息队列中的异步写请求，做写聚合后请求计数存储集群。
◎ Redis Proxy：提供计数存储集群，是 Redis 集群与分布式磁盘 KV 数据库对外提供服务的总代理。

◎ 在线 Redis 集群：存储全部计数数据并对外提供计数读/写能力。如果已做数据冷热分离，则主要存储最近一年活跃的、比较热门的数据。

◎ 冷数据分布式 KV 存储系统：存放冷数据，对外提供计数读/写能力。

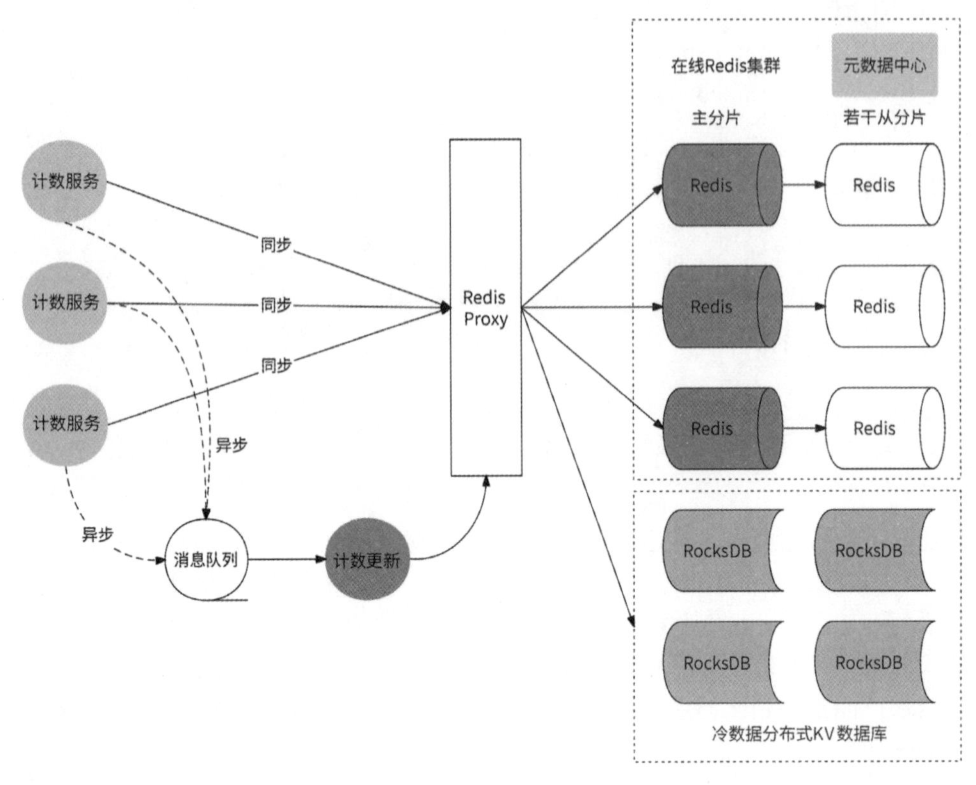

图 8-7

8.3.8　计数服务的适用范围

计数服务广泛适用于各种需要大数据统计才能精确得出具体数值，大数据平台却难以做到实时统计和展示的业务场景，比如用户对某作品的点赞数、用户的粉丝数等。在这些业务场景中，用户的展示请求量和用户的更新请求量往往很大，而且对具体数值的精确性要求没有那么严格。虽然计数服务名为“计数”，但并不是任何数值形式的业务场景都适合使用计数系统，一个非常典型的例子就是用户钱包账户。虽然用户钱包账户余额也是一个数字，但是对此数字的精确性要求和并发访问请求量与普通的计数数据差别巨大。一方面，账户数据是用户的核心资产，多一分钱、少一分钱都会很容易牵动用户的神经，这类数据在任何时候都需要强一致性机制来保证正确性；另一方面，账户数据的访问权限仅限于用户自己，请求量微乎其微，踏踏实实地使用支持事务的关系型数据库来维护这类数据才是正解。

8.4 本章小结

本章详细介绍了一个海量用户应用的计数数据的来龙去脉。

首先解释了计数数据和数据记录为什么应该分开存储，需要单独设计专门的计数服务；然后结合各种存储选型的优劣，选择最适合的计数数据存储系统 Redis；接下来通过对 Redis 内存存储底层原理的调研，定制化 Redis 设计，实现冷热数据分离，大大减少了 Redis 的内存占用；最后根据计数数据的特点，从高并发的角度做出适当的优化，最终提炼出一个高性能、高可用的通用计数服务。

需要强调的是，计数服务不可滥用，仅适合对计数的精确性要求不是非常严格的场景。

第 9 章 排行榜服务

本章我们介绍一个看似简单但又复杂、极为常见的排行榜服务的设计。本章的学习路径如下。

◎ 9.1 节介绍排行榜的应用场景。

◎ 9.2 节介绍排行榜技术的特点，便于我们做合适的技术选型。

◎ 9.3 节介绍最常见的 Redis ZSET 排行榜方案，并剖析其中的具体技术细节。

◎ 9.4 节介绍粗估排行榜的实现方案。

◎ 9.5 节介绍精确排名与粗估排名结合的超长排行榜的实现方案。

本章关键词：存储选型、ZSET、粗估排名、线段树。

9.1 排行榜的应用场景

排行榜在互联网产品中应用非常广泛，下面列举几个常见的应用场景。

◎ 游戏排行榜：游戏排行榜是游戏中很重要的组成部分，玩家通过游戏排行榜能够相互比较，并且能够获得一些游戏道具奖励。游戏排行榜通常采用的是分数排名，而排名的计算需要使用排序算法或其他比较算法。因此，游戏排行榜可激励玩家参与更多的游戏，提高游戏的互动性。

◎ 商品排行榜：在电商平台中，商品排行榜通常可以让消费者快速了解当前最热门商品的信息，从而方便其做出购物决策。而且，排行榜上的商品也有较高的销售量，对促进销售起到了一定的作用。

◎ 视频排行榜：视频网站可以根据用户的点击量、分享量、评论量等指标生成热门视频排行榜，有助于视频的推广和广告展示。

◎ 社交排行榜：在社交类应用中包含大量的社交排行榜，一般通过计算用户的活跃度、关注度等指标生成。常见的社交排行榜包括明星的粉丝数、社交平台的活跃用户量等。

综上所述，互联网应用提供排行榜功能可以对关键信息起到增强曝光的作用，并且可以在一定程度上提高用户的活跃度、参与度，从而促进互联网产品的发展。

9.2 排行榜技术的特点

与现实生活中的排行榜不同，互联网应用中的排行榜一般具有如下特点。

◎ 曝光量大：一个成功的排行榜会受到大量用户的关注，这是一个自带流量的功能场景，会带来高并发读取排行榜的请求。

◎ 竞争激烈：为了获得流量优势和排名靠前的奖励，排行榜可能受到参与者的激烈竞争，这就要求排行榜服务能应对高并发的写请求。

◎ 实时变化：不同于考试结果排名，互联网应用中排行榜的排名情况在实时变化，参与者会随时关心自己的最新名次。

◎ 周期滚动：排行榜可能以月、周、天、小时甚至分钟为周期滚动排名。

所以，在排行榜的技术实现方面，要重点考虑高并发读/写、实时展示最新排名，以及可以轻松支持周期滚动的能力。在设计排行榜服务时，首先要考虑的问题是使用什么存储系统来维护排行榜。假如使用关系型数据库的话，因为它对高并发读/写的支持较弱，而且为了支持按照积分排序，在关系型数据库中需要根据积分字段，使用 SELECT 语句的 ORDER BY 子句来实现。而该方式具有如下缺点。

◎ 性能开销：在有大量数据的情况下，排序操作会耗费大量的系统资源和处理时间，尤其是当需要进行多字段排序或者排序字段的数据类型不同时，查询效率更低。

◎ 磁盘 I/O：当需要对大量数据进行排序时，可能要使用临时表或者磁盘存储技术，使排序操作不再全部运行在内存中，而这需要进行大量的磁盘读/写操作，从而导致性能降低，查询的响应时间变长。

所以，实现排行榜不太适合使用关系型数据库。排行榜是按照积分排序的，因此很容易让人想到 Redis 的 ZSET 数据结构。ZSET 是一种有序集合形式，该集合由 Member 组成，每个 Member 都有一个 Score（积分），集合会按照 Score 自动排序。所以，目前 Redis ZSET 便成为实现排行榜的首选。

9.3 使用 Redis 实现排行榜

在选定 Redis ZSET 数据类型后，我们开始一步步分析如何实现一个支持高并发读/写的排行榜服务。

9.3.1　使用 Redis ZSET

一个 ZSET 对象代表一个具体的排行榜，其中存储了用户 ID 和用户积分。

◎ Key，排行榜名称，用于区分不同的排行榜。

◎ Member，存储用户 ID，作为排行实体。

◎ Score，存储用户积分，便于实现按照积分排序的功能。

对于排行榜更新，可以执行“ZINCRBY key score member”命令，此命令用于向 ZSET 中的某个 Member 增加 Score。假设 ID 为 999 的用户在角逐以千米数为积分的“跑步英雄（run_hero）”排行榜，他在某天跑了 10 千米，于是需要执行如下命令为其在排行榜上加 10 分：

```
ZINCRBY run_hero 10 999
```

ZINCRBY 命令保证：如果 member=999 不在 ZSET run_hero 中，则将其作为新成员加入并设置初始 score=10；否则，为其已有的 Score 增加 10，正好满足排行榜的要求。

对于排行榜读取，可以使用“ZREVRANGE key start top WITHSCORES”命令，此命令可以按照 Score 从大到小的顺序返回 Member 和对应的 Score。其中，start 表示从排名为 start+1 的 Member 开始查询，top 表示到排名为 top+1 的 Member 结束查询，WITHSCORES 表示展示每个 Member 对应的积分。获取“跑步英雄”排行榜详情的命令如下：

```
ZREVRANGE run_hero 0 -1 WITHSCORES
```

start=0 表示从 Score 最高的 Member 开始查询，top=–1 表示查询整个 ZSET 对象。

如果要分页读取排行榜，那么通过 start=(当前页数–1)×页大小，top=start+页大小–1 就可以实现。假设“跑步英雄”排行榜以 50 个用户为一页进行分页展示，那么对于第 3 页数据，可以通过执行如下命令获取：

```
ZREVRANGE run_hero 100 149 WITHSCORES
```

如果要查询某用户的具体排名，则可以使用“ZREVRANK key member”命令，此命令会获取指定 Member 在 ZSET 中按照 Score 从大到小排列的名次。不过，偏移量是从 0 开始的，所以需要将所获取到的结果加 1 作为排行榜的名次。需要注意的是，ZREVRANK 命令不返回 Member 的 Score。如果需要在查询用户 ID=999 的排名时获取到他的积分，则只能额外运行一个 ZSCORE 命令：

```
ZSCORE run_hero 999
```

使用 Redis ZSET 结构不仅可以满足排行榜的基本要求，而且 Redis 性能足够高，一个看似满足高并发读/写的排行榜服务就这么简单地实现了。为什么说“看似”？因为这种方式存在两个问题，即幂等更新和同积分排名处理。

即使要实现周期滚动排行榜也很容易，可以在 ZSET Key 上插入周期数来区别同一排行榜的不同周期排名。比如“跑步英雄”排行榜是按日来统计的（即“每日跑步英雄”排行榜），那么可以约定将此排行榜的首次上线时间作为起始时间 baseTime（如 2023 年 1 月 1 日 0 点开启“每日跑步英雄”排行榜，时间戳为 1672502400），ID 为 999 的用户在完成一次 10 千米的跑步后，需要根据当前时间计算出需要更新的排行榜周期：

```
period = (currentTime - 1672502400) / 86400 + 1
```

86400 是一天的总秒数，所以计算出的 period 是自 2023 年 1 月 1 日开始的“每日跑步英雄”排行榜的周期，对应需要更新的 ZSET Key 为 run_hero_{period}。

◎ 用户在 2023 年 1 月 1 日跑步，需要更新的排行榜 ZSET Key 为 run_hero_0。
◎ 用户在 2023 年 1 月 3 日跑步，需要更新的排行榜 ZSET Key 为 run_hero_2。
◎ 用户在 2023 年 2 月 5 日跑步，需要更新的排行榜 ZSET Key 为 run_hero_35。

当用户请求获取某排行榜的详情时，可以使用相同的方式计算出对应的 ZSET Key，所以用户可以获取到当前时间所在周期的排行榜。对于分钟、小时、周等其他周期，可以采用类似的处理方式来实现排行榜的滚动。

我们可以看到 ZSET 数据结构天然适合实现排行榜服务，但是上述实现思路还有两个问题没有考虑，即更新非幂等和同积分用户排名。

9.3.2 幂等更新

直接使用 ZINCRBY 的缺点是排行榜更新不具有幂等性。如果排行榜服务的上游调用者在更新排行榜时遇到网络超时而选择重试，那么就可能会导致用户积分被重复累计，最终引发其他用户对排行榜公平性的抱怨。

我们可以要求上游调用者为每个更新排行榜的请求都提供一个分布式唯一 ID 作为请求 ID，排行榜服务在收到更新请求后，先在 Redis 中查询是否已保存此请求 ID，如果没有保存，则执行更新排行榜的操作，并将请求 ID 保存到 Redis 中，从而实现排行榜更新的幂等性。

对于已更新过排行榜的请求 ID，使用 String 对象保存，其中：

◎ Key 为“{ZSET Key}_{请求 ID}”，即待更新排行榜 ZSET Key 与请求 ID 的组合。这样可以防止一个请求在更新排行榜时被幂等性逻辑误判为已执行而过滤掉；
◎ Value 可以是任意值。

使用 SETNX 命令可以实现在 Redis 中查询请求 ID 是否存在，如果不存在，则保存。比如“跑步英雄”排行榜：

```
SETNX run_hero_reqID 0
```

如果一个排行榜写并发较高，那么使用 Redis 存储全量更新排行榜请求 ID 会占用大量的存储空间。不过，重复更新请求基本上是上游调用者短时间内的重试请求，这意味着此时即使在 Redis 中能查询到对应的请求 ID，这个请求 ID 也是最近才被写入的。所以，我们并不需要保存全量请求 ID，只需要保存最近一段时间（如 10min）的请求 ID，也就是为 String 对象设置 10min 的过期时间即可。

为了实现使用 SETNX 命令增加过期时间，将上一个 SETNX 命令改写如下：

```
SET run_hero_reqID 0 EX 600 NX
```

于是，排行榜服务在处理更新请求时，会请求 Redis 先执行 SET 命令，再执行 ZINCRBY 命令。需要注意的是，这两个命令的执行需要满足原子性：要么都执行，要么都不执行。如果不满足原子性，则可能出现图 9-1 所示的情况。

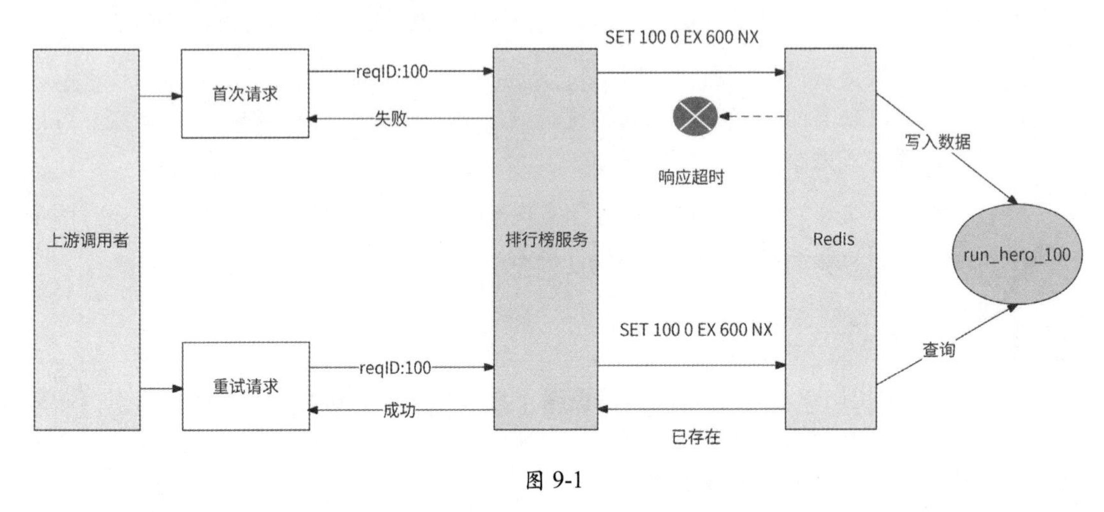

图 9-1

其流程如下。

（1）上游调用者请求更新“跑步英雄”排行榜，请求 ID 为 100。这是首次请求。

（2）排行榜服务先请求 Redis 执行 SET 命令，检查 run_hero_100 是否存在。

（3）Redis 发现 run_hero_100 不存在，于是保存此 Key。

（4）Redis 在响应排行榜服务时遇到网络抖动，导致响应超时。

（5）上游调用者认为更新排行榜请求失败，于是再次发起请求。这是重试请求。

（6）排行榜服务同样先请求 Redis 执行 SET 命令，检查 run_hero_100 是否已存在。

（7）Redis 查询到 Key 为 run_hero_100 的数据，于是告知排行榜服务。

（8）排行榜服务认为此请求已经成功执行，于是为了保证幂等性而直接响应上游调用者：已成功更新。

实际上，这个更新请求从未真正更新排行榜，这是因为对于首次更新请求，虽然已经成功在 Redis 中执行了 SET 命令，但未执行 ZINCRBY 命令，从而导致重试请求被误判为已执行而被过滤掉。好在 Redis 支持运行 Lua 脚本，我们可以为 SET 命令和 ZINCRBY 命令的原子性执行编写如下 Lua 脚本：

```
    local res = redis.call('SET', KEYS[1] .. '_' .. ARGV[1], '0', 'EX', '3600', 'NX')
// 幂等性检查
    if res ~= false then
       redis.call('ZINCRBY', KEYS[1], ARGV[2], KEYS[2]) // 更新积分
    end
    return 0
```

排行榜服务请求 Redis 在执行此 Lua 脚本时，传入 KEYS={排行榜名称，用户 ID}，ARGV={请求 ID，新增积分值}来实现排行榜更新的幂等性。

需要说明的是，此时的幂等性并不是真正的幂等性。由于引入了请求 ID 的过期时间，幂等性被局限为在过期时间内幂等，即上述例子保证的是同一排行榜更新请求在 10min 内幂等。不过，这种实现虽然不满足严格的幂等性，但是已经可以覆盖大部分重复更新的场景，我们可以近似地认为其满足幂等性。

9.3.3 同积分排名处理

对于相同 Score 的 Member，ZSET 进一步按照 Member 字典序排序，这就意味着当 ZSET 充当排行榜时，如果有多个用户积分相同，那么用户 ID 字典序更大的用户排名会更靠前，这是违反用户直觉的。比如在“每日跑步英雄”排行榜中：

（1）早晨 8 点，ID 为 1111 的用户跑步 20 千米，其排行榜积分为 20，且位于排行榜第一名。

（2）当天早晨 8 点到中午 12 点之间，没有其他用户跑步达到 20 千米，1111 用户继续维持第一名。

（3）当天中午 12 点，ID 为 2222 的用户也跑步 20 千米，其排行榜积分也为 20。由于“2222”的字典序大于“1111”，因此 ZSET 会将 2222 用户排在 1111 用户之前，于是 2222 用户成为第一名，而 1111 用户被排到第二名。

（4）1111 用户查看排行榜，发现自己排名下降到第二名，且把自己顶掉的用户只不过和他跑的千米数相同而已。

（5）1111 用户大为不解，于是向产品方提交用户反馈：为什么 2222 用户跟我打了平手，排名却比我高，而且我还比他早一步达到 20 这个分数？

实际上，符合大部分排行榜的自然逻辑都应该是积分相同时，先达到此积分的用户排名应该更高，这样才符合用户对排行榜功能的预期。所以，排行榜需要有一个隐藏的特性：当积分相同时，自动按照时间先后顺序做二次排序。

虽然 ZSET 不支持按照更新时间排序，但是由于 ZSET 中的 Score 是浮点数类型的，我们可以让 Score 的整数部分存储积分，让小数部分存储积分更新时间戳。这样一来，积分更高的用户依然排名更高，而积分相同的用户可以进一步按照更新时间排序。为了实现当积分相同时按照时间先后排序，Score 的小数部分存储的值应该保证先到者大于后到者，所以这里存储的时间戳不能是更新排行榜时的系统当前时间戳，因为系统时间戳的值随着时间在不断增加，与我们的要求是相反的。我们可以预设一个未来时间作为基准值（比如 2050 年 1 月 1 日 0 点整，时间戳为 2524579200），将基准值减去更新排行榜时的系统当前时间戳的值作为小数部分的更新时间戳：

```
update_time = 2524579200 - current_time
```

这样就实现了先到者的更新时间大于后到者的效果。最终 Score 浮点数由用户积分和更新时间戳组成，如图 9-2 所示。

图 9-2

由于每次更新排行榜时都要在 Score 的小数部分记录更新时间戳，所以就不能再使用 ZINCRBY 了。因为 ZINCRBY 只会对积分累加，而无法重写小数部分。更新排行榜只能被拆分成如下几步。

（1）使用 ZSCORE 命令获取用户的当前积分，并截取其整数部分，这是用户的真实积分。

（2）将用户积分与此次更新的积分求和，作为积分更新后的整数部分。

（3）将更新时间戳的值转换为小数，比如将 12345 转换为 0.12345，作为积分更新后的小数部分。

（4）使用 ZADD 命令将整数部分与小数部分组合成最终的积分写入排行榜。

对应的 Lua 脚本如下：

```
    local res = redis.call('SET', KEYS[1] .. '_' .. ARGV[1], '0', 'EX', '3600', 'NX')
// 幂等性检查
    if res ~= false then
        local current_score = redis.call('ZSCORE', KEYS[1], KEYS[2]) // 获取用户的当前积分
```

```
    local integer = 0 // 整数部分。如果用户不存在，则其为 0
    if current_score ~= false then
        integer = math.floor(current_score)     // 如果用户存在，则截取整数部分
    end
    integer = integer + ARGV[2]                 // 更新整数部分，即更新积分
    local timestamp = '0.' .. ARGV[3]           // 将更新时间戳的值转换为小数
    local score = integer + timestamp           // 将整数部分与小数部分组合为浮点数
    redis.call('ZADD', KEYS[1], score, KEYS[2])  // 使用 ZADD 重置用户积分
end
return 0
```

运行 Lua 脚本，参数 KEYS={排行榜名称，用户 ID}，ARGV={请求 ID，新增积分值，更新时间戳}。更新排行榜最终需要使用 3 个命令：使用 SET 命令保证幂等性，使用 ZSCORE 命令获取当前积分，使用 ZADD 命令重写积分。

9.3.4 服务设计

在解决了幂等更新和同积分排名处理这两个问题后，我们就可以设计完整的排行榜服务了。

首先是协议部分。排行榜服务提供了 3 个核心接口，对应的 Thrift 协议如下：

```
namespace go ranking

// 排行榜的单个条目
struct RankItem {
    1: required i64 Rank, // 名次
    2: required i64 UserId,
    3: required i64 Score,
}

// 响应内容
struct BaseResponse {
    1: required i32 Code, // 是否响应成功
    2: string ErrMsg, // 错误原因
}

// 更新排行榜请求
struct UpdateRankingReq {
    1: required string Name, // 排行榜名称
    2: required i64 UserId,
    3: required i64 Score,
    4: required i64 ReqId, // 请求 ID
}

// 更新排行榜响应
struct UpdateRankingResp {
    1: BaseResponse baseResp,
```

```
}
// 获取排行榜列表请求
struct GetRankingListReq {
    1: required string Name, // 排行榜名称
    2: i64 PageNo, // 分页请求，请求第几页数据
    3: i64 PageSize, // 分页请求，一页展示排行榜的几个成员
}

// 获取排行榜列表响应
struct GetRankingListResp {
    1: BaseResponse baseResp,
    2: list<RankItem> rankingList,
}

// 获取排行榜上某用户的名次请求
struct GetRankReq {
    1: required string Name, // 排行榜名称
    2: required i64 UserId,
}

// 获取排行榜上某用户的名次响应
struct GetRankResp {
    1: BaseResponse baseResp,
    2: required i64 Rank,
    3: required i64 Score,
}

service RankingService {
    UpdateRankingResp UpdateRanking(1: UpdateRankingReq req) // 更新排行榜
    GetRankingListResp GetRankingList(1: GetRankingListReq req) // 获取排行榜列表
    GetRankResp GetRank(1: GetRankReq req) // 获取排行榜上某用户名次
}
```

然后是各个接口的处理逻辑部分。其 Go 语言核心代码如下：

```
type RedisRankingService struct{}

// 更新排行榜
func (r *RedisRankingService) UpdateRanking(ctx context.Context, req
*ranking.UpdateRankingReq) (resp *ranking.UpdateRankingResp, err error) {
    // 创建幂等更新排行榜的 Lua 脚本
    script := `
        local res = redis.call('SET', KEYS[1] .. '_' .. ARGV[1], '0', 'EX', '50', 'NX')
        if res ~= false then
            redis.call('ZINCRBY', KEYS[1], ARGV[2], KEYS[2])
        end
        return 0
    `
    // 运行脚本，KEYS={排行榜名称, 用户 ID}，ARGV={请求 ID, 待更新积分}
    result := redisClient.Eval(ctx, script, []string{req.GetName(),
```

```
strconv.FormatInt(req.GetUserId(), 10)},
            []string{strconv.FormatInt(req.GetReqId(), 10),
strconv.FormatInt(req.GetScore(), 10)})

        err = result.Err()
        resp = ranking.NewUpdateRankingResp()
        resp.BaseResp = ranking.NewBaseResponse()
        if err != nil {
            resp.BaseResp.Code = -1
            resp.BaseResp.ErrMsg = err.Error()
        }
        return
    }

    // 读取排行榜列表，支持分页
    func (r *RedisRankingService) GetRankingList(ctx context.Context, req
*ranking.GetRankingListReq) (resp *ranking.GetRankingListResp, err error) {
        pageNo := req.GetPageNo()
        var start, top int64
        if pageNo == 0 {
            // 不分页时，获取完整的排行榜数据
            start = 0
            top = -1
        } else {
            // 分页时，获取指定区间的数据
            start = (pageNo - 1) * req.GetPageSize()
            top = start + req.GetPageSize() - 1
        }
        // 请求 ZREVRANGE key start top WITHSCORES 命令
        result := redisClient.ZRevRangeWithScores(ctx, req.GetName(), start, top)

        err = result.Err()
        resp = ranking.NewGetRankingListResp()
        resp.BaseResp = ranking.NewBaseResponse()
        if err != nil {
            resp.BaseResp.Code = -1
            resp.BaseResp.ErrMsg = err.Error()
        } else {
            // 获取 ZSET 结果，拼接返回值
            for index, memberItem := range result.Val() {
                userId, _ := strconv.ParseInt(memberItem.Member.(string), 10, 64)
                score := int64(memberItem.Score)
                resp.RankingList = append(resp.RankingList, &ranking.RankItem{
                    Rank:   int64(index + 1),
                    UserId: userId,
                    Score:  score,
                })
            }
        }
        return
```

```
    }

    // 获取某用户的排名和积分
    func (r *RedisRankingService) GetRank(ctx context.Context, req
*ranking.GetRankReq) (resp *ranking.GetRankResp, err error) {
        // 执行 ZREVRANGE 命令获取排名
        // 执行 ZSCORE 命令获取积分
        // 这两个命令使用 Lua 脚本依次执行，脚本返回值是排名和积分
        script := `
        local rank = redis.call('ZREVRANK', KEYS[1], KEYS[2])
        local result = {}
        if rank ~= false then
           local score = redis.call('ZSCORE', KEYS[1], KEYS[2])
           result = {rank, math.floor(score)}
        else
           result = {-1, 0}
        end
        return result
        `
        // 运行脚本，KEYS={排行榜名称, 用户 ID}
        result := redisClient.Eval(ctx, script, []string{req.GetName(),
strconv.FormatInt(req.GetUserId(), 10)}, nil)
        err = result.Err()
        resp = ranking.NewGetRankResp()
        resp.BaseResp = ranking.NewBaseResponse()
        if err != nil {
           resp.BaseResp.Code = -1
           resp.BaseResp.ErrMsg = err.Error()
        } else {
           // 获取脚本运行结果
           arr := result.Val().([]interface{})
           rank, score := arr[0].(int64), arr[1].(int64)
           resp.Rank = rank + 1 // ZSET 排名结果加 1，将其作为排行榜排名
           resp.Score = score
        }
        return
    }
```

整体来说，选择 Redis ZSET 结构实现排行榜通常被认为是一种高效且可靠的方案，这种选择具有如下优势。

◎ 自动排序：ZSET 会自动按照 Score 对 Member 排序，这使得其成为实现排行榜的理想数据结构。

◎ 高性能：ZSET 底层使用跳跃表实现有序集合，数据的插入、删除、查询的时间复杂度都为 $O(\log N)$，读/写效率都很高。

◎ 高并发：Redis 服务器天然支持高并发读/写，而且主从模式架构能进一步满足高并发读取的需求，符合排行榜高度曝光的特点。

因此，笔者强烈推荐使用这种方案来实现排行榜。当然，它也存在如下一些缺点。

◎ 存储限制：这是 Redis 的主要缺点。虽然 Redis 支持数据持久化，但毕竟 Redis 是使用内存构建 ZSET 的，而内存是稀缺资源，当排行榜条目达到一定规模时，可能会出现内存不足的情况。我们需要保证 Redis 所在的物理机有充足的内存空间。
◎ 大 Key 问题：如果排行榜条目较多，那么很多人会质疑，使用 ZSET 将产生大 Key，进而对 Redis 的性能产生影响。

9.3.5 关于大 Key 的问题

Redis 的每种数据结构对大 Key 的定义都不同：

◎ String 类型数据，长度超过 10KB 则被认为是大 Key。
◎ ZSET、Hash、List、Set 等集合类型数据，成员数量超过 10000 个即被认为是大 Key。

对大 Key 的定义也不是绝对的，主要根据 Value 的成员数量和所占用的字节总数来确定。每个公司都有不同的大 Key 标准。之所以要定义大 Key，因为 Redis 是单线程工作模型，只有在一个命令处理完后才会串行处理下一个命令，而大 Key 可能会造成 Redis 的性能损耗：

◎ 在读取大 Key 时，会占用更多的 CPU 资源和更大的网络带宽；
◎ 删除大 Key 耗时严重，可能阻塞线程，造成其他请求大量超时；
◎ 大 Key 有时也是热点 Key，热点 Key 会造成大量的写请求访问同一个 Redis 实例，可能会影响稳定性。

假设有一个由 5000 万个用户参与的排行榜，即 ZSET 的成员数量最多为 5000 万个，那么这个排行榜在 Redis 中可以算作一个大 Key。接下来，我们逐一分析上面提到的 Redis 性能损耗问题。

首先是读取大 Key 的问题。在任何一个产品的逻辑上，对 5000 万个用户的排行榜都不可能有一次性展示全部用户排名的需求，而是要分页展示，如每页展示 100 个用户排名。使用 ZREVRANGE 命令展示连续 M 个用户排名，时间复杂度仅为 $O(\log(N)+M)$，其中 N 为 ZSET 的成员数量，这并不会占用多少 CPU 资源与网络带宽。

然后是删除大 Key 的问题。Redis 官方也注意到这个问题，并在 Redis 4.0 中正式推出了惰性删除（lazyfree）策略——Redis 在决定删除某个 Key 时，采用异步方式延迟释放此 Key 使用的内存，即将该操作交给单独的子线程 BIO(Backgroup I/O)进行处理，避免 Redis 主线程在删除大 Key 时被长期占用而影响系统的稳定性。这样一来，这个问题已经不再是问题了。

最后是热点 Key 的问题。如果排行榜激发了大量用户的参与欲望，那么确实可能产生高并发的排行榜更新请求，最终这些请求都会访问同一个 Redis 实例。

如果产品并不要求更新排行榜的效果被实时地展示在排行榜读取请求中，那么可以采用消息队列对高并发的更新请求进行削峰——将更新排行榜的事件发送到消息队列，然后由排行榜服务按部就班地拉取这些事件并更新排行榜，这样就可以使得排行榜服务按照单个 Redis 实例实际的处理能力来更新排行榜。

如果产品要求实时性，则可以将 ZSET 排行榜拆分为多个子 ZSET 排行榜（比如 10 个），其中用户 ID 尾号为 0 的用户在第 1 个 ZSET 排行榜中排名，用户 ID 尾号为 1 的用户在第 2 个 ZSET 排行榜中排名，以此类推，这样就可以将高并发的更新排行榜请求打散到 10 个 Redis 实例中，防止出现单个 Redis 实例无法应对更新请求的风险。此时读取排行榜是一个合并操作：如果要读取前 100 名用户，则需要先读取 10 个子 ZSET 排行榜的前 100 名，然后进一步合并筛选出真正的前 100 名，读取排行榜产生了 10 倍的读放大。将排行榜拆分成几个子排行榜，要根据读/写请求量进行综合权衡。

综上所述，即使是几千万个用户角逐的排行榜，使用 ZSET 也不会遇到太大的问题。事实上，Redis 理论上支持 ZSET 存储 $2^{31}-1$ 个成员，即大约 42 亿个。如果公司的 Redis 内存足够大，那么即使存储半个地球的用户也绰绰有余。笔者认为，我们不应该因为 ZSET 排行榜存储了几千万个用户排名就武断地认为这会影响 Redis 的性能。笔者的线上实战经验表明，这个成员数量级的 ZSET 的性能表现没有明显劣化。至于 ZSET 存储几亿个成员时性能表现如何，笔者只能持保留意见，因为这样的需求罕见。

9.4　粗估排行榜的实现

由于担心大 Key 会对 Redis 的性能产生影响，所以你所在公司的 Redis 维护团队可能会强行限制在使用 Redis 时，单个 ZSET 的大小不能超过 10000 或其他阈值。这时确实没有办法使用一个 ZSET 实现百万人、千万人的排行榜，只能另辟蹊径。

我们先分析排行榜产品的特点。一个几千万人参与的排行榜，前几百名之后的用户会在乎他是第 80001 名还是第 80002 名吗？实际上，这些尾部用户最多会关心其大致排名是怎样的，当他有朝一日跻身彰显名次的头部位置时，才会对名次和与上一名的差距精打细算。

于是，我们就有了一个初步的想法：前 N 名用户使用 ZSET 精确排名，其他用户粗估排名。现在问题就可以聚焦到如何实现海量用户的粗估排名上了。

9.4.1　线段树

如果放宽对排名精度的要求，那么可以通过分段思想来释放排行榜所需的大量存储空间：把积分按固定范围分成多个等长的分段，每个分段都保存当前积分处于此分段的用户数量，如图 9-3 所示。

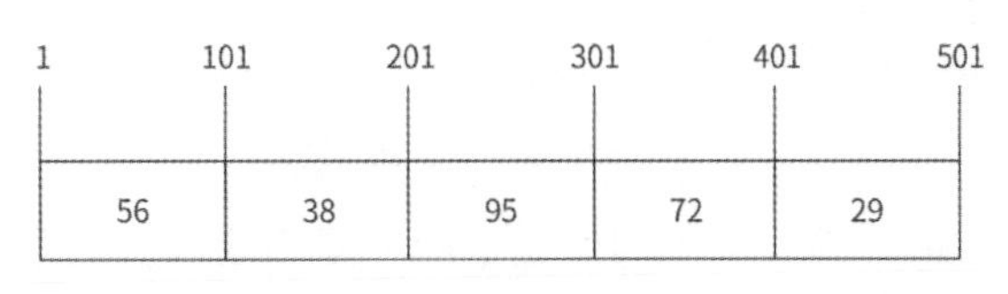

图 9-3

请看图 9-3，假设排行榜积分上限是 500，现在将排行榜分为 5 个分段，其中第 1 个分段存储积分在[1, 100]范围的用户数量，第 2 个分段存储积分在[101, 200]范围的用户数量。假设某用户目前积分为 150，分段粗估此用户排名的过程如下。

（1）从最高分段开始向前遍历，直到找到此用户的积分所在的分段[101, 200]。

（2）在遍历过程中，将高分段人数累加求和，即 95+72+29=196，这是积分大于 200 的用户总数。

（3）在[101, 200]分段中计算此用户的预估排名。因为假设分段中所有的用户积分都是均匀分布的，所以积分为 150 的这个用户在此分段中的排名为(200−150)×38÷100=19。

（4）更高分段中的人数总和与此用户在[101, 200]范围的排名相加，得到其最终排名为 196+19=215。

可以看到，所谓的粗估排名就体现为假设每个分段中的用户积分都是均匀分布的，所以分段的长度直接决定了排名的精度，长度越短，精度越高，但是分段数目也越多。

如果分段数目较多，那么从最高分段遍历就不太合适了，这个时间复杂度为 $O(N)$的操作会降低查询效率。在这个场景中适合的数据结构是线段树，它以二叉树的形式维护多个分段，并可以在 $O(\log N)$时间内实现数据修改、区间查询等操作。

线段树的根节点表示的数据区间覆盖了整个数据范围，每个节点表示的数据区间都是它的子节点所表示的数据区间的合集。对于一个积分上限是 400、有 4 个分段的排行榜，使用线段树构建的结构如图 9-4 所示。

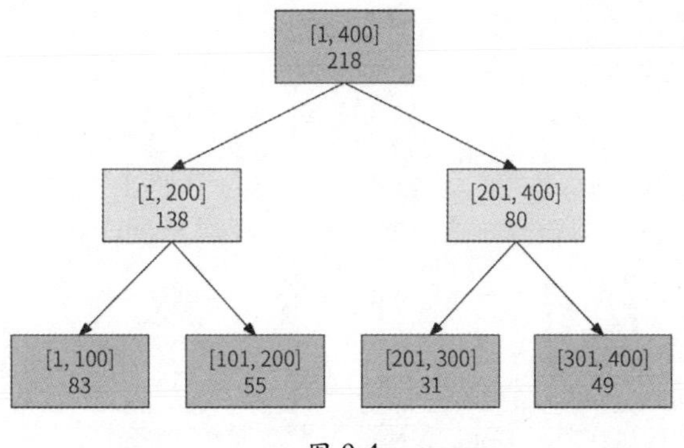

图 9-4

其中：

◎ 每个分段均为叶节点，作为线段树的第 3 层节点。

◎ 每两个相邻分段被合并为更大的数据区间，作为线段树的第 2 层节点。每个数据区间的长度都为 200，区间内的数据数量是分段数据数量的总和。

◎ 根节点覆盖整个数据范围，即[1, 400]，区间内的数据数量表示全部数据。

当给定排行榜的积分上限和值为 2 的幂次方的分段数目时，使用 Go 语言实现的创建线段树的代码如下：

```
// 线段树节点结构
type SegmentTreeNode struct {
    lower, upper int64           // 区间左值与区间右值
left, right  *SegmentTreeNode   // 左子节点与右子节点
count int64 // 位于此区间内的数据数量
}

// 根据区间的最大值和分段数目创建线段树
// maxScore：区间最大值
// segCount：分段数目，值为 2 的幂次方
func BuildSegmentTree(maxScore, segCount int64) *SegmentTreeNode {
    // 先计算出每个分段的长度
    var segLen = maxScore / segCount
    if maxScore%segCount != 0 {
        segLen++
    }
    var parentLayerNodes, currentLayerNodes []*SegmentTreeNode
    // 创建各个分段，保存到 currentLayerNodes 数组中
    for i := int64(1); i < maxScore; i += segLen {
        currentLayerNodes = append(currentLayerNodes, &SegmentTreeNode{
            lower: i,
            upper: i + segLen - 1,
        })
    }
    // 循环构建完整的线段树
    for len(currentLayerNodes) >= 2 {
        // 取出被保存到 currentLayerNodes 数组中的前两个节点
        leftNode, rightNode := currentLayerNodes[0], currentLayerNodes[1]
        currentLayerNodes = currentLayerNodes[2:]
        // 将这两个节点作为子节点，创建父节点，合并数据区间
        parentNode := &SegmentTreeNode{
            lower: leftNode.lower,
            upper: rightNode.upper,
            left:  leftNode,
            right: rightNode,
        }
        // 将父节点添加到 parentLayerNodes 数组中
        parentLayerNodes = append(parentLayerNodes, parentNode)
```

```
        // 如果 currentLayerNodes 为空，则说明某层节点已全部构建完成，需要到上一层继续构建
        if len(currentLayerNodes) == 0 {
            currentLayerNodes = parentLayerNodes
            parentLayerNodes = nil
        }
    }
    // 最终 currentLayerNodes 的首个节点是根节点
    return currentLayerNodes[0]
}
```

9.4.2　粗估排名的实现

使用线段树实现排行榜排名，需要支持的两个操作分别是查询排名和更新排名。我们以图 9-5 中使用线段树构建的排行榜为例。

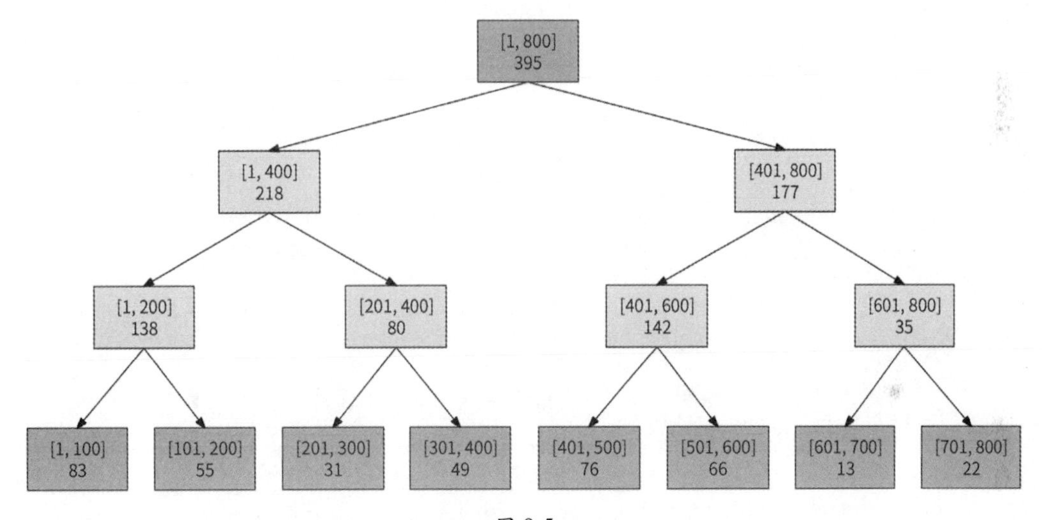

图 9-5

在查询用户排名时，由于线段树并未存储用户的真实积分，所以需要传入用户的最新积分，然后从线段树的根节点开始向下遍历。假设某用户积分为 220，查询其排名的过程如下。

（1）根节点发现 220 在左子节点[1, 400]范围内，于是遍历左子节点。

（2）[1, 400]节点发现 220 在右子节点[201, 400]范围内，于是遍历右子节点。

（3）[201, 400]节点发现 220 在左子节点[201, 300]范围内，于是继续遍历左子节点。

（4）[201, 300]是叶节点，即最终的分段，此时计算出该用户在此分段的预估排名为 $(300-220)\times 31 \div 100 \approx 25$。

（5）在从根节点开始的完整遍历过程中，如果某节点选择继续遍历左子节点，则说明

右子节点代表的数据区间大于 220，此时需要累加右子节点的用户数量，最终得到[201, 300]分段之外的大于 220 的用户总数。对于本例来说，就是[401, 800]和[301, 400]这两个节点的累加和，即 177+49=226。

（6）将全部大于 220 的用户数量加和，得到此用户的最终排名为 226+25=251。

整个查询排名过程的时间复杂度为 $O(\log N)$，对应的 Go 语言代码如下：

```
    // 在线段树中查询某积分对应的排名
    // root：线段树的根节点
    // score：积分
    // 返回值：排名
    func getRankFromSegmentTree(root *SegmentTreeNode, score int64) int64 {
        var currentNode = root
        // 记录分数高于 score 的节点的用户数量总和
        var biggerThanMe int64
        for currentNode != nil {
            if currentNode.lower > score || currentNode.upper < score {
                break
            }
            if currentNode.left == nil {
                // 查询到分段了，开始预估 score 在此分段内的排名
                numerator := (currentNode.upper - score) * currentNode.count
                fuzzyRank := float64(numerator) /
float64(currentNode.upper-currentNode.lower+1)
                // 在此分段内将排名与 biggerThanMe 求和得到最终排名
                return int64(fuzzyRank) + biggerThanMe
            }
            // 在向下遍历时，以左子节点的右值进行划分
            split := currentNode.left.upper
            if score <= split {
                // score 在左子节点范围内，接下来遍历左子节点
                // 右子节点的数据范围大于 score，需要累加到 biggerThanMe 中
                right := currentNode.right
                biggerThanMe += right.count
                currentNode = currentNode.left
            } else {
                // score 在右子节点范围内，接下来遍历右子节点
                currentNode = currentNode.right
            }
        }
        return 0
    }
```

在更新用户排名时，需要使用更新前的积分 score1 和更新后的最新积分 score2。

（1）从线段树的根节点开始遍历 score1，在遍历过程中经过的所有节点都将用户数量减 1。

（2）从线段树的根节点开始遍历 score2，在遍历过程中经过的所有节点都将用户数量加 1。

更新用户排名由删除（先执行）和插入（后执行）两个操作组成，时间复杂度也为 $O(\log N)$，其 Go 语言代码如下：

```
    // 遍历线段树，并修改遍历过的节点
    // root：线段树的根节点
    // score：积分
    // f：对遍历过的每个节点执行的操作
    func traverseSegmentTree(root *SegmentTreeNode, score int64, f
func(*SegmentTreeNode)) {
        var currentNode = root
        // 遍历 score1，执行删除操作
        for currentNode != nil {
            if currentNode.lower > score || currentNode.upper < score {
                break
            }
            // 对遍历过的节点进行修改
            f(currentNode)
            // 遍历结束
            if currentNode.left == nil {
                break
            }
            // 向下遍历
            split := currentNode.left.upper
            if score <= split {
                currentNode = currentNode.left
            } else {
                currentNode = currentNode.right
            }
        }
    }

    // 从线段树的根节点开始查询某积分对应的排名
    // score1：更新前的积分
    // score2：更新后的积分
    func updateRankInSegmentTree(root *SegmentTreeNode, score1, score2 int64) {
        // 遍历 score1，执行删除操作
        traverseSegmentTree(root, score1, func(node *SegmentTreeNode) { node.count-- })
        // 遍历 score2，执行插入操作
        traverseSegmentTree(root, score2, func(node *SegmentTreeNode) { node.count-- })
    }
```

在解释了查询排名和更新排名的流程后，我们再说明一个重要的问题。线段树方案把区间内的用户数量存储在线段树的各节点上，但是线段树是内存型数据结构，而内存无法被多个服务实例共享，所以这种线段树实现方式要求排行榜服务只能有一个服务实例，这无论是从服务的高可用性、高性能还是可扩展性方面来讲都是难以接受的。

我们再来分析一下使用线段树实现排行榜的特点。线段树的结构是固定不变的，只不过每个节点的用户数量在变化。那么，我们是否可以只在内存中保存线段树结构，而将每个节点的用户数量交给某个存储系统来保存？

答案是肯定的，使用 Redis 的 Hash 结构就可以轻松实现这个目的。一个 Hash 对象表示一棵线段树，线段树的每个节点都用 Field 字段表示，对应的 Value 存储节点的用户数量。所以，上例的线段树结构在 Redis 中会被保存为图 9-6 所示的形式。

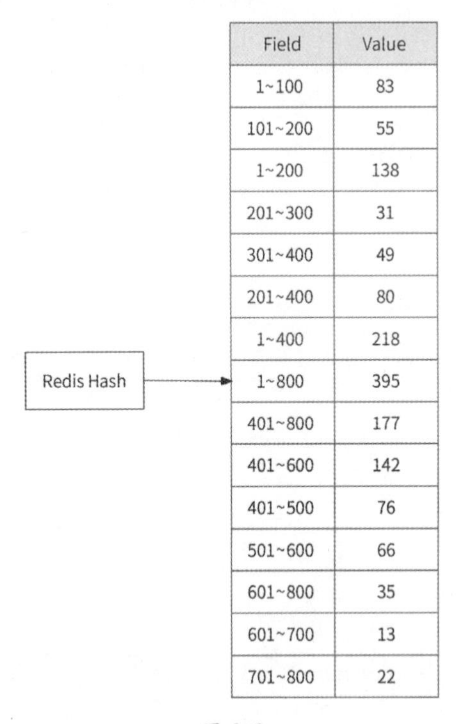

Field	Value
1~100	83
101~200	55
1~200	138
201~300	31
301~400	49
201~400	80
1~400	218
1~800	395
401~800	177
401~600	142
401~500	76
501~600	66
601~800	35
601~700	13
701~800	22

图 9-6

这样一来，排行榜服务可以有任意多个服务实例。如图 9-7 所示，每个服务实例都在本地调用 BuildSegmentTree 函数创建线段树结构（由于线段树结构是固定的，所以必然每个服务实例都创建了一模一样的线段树），而线段树每个节点的具体分数通过 Redis Hash 来读/写。

◎ 在查询用户排名时，服务实例使用本地内存中的线段树获取此次需要查询的节点的用户数量，然后向 Redis 发送 HMGET 命令获取各个节点数据。

◎ 在更新用户排名时，服务实例使用线段树获取删除 score1 要更新的节点，以及新增 score2 要更新的节点，然后借助 Redis Lua 脚本对这些节点执行 HINCRBY 命令来更新用户数量。

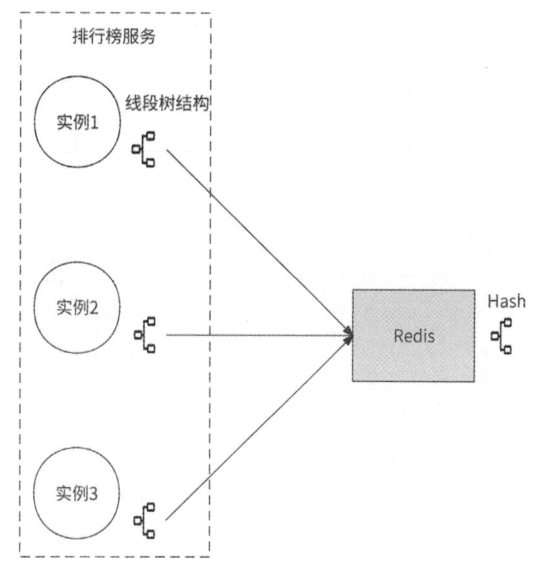

图 9-7

例如:查询积分为 220 的用户排名,需要从 Redis Hash 中获取 Field 为 201 ~ 300、301 ~ 400 和 401 ~ 800 的 Value;将用户积分从 220 更新到 750,需要对 Field 为 1 ~ 800、1 ~ 400、201 ~ 400 和 201 ~ 300 的 Value 减 1,对 Field 为 1 ~ 800、401 ~ 800、601 ~ 800 和 701 ~ 800 的 Value 加 1。

至此，基于线段树的排行榜实现已经非常清晰了。关键的 Go 语言代码如下：

```
    // 获取线段树中需要更新的节点，即遍历过的节点
    // root：线段树的根节点
    // score：积分
    // 返回 segmentFields：所有待更新节点的 Field
    func getSegmentToUpdate(root *SegmentTreeNode, score int64) (segmentFields
[]string) {
        var currentNode = root
        for currentNode != nil {
            if currentNode.lower > score || currentNode.upper < score {
                break
            }
            // 将遍历过的节点加入数组中
            segmentFields = append(segmentFields, fmt.Sprintf("%d-%d",
currentNode.lower, currentNode.upper))
            if currentNode.left == nil {
                break
            }
            split := currentNode.left.upper
            if score <= split {
                currentNode = currentNode.left
```

```
            } else {
                currentNode = currentNode.right
            }
        }
        return
    }

    // 在查询 score 排名时，计算需要在线段树中读取哪些节点
    // root：线段树的根节点
    // score：积分
    // 返回 segmentFields：所有待读取节点的 Field
    // 返回 segment：score 所在的分段
    func getSegmentToRead(root *SegmentTreeNode, score int64) (segmentFields
[]string, segment *SegmentTreeNode) {
        var currentNode = root
        for currentNode != nil {
            if currentNode.lower > score || currentNode.upper < score {
                break
            }
            if currentNode.left == nil {
                // currentNode 就是 score 所在的分段
                segment = currentNode
                // 将 Field 加入 segmentFields 中
                segmentFields = append(segmentFields, fmt.Sprintf("%d-%d",
currentNode.lower, currentNode.upper))
                break
            }
            split := currentNode.left.upper
            if score <= split {
                right := currentNode.right
                // 当选择左子节点遍历时，需要查询右子节点，于是将 Field 加入 segmentFields 中
                segmentFields = append(segmentFields, fmt.Sprintf("%d-%d",
right.lower, right.upper))
                currentNode = currentNode.left
            } else {
                currentNode = currentNode.right
            }
        }
        return
    }

    // 更新排行榜积分
    // root：线段树的根节点
    // score1：更新前的积分
    // score2：更新后的积分
    // 返回：错误信息
    func UpdateScore(ctx context.Context, root *SegmentTreeNode, score1, score2
int64) error {
        // 获取用户数量需要减 1 的节点列表
```

```
        reduces := getSegmentToUpdate(root, score1)
        // 获取用户数量需要加 1 的节点列表
        adds := getSegmentToUpdate(root, score2)
        // Lua 脚本：在 Hash 中对每个传入的 Field 执行加 1 或减 1 操作
        // KEYS = {排行榜名次，M 个待减 1 的 Field，N 个待加 1 的 Field}
        // ARGV = {M, N}
        script := `
            local M = tonumber(ARGV[1])
            local N = tonumber(ARGV[2])
            for i=1,M,1
            do
                redis.call("HINCRBY", KEYS[1], KEYS[1+i], -1)
            end
            for i=1,N,1
            do
                redis.call("HINCRBY", KEYS[1], KEYS[1+M+i], 1)
            end
            return 0
        `
        var keys = []string{"fuzzy_rank"}
        // 将需要减 1 的节点 Field 依次加入 keys 中
        for _, key := range reduces {
            keys = append(keys, key)
        }
        // 将需要加 1 的节点 Field 依次加入 keys 中
        for _, key := range adds {
            keys = append(keys, key)
        }
        // 将待减 1 的 Field 个数、待加 1 的 Field 个数作为 ARGV，执行脚本
        cmd := redisClient.Eval(ctx, script, keys, []interface{}{len(reduces),
len(adds)})
        return cmd.Err()
    }

    // 获取用户排名
    // root：线段树的根节点
    // score：用户积分
    // 返回：排名，错误信息
    func GetRank(ctx context.Context, root *SegmentTreeNode, score int64) (int64,
error) {
        // 需要读取哪些节点
        segmentKeys, segment := getSegmentToRead(root, score)
        if len(segmentKeys) == 0 {
            return 0, nil
        }
        // 读取这些节点对应的 Field 值
        result := redisClient.HMGet(ctx, "fuzzy_rank", segmentKeys...)
        if result.Err() != nil {
            return 0, result.Err()
```

```
        }
        // segCounter 表示 score 在所在分段内的排名
        // biggerCounter 表示大于 score 的用户总数
        var segCounter, biggerCounter int64
        for i, val := range result.Val() {
            // 找到 score 所在的分段
            if segmentKeys[i] == fmt.Sprintf("%d_%d", segment.lower, segment.upper) {
                segCounter, _ = strconv.ParseInt(val.(string), 10, 64)
            } else if val != nil {
                cnt, _ := strconv.ParseInt(val.(string), 10, 64)
                biggerCounter += cnt
            }
        }
        // 计算预估排名
        more := float64((segment.upper-score)*segCounter) /
float64(segment.upper-segment.lower)
        // 得到最终排名
        return biggerCounter + int64(more), nil
    }
```

线段树方案仅使用一个成员极少的 Hash 对象就实现了排行榜粗估排名，而无视参与者人数，节约了大量存储空间，可谓是“四两拨千斤”。不过，线段树并不存储每个用户的具体分数，所以它注定存在如下一些缺点。

◎ 排名不精确：线段树假设一个分段内的用户积分是均匀分布的，所以为精确排名带来了不确定性（这是我们已知的缺点）。

◎ 不支持获取排名列表：线段树只存储每个分段的用户数量，它可以高效支持已知积分用户的粗估排名，但是并不支持获取排行榜有哪些用户参与，以及每个用户的积分。

如果单纯使用线段树方案，则适合全民参与的，且在其他系统中维护积分的场景。比如 QQ 等级，由用户登录时间累积得到的太阳、月亮、星星的数量会由专门的等级服务维护。如果要对 QQ 的全部用户按照等级排名，并为每个用户展示其排名，那么就很适合使用线段树方案。

9.5　精确排名与粗估排名结合

对于全民参与的超长排行榜，在设计功能时，产品经理基本上可以同意只展示前 N 名用户的详细排名，而其他用户只得知自己的名次即可的诉求。比如排行榜可以展示前 10000 名用户的列表，对于 10000 名以后的用户，并不展示其排名的前面、后面都有哪些人，只告诉其名次是多少即可。所以，实现超长排行榜的终极解决方案是 ZSET 精确排名与线段树粗估排名的结合，前者负责维护前 10000 名用户的详细排名和排行榜列表，后者负责展示每个用户，尤其是10000名以后的用户的粗估排名。不过，由于线段树无法存储用户积分，所以需要使用额外的系统来做这件事情，比如第8章介绍的计数服务。

计数服务的作用是存储排行榜上的用户积分。每当更新排行榜时，直接更新计数服务，然后计数服务将积分变更事件发送到消息中间件就可以响应用户了。排行榜服务消费积分变更事件，而后持续构建ZSET和线段树，为用户提供查询排行榜列表和排名的能力。

从用户积分更新到排行榜名次变动生效的完整流程如图9-8所示。

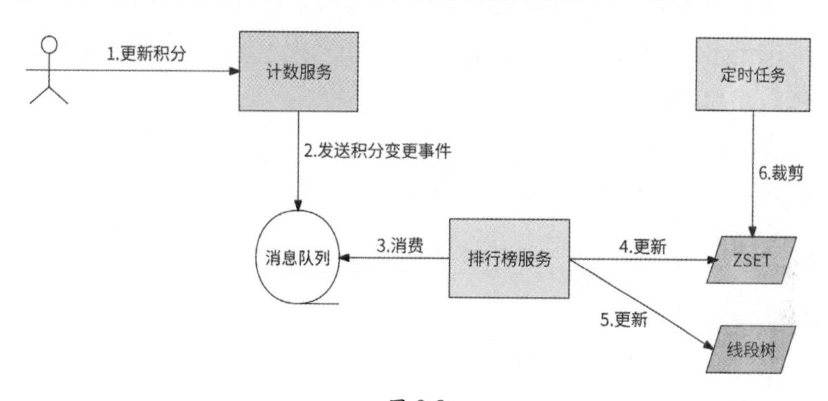

图 9-8

（1）用户发起积分更新的请求，请求中包含用户ID、排行榜名称和待增加的积分。

（2）计数服务接收请求，请求处理逻辑本质上是对Key为“排行榜名称_用户ID”的String对象的Value加上增加值，处理成功后响应用户。然后，计数服务将此次增加积分作为积分变更事件发送到消息队列，对应的主题为change_counter_trigger，消息事件的结构如下：

```
type ChangeCounterTriggerEvent struct {
    KeyPrefix  string // Redis Key 前缀，对于排行榜来说，就是排行榜名称
    UserId     int64  // 用户 ID
    DeltaScore int64  // 积分的增加值
    Score      int64  // 增加后的积分
}
```

（3）排行榜服务消费change_counter_trigger的消息；如果发现消息的KeyPrefix字段为排行榜名称，则处理这个消息，否则丢弃消息。

（4）排行榜服务在处理消息时，使用KeyPrefix、UserId、Score字段请求Redis执行ZADD命令修改ZSET。

（5）排行榜服务计算出积分更新前的值PScore=Score−DeltaScore，然后使用PScore和Score更新线段树。

（6）为了防止ZSET的长度无限增长，定时任务周期性地将ZSET中前10000名之外

的用户数据删除。

对于查询排行榜列表的请求，排行榜服务只需要读取 ZSET 即可。而对于查询用户排名的请求，排行榜服务可能需要从计数服务中查询积分，其处理流程如下所述，如图 9-9 所示。

（1）用户发起读取排行榜排名的请求，请求中包含排行榜名称和用户 ID。

（2）排行榜服务先查询 ZSET，如果用户 ID 存在，则直接返回用户排名与积分。

（3）如果在 ZSET 中查询不到用户 ID，则说明此用户的名次可能比较靠后，于是从计数服务中获取用户积分。

（4）如果计数服务返回了非零的积分，则说明用户有名次，再用积分查询线段树，得到用户粗估排名，而后排行榜服务将积分和排名返回给用户。

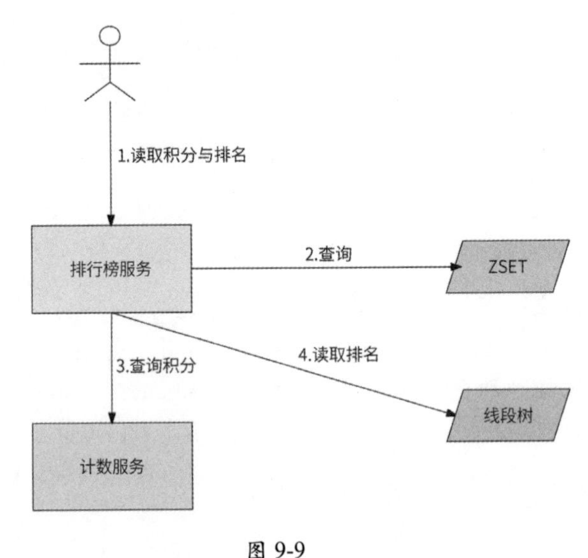

图 9-9

精确排名与粗估排名结合的方案具有如下优势。

◎ 可以保证排行榜头部用户积分的准确性，因为高频访问排行榜的用户大概率是头部用户。
◎ 只需要极少的存储成本，就满足了尾部用户查询排名的需求。
◎ 支持高并发读/写排行榜，满足高性能的要求。

不过，需要注意的是，由于此方案中用户积分既被存储在计数服务中，又被存储在排行榜服务的 ZSET 中，所以两者的积分数据保持一致非常重要，尤其是不能出现同一用户从计数服务中查询到的积分低于从 ZSET 排行榜中查询到的积分的情况（这种情况不符合产品预期）。如果出现这种情况，则对应的解决方法是在排行榜服务的基础上再启动一个定时任务，定期查询 ZSET 中每个用户的积分并与计数服务进行核对，如果出现不一致的情况，则将 ZSET 中的积分修改为与计数服务中的积分相同，即向计数服务看齐。

9.6 本章小结

本章详细介绍了通用排行榜服务的设计方案。

Redis 的 ZSET 底层是基于跳跃表实现的，不仅支持对数据的自动排序，而且支持高效的数据查询与数据更新操作，因此，使用 ZSET 实现排行榜是一种非常好的选择。

虽然使用 ZSET 实现排行榜可能会产生大 Key，但这并不一定会带来负面影响。因为 ZSET 的典型使用场景就是存储大量有序数据，此时它的读/写性能表现其实很好。

使用线段树是另一种实现排行榜的方案，线段树不存储每个用户的积分数据，只存储每个积分段的用户数量，并支持使用积分高效查询粗估排名。线段树是内存型数据结构。为了提高排行榜的可扩展性，排行榜服务实例只需要保存固定的线段树结构，而线段树每个节点的用户数量可以使用 Redis 的 Hash 结构保存，且线段树使用的存储空间极小，在海量用户排名时达到了“四两拨千斤”的效果。

ZSET 可以实现精确排名，支持获取排行榜列表，但是对于超长排行榜其存储空间占用较大。线段树虽然无视排行榜的长度，但是无法提供精确排名。而 ZSET 和线段树结合的方案可以发挥两者各自的优势：排行榜的重点用户一般名次都很靠前，所以使用 ZSET 提供前 N 名用户的精确排名和排行榜列表，而对名次靠后的用户采用线段树提供粗估排名。

除本章介绍的方案外，业界或许还有基于其他存储系统和数据结构的解决方案。因为不同公司的排行榜服务面对的用户量级、高并发和性能的问题，以及排行榜功能的复杂度是有差别的，所以我们需要根据实际场景来选择最合适的实现方式。

第10章 用户关系服务

任何注重用户互动的互联网应用，都会将用户之间的关注功能作为产品的重要功能之一，因此它允许用户订阅其他用户的动态，以便及时获取用户的更新和动态。关注功能对互联网应用的重要性体现在如下。

◎ 促进社交互动：关注功能可以促进用户之间的社交互动，让用户更容易发现和关注其他用户的动态，增加用户之间的互动和交流。

◎ 个性化推荐：关注功能可以为互联网产品提供更准确的个性化推荐服务，根据用户的关注和兴趣，推荐相关的内容与服务，提升用户的满意度和体验。

◎ 增加用户黏性：关注功能可以让用户更容易发现和关注自己感兴趣的内容与服务，从而增加用户黏性，提高用户忠诚度。

无论是社交类、内容类、电商类还是其他类型的互联网应用，关注功能已经成为它们必备的功能之一。负责用户关系数据的服务就是用户关系服务，本章将按照如下学习路径来介绍用户关系服务的设计。

◎ 10.1 节介绍用户关系服务的职责。

◎ 10.2 节介绍使用 Redis ZSET 对象实现用户关系服务的方案。

◎ 10.3 节介绍使用数据库实现用户关系服务的方案。

◎ 10.4 节介绍应该如何设计用户关系的缓存。

◎ 10.5 节介绍使用图数据库实现用户关系服务的方案。

本章关键词：关注列表、粉丝列表、ZSET、分库分表、联合索引、伪从、图数据库。

10.1 用户关系服务的职责

用户关系服务负责处理用户之间的关注行为，其提供的相关接口应该包括如下几个。

◎ 关注与取消关注的接口：用户 1 可以关注用户 2，即用户 1 是用户 2 的粉丝；同样，用户 1 可以取消对用户 2 的关注，即用户 1 不再是用户 2 的粉丝。

◎ 查询用户关注列表的接口：查询某用户正在关注其他哪些用户，且应该按照最新关注在先的顺序排列。

◎ 查询用户粉丝列表的接口：查询某用户正在被其他哪些用户关注，且应该按照最新粉丝在先的顺序排列。

◎ 查询用户的关注数与粉丝数的接口：查询某用户正在关注几个用户，以及正在被几个用户关注。

◎ 查询用户关系的接口：查询用户 1 是否关注了用户 2，或者说用户 2 的粉丝是否包含了用户 1。还有批量查询形式，即查询用户 1 是否关注了指定的若干用户（批量查询关注关系），以及若干用户是否是用户 1 的粉丝（批量查询粉丝关系）。

10.2　基于 Redis ZSET 的设计

一开始我们很容易想到使用 Redis 的 ZSET 对象来实现用户关系服务，ZSET 高效支持数据的插入与查询功能，且很容易实现按照关注时间排序。

对于每个用户来说，都使用两个 ZSET 对象分别维护其关注列表和粉丝列表。

◎ 关注列表的 Key 为“following_{用户 ID}”，Member 为被关注的用户 ID，对应的 Score 为关注行为发生的时间。

◎ 粉丝列表的 Key 为“follower_{用户 ID}”，Member 为粉丝用户 ID，对应的 Score 为用户被关注行为发生的时间。

查询某用户的关注列表，就是获取“following_{用户 ID}”集合的数据，使用 ZREVRANGE 命令即可实现按照关注时间从近到远排序的要求：

```
ZREVRANGE following_{用户 ID} 0 -1
```

即使有分页查询的要求也很容易实现，比如每页展示 100 个关注用户，那么查询关注列表第 2 页的命令如下：

```
ZREVRANGE following_{用户 ID} 100 199
```

获取用户的粉丝列表也是同理，只不过读取的 Key 为“follower_{用户 ID}”。

获取用户的关注数和粉丝数即获取这两个 ZSET 的长度，对应的 Redis 命令为 ZCARD。

当用户 1 关注用户 2 时，就是在用户 1 的关注列表 ZSET 和用户 2 的粉丝列表 ZSET 中新增一条记录，Score 为当前时间戳：

```
ZADD following_用户 1  时间戳 用户 2
ZADD follower_用户 2  时间戳 用户 1
```

取消关注亦是同理，只不过是在用户 1 的关注列表 ZSET 和用户 2 的粉丝列表 ZSET

中删除一条记录：

```
ZREM following_用户1  用户2
ZREM follower_用户2  用户1
```

当查询用户 1 是否关注用户 2 时，既可以查询在用户 1 的关注列表 ZSET 中是否包含用户 2，也可以查询在用户 2 的粉丝列表 ZSET 中是否包含用户 1：

```
ZRANK following_用户1  用户2
ZRANK follower_用户2  用户1
```

当批量查询用户 1 与若干指定用户的关注关系时，可以先使用 ZRANGE 命令获取用户 1 的关注列表：

```
ZRANGE following_用户1 0 -1
```

然后在结果中查找这些指定的用户是否存在即可。当批量查询若干指定用户是否是用户 1 的粉丝时，也是同理。

使用 Redis ZSET 实现用户关系服务比较简单，不过，它毕竟使用了昂贵稀缺的内存资源，此方案本身有一定的局限性。对于国民级社交应用来说，拥有几百万粉丝的网红、大 V 数不胜数，更不要说其中的大网红动辄粉丝数上亿了，这就意味着需要存储很多超长的 ZSET 对象，而这对于 Redis 来说是一笔昂贵的开销。所以，Redis ZSET 方案仅适合社交属性不强，或者用户量级不大的小型应用，并不适合拥有海量用户、社交属性强的应用。

10.3　基于数据库的设计

既然存储用户关系需要大量的存储空间，那么还是使用数据库来设计方案为好。

10.3.1　最初的想法

创建一个数据表来表示用户 1 与用户 2 的关注关系，数据表名为 User_relation，表结构如表 10-1 所示。

表 10-1

字段名	类　型	含　义
id	BIGINT	自增主键，无特殊含义
from_user_id	BIGINT	关注者用户 ID
to_user_id	BIGINT	被关注者用户 ID
type	INT	关注关系枚举，比如：1 正在关注，2 取消关注
update_time	DATE	记录修改时间

User_relation 数据表的每行记录都描述了 from_user_id 对 to_user_id 的关注关系。细

心的读者可能已经发现，这里的表结构没有提到将哪个字段作为索引。这是因为在使用数据库实现用户关系服务时，对索引的设计需要考虑一些必要的技术细节，需要经过专门讨论后才能得出最佳设计结论。

为了高效支持查询用户 1 是否关注了用户 2，以及查询某用户的关注列表，我们首先想到的是为 from_user_id 字段创建索引；同样，为了高效支持查询某用户的粉丝列表，我们也需要为 to_user_id 字段创建索引。那么，创建这两个索引是不是就可以了？

答案是不可以。假设我们的应用拥有 1 亿个用户，平均每个用户关注 1000 个用户，那么 User_relation 表将拥有至少 1 千亿条数据。为了支持对数据库的高性能读/写，User_relation 表必然要分库分表。

分库分表的依据应该是索引，否则，分库分表将失去其数据分区的优势。假设某数据表 T 的结构为 T(A,B,C)，其中 A 字段是索引。如果将 B 字段作为分库分表的依据，将 T 表拆分为 100 个子表，那么基于 A 字段值为 x 的数据查询请求，将不得不访问这 100 个子表来获取数据，因为 A 字段值为 x 的数据可能分布在这 100 个子表中；而如果使用 A 字段值来分库分表，那么只需要访问 A 字段值为 x 的 1 个子表即可。所以，我们应该将索引作为分库分表的依据。

然而，User_relation 表有两个索引，分别是 from_user_id 字段的索引和 to_user_id 字段的索引，那么应该将哪个索引作为分库分表的依据？如果使用 from_user_id 字段来分库分表，那么在查询用户的粉丝列表时要访问所有的子表；使用 to_user_id 字段同理。这就是我们遇到的最核心的坑点。

10.3.2 应对分库分表

如果非要在这两个索引上寻求一个分库分表的依据，那么显然是没有答案的。所以，不如使用两个数据表来描述用户的关注关系：Following 表和 Follower 表。这两个表的结构与 User_relation 表完全相同，只不过 Following 表使用 from_user_id 作为索引，Follower 表使用 to_user_id 作为索引。

当查询用户 1 是否关注了用户 2、查询某用户的关注列表，以及批量查询某用户对若干用户的关注关系时，使用 Following 表；而当查询某用户的粉丝列表、批量查询若干用户与某用户的粉丝关系时，使用 Follower 表。这样一来，这几种场景都可以命中索引，提高查询效率。

这种思路要求 Following 表与 Follower 表的数据完全一致，所以在创建和修改两者的数据时需要建立数据一致性关系。使用 1.14.2 节介绍的伪从技术是一种合适的方案，即 Follower 表作为 Following 表的伪从，消费 Following 表产生的数据更新 binlog，如图 10-1 所示。

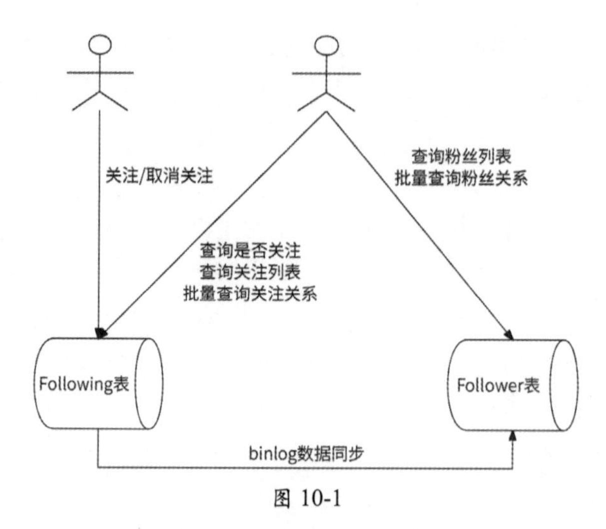

图 10-1

当用户 1 关注或取消关注用户 2 时，仅需要在 Following 表中更新数据，Follower 表作为伪从会自动同步最新数据，保证了两者数据的一致性。

综上所述，使用数据库实现用户关系服务的最核心要求，就是使用两个数据表来描述用户的关注关系，其中 Following 表为主表，以关注者用户 ID 为索引；Follower 表为伪从，以被关注者用户 ID 为索引。关注类相关请求访问 Following 表，而粉丝类相关请求访问 Follower 表，这两个数据表需要保证数据的一致性。

10.3.3 Following 表的索引设计

我们应该为 Following 表创建怎样的索引？这要从它负责的查询功能说起。

首先，Following 表需要支持查询用户 1 是否关注了用户 2，即需要运行如下 SQL 语句，依次查询 from_user_id 字段、to_user_id 字段和 type 字段是否满足条件：

```
    SELECT 1 FROM Following WHERE from_user_id = 用户 1 AND to_user_id = 用户 2 AND
type = 1
```

如果将 from_user_id 字段作为索引，则数据库会先根据索引快速定位到 from_user_id 为用户 1 的数据记录，然后逐个扫描这些记录，找到满足 to_user_id 为用户 2 的记录，并检查其 type 是否为 1。如果用户 1 关注了上万个用户，那么通过索引会筛选出上万条数据记录让数据库逐个扫描。这是一个比较耗时的动作。

更好的做法是使用 from_user_id 字段和 to_user_id 字段做联合索引，数据库会根据此联合索引快速查询 from_user_id 为用户 1、to_user_id 为用户 2 的数据记录。如果查询到相应的记录，则判断 type 是否为 1 即可。联合索引可以保证快速定位到用户 1 是否关注了用户 2 的相应记录。所以，为了高效支持查询用户之间的关注关系，我们需要创建联合索引

idx_following：

```
KEY idx_following(from_user_id, to_user_id)
```

其次，Following 表需要支持查询用户 1 的关注列表，并按照关注时间从近到远返回结果，对应的 SQL 语句如下：

```
SELECT to_user_id FROM Following WHERE from_user_id = 用户 1 AND type=1 ORDER BY
update_time DESC
```

同样，如果将 from_user_id 字段作为索引，则数据库会先根据索引快速定位到 from_user_id 为用户 1 的数据记录，然后扫描筛选 type 为 1 的记录。所以，更合适的索引是 from_user_id 字段和 type 字段的联合索引，这样可以免去扫描而直接得到用户关注记录。此外，由于关注列表要按照时间从近到远排序（SQL 语句为 ORDER BY update_time DESC），所以对查询到的用户关注记录还需要使用额外的临时空间进行排序，这也会给数据库造成负担。我们应该把 update_time 字段也加入联合索引中，最终联合索引是由 3 个字段组成的：

```
KEY idx_following_list(from_user_id, type, update_time)
```

数据库索引保证：索引中的每个字段均按照值的大小排列，且当某个字段的值相同时，再按照下一个字段继续排序。对于 idx_following_list 索引来说，先按照 from_user_id 字段对数据记录进行排序；对于 from_user_id 字段值相同的记录，再按照 type 字段排序；对于 type 字段值相同的记录，再按照 update_time 字段排序。所以，当执行上面的 SQL 语句时，from_user_id 为用户 1 且 type 为 1 的记录是天然按照 update_time 字段排序的，获取时间从近到远的记录无非就是从最后一条记录开始反向读取，数据库无须再专门使用临时空间对数据记录进行排序，进一步提高了数据库查询性能。为了高效查询用户的关注列表，我们还需要创建 idx_following_list 索引。

最后，为了批量查询用户 1 是否关注了用户 2、用户 3 和用户 4，需要执行如下 SQL 语句：

```
SELECT to_user_id FROM Following WHERE from_user_id = 用户 1  AND to_user_id IN
(用户 2, 用户 3, 用户 4)
```

这条语句的筛选条件 from_user_id、to_user_id 正好可以命中联合索引 idx_following。

总之，对于 Following 表需要创建两个联合索引，即 idx_following 和 idx_following_list，而且这两个联合索引的第一个字段均为 from_user_id。所以，即使按照 from_user_id 字段对 Following 表分库分表，其子表也可以充分利用索引的优势。

10.3.4　Follower 表的索引设计

首先，Follower 表需要支持查询用户的粉丝列表，并按照关注时间从近到远返回结果。对应的 SQL 语句如下：

```
    SELECT from_user_id FROM Follower WHERE to_user_id=用户 1 AND type=1 ORDER BY
update_time DESC
```

与为 Following 表创建 idx_following_list 索引的思路一样，我们为 Follower 表创建 idx_follower_list 索引：

```
    KEY idx_follower_list(to_user_id, type, update_time)
```

其次，Follower 表需要支持批量查询用户 2、用户 3、用户 4 是否是用户 1 的粉丝。对应的 SQL 语句如下：

```
    SELECT to_user_id FROM Follower WHERE to_user_id = 用户 1  AND from_user_id IN (用
户 2，用户 3，用户 4)
```

为了使 to_user_id 条件和 from_user_id 条件可以依次命中索引，我们继续创建联合索引 idx_follower：

```
    KEY idx_follower(to_user_id, from_user_id)
```

10.3.5　进阶：回表问题与优化

无论是 Following 表还是 Follower 表，我们创建的索引都属于非聚集索引。以 MySQL InnoDB 存储引擎为例，索引被区分为聚集索引和非聚集索引，其中聚集索引指的是将数据记录与索引保存到一起的索引，比如主键索引就是一种典型的聚集索引，InnoDB 中的一个数据表就是一个聚集索引；而非聚集索引是分开存储数据记录与索引的，索引仅存储对应数据记录的指针（一种指针的形式是主键），比如上面创建的 4 个联合索引就是非聚集索引。

以 Following 表的联合索引 idx_following(from_user_id, to_user_id)为例，执行如下 SQL 语句：

```
    SELECT 1 FROM Following WHERE from_user_id = 用户 1 AND to_user_id = 用户 2 AND
type = 1
```

数据库使用 from_user_id 和 to_user_id 条件命中了非聚集索引 idx_following，并且在其中查询到对应数据记录的主键。为了得到数据记录的 type 字段值，数据库接着使用主键访问主键索引得到数据记录，读取其 type 字段值。这条 SQL 语句依次访问了 idx_following 索引和主键索引。

而如果执行如下 SQL 语句，不查询 type 字段：

```
    SELECT 1 FROM Following WHERE from_user_id = 用户 1 AND to_user_id = 用户 2
```

那么在这条 SQL 语句命中 idx_following 索引后，我们会发现所有待查询的字段（from_user_id 和 to_user_id）均已经在此索引中，所以直接返回结果即可，这条 SQL 语句并不需要访问主键索引。

上面第 1 条 SQL 语句的执行效率要低于第 2 条 SQL 语句，因为非聚集索引无法涵盖其查询的字段，所以需要进一步访问主键索引。这个问题被称为“回表”。因此，对于基于非聚集索引的查询，如果待查询的字段均在非聚集索引中，那么可以减少 1 次索引访问，即防止数据库回表，提高了数据库查询性能。按照这种思路，我们重新考虑在 10.3.3 节和 10.3.4 节中创建的那 4 个索引。

◎ idx_following(from_user_id, to_user_id)：用于查询用户之间的关注关系。由于此索引中不包含 type 字段，所以会回表。

◎ idx_following_list(from_user_id, type, update_time)：用于查询用户的关注列表。由于此索引中不包含 to_user_id 字段，所以会回表。

◎ idx_follower_list(to_user_id, type, update_time)：用于查询用户的粉丝列表。由于索引中不包含 from_user_id 字段，所以会回表。

◎ idx_follower(to_user_id, from_user_id)：用于批量查询用户的粉丝关系。由于此索引中已经包含 from_user_id 字段，所以不需要回表。

上面前 3 个索引都产生了回表问题。为了进一步提高数据库查询性能，可以对这 3 个索引进行扩展以防止回表。

◎ 将 idx_following 索引扩展为(from_user_id, to_user_id, type)。

◎ 将 idx_following_list 索引扩展为(from_user_id, type, update_time, to_user_id)。

◎ 将 idx_follower_list 索引扩展为(to_user_id, type, update_time, from_user_id)。

在这 3 个索引中加入对应的 SQL 查询语句所需的全部字段，这样一来，在数据库中查询数据时，仅在非聚集索引上就可以得到结果，避免了不必要的回表操作，数据库查询性能得到进一步提升。这种覆盖了 SQL 查询语句所需查询的全部字段的索引被称为“覆盖索引”，它是一种典型的以时间换空间的思路。为非聚集索引加入新字段会使得它的存储空间占用更大，不过好在索引被存储在磁盘上，使用磁盘资源并不是那么奢侈。

10.3.6 关注数和粉丝数

虽然可以使用 COUNT 命令从数据库中获取用户目前的关注数与粉丝数，但是本书 8.2.2 节介绍过这种方式效率非常低下，更好的方法是使用计数服务单独存储这些数据。我们可以使用伪从技术，创建一个消费者服务作为 Following 表的伪从，订阅 Following 表的 binlog，当用户 1 关注或取消关注用户 2 时，消费者服务会收到此事件对应的 binlog，然后在计数服务中更新用户 1 的关注数和用户 2 的粉丝数；当读取某用户的关注数和粉丝数时，直接从计数服务中获取数据即可，不需要与数据库交互。

10.4　缓存查询

虽然可以将数据库作为用户关系服务的存储选型，但是数据库毕竟是磁盘存储，其性能表现在高并发读场景中依然会遇到瓶颈。所以，本节我们在 10.3 节设计的基础上进一步通过缓存来优化高并发读场景的性能。

10.4.1　缓存什么数据

对于一个海量用户应用来说，读取用户的关注列表和粉丝列表，以及查询用户之间的关注关系都属于高并发读场景。

大部分互联网应用在设计用户关注功能时，都会限制每个用户的最大关注数量，这是为了防止用户滥用关注功能进行刷粉、刷流量等，避免影响应用内的用户体验和社交环境。如果不限制关注数量，那么有些用户可能会通过关注大量的其他用户来获取更多的关注和粉丝，从而提高自己的曝光率。新浪微博限制一个用户最多可关注 2000 人。这样的限制，意味着用户关注列表的长度不会超过 2000 人。因此，我们可以把用户的关注列表全量缓存到 Redis 中，数据模型与 10.2 节介绍的一致。

粉丝列表则不同，对用户拥有多少粉丝是没有限制的，这就意味着粉丝列表的长度可能达到数百万人、上千万人甚至上亿人，Redis 无法全量缓存这些数据。不过，对于粉丝量巨大的大 V 来说，大部分用户只会简单地查看粉丝列表的前几页，很少有用户会专门耗费大量时间查看全部粉丝。所以，对于粉丝列表仍然可以使用 Redis 缓存，只不过仅缓存用户最近的 10000 个粉丝。对于查询最近 10000 个粉丝的用户请求，会优先查询 Redis 缓存；而对于查询 10000 个以外粉丝的用户请求，才会查询数据库。由于前者在读取粉丝列表的请求中占绝大多数，所以缓存最近 10000 个粉丝已经足以应对高并发的请求量。

不过，如果黑客恶意发起大量请求拉取最近 10000 个粉丝以外的粉丝列表，那么这些请求会统统访问数据库，可能造成数据库宕机。我们可以采用限流的方式来解决这个问题，比如在收到读取粉丝列表的请求时，用户关系服务先检查此请求查询的数据是否在最近 10000 个粉丝之外，如果是，则检查此时的请求量是否已达到限流阈值，对于超过限流阈值的请求拒绝执行。

我们再来讨论一下查询用户之间的关注关系的问题。查询两个用户之间的关注关系非常容易，使用关注列表缓存即可。比如查询用户 1 是否关注了用户 2（即用户 1 是否为用户 2 的粉丝），只需要查询在用户 1 的关注列表缓存中是否包含了用户 2 即可。批量查询用户 1 是否关注了一些用户也是一样的，只需要查询在用户 1 的关注列表缓存中是否包含了这些用户即可。

比较麻烦的是如何批量查询一些用户是否是用户 1 的粉丝。如果用户 1 的粉丝很少（即用户 1 拥有不超过 10000 个粉丝），使用缓存可以全量存储，那么此时可以直接查询用户 1 的粉丝列表缓存；而如果用户 1 的粉丝众多，Redis 仅缓存了最近 10000 个粉丝，那么此时待查询的用户在缓存中不一定存在。

一种解决方案是使用关注列表缓存反查，即对于不在用户 1 的粉丝列表缓存中的用户，进一步查询在这些用户的关注列表缓存中是否包含了用户 1。比如现在要批量查询 100 个指定用户是否是大 V 用户 1 的粉丝，在用户 1 的最近 10000 个粉丝中可以查询到其中的 10 个用户，那么对于剩下的 90 个用户，我们开启 90 个线程来分别查询这 90 个用户的关注列表缓存。为一个批量查询请求额外创建了 90 个线程，来执行 90 个查询 Redis 缓存的请求，所以，这种解决方案可能会带来线程暴涨和读请求被放大的问题，而这取决于批量查询的用户数量。

另一种解决方案是进一步缓存粉丝关系，即使用 Redis 缓存最近查询过的若干用户是否为用户 1 的粉丝的关系。具体来说，Redis 使用 Hash 对象缓存数据，Key 代表用户 1，Field 代表用户 2、用户 3、用户 4 等指定用户，对应的 Value 表示这些用户是否分别是用户 1 的粉丝，其中值为 1 表示是粉丝，值为 0 表示不是粉丝。如果在待查询的这些用户中至少有一个用户不在此 Hash 对象中，则需要进一步为其回源查询数据库 Follower 表：

```
SELECT from_user_id FROM Follower WHERE to_user_id = 用户1 AND from_user_id IN
(...) AND type=1
```

这种方案会进一步占用 Redis 的存储空间，且 Hash 对象可能会随着请求访问量的增加而变得越来越大，我们需要注意设置合理的过期时间。

10.4.2 缓存的创建与更新策略

创建缓存很简单，当用户请求访问关注列表或粉丝列表时，用户关系服务会先查询 Redis 缓存，如果查询不到数据，再进一步从数据库中获取数据，然后在 Redis 中创建对应的 ZSET 对象。

当用户 1 关注或取消关注用户 2 时，用户 1 的关注列表缓存和用户 2 的粉丝列表缓存就失效了。我们可以使用 2.4.5 节介绍的“先更新数据库，再删除缓存”方案，在数据库中执行完关注、取消关注操作后，将用户 1 关注列表和用户 2 粉丝列表的缓存数据从 Redis 中删除。不过，对于大 V 来说，被关注的事件会频繁发生。假设有大 V 用户 A，在 1min 内奇数秒时有用户读取 A 的粉丝列表，偶数秒时有用户关注 A，那么缓存的工作流程如下。

（1）第 1 秒，有用户读取 A 的粉丝列表，此时 Redis 并未缓存此数据，于是请求会回源数据库获取 A 的粉丝列表，然后在 Redis 中创建缓存。

（2）第 2 秒，有用户关注 A，在数据库中写入关注关系后，Redis 中 A 的粉丝列表被删除。

（3）第 3 秒，有用户读取 A 的粉丝列表，由于 Redis 已经删除了此数据，所以请求又会回源数据库，然后又在 Redis 中创建缓存。

（4）第 4 秒，有用户关注 A，Redis 中 A 的粉丝列表又被删除。

（5）第 5 秒，有用户读取 A 的粉丝列表，于是再次回源数据库，在 Redis 中创建缓存。

（6）第 6 秒，有用户关注 A，Redis 的缓存再次被删除。

（7）第 7 ~ 60 秒，以此类推。

可见，前脚读取粉丝列表的请求在 Redis 中创建了缓存，后脚此缓存就被关注请求删除了，这就导致读取粉丝列表的请求永远在回源数据库，而 Redis 缓存完全没有起到作用，甚至在被无意义地反复创建与删除。

虽然现实情况是读取粉丝列表的请求和关注请求不太会恰好交替发生，但是只要比较频繁地发生关注事件，就会造成缓存被频繁地删除与创建，缓存用于应对高并发读请求的作用被削减。所以，对于粉丝列表缓存，并不适合采用“先更新数据库，再删除缓存”方案。缓存数据应该总是存在的，所以更合适的方案是缓存随着数据库的更新而更新。其实现思路是使用伪从技术：创建专门的消费者服务作为数据库 Following 表的伪从，订阅 binlog，每当 Following 表有变更（即发生关注、取消关注事件）时，消费者服务都会收到最新数据变更 binlog，然后修改缓存。比如用户 A 关注了用户 B，在 Following 表中写入此数据后，消费者服务收到对应的 binlog，得知此时发生了“用户 A 关注用户 B”的事件，于是在 Redis 中检查用户 B 的粉丝列表缓存是否存在；如果存在，则修改缓存数据，即将用户 A 加入用户 B 的粉丝列表 ZSET 中。这样一来，用户的粉丝列表缓存不会因为关注事件而被删除，而是与数据库对齐数据，“用户 A 关注用户 B”的事件可以近实时地被反映在缓存中，后续读取粉丝列表的请求仍然可以命中缓存，而不需要回源数据库，缓存仍然发挥作用。使用伪从技术更新缓存可以有效提高缓存命中率，在缓存与数据库的数据一致性方面表现很好，唯一的顾虑是相对于“先更新数据库，再删除缓存”方案来说，有一点儿开发成本。

至于关注列表缓存，使用“先更新数据库，再删除缓存”方案没有太大问题，毕竟一个用户不太可能总是要关注其他用户，其关注列表相对稳定。当然，关注列表缓存也像粉丝列表缓存一样，使用伪从技术更新缓存也没有什么问题。

综上所述，在关注事件发生后，为了应对缓存失效的问题，关注列表缓存可以被删除，而对于粉丝列表缓存更适合采用伪从技术进行更新。如果不想区别对待关注列表缓存和粉丝列表缓存的更新策略，那么统一使用伪从技术更新缓存就行。

10.4.3 本地缓存

大 V 的关注列表的曝光率要远远大于普通用户的，很多用户都会关心大 V 关注了哪些人。另外，大 V 在关注其他用户时相对谨慎，这就意味着他们的关注列表数据比较固定。综合考虑关注列表的访问量大、数据不易变这两个特点，我们可以将大 V 的关注列表进一步存储到本地缓存中，从而减少访问 Redis，进一步提高访问性能。

粉丝列表的数据特点则完全不同。大 V 的粉丝变动非常频繁（毕竟是网红），并不适合使用本地缓存；而普通用户的粉丝变动虽然相对较小，但是其粉丝列表的访问量也非常小，使用本地缓存不会有很高的缓存命中率，且意义不大。所以，无论是何种用户，都不适合使用本地缓存。

10.4.4 缓存与数据库结合的最终方案

经过对数据库设计、缓存设计的详细讨论，我们总结并提炼出缓存与数据库结合的最终方案。图 10-2 展示了用户关系服务设计最终方案的整体架构图。

这套架构的核心是：Following 表为数据库的主表，Follower 表、计数服务、Redis 缓存都以 Following 表为标准来更新数据。针对这样设计的用户关系服务，我们再详细描述一下每个接口的工作流程。

（1）关注与取消关注的接口。这个接口直接更新数据库 Following 表即可响应用户，后续流程对用户来说是完全异步的，Follower 表、计数服务、Redis 缓存会依赖 Following 表产生的 binlog 分别更新数据。假设用户 1 关注了用户 2：

◎ Follower 表会使用 from_user_id（用户 1）、to_user_id（用户 2）、关注时间更新表。

◎ 计数服务会计数消费者请求计数服务增加用户 1 的关注数和用户 2 的粉丝数。

◎ Redis 缓存会缓存消费者在用户 1 的关注列表缓存中加入用户 2，在用户 2 的粉丝列表缓存中加入用户 1。

（2）查询用户关注列表的接口。用户关系服务先查询处理此请求的服务实例的本地缓存中是否有数据，如果没有数据，则再查询 Redis 中是否存在对应的数据；如果不存在对应的数据，则回源数据库，将所得到的结果以 ZSET 对象的形式存储到 Redis 中。然后，检查此用户的粉丝数是否达到一定的阈值（即是否是大 V），如果达到，则将其关注列表数据也缓存到服务实例的本地缓存中。

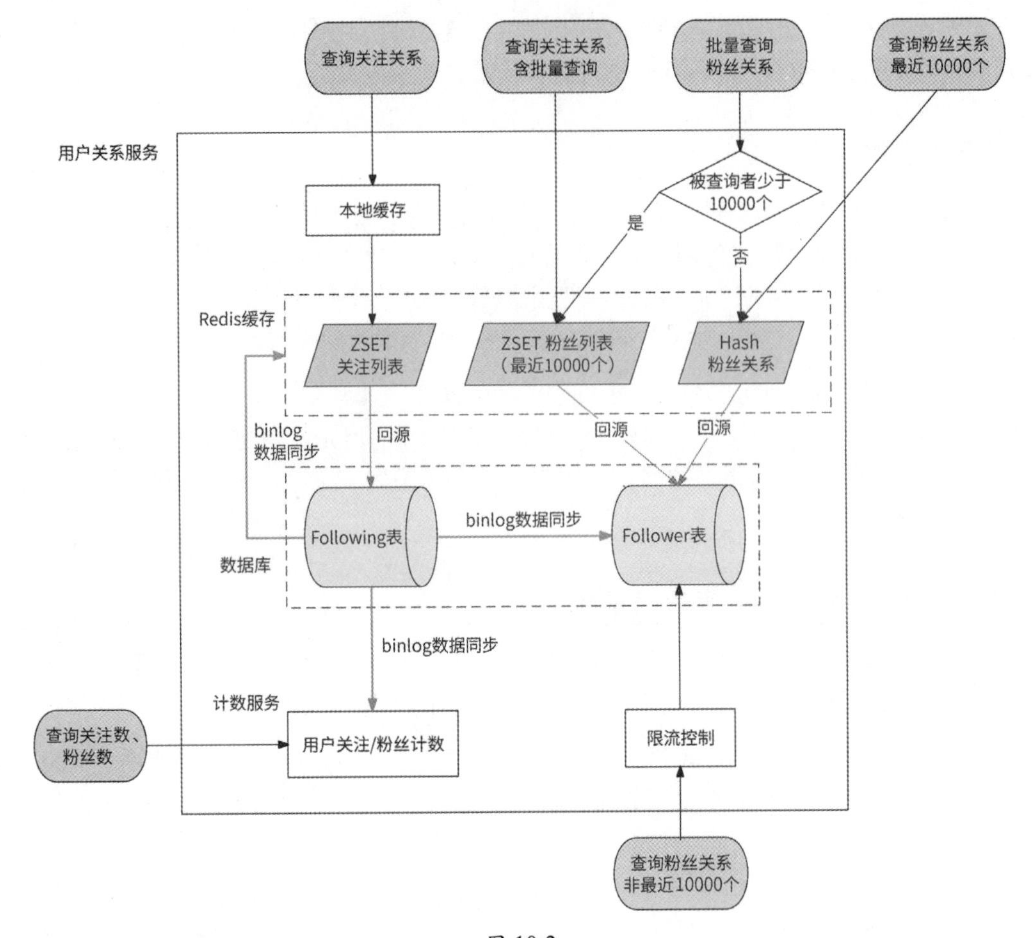

图 10-2

（3）查询用户粉丝列表的接口。如果用户查询的是最近 10000 个粉丝，则先查询 Redis；如果查询不到，再回源数据库，将所得到的结果缓存到 Redis 中。如果用户查询的不是最近 10000 个粉丝，则需要对请求进行限流，只有当请求量未达到限流阈值时才允许从数据库中查询粉丝列表，以保护数据库不被高并发请求打垮。

（4）查询用户的关注数与粉丝数的接口。这个接口非常简单，直接调用计数服务获取结果即可。

（5）查询用户关系的接口。这个接口较为复杂，取决于是否是批量查询：

◎ 查询用户 1 与用户 2 的关注关系，以用户 1 的关注列表为判断标准，先从 Redis 中查询在用户 1 的关注列表缓存中是否存在用户 2，如果缓存不存在，则回源数据库，拉取用户 1 的关注列表并缓存到 Redis 中。其流程与查询用户关注列表的接口的流程非常相似。

◎ 查询用户 1 是否关注了若干用户（用户 2、用户 3、用户 4），依然以用户 1 的关注列表为判断标准，流程同上，只不过在获取到用户 1 的关注列表数据后，从中筛选出指定的用户。

◎ 查询若干用户（用户 2、用户 3、用户 4）是否关注了用户 1，则要先查询用户 1 的粉丝数。

- 如果粉丝数少于 10000 个，则其查询流程与粉丝列表请求的查询流程非常类似。无论是读取粉丝列表缓存还是回源数据库，只要在获取到用户 1 的粉丝列表后，查看粉丝列表中是否包含用户 2、用户 3、用户 4 即可。最后给出这些用户是否分别关注了用户 1 的结论。
- 如果粉丝数大于 10000 个，则说明从粉丝列表缓存中可能无法得到准确的关系判断，此时无法依赖粉丝列表缓存，而只能依赖粉丝关系缓存，即使用 Redis Hash 对象形式的缓存。首先请求查询用户 2、用户 3、用户 4 是否在用户 1 的 Hash 对象中，然后根据查询结果进行下一步操作：如果这些用户都可以被查询到，则直接返回是否关注的结果；而如果用户 2 和用户 3 不在 Hash 对象中，则回源数据库 Follower 表查询两者与用户 1 的关注关系，并将结果回写到 Redis Hash 对象中。

10.5 基于图数据库的设计

使用数据库与缓存结合实现高并发的用户关系服务是一种合格的传统方案，数据库、缓存技术都非常成熟，服务设计成本不是很高，所以在各大公司得到广泛应用。但是本节要介绍的是近年来有一定呼声的 NoSQL 数据库类型：图数据库。我们曾在 1.10 节中简单介绍过这种数据库，它以实体为点，以实体间的关系为边建立图结构，目的是更高效地描述和查询实体间的关系。用户关系服务是图数据库的典型应用场景之一，此服务本来就是用来处理用户之间的关注关系问题的，其中的用户就是图数据库的点，用户间关系就是图数据库的边。

接下来以比较知名的图数据库系统 Neo4j 为例，介绍如何实现用户关系服务。

10.5.1 实现用户关系

Neo4j 使用 Cypher 查询语言（CQL）执行对图数据库数据的读/写操作，CQL 不仅遵循数据库 SQL 语法，而且具有人性化、易理解的语言格式。

每个用户在 Neo4j 中都是一个节点，我们使用如下 CQL 语句创建了 8 个节点分别代表用户，将用户 ID 作为节点的属性：

```
CREATE (u1:User {user_id:1111111})
CREATE (u2:User {user_id:2222222})
CREATE (u3:User {user_id:3333333})
CREATE (u4:User {user_id:4444444})
CREATE (u5:User {user_id:5555555})
CREATE (u6:User {user_id:6666666})
CREATE (u7:User {user_id:7777777})
CREATE (u8:User {user_id:8888888})
```

为 User 节点设置的 user_id 属性用于记录用户 ID，同时为此属性创建其到节点的索引，以便可以通过用户 ID 快速找到对应的 User 节点：

```
CREATE INDEX ON :User(user_id)
```

用户之间的关注关系是连接节点的边。如果用户 u1 关注了用户 u2，那么在对应的 User 节点之间创建标签名为 Follow 类型的边，同时使用关注行为发生的时间作为边的属性：

```
MATCH (u1:User {user_id:1111111}),(u2:User {user_id:2222222}) // 先查找到 User 节点
CREATE (u1)-[:Follow{follow_time:'2022-01-20 22:32:55'}]->(u2) // 创建 Follow 类型的关系，并记录关注时间
```

为了方便介绍用户关系服务各个接口的实现，我们为目前这 8 个用户随机建立一些关注关系：

```
CREATE (u1)-[:Follow{follow_time:'2022-04-17 22:05:37'}]->(u2)
CREATE (u1)-[:Follow{follow_time:'2022-11-03 01:46:08'}]->(u4)
CREATE (u1)-[:Follow{follow_time:'2021-09-06 06:26:24'}]->(u5)
CREATE (u1)-[:Follow{follow_time:'2022-06-12 22:50:38'}]->(u8)
CREATE (u2)-[:Follow{follow_time:'2020-06-30 22:42:44'}]->(u5)
CREATE (u2)-[:Follow{follow_time:'2021-09-11 01:44:11'}]->(u6)
CREATE (u2)-[:Follow{follow_time:'2022-03-07 04:58:48'}]->(u7)
CREATE (u2)-[:Follow{follow_time:'2021-06-26 15:09:07'}]->(u8)
CREATE (u3)-[:Follow{follow_time:'2022-06-17 11:41:07'}]->(u2)
CREATE (u3)-[:Follow{follow_time:'2022-07-31 19:00:18'}]->(u5)
CREATE (u3)-[:Follow{follow_time:'2020-06-19 02:08:05'}]->(u8)
CREATE (u4)-[:Follow{follow_time:'2020-02-05 15:11:57'}]->(u1)
CREATE (u4)-[:Follow{follow_time:'2020-01-05 00:10:41'}]->(u3)
CREATE (u6)-[:Follow{follow_time:'2021-12-25 05:31:25'}]->(u4)
CREATE (u7)-[:Follow{follow_time:'2020-07-23 10:43:55'}]->(u5)
CREATE (u7)-[:Follow{follow_time:'2021-12-02 01:04:50'}]->(u8)
CREATE (u8)-[:Follow{follow_time:'2020-02-12 21:06:32'}]->(u1)
CREATE (u8)-[:Follow{follow_time:'2023-04-14 08:18:11'}]->(u2)
CREATE (u8)-[:Follow{follow_time:'2023-02-12 21:58:13'}]->(u5)
CREATE (u8)-[:Follow{follow_time:'2020-09-06 22:32:59'}]->(u7)
```

在 Neo4j 操作界面中可以看到，创建这些关系后形成的图形数据如图 10-3 所示。

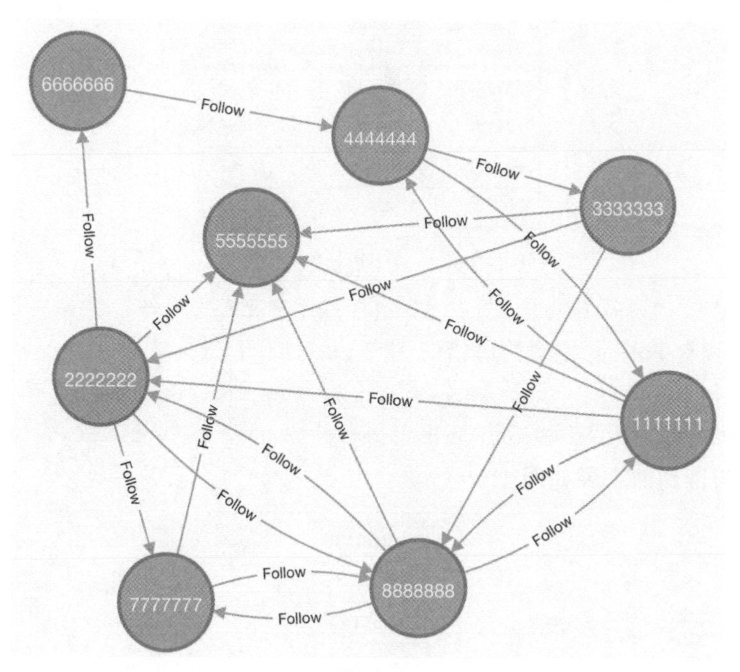

图 10-3

例如，查询用户 u1 的关注列表，就是查询其对应的 User 点主动与哪些节点建立了 Follow 类型的边。执行如下 CQL 语句：

```
MATCH (u:User{user_id:1111111})-[f:Follow]->(v:User) RETURN v.user_id, f.follow_time ORDER BY f.follow_time DESC
```

使用 Follow 类型的边的 follow_time 倒序排列，即可满足关注列表从近到远时间顺序的要求，执行此语句得到的关注列表结果如图 10-4 所示。

"v.user_id"	"f.follow_time"
4444444	"2022-11-03 01:46:08"
8888888	"2022-06-12 22:50:38"
2222222	"2022-04-17 22:05:37"
5555555	"2021-09-06 06:26:24"

图 10-4

查询用户 u8 的粉丝列表，就是查询哪些 User 节点主动与用户 u8 对应的 User 节点建立了 Follow 类型的边，并按照 follow_time 倒序排列：

```
MATCH (u:User)-[f:Follow]->(v:User{user_id:8888888}) RETURN u.user_id, f.follow_time ORDER BY f.follow_time DESC
```

执行此语句得到的粉丝列表结果如图 10-5 所示。

"u.user_id"	"f.follow_time"
1111111	"2022-06-12 22:50:38"
7777777	"2021-12-02 01:04:50"
2222222	"2021-06-26 15:09:07"
3333333	"2020-06-19 02:08:05"

图 10-5

批量查询用户 u1、用户 u2、用户 u3 是否是用户 u8 的粉丝，就是查询它们对应的 3 个 User 节点是否有 Follow 类型的边指向用户 u8 对应的 User 节点：

```
    MATCH (u:User)-[f:Follow]->(v:User{user_id:8888888}) WHERE u.user_id IN
[1111111,2222222,3333333] RETURN u.user_id
```

执行此语句得到的结果如图 10-6 所示。

"u.user_id"
3333333
1111111
2222222

图 10-6

除了查询基本的用户关系接口，使用图数据库还可以非常容易地实现一些高级查询功能接口，如果这些查询使用传统数据库实现，则往往会比较沉重。下面举两个例子。

（1）查询用户 u1 和用户 u2 的共同关注人，Neo4j 只需要执行一条 CQL 语句就可以高效完成这个任务：

```
    MATCH (u:User{user_id:1111111})-[:Follow]->(commonFollows)<-[:Follow]-(v:User
{user_id:2222222}) RETURN commonFollows.user_id
```

对应的查询结果如图 10-7 所示。

"commonFollows.user_id"
5555555
8888888

图 10-7

（2）查询在用户 u1 的关注列表中有谁关注了用户 u5。如果使用 10.4.4 节介绍的传统方案，则需要取用户 u1 的关注列表和用户 u5 的全量粉丝列表的交集，而 Neo4j 只需要这样：

```
    MATCH (u:User{user_id:1111111})-[:Follow]->(someFollows)-[:Follow]->(v:User
{user_id:5555555}) RETURN someFollows.user_id
```

对应的查询结果如图 10-8 所示。

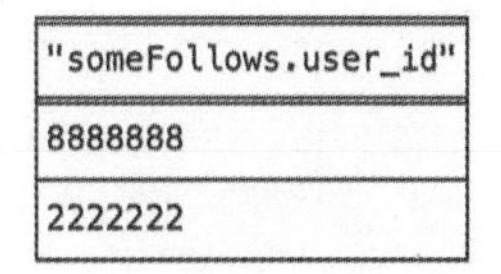

"someFollows.user_id"
8888888
2222222

图 10-8

虽然这种复杂的高级查询功能接口一般不是用户关系服务的核心接口，但是有了这些功能接口，可以在一定程度上提高互联网应用内用户的互动性。比如你在使用微博的过程中点击打开了某用户的主页，虽然你更想看到的是该用户的头像以及其发布的内容，但是如果在该用户的主页上同时显示“你关注的谁也关注了该用户”或“你和该用户都关注了谁”，则可以进一步表达你们可能的兴趣和交际圈，起到锦上添花的作用。

10.5.2 应用权衡

图数据库是一种新兴的数据库类型，它以图形结构来存储和处理数据，适合处理复杂的关系型数据和网络数据。尽管图数据库具有许多优点，如具有高效的查询性能、灵活的数据模型和可扩展性，但目前它还没有得到真正的广泛应用。笔者认为可能的原因是图数据库缺乏标准化，各种图数据库产品使用了不同的数据模型、不同的设计原理、不同的查询语言来实现图数据库，不仅研发工程师学习图数据库的成本较高，而且由于缺乏统一的基础理论，很多数据库产品在实现图数据库时仍然在底层使用了其他 NoSQL 数据库。所以，对图数据库产品是否能够发挥图形数据的高效查询和保持高可用性是存疑的，一些公司对全量推广图数据库的态度也是相对保守的。

如果公司对推广图数据库的态度相对保守，则可以让图数据库承担一些非核心的但是能发挥其优势的接口实现。在 10.4.4 节给出的最终方案的整体架构的基础上，我们引入图数据库来负责复杂关系的查询，引入的思路也是借助伪从技术：图数据库为数据库 Following 表的伪从，随着 Following 表的数据变更而构建用户关系图数据，日常图数据库不负责处理用户关系服务的核心接口，只有非核心的、复杂关系查询的接口才由图数据库处理。此外，如果 Redis 或其他数据库发生故障，则在故障期间核心接口可以访问图数据库获取数据。也就是说，可以将图数据库作为用户关系的热备存储。

最后，基于图数据库设计的用户关系服务的完整架构如图 10-9 所示。

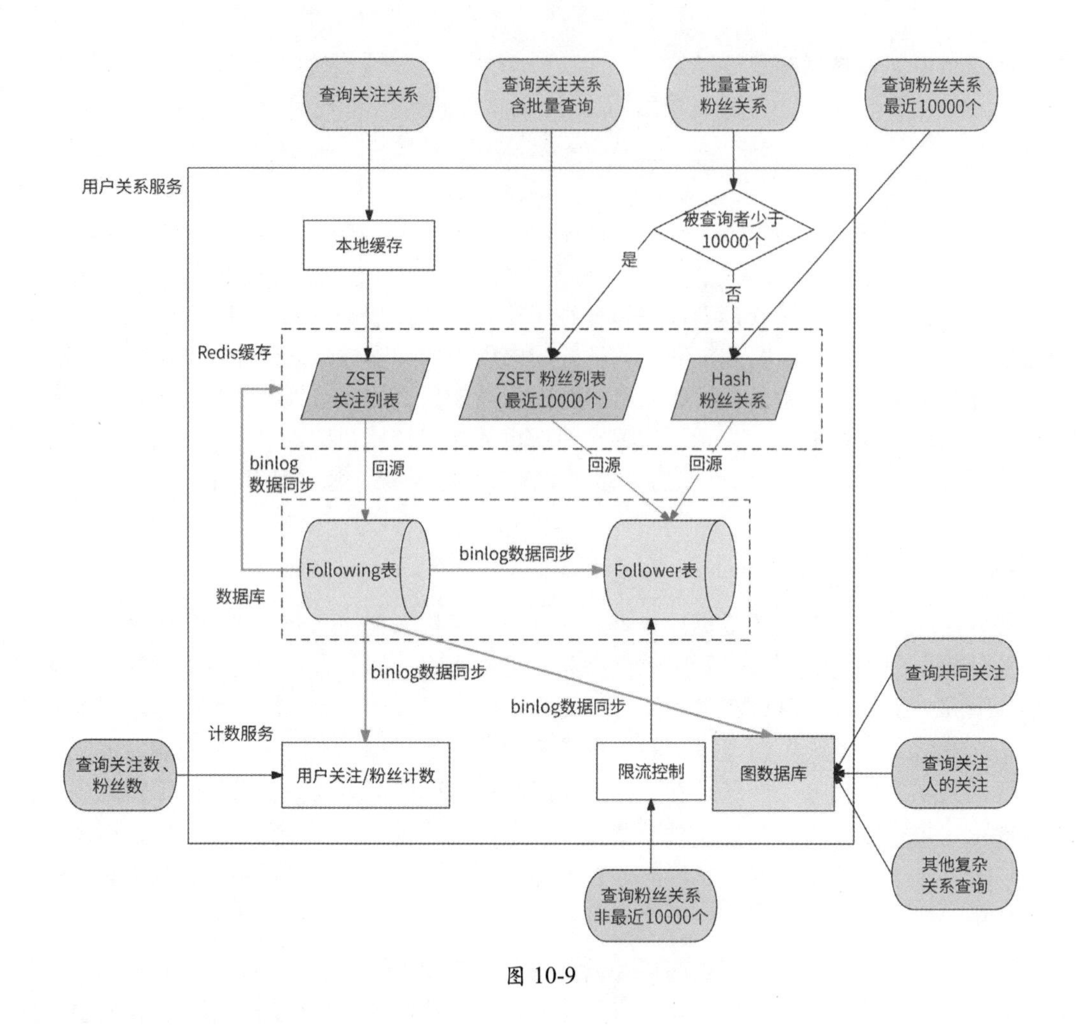

图 10-9

10.6　本章小结

实现高可用、高性能的用户关系服务，关键在于对各个存储系统的合理使用。

首先将数据库作为用户关系数据的最终存储。使用数据库存储海量用户关系势必要分库分表，所以最关键的设计就是需要把关系数据冗余存储到两个结构完全一样的数据表中。其中，Following 表为主数据表，将 from_user_id 作为索引核心字段，负责用户的关注与取消关注、查询关注关系和查询关注列表的请求，而 Follower 表为 Following 表的伪从，复制完全相同的数据，但其索引核心字段为 to_user_id，负责查询粉丝关系和查询粉丝列表的请求。另外，在这两个表的索引设计中可以使用覆盖索引，以进一步提高数据库查询性能。

然后将 Redis 作为数据库的缓存。用户的关注列表和用户的粉丝列表使用 ZSET 对象缓存，最近查询的粉丝关系则使用 Hash 对象缓存。我们需要重点关注的是大 V，大 V 的粉丝量巨大，Redis 无法全量缓存其粉丝列表，于是选择只缓存最近 10000 个粉丝。因为大部分读取粉丝列表的请求就是读取粉丝列表的前几页，至于读取粉丝列表后几页的请求，就只能交给数据库处理了，我们可以对这类请求进行限流以防止击垮数据库。Redis 也被作为数据库 Following 表的伪从，用于实时地更新关注列表、粉丝列表的缓存。此外，对于关注列表还可以由每个服务实例本地缓存，以进一步减轻 Redis 的访问压力。

图数据库也很适合存储用户关系。图数据库以每个用户为节点，以用户之间的关注关系为边连接节点，最终形成图形数据。使用图数据库不仅可以方便地拉取用户的关注列表和用户的粉丝列表，而且能轻松地实现一些复杂关系的查询。我们可以仅使用图数据库来实现用户关系服务，也可以将它作为数据库的热备使用。

最后将用户的关注数、粉丝数交给计数服务维护。计数服务也被作为数据库 Following 表的伪从，以实时更新关注与粉丝的计数值。

总之，用户关系服务以数据库 Following 表为数据中心，将最新的用户关系数据复制到 Follower 表、Redis、图数据库和计数服务中。

第 11 章 Timeline Feed 服务

本章我们将讨论近年来各互联网产品非常核心的一个业务场景：Timeline Feed 流，以及 Timeline Feed 服务的设计。本章的学习路径如下。

◎ 11.1 节和 11.2 节分别介绍 Feed 流的分类，以及 Timeline Feed 流的功能特性。
◎ 11.3 节和 11.4 节分别介绍以拉模式和推模式实现 Timeline Feed 服务。
◎ 11.5 节介绍推模式和拉模式如何互补发挥优势。
◎ 11.6 节详细介绍通过推拉结合模式实现 Timeline Feed 服务的关键技术细节，包括内容推送、收件箱设计、Timeline Feed 流数据构建等。

本章关键词：推拉结合、推送子任务、ZSET、联合索引、字典序、合并。

11.1 Feed 流的分类

Feed 流的功能在当今的互联网应用和网络社交平台中非常重要，它是一种以时间线为基础的信息流展示形式，把用户感兴趣的内容呈现在用户的 Feed 页面上。如果你使用过一些互联网应用就会发现，很多互联网应用的主页都是 Feed 页面，它们把 Feed 流当作自己的“门面”。Feed 流在内容聚合维度上包括但不限于如下几种形式。

◎ 推荐 Feed 流：按照你的浏览兴趣聚合内容，你可能不认识 Feed 流内容的发布者，但是他发布的内容你可能很感兴趣。
◎ 关注 Feed 流：你关注的用户发布的内容被聚合为 Feed 流，并且按照内容的发布时间从近到远展示你所关注的那些人最近发布的内容。按照内容的发布时间排序，也就是遵循时间线，所以这种 Feed 流是一种 Timeline Feed 流。微信朋友圈和微博首页都是典型的对关注 Feed 流的应用。
◎ 附近 Feed 流：顾名思义，就是你附近的用户最近发布的内容，这对于社交类应用来说较为常见。

推荐 Feed 流的重点是推荐算法，附近 Feed 流的重点是地理位置判断，其相关技术差异巨大，不具备通用性，故而不在我们的讨论范围内。我们要重点讨论的是基于时间线的关注 Feed 流，即 Timeline Feed 流，本章就来介绍 Timeline Feed 服务的设计思路。

11.2 Timeline Feed 流的功能特性

Timeline Feed 流提供的数据应该是我们所关注的人在指定的时间段内发布的内容列表，并且内容按照时间由近及远排序。

用户在客户端浏览 Timeline Feed 页面时一般有如下两种操作方式。

◎ 下拉操作：刷新 Feed 流，拉取当前时间最新的 N 条 Feed 流。

◎ 上滑操作：拉取更早时间的 N 条 Feed 流。

另外，用户首次进入 Timeline Feed 页面时，展示的应该是当前时间最新的 Feed 流，与下拉操作的效果是一样的。

用户不断下拉 Timeline Feed 页面，就是不断地获取关注者最新发布的内容。如果在一段时间内关注者没有发布最新的内容，则会得到空数据。而不断上滑，则是不断地获取关注者更早发布的内容。虽然用户的理解是不停地上滑，就能看到很久之前的内容，但实际上几乎没有任何应用的 Timeline Feed 流允许用户这么做。例如微信朋友圈，一个 1 年都没有使用微信的用户重新登录微信，他是不可能在朋友圈中刷出这 1 年的好友动态的。笔者在网上专门查询了“不停地刷朋友圈能刷到几天前”这个问题，有人实测是 12 天，也有人实测是 30 天，笔者也亲测了一次，最多刷到 28 天前的动态就不能继续上滑了。为什么不同用户实际上能刷到的最大天数是不一样的？笔者可以大胆地猜测，朋友圈限制了每个用户上滑的动态总数，当刷出的动态数量超过一定的阈值时就禁止继续上滑，只不过有的人朋友圈 12 天的动态就达到阈值了，而有的人朋友圈 28 天才达到阈值。实际上，很多 Timeline Feed 流产品也是这么做的。

总之，Timeline Feed 服务主要负责两种读取数据的方式：下拉与上滑。其中，下拉负责拉取用户从未看过的最新内容列表，上滑负责拉取更早的内容列表，并限制所能拉取到的内容最大数量。无论是何种读取方式，内容列表均按照内容的发布时间从近到远排序。

11.3 拉模式与用户发件箱

一种较为符合我们直觉的实现 Timeline Feed 服务的方式是拉模式。每个内容发布者都有自己的“发件箱”，每当用户发布一个内容时，就把内容存放到发件箱中，由其他用户来拉取内容。

如图 11-1 所示，当用户获取 Timeline Feed 流时，系统会先拉取此用户的关注列表，然后遍历每个关注者的发件箱，取出他们发布的全部内容，最后根据发布时间倒序排列后展示给用户。

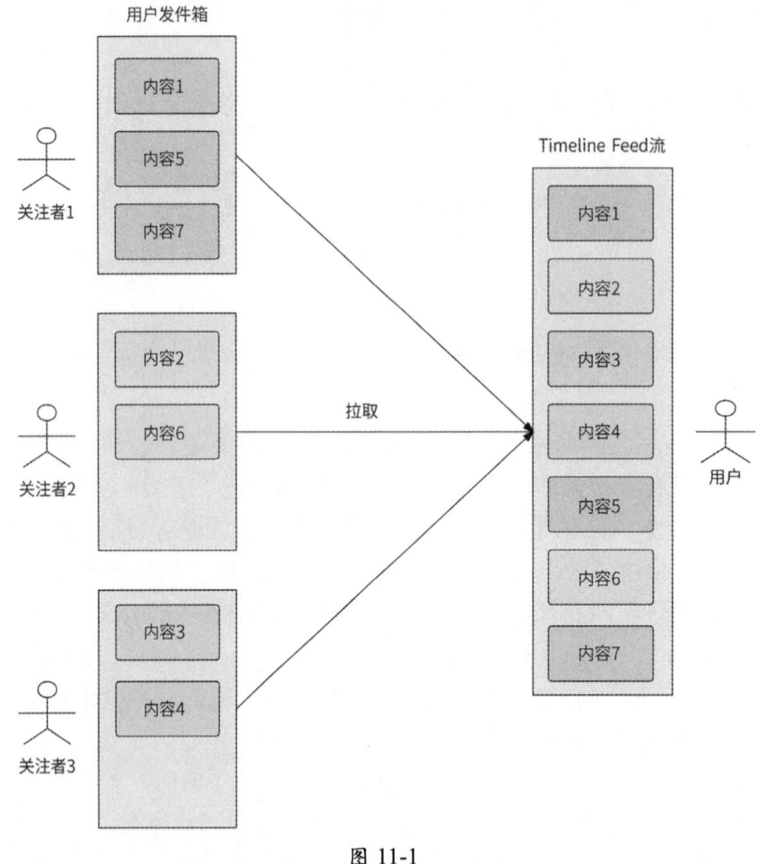

图 11-1

所谓的发件箱只是一种使描述更形象的代称，我们不需要专门设计发件箱，它实际上就是第 7 章讲的内容发布系统（服务）所负责存储的用户内容列表，所以拉模式就是从内容发布服务中拉取关注者的内容列表。可见，在拉模式下不需要为 Timeline Feed 服务单独设计存储系统，实现非常简单。因此，当一个互联网应用在初期阶段用户规模较小时，很适合使用这种方式来实现 Timeline Feed 流的功能。

不过，在拉模式下，用户每刷新一次 Feed 流，系统就需要读取 N 个用户的发件箱（这里的 N 是指用户关注的人数），这意味着一次用户请求会放大产生 N 倍的读请求，故而这种模式也被称为"读扩散"。如果用户量级较大，那么获取 Feed 流会是一个高并发场景，而且用户关注的人数也会较多。所以，这种读扩散会增加用户请求延迟，并可能击垮存储用户内容列表的数据库。

11.4 推模式与用户收件箱

另一种实现 Timeline Feed 服务的方式是推模式。与拉模式相反，在推模式下，每个用户都有一个“收件箱”，当某用户成功发布了内容时，系统会将该内容推送到其每个粉丝用户的收件箱中；粉丝用户在获取 Feed 流时，直接从收件箱中读取内容即可，如图 11-2 所示。

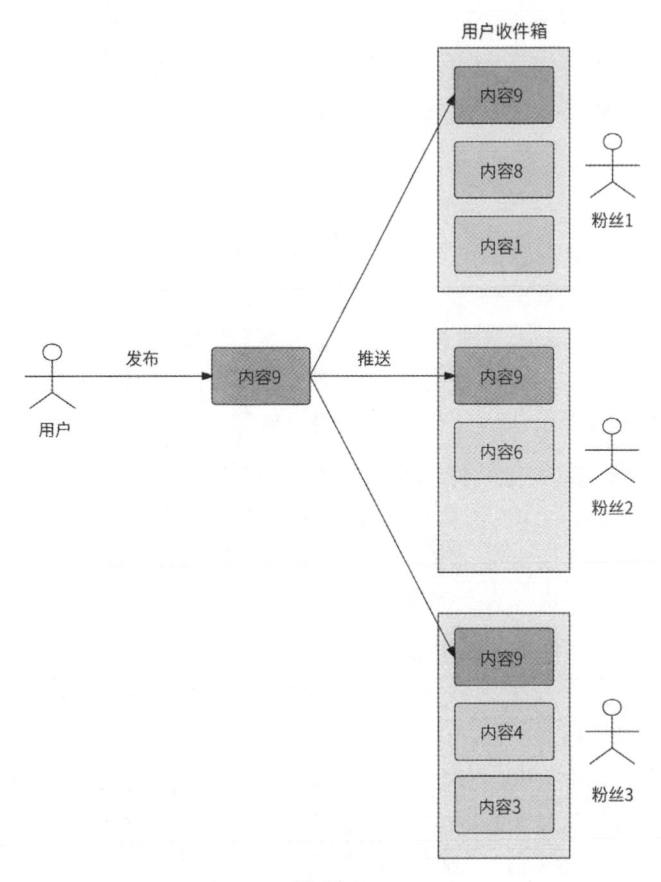

图 11-2

在推模式下，用户获取 Feed 流的性能比在拉模式下好，系统不需要获取用户的关注列表，也不需要遍历拉取每个关注者的内容列表。但是推模式也有如下一些核心缺点。

◎ 存储压力大：在推模式下，要求每个用户都有收件箱，这势必要为收件箱引入存储系统，用户越多，收件箱占用的存储资源就越多。比如某用户有 100 万个粉丝，该用户发布了一条内容后，在这 100 万个粉丝的收件箱中都要存储这条内容，这里消耗了大量的存储空间。

◎ 写扩散：某用户发布了一条内容后，需要将此内容推送到 100 万个粉丝的收件箱中，也就是系统内部会产生 100 万个写请求，这里产生了粉丝数倍数的写请求放大，如此巨量的写请求可能会击垮收件箱所依赖的数据库。

11.5　推拉结合模式

我们可以很清楚地看到，拉模式和推模式的优缺点是互补的：前者无存储压力，但是有读请求压力；后者无读请求压力，但是有写请求压力和存储压力。既然它们可以互补，那么我们的思路就是将两者结合起来，即形成推拉结合模式。

11.5.1　结合思路

虽然拉模式的优势是简单、无存储压力，但是拥有海量用户的互联网公司会在意它的优势吗？这些公司既有足够的研发投入，又有充足的存储资源，其更在意的是用户体验，在拉模式下，用户获取 Feed 流的性能表现是其最无法接受的。因此，我们应该重点分析推模式。采用推模式可以有效地提高用户获取 Feed 流的性能，但是用户在发布内容时，则会带来存储压力和写请求压力，而且用户的粉丝数越多，这两方面的压力越大。

那么，推模式和拉模式如何结合呢？关键的突破口在于一条内容的发布者有多少粉丝，即与第 10 章介绍的一样，需要根据用户是否是粉丝数超过某个阈值的大 V 来进行策略选择：当用户发布内容时，如果此用户不是大 V，则采用推模式把内容发送到粉丝的收件箱中，这样一来，即使推模式会带来存储压力大和写扩散的问题，也会由于粉丝数较少而使影响可控；当用户获取 Timeline Feed 流时，系统先检查其关注列表中有没有大 V，如果有大 V，则仅采用拉模式来拉取大 V 的内容列表，而非大 V 的内容早已在用户的收件箱中了，直接读取收件箱就好。推拉结合模式的架构如图 11-3 所示。

在推拉结合模式下，大 V 的内容发布和对 Feed 流的获取采用的是拉模式，这样可以有效避免因发布者的粉丝量大而带来的存储压力大和写扩散的问题；非大 V 的内容发布和对 Feed 流的获取则采用推模式，这样可以避免在获取 Feed 流时产生的读扩散问题。

现在我们可以初步得出结论：需要采用推拉结合模式来实现 Timeline Feed 服务。

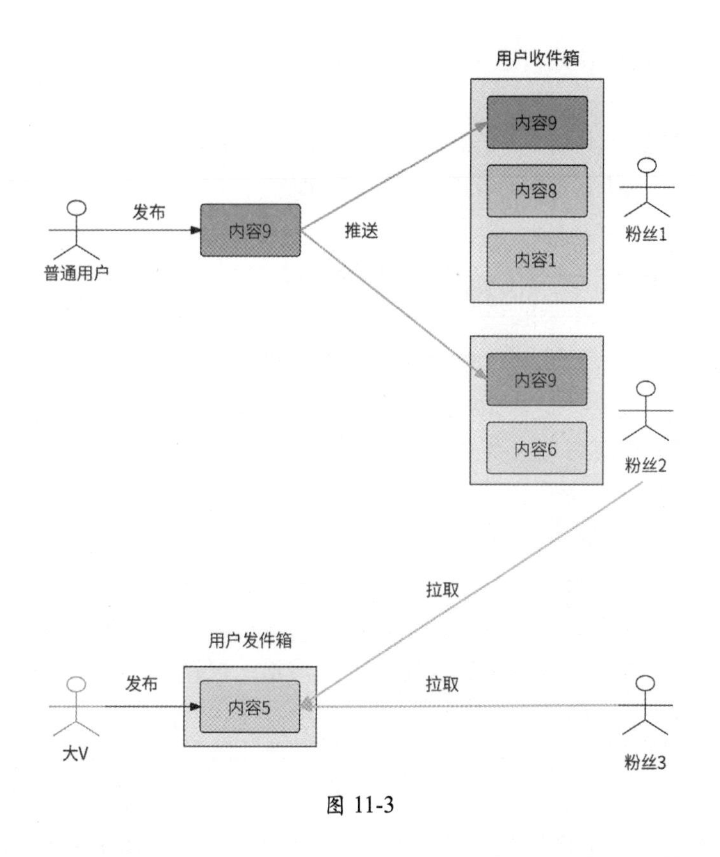

图 11-3

11.5.2 区分活跃用户

需要强调的是，推拉结合模式的效果依赖在用户的关注列表中有多少大 V。如果在某用户的关注列表中是清一色的普通用户，那么对于此用户来说，推拉结合模式也就等于推模式，可以发挥推模式的优势；如果在某用户的关注列表中是清一色的大 V，那么推拉结合模式会完全退化为拉模式，这就意味着只关注了大 V 的用户依然要接受拉模式的缺点，即获取 Feed 流的响应速度可能会很慢。其实不光是这种只关注了大 V 的情况，如果在用户的关注列表中有很多大 V，那么也会存在一样的问题。

大 V 在发布内容后，我们依然可以采用推模式，但是现在仅将内容推送给粉丝列表中的部分活跃用户，因为这些用户使用 Timeline Feed 流功能的频率相对较高，所以将内容主动推送到他们的收件箱中更有可能提高获取 Timeline Feed 流的性能。至于那些很长时间都没有打开应用的用户，则完全没有必要把内容存储到他们的收件箱中。如果有一天这些用户登录应用并使用 Timeline Feed 流功能，那么保持采用推拉结合模式来获取数据就好。

综上所述，对推模式和拉模式的结合方式可以总结如下。

◎ 如果内容的发布者是普通用户，则完全采用推模式，把内容推送到全部粉丝的收件箱中。

◎ 如果内容的发布者是大 V，则进一步区分活跃用户和非活跃用户。对于活跃用户，采用推模式；对于非活跃用户，采用拉模式。

11.6 实现 Timeline Feed 服务的关键技术细节

前面我们已经介绍了拉模式、推模式的思想和优劣，并得出了两者结合的理论基础。不过，理论毕竟是空洞的，本章介绍的是如何实现 Timeline Feed 服务，所以必然要把理论转化为实践，我们需要讨论一些关键的技术细节。

11.6.1 内容与用户收件箱的交互

在推模式下，当用户发布了一条内容后，系统需要把此内容推送到粉丝的收件箱中，那么如何实现呢？第 7 章已经介绍过，内容发布流程是由内容发布服务执行的，一种简单粗暴的方法是在内容发布服务的内容发布流程后增加一段逻辑：首先获取内容发布者的粉丝列表，然后从用户登录服务中获取这些粉丝的最近登录时间，从而筛选出活跃粉丝，最后依次遍历这些粉丝并请求 Timeline Feed 服务，将已发布的内容插入这些粉丝的收件箱中。

然而，这种做法并不可取，Timeline Feed 逻辑被严重耦合到内容发布服务中，各个服务的职责边界遭到了破坏。除了这个缺陷，推送的可用性也比较差：内容发布服务的遍历推送行为毕竟发生在服务实例进程中，内容发布服务的升级、扩容或服务质量问题都可能导致实例进程退出，这就会打断正在进行的遍历推送。比如某服务实例正在向 1000 个用户的收件箱中推送内容，当它只完成 100 个用户的推送时实例就退出了，这等于遍历推送被中止，有 900 个用户并没有收到此内容。

要将内容发布服务与 Timeline Feed 服务解耦，而且要尽可能提高推送的可用性，最好的办法就是在这两个服务之间建立消息队列通道。实际上，7.5 节已经介绍过，内容发布服务通过消息队列（主题为 event_content_meta_change）将内容变更事件通知给各种内容分发渠道，本章中的用户收件箱其实也是一种内容分发渠道。为此，我们创建一个消费者服务（暂时命名为 Timeline 消费者）负责接收内容发布服务的内容变更事件，如果发现有新内容发布，则执行遍历推送操作。

Timeline 消费者也会记录每条内容的推送进度，以便当推送过程中断时可以在失败的地方重试。一种记录每条内容推送进度的方式是使用排序的用户 ID：Timeline 消费者使用数据库记录每个内容 ID 的最近成功推送用户 ID。在推送一条内容时，Timeline 消费者先将待推送用户按照用户 ID 从小到大排列，然后按照排序结果遍历推送。在内容推送过程中，每推送成功一个用户，就更新内容的最近成功推送用户 ID。如果某次推送遇到失败，则直接返回错误。如果 Timeline 消费者返回错误，或者消费者实例退出，那么消息队列就可以得知事件推送失败，于是消息队列会发起重试，让 Timeline 消费者重新消费事件。Timeline 消费者在重新消费某内容发布的事件后，查询到对应的内容 ID 的消费进度，于是继续进行被中断的推送流程。

内容与用户收件箱的交互架构如图 11-4 所示。

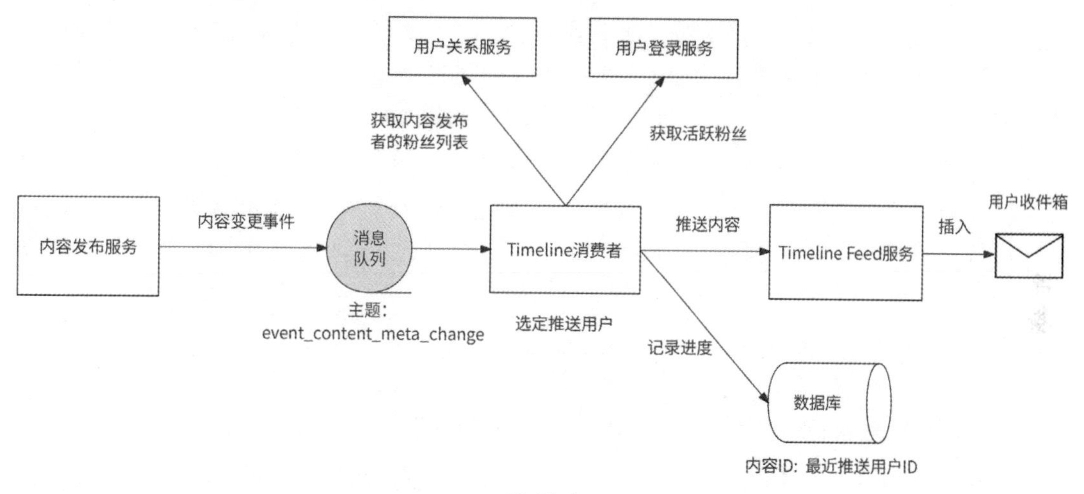

图 11-4

Timeline 消费者作为内容与用户收件箱交互的枢纽，需要负责的工作流程如下。

（1）Timeline 消费者作为内容分发渠道，订阅主题为 event_content_meta_change 的事件，此事件是由内容发布服务产生的，表示内容变更。

（2）Timeline 消费者收到内容变更事件，进一步检查事件类型是否代表内容成功发布，如果是，则执行下一步，否则跳过。

（3）根据事件对应的内容 ID，从数据库中获取此内容的推送进度，获取到的结果被记为 latest_user_id；如果未获取到结果，则 latest_user_id 值为 0。

（4）从用户关系服务中获取内容发布者的粉丝列表，如果粉丝数不大于推送阈值，则将这些粉丝作为待推送用户，执行第 6 步，否则执行下一步。

（5）从用户登录服务中获取这些粉丝的最近登录时间，将那些最近登录时间距现在小于 M 天的粉丝作为待推送用户。

（6）将待推送粉丝列表按照用户 ID 从小到大排列，从用户 ID 大于 latest_user_id 值的那条用户记录开始遍历推送。

（7）当遍历到某用户时，请求 Timeline Feed 服务向此用户的收件箱中插入对应的内容。如果请求成功，则继续遍历下一个用户；否则，抛出错误，消息队列保证对应的事件会被重新消费，回到第 2 步。

（8）当为这些粉丝推送内容都完成时，消费结束。

11.6.2　推送子任务

Timeline 消费者遍历推送毕竟是串行操作，如果需要将一条内容推送给更多的粉丝，那么遍历推送可能会消耗更长的时间，进而造成内容发布服务与 Timeline 消费者之间消息队列中的消息积压，导致内容到用户收件箱的投递延迟。我们可以将对大量粉丝的遍历推送拆分为多个并行执行的子任务，每个子任务负责对一批粉丝的推送。

假设通过测试发现，Timeline 消费者对不超过 1000 个粉丝的遍历推送耗时较小，那么我们就可以将 1000 作为拆分子任务的粒度。假设要将内容 A 推送给 3000 个粉丝，且粉丝的用户 ID 是 1 ~ 3000，那么这个任务就可以被拆分为 3 个子任务。

◎ 子任务 1：负责将内容遍历推送给粉丝 1 ~ 1000。
◎ 子任务 2：负责将内容遍历推送给粉丝 1001 ~ 2000。
◎ 子任务 3：负责将内容遍历推送给粉丝 2001 ~ 3000。

现在 Timeline 消费者不再负责推送内容，而是负责分发推送子任务（所以这里我们把它的称呼改为 Timeline 分发器）。任务的执行由一个新的消费者来完成，我们称之为 Timeline 执行器。Timeline 分发器向 Timeline 执行器分发任务也是通过消息队列实现的。我们建立名为 timeline_push 的主题，Timeline 分发器将子任务写入此主题中，而 Timeline 执行器从此主题中读取子任务并执行。

具体来说，拆分推送子任务的工作流程如图 11-5 所示。

（1）Timeline 分发器依然订阅主题为 event_content_meta_change 的事件，接收内容成功发布的事件，假设此时内容 A 发布事件到来。

（2）Timeline 分发器确定内容 A 的推送粉丝，即获取内容发布者的粉丝列表。如果有必要，则获取活跃粉丝。

（3）在确定目标粉丝后（假设选出 3000 个粉丝，粉丝的用户 ID 依次是 1 ~ 3000），Timeline 分发器以 1000 为粒度拆分子任务，并生成 3 个子任务消息，消息内容需要包括内容 ID、发布时间、任务编号以及目标粉丝的用户 ID。其中：

①子任务 1 的任务编号为 1，目标粉丝为 1 ~ 1000；

②子任务 2 的任务编号为 2，目标粉丝为 1001 ~ 2000；

③子任务 3 的任务编号为 3，目标粉丝为 2001 ~ 3000。

（4）Timeline 分发器将这 3 个消息发送到 timeline_push 消息队列。

（5）Timeline 执行器的 3 个消费者实例 i1、i2、i3 分别接收到这 3 个消息，各自开始执行子任务，且每个消费者实例都使用数据库记录“内容 ID-任务编号”的推送进度。

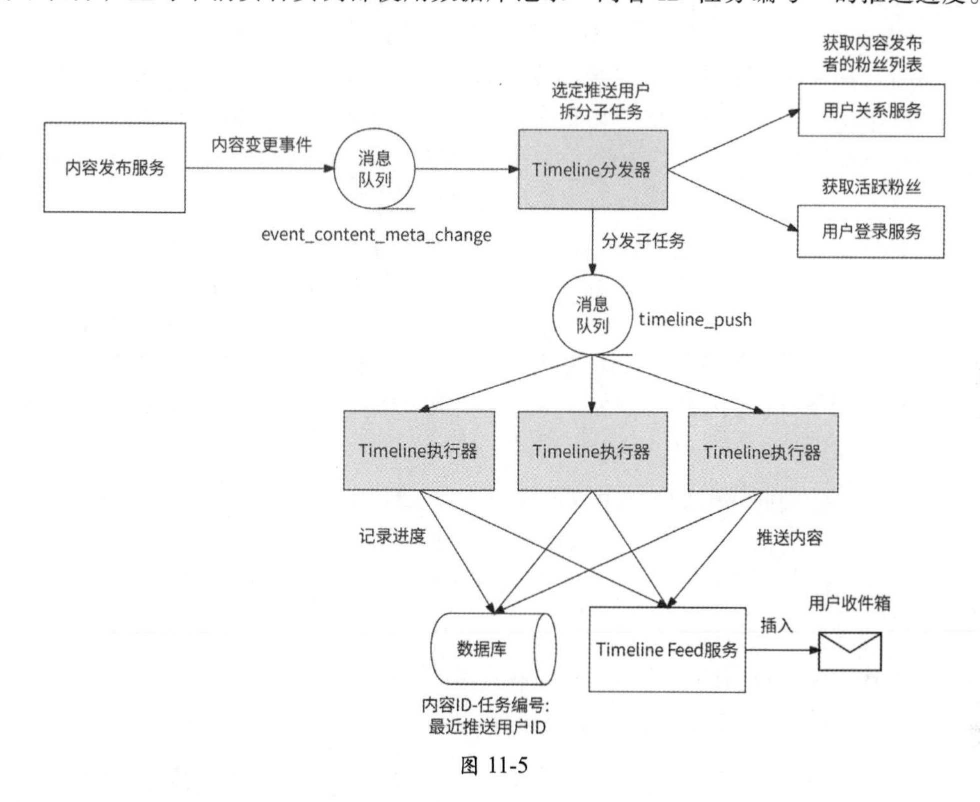

图 11-5

11.6.3 收件箱保存什么数据

既然收件箱用于保存被推送来的内容，那么是不是表示当某用户发布了一段文本内容时，这段文本需要被完整地复制到每个粉丝的收件箱中？假设一个拥有 10000 个粉丝的用户发布了一篇占用 100KB 存储空间的文章，如果将文章原封不动地复制到这 10000 个粉丝的收件箱中，那么总共将占用约 1GB 的存储空间，即内容需要的存储空间被放大 10000 倍，这造成了明显的存储空间浪费。所以，收件箱并不适合，也没有必要保存内容本身。

实际上，收件箱在意的是用户的 Timeline Feed 流需要哪些内容，以及这些内容是否可以按照发布时间从近到远排序。所以，在收件箱中只需要保存每条内容的内容 ID 和发布时间即可，其中内容 ID 用于唯一标识一条内容，发布时间用于 Timeline 排序。

11.6.4 读请求参数

Timeline Feed 服务的读请求无非就是获取 Timeline Feed 流的请求，我们分析一下读请求需要哪些参数。

获取 Timeline Feed 流有两种方式，即下拉和上滑。其中，下拉用于获取当前时间最新的 N 条内容，上滑用于获取已加载内容的发布时间之后的 N 条内容。从逻辑上看，下拉操作实际上获取的就是最新的 N 条内容，所以只需要内容数量这一个参数就可以满足要求。而上滑操作不太一样，用户需要先读取一次 Feed 流的内容后，才可能会上滑获取更多的内容。这意味着用户希望查看的是发布时间早于他已读的最后一条内容的更多内容，所以上滑操作的参数还需要当前最后一条内容的发布时间。

对于下拉操作，还要考虑一种情况：可能你关注的多个用户的内容发布发生于同一时间。假设内容数量为 10，你关注的 20 个用户在同一时间 1688576521 发布了内容，最开始你的 Timeline Feed 页面展示了用户 1 ~ 10 的内容；当你继续上滑获取更早的 Feed 流时，如果请求参数是时间戳 1688576521 和内容数量 10，即语义是获取发布时间小于或等于 1688576521 的最近 10 条内容，那么所获取到的数据依然是用户 1 ~ 10 的内容，而无法如预期一样获取到用户 11 ~ 20 的内容。

所以，为了涵盖同一时间发布内容的情况，上滑操作还需要记录已经展示在 Feed 流中的最后一条内容的内容 ID（last_content_id），即获取 Timeline Feed 流的语义变为：获取发布时间小于或等于 1688576521，且排列在 last_content_id 之后的 N 条内容。

基于下拉操作和上滑操作的不同处理逻辑，我们自然需要使用一个参数来表示操作类型，最终 Timeline Feed 服务的读请求应该包含如下这些参数。

◎ 操作类型：是下拉操作还是上滑操作。
◎ 时间戳：目前 Feed 流中最后一条内容的发布时间，为上滑操作所需要。
◎ 内容数量：每次获取 Feed 流时返回多少内容。
◎ 最后内容 ID：上滑操作需要已经展示在 Feed 流中的最后一条内容的内容 ID。

11.6.5 使用数据库实现收件箱

我们可以使用数据库实现用户收件箱，创建数据表 inbox，表结构如表 11-1 所示。

表 11-1

字段名	类　型	含　义
id	BIGINT	自增主键，无特殊含义
user_id	BIGINT	用户 ID
content_id	BIGINT	内容 ID
publish_time	DATE	内容发布时间

将内容插入收件箱中非常简单，就是新增一条记录，这里不再赘述。例如，用户 111 进行下拉操作读取最新的 Feed 流，就是读取此用户 ID 下 publish_time 最大的 N 条记录，对应的 SQL 语句如下：

```
SELECT content_id, publish_time FROM inbox WHERE user_id = 111 ORDER BY
publish_time DESC LIMIT N
```

这条 SQL 语句的意思是选择用户 ID 为 111 的数据记录，按照 publish_time 从大到小排列，然后选出前 *N* 条记录。为了使这条 SQL 语句的执行效率最高，我们需要为 inbox 表创建联合索引 idx_feed(user_id, publish_time, content_id)。这个索引具有如下优势。

◎ 通过用户 ID 可以快速定位到一个用户收件箱中的全部记录。

◎ 对于同一用户 ID（即 user_id 字段值相同）的所有记录，publish_time 是有序的，免去了排序操作。

◎ content_id 作为索引的最后一部分，可以使此索引完全覆盖上述 SQL 语句的要求，即为覆盖索引，避免了不必要的回表操作。

如果 inbox 表需要分库分表，则以 user_id 为依据即可。

用户 111 进行上滑操作读取更早的 Feed 流，就是根据此用户已读的 Feed 流中最后一条内容的内容 ID（last_content_id）和发布时间（ts），执行如下 SQL 语句：

```
SELECT content_id, publish_time FROM inbox WHERE user_id = 111 AND
(publish_time < ts OR (publish_time = ts AND content_id < last_content_id))
ORDER BY publish_time DESC LIMIT N
```

这条 SQL 语句稍微有点儿复杂，它的意思是获取用户 111 的数据记录，然后额外进行两次筛选：首先筛选出 publish_time 小于 ts 的记录，然后筛选出 publish_time 等于 ts，但是 content_id 比 last_content_id 小的记录。第一次筛选的条件就是获取发布时间更早的内容，而第二次筛选的条件是为了处理多条内容与 last_content_id 的发布时间相同的情况，此时应该筛选出收件箱中排列在 last_content_id 下一位的内容，筛选依据是 content_id 小于 last_content_id。

为什么当多条内容的发布时间与用户已读的最后一条内容的发布时间相同时，通过 content_id 小于 last_content_id 就可以准确定位到下一条内容？这就要从联合索引的特性说起了。

联合索引 idx_feed(user_id, publish_time, content_id)保证：user_id 相同的记录，此索引会默认按照 publish_time 从小到大排列；而 publish_time 也相同的记录，此索引会默认按照 content_id 从小到大排列。如表 11-2 所示的是用户 111 收件箱中的内容列表在数据库的联合索引上的排列情况。

表 11-2

user_id	publish_time	content_id	对应的主键 ID
111	1678722102	163	1
111	1678722105	128	2
111	1678723222	627	3
111	1678723222	1673	4
111	1678723222	9266	5
111	1678723222	10833	6
111	1678723222	19671	7
111	1678910100	833	8
111	1678910150	927	9
111	1678910150	1991	10
111	1678910150	2025	11
111	1678952612	135	12

可见，用户 111 的数据记录按照 publish_time 从小到大排列，如果 publish_time 相同，则按照 content_id 从小到大排列。

假设刷新一次 Feed 流显示 3 条内容，用户 111 进入 Timeline Feed 页面，等于进行下拉操作，此时执行的 SQL 语句如下：

```
    SELECT content_id, publish_time FROM inbox WHERE user_id = 111 ORDER BY
publish_time DESC LIMIT 3
```

由于指定了 ORDER BY publish_time DESC，所以数据库从 idx_feed 索引的最后一条记录开始依次扫描 3 条记录，即主键 ID 为 12、11、10 的 3 条记录，于是用户 111 将得到内容 ID 为 135、2025、1991 的 3 条内容。

用户在继续上滑获取更早的 Feed 流之前，其上次刷到的最后一条内容是主键 ID 为 10 的记录，即已读的最后一条内容的内容 ID 为 1991，发布时间为 1678910150，此时应该执行的 SQL 语句如下：

```
    SELECT content_id, publish_time FROM inbox WHERE user_id = 111 AND
(publish_time < 1678910150 OR (publish_time = 1678910150 AND content_id < 1991))
ORDER BY publish_time DESC LIMIT 3
```

同样，由于指定了 ORDER BY publish_time DESC，数据库会在 idx_feed 索引上从后向前定位到 publish_time 为 1678910150 且 content_id 小于 1991 的记录，并依次向前获取 3 条 publish_time 小于或等于 1678910150 的记录，即得到主键 ID 为 9、8、7 的 3 条记录。所以，用户上滑会得到内容 ID 为 927、833、19671 的 3 条内容。

用户继续上滑，此时已读的最后一条内容的内容 ID 为 19671，发布时间为 1678723222，执行的 SQL 语句如下：

```
    SELECT content_id, publish_time FROM inbox WHERE user_id = 111 AND
(publish_time < 1678723222 OR (publish_time = 1678723222 AND content_id < 19671))
ORDER BY publish_time DESC LIMIT 3
```

执行逻辑相同，用户将依次得到内容 ID 为 10833、9266、1673 的 3 条内容。以此类推，用户继续上滑，会得到内容 ID 为 627、128、163 的内容。紧接着再次上滑，则得到的内容为空。

无论用户是下拉还是上滑，对应的 SQL 语句的高效执行都依赖联合索引 idx_feed(user_id, publish_time, content_id)，数据库保证在 idx_feed 索引上同一用户收件箱中的内容列表按照 publish_time 升序排列，publish_time 相同的内容再按照 content_id 升序排列。所以，指定 ORDER BY publish_time 会使得数据库在 idx_feed 索引上从后向前扫描，不需要数据库专门对数据记录按照 publish_time 倒序排列。使用数据库的 EXPLAIN 命令可以查看 SQL 语句的执行计划，我们对上面的两条 SQL 语句执行此命令会得到如下执行信息，可以佐证我们的分析。

◎ Using Index：命中索引。

◎ Backward Index Scan：在索引上从后向前扫描记录。

在索引上从后向前扫描记录，可以保证用户在进行上滑操作时，通过 SQL 查询条件 publish_time = ts AND content_id < last_content_id 可以准确定位到同一发布时间 ts 的上一条内容。

使用数据库实现用户收件箱的优势是可以充分利用廉价的磁盘空间，劣势是数据库应对高并发的能力有限，如果 Timeline Feed 场景的流量巨大，那么数据库不一定有与之匹配的处理能力，只能通过横向进一步分库分表来解决高并发问题。假设 Timeline Feed 场景有 10 万 QPS 的流量，而目前按照 user_id 维度仅将 inbox 表分为 10 个子表，那么一个子表平均会承受 10000 QPS 的流量；只有将 inbox 表重新扩展为 100 个子表，才能将每个子表的访问压力平均降低到 1000 QPS。

11.6.6 使用 Redis ZSET 实现收件箱

既然用户收件箱是用于保存内容 ID 的，并且内容 ID 按照内容发布时间排序，那么 Redis ZSET 对象看起来非常适合作为收件箱的存储选型。从直觉上看，使用 ZSET 对象可以按照如下所述实现收件箱。

◎ Key 为“inbox_{用户 ID}”，表示一个 ZSET 对象是哪个用户的收件箱。

◎ Member 为内容 ID。

◎ Score 为内容发布时间。ZSET 可以按照内容发布时间从小到大排列内容 ID。

将一条发布于 1688659398 时间的内容 999 写入用户 111 的收件箱中，执行如下 ZADD 命令即可：

```
ZADD inbox_111 1688659398 999
```

用户进行下拉操作读取最新的 Feed 流，即获取其收件箱中最新的 *N* 条内容，也就是从 ZSET 中获取 Score 最大的 *N* 个 Member，所以可以执行如下 ZREVRANGE 命令：

```
ZREVRANGE inbox_111 0 N-1 WITHSCORES
```

接下来是进行上滑操作获取更早的 Feed 流的实现。上一节我们讨论过，用户在进行上滑操作获取更早的 Feed 流时，需要使用最后已读内容的发布时间（ts）和内容 ID（last_content_id）来筛选下一次应该读取的内容。ZSET 的实现方式比较灵活，下面给出三种可行的方案。

第一种方案是直接使用 last_content_id 定位更早的 Feed 流。首先执行 ZREVRANK 命令获取 last_content_id 成员在 ZSET 中的排名（Rank），然后执行 ZREVRANGE 命令读取排名后的 *N* 条内容。这两个命令需要原子执行，所以我们使用 Lua 脚本来实现，并传入 KEYS={inbox_用户 ID}，ARGV={last_content_id, N}来执行脚本。

```
-- 先获取最后内容的排名
local rank = redis.call('ZREVRANK', KEYS[1], ARGV[1])
-- 如果找不到成员 则返回空
if rank == false then
   return {}
end
-- 从最后内容的下一位开始拉取 N 条内容
local res = redis.call('ZREVRANGE', KEYS[1], rank + 1, rank + ARGV[2], 'WITHSCORES')
return res
```

这种方案实现比较直接，不需要依赖发布时间，可以天然覆盖多条内容在同一时间发布的场景。不过，它的局限性也很大，它仅适合拉模式，而不适合推拉结合模式。因为在推拉结合模式下，在所得到的 Timeline Feed 流数据中，某次 Feed 流的最后一条内容不一定来自用户收件箱，而是可能来自关注者的发件箱，因此在继续上滑获取更早的 Feed 流时，last_content_id 在用户收件箱中定位不到数据，导致拉取用户收件箱数据的结果永远为空。

采用推拉结合模式必定需要考虑内容发布时间，所以这里给出第二种方案，即像上一节的数据库实现方式一样，使用 ts 和 last_content_id 共同获取上滑内容。

在数据库实现方式中，是将从筛选出的第一条满足 publish_time 小于或等于 ts，但 content_id 小于 last_content_id 的记录开始的内容作为用户上滑应得到的结果的，ZSET 也应该采用这种思路。不过，数据库能够保证这种筛选思路准确的核心是联合索引 idx_feed，这个索引保证同一用户收件箱中的内容按照 publish_time 升序排列，当 publish_time 相同时再按照 content_id 升序排列。数据库中的 publish_time 和 content_id 分别对应 ZSET 中的 Score 和 Member，且 ZSET 中的成员按照如下规则排序：

◎ 成员按照其 Score 值从小到大排列。

◎ 当 Score 值相同时，再按照其 Member 值的字典序从小到大排列。

乍一看，ZSET 的成员排序规则和数据库联合索引 idx_feed 好像是一样的，但是 ZSET 把 Member 视为字符串，其排序依据是字典序，而不是数字顺序。仍以上一节中用户 111 收件箱中的内容为例，ZSET 产生的排列结果如表 11-3 所示。

表 11-3

Member (content_id)	Score (publish_time)
163	1678722102
128	1678722105
10833	1678723222
1673	1678723222
19671	1678723222
627	1678723222
9266	1678723222
833	1678910100
1991	1678910150
2025	1678910150
927	1678910150
135	1678952612

我们来看表 11-3 中数据的第 3～6 行，虽然这 4 个成员的 Score 相同，但是 Member 的排列结果却是 10833、1673、19671、627。这是因为 ZSET 将 Member 值视为字符串类型，所以使用了字典序排列，而不是数字顺序。因此，此时 ZSET 无法使用与数据库实现方式相同的筛选条件来获取下一刷 Feed 流的数据。

好在我们有办法让字典序的执行和数字顺序一样，那就是将所有成员的 Member 值都格式化为等长的字符串。这属于第三种方案。内容 ID 是 64 位整数，其可表示的最大整数是 18446744073709551615，将其转换为字符串后的长度为 20 位。我们可以先将内容 ID 转换为字符串，并向前补 0，直到字符串的长度正好达到 20 位，然后将其存储到 Member 字段中，如表 11-4 所示。

表 11-4

内容 ID	Member 值	字典序
10833	00000000000000010833	00000000000000000627
1673	00000000000000001673	00000000000000001673
19671	00000000000000019671	00000000000000010833
627	00000000000000000627	00000000000000019671

可见，补 0 后字符串的排列正好和整数顺序 627、1673、10833、19671 完全吻合。

这种方案要求在将内容插入用户收件箱中前，将内容 ID 格式化为 20 位长度的字符串。对应的 Go 语言代码如下：

```
    // 将内容插入用户收件箱中
    // userId: 用户 ID
    // ts: 内容发布时间
    // contentId: 内容 ID
    func (t *TimelineFeedService) InsertInBox(ctx context.Context, userId, ts,
contentId int64) error {
        // 拼接用户收件箱 Key
        key := fmt.Sprintf("inbox_%d", userId)
        // 将内容 ID 格式化为 20 位长度的字符串，以 0 开头
        formatMember := fmt.Sprintf("%020d", contentId)
        // Member 值为 20 位长度的字符串，Score 为内容发布时间
        return redisClient.ZAdd(ctx, key, &redis.Z{
            Score:  float64(ts),
            Member: formatMember,
        }).Err()
    }
```

按照这种方式插入内容后，用户 111 收件箱中的 ZSET 成员排列情况如表 11-5 所示。

表 11-5

Member (content_id)	Score (publish_time)
163	1678722102
128	1678722105
627	1678723222
1673	1678723222
9266	1678723222
10833	1678723222
19671	1678723222
833	1678910100
927	1678910150
1991	1678910150
2025	1678910150
135	1678952612

此时我们可以看到，当 Score 值相同时，Member 确实是按照 content_id 的数字顺序排列的。ZSET 终于拥有了与数据库的联合索引 idx_feed 相同的排序特性，此时我们可以使用与数据库实现方式相同的筛选条件来获取下一刷 Feed 流的数据了。具体流程如下。

（1）执行 ZREVRANGEBYSCORE 命令获取 Score 值小于或等于 ts 的全部 Member：

```
ZREVRANGEBYSCORE inbox_111 ts 0 WITHSCORES
```

（2）从前向后遍历获取结果。如果某成员的 Score 值小于或等于 ts，但 Member 值小于 last_content_id，则停止遍历。

（3）从停止遍历的位置开始截取最多 *N* 条记录，作为上滑操作需要展示的内容 ID 列表。

这里有必要附上此方案实现上滑操作的 Go 语言代码：

```
    // 此结构体表示 Feed 流中的一条内容
    type FeedContentInfo struct {
        ContentID   int64 // 内容 ID
        PublishTime int64 // 内容发布时间
    }

    // GlideUp 函数：上滑操作获取 Feed 流
    // userId：用户 ID
    // ts：已读最后一条内容的发布时间
    // last_content_id：已读最后一条内容的内容 ID
    // N：获取几条内容
    func (t *TimelineFeedService) GlideUp(ctx context.Context, userId, ts,
last_content_id int64, N int) (
        feedList []FeedContentInfo, err error) {
        // 拼接 Key：inbox_用户 ID
        key := fmt.Sprintf("inbox_%d", userId)
        // 执行 Redis 命令 ZREVRANGEBYSCORES inbox_用户 ID ts 0 WITHSCORES
        res := redisClient.ZRevRangeByScoreWithScores(ctx, key, &redis.ZRangeBy{
            Min: "0",
            Max: fmt.Sprint(ts),
        })
        if res.Err() != nil {
            err = res.Err()
            return
        }
        // 遍历结果
        for i := 0; i < len(res.Val()); i++ {
            // 定位到上次读取的最后一条内容
            if res.Val()[i].Member.(string) == fmt.Sprint(last_content_id) {
                // 截取之后的内容
                cutRes := res.Val()[i+1:]
                for _, item := range cutRes {
                    // 最多获取 N 条内容
                    if len(feedList) == N {
```

```
                break
            }
            contentId, _ := strconv.ParseInt(item.Member.(string), 10, 16)
            feedList = append(feedList, FeedContentInfo{
                ContentID: contentId,
                PublishTime: int64(item.Score),
            })
        }
        return
    }
}
return
}
```

ZSET 的第一个满足 Score 值小于或等于 ts,但 Member 值小于 last_content_id 的成员，就是下一刷 Feed 流的首条内容，其正是依赖经过特殊处理后的 ZSET 的排序规则与数据库的联合索引 idx_feed 保持一致。这种方案能够保证在推拉结合模式下准确地获取到下一刷 Feed 流的数据，所以它是我们的最终选择。

使用 Redis 实现用户收件箱的优势是可以依靠 Redis 的高性能应对高并发的 Timeline Feed 场景，劣势是用户收件箱占用了昂贵的内存资源，公司付出的资源成本较高。

11.6.7　通过推拉结合模式构建 Timeline Feed 数据

从 11.6.1 节的介绍可以看出，推拉结合模式对于内容发布侧来说非常清晰，就是粉丝少的用户采用推模式，粉丝多的用户对活跃粉丝采用推模式，对其他用户采用拉模式。那么，对于用户读取侧呢？怎么才能体现推拉结合模式？

当用户读取 Timeline Feed 流时，如果拉取关注列表中所有用户的发件箱，那么就是拉模式；如果只读取收件箱中的内容，那么就是推模式；只有选择拉取关注列表中一部分用户的发件箱，才是推拉结合模式。那么，需要拉取哪些用户的发件箱？这就要排除收件箱中内容的发布者了，比如用户 A 关注了用户 B 和用户 C，但是收件箱中只有用户 B 发布的内容，这说明用户 C 发布的内容并没有被推送到用户 A 的收件箱中，或者用户 C 压根就没有发布内容，所以只对用户 C 采用拉模式。

最终推拉结合的边界点是：收件箱中内容的发布者在发布内容时采用了推模式，而对在关注列表中但未向收件箱中投递内容的用户采用拉模式。所以，用户在读取 Timeline Feed 流时，应该通过如下工作流程进行选择。

（1）拉取用户的关注列表。

（2）读取收件箱中的内容（采用推模式），并从内容发布服务中获取内容发布者的用户 ID。

（3）计算在用户的关注列表中，但并不属于收件箱中内容发布者的用户，拉取内容（采用拉模式）。

在明确了推拉结合模式的执行条件后，我们再来分析应该如何将推送的数据和拉取得到的内容组合起来作为用户下一刷 Feed 流的内容。这时就需要对发件箱和收件箱中的内容列表进行合并操作。举一个例子，假设现在要拉取 M 个关注者发件箱中的内容，则流程如下。

（1）从收件箱中读取 N 条内容。

（2）从 M 个关注者的发件箱中分别拉取 N 条内容。

（3）对这 M+1 个内容列表进行合并操作，保证：

①内容按照发布时间从近到远排序；

②对于发布时间相同的内容，按照内容 ID 从大到小排列。

（4）合并排序得到前 N 条内容，这样用户就获取到了 Timeline Feed 流。

如图 11-6 所示是合并操作的一个例子。

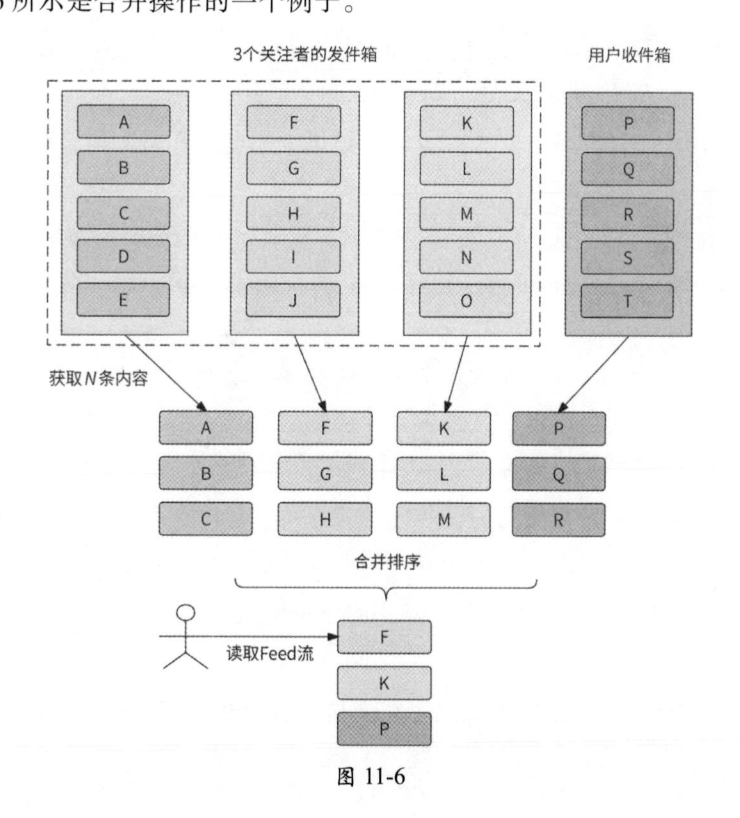

图 11-6

当用户下拉获取最新的 Feed 流时，推拉结合模式的工作流程如下。

（1）拉取用户的关注列表。

（2）检查关注列表中哪些关注者向用户收件箱中投递了内容，而将没有投递内容的关注者作为拉取内容的目标，假设人数为 *M*。

（3）从内容发布服务中拉取这 *M* 个关注者发布内容的时间小于或等于当前时间的最近 *N* 条内容，得到 *M* 个内容列表。

（4）从用户收件箱中获取最近 *N* 条内容。

（5）使用这 *M*+1 个内容列表构建 Timeline Feed 流的结果：

①对比每个内容列表的首条内容，选出发布时间值最大的内容。如果有多条内容的发布时间相同，则选择内容 ID 最大的那条内容。

②把该内容从其所属的内容列表中移除，并插入 Timeline Feed 流的尾部。

③如果 Timeline Feed 流的长度不足 *N*，则继续循环对比内容列表的首条内容，直到所有的内容列表均为空。

而当用户上滑获取更早的 Feed 流时（依然设最后一条内容的内容 ID 为 last_content_id，发布时间为 ts），推拉结合模式的工作流程如下。

（1）拉取用户的关注列表，同样检查关注列表中哪些关注者向用户收件箱中投递了内容。

（2）对于未投递内容的 *M* 个关注者，从内容发布服务中拉取每个关注者在 ts 时刻及此时刻之前发布的最近 *N*+1 条内容，得到 *M* 个内容列表。

（3）检查在这 *M* 个内容列表中，哪个内容列表的首条内容的发布时间等于 ts，且内容 ID 大于或等于 last_content_id。如果在某个内容列表中找到了这样的内容，则说明用户之前上滑读取 Feed 流时已经读过了这条内容，所以要将此内容从内容列表中移除，这时内容列表的长度为 *N*（这就是在第 2 步中拉取 *N*+1 条内容的原因）。

（4）从用户收件箱中获取发布时间小于或等于 ts，且内容 ID 小于 last_content_id 的 *N* 条内容，获取方式和 11.6.4 节、11.6.6 节介绍的一致。

（5）使用这 *M*+1 个内容列表构建 Timeline Feed 流的结果，其流程与用户下拉获取最新的 Feed 流时一致。

最后，我们举一个完整的例子来说明在推拉结合模式下 Timeline Feed 流数据的构建过程。假设用户 111 关注了 5 个用户，分别是用户 200、用户 211、用户 222、用户 233、用户 244，而在用户 111 的收件箱中有用户 222、用户 233、用户 244 推送的内容。我们来看看在用户 111 进入 Timeline Feed 页面（等同于下拉）和之后的 3 次上滑这 4 次请求的过程中，Timeline Feed 服务分别做了什么事情。

当用户 111 进入 Timeline Feed 页面时，Timeline Feed 服务收到下拉类型的获取 Feed 流的请求，此时它的处理逻辑如下。

（1）获取用户 111 的关注列表和收件箱，发现需要从用户 200 和用户 211 的发件箱中拉取内容。为了方便举例，假设用户 200、用户 211 的发件箱以及用户 111 的收件箱中的内容列表和发布时间如图 11-7 所示。

用户200发件箱

内容ID	发布时间
32850	1689089522
16020	1688986368
19732	1688905999
61186	1688718647
80723	1688616936

用户211发件箱

内容ID	发布时间
50015	1689087139
71658	1688986368
18253	1688975221
73798	1688803287
92090	1688617305
82553	1685305893

用户111收件箱

内容ID	发布时间
25218	1689087991
38376	1689087139
12572	1688986368
75256	1688803287
81709	1688718647
13320	1688617305
39203	1688616936

图 11-7

（2）从内容发布服务中拉取用户 200 和用户 211 最近发布的 3 条内容，将分别得到一个内容列表。

①list_200=[(32850,1689089522), (16020,1688986368), (19732,1688905999)]，用户 200 最近发布的 3 条内容。

②list_211=[(50015,1689087139), (71658,1688986368), (18253,1688975221)]，用户 211 最近发布的 3 条内容。

（3）从用户收件箱中读取最近 3 条内容，将得到内容列表 list_111=[(25218,1689087991), (38376,1689087139), (12572,1688986368)]。

（4）将在推拉结合模式下得到的这 3 个内容列表进行合并操作。

①对比 list_200、list_211 和 list_111 的首元素，发现内容 32850 的发布时间值最大，所以将它作为此次 Feed 流的第 1 条内容，同时将 list_200 更新为[(16020,1688986368), (19732,1688905999)]。

②继续对比 list_200、list_211 和 list_111 的首元素，发现内容 25218 的发布时间值最大，所以将它作为此次 Feed 流的第 2 条内容，同时将 list_111 更新为[(38376,1689087139), (12572,1688986368)]。

③再次对比 list_200、list_211 和 list_111 的首元素，发现内容 38376 和内容 50015 的发布时间一样都是最大的，但是在数值上 50015 大于 38376，所以将内容 50015 作为此次 Feed 流的第 3 条内容。Feed 流的内容已经达到 3 条，合并操作结束。

（5）用户刷出 Feed 流的内容，最终数据依次为(32850,1689089522)、(25218,1689087991)和(50015,1689087139)。

用户 111 在看完这 3 条内容后，选择上滑获取更多的 Feed 流。目前此用户已读的最后一条内容的发布时间为 1689087139，内容 ID 为 50015，Timeline Feed 服务收到上滑请求，开始构建更早的 3 条内容。

（1）获取用户 111 的关注列表和收件箱，发现需要从用户 00 和用户 211 的发件箱中拉取内容。

（2）从内容发布服务中拉取用户 200 和用户 211 的发布时间不大于 1689087139 的 4 条内容，将分别得到一个内容列表。

① list_200=[(16020,1688986368), (19732,1688905999), (61186,1688718647), (80723,1688616936)]。

② list_211=[(50015,1689087139), (71658,1688986368), (18253,1688975221), (73798,1688803287)]。

（3）list_211 的首元素内容发布时间为 1689087139，且正好就是已读的内容 50015 的发布时间，于是将其从内容列表中删除，list_211 被更新为[(71658,1688986368), (18253,1688975221), (73798, 1688803287)]。

（4）在用户收件箱中，获取内容发布时间小于或等于 1689087139，但内容 ID 小于 50015 的最近 *N* 条内容，将得到内容列表 list_111=[(38376,1689087139), (12572,1688986368), (75256,1688803287)]。

（5）对这 3 个内容列表执行合并操作。

①对比 list_200、list_211 和 list_111 的首元素，发现内容 38376 的发布时间值最大，于是将它作为此次 Feed 流的第 1 条内容，同时将 list_111 更新为[(12572,1688986368), (75256,1688803287)]。

②继续对比 list_200、list_211 和 list_111 的首元素，发现所有的首元素内容发布时间值都相同，于是选取内容 ID 更大的 71658 作为 Feed 流的第 2 条内容，同时更新 list_211 为[(18253,1688975221), (73798,1688803287)]。

③再次对比 list_200、list_211 和 list_111 的首元素，发现内容 16020 和内容 12572 的发布时间值一样都是最大的，于是选择数值较大的内容 16020 作为 Feed 流的第 3 条内容，

合并操作完成。

（6）用户上滑得到的 Feed 流数据依次为(38376,1689087139)、(71658,1688986368)和(16020,1688986368)。

用户 111 继续进行上滑操作，此时此用户已读的最后一条内容的内容 ID 为 16020，发布时间为 1688986368。Timeline Feed 服务执行的逻辑如下。

（1）获取用户 111 的关注列表和收件箱，发现需要从用户 200 和用户 211 的发件箱中拉取内容。

（2）从内容发布服务中拉取用户 200 和用户 211 的发布时间不大于 1688986368 的 4 条内容，将分别得到一个内容列表。

① list_200=[(16020,1688986368)，(19732,1688905999)，(61186,1688718647)，(80723,1688616936)]。

② list_211=[(71658,1688986368)，(18253,1688975221)，(73798,1688803287)，(92090,1688617305)]。

（3）list_200 的首元素内容发布时间为 1688986368 且内容 ID 为 16020，list_211 的首元素内容发布时间也为 1688986368 且内容 ID 大于 16020，所以需要删除这两个内容列表的首元素，两者被更新如下。

①list_200=[(19732,1688905999), (61186,1688718647), (80723,1688616936)]。

②list_211=[(18253,1688975221), (73798,1688803287), (92090,1688617305)]。

（4）在用户收件箱中，获取内容发布时间小于或等于 1688986368，但内容 ID 小于 16020 的最近 N 条内容，将得到内容列表 list_111=[(12572,1688986368), (75256,1688803287), (81709,1688718647)]。

（5）对这 3 个内容列表执行合并操作。

①对比 list_200、list_211 和 list_111 的首元素，发现内容 12572 的发布时间值最大，于是将它作为此次 Feed 流的第 1 条内容，同时 list_111 被更新为[(75256,1688803287), (81709,1688718647)]。

②继续对比 list_200、list_211 和 list_111 的首元素，发现内容 18253 的发布时间值最大，于是将它作为此次 Feed 流的第 2 条内容，同时 list_211 被更新为[(73798,1688803287), (92090,1688617305)]。

③再次对比 list_200、list_211 和 list_111 的首元素，发现内容 19732 的发布时间值最大，于是将它作为此次 Feed 流的第 3 条内容，合并操作完成。

（6）用户上滑得到的 Feed 流数据依次为(12572,1688986368)、(18253,1688975221)和(19732,1688905999)。

用户 111 第 3 次进行上滑操作，此时此用户已读的最后一条内容的内容 ID 为 19732，发布时间为 1688905999。Timeline Feed 服务执行的逻辑如下。

（1）获取用户 111 的关注列表和收件箱，发现需要从用户 200 和用户 211 的发件箱中拉取内容。

（2）从内容发布服务中拉取用户 200 和用户 211 的发布时间不大于 1688905999 的 4 条内容，将分别得到一个内容列表。

①list_200=[(19732,1688905999), (61186,1688718647), (80723,1688616936)]。

②list_211=[(73798,1688803287), (92090,1688617305), (82553,1685305893)]。

（3）list_200 的首元素内容发布时间为 1688905999，且内容 ID 正好为 19732，于是将其从内容列表中删除，list_200 被更新为[(61186,1688718647), (80723,1688616936)]。

（4）在用户收件箱中，获取内容发布时间小于或等于 1688905999，但内容 ID 小于 19732 的最近 *N* 条内容，将得到内容列表 list_111=[(75256,1688803287), (81709,1688718647), (13320,1688617305)]。

（5）对这 3 个内容列表执行合并操作。

①对比 list_200、list_211 和 list_111 的首元素，发现内容 73798 和内容 75256 的发布时间一样都是最大的，于是将数值较大的内容 75256 作为此次 Feed 流的第 1 条内容。

②再次对比 list_200、list_211 和 list_111 的首元素，发现内容 73798 的发布时间值最大，于是将它作为此次 Feed 流的第 2 条内容。

③依然对比 list_200、list_211 和 list_111 的首元素，发现内容 61186 和内容 81709 的发布时间一样都下滑是最大的，于是将数值较大的内容 81709 作为此次 Feed 流的第 3 条内容，合并操作结束。

（6）用户上滑得到的 Feed 流数据依次为(75256,1688803287)、(73798,1688803287)和(81709,1688718647)。

最终用户进入 Timeline Feed 页面并上滑 3 次一共读取的内容如表 11-6 所示。

表 11-6

内容 ID	内容发布时间
32850	1689089522
25218	1689087991
50015	1689087139
38376	1689087139
71658	1688986368
16020	1688986368
12572	1688986368
18253	1688975221
19732	1688905999
75256	1688803287
73798	1688803287
81709	1688718647

可以看到，用户获取的 Feed 流内容也满足其所有关注者发布的内容按照发布时间从大到小排列，当发布时间相同时，按照内容 ID 从大到小排列的规则，这可以充分证明我们实现获取 Feed 流的方案是正确的。

11.6.8 收尾工作

对于 Timeline Feed 服务的收尾工作，这里一笔带过。我们已经学习到读取 Feed 流应该顺序展示哪些内容 ID，接下来就是根据这些内容 ID 打包完整的用户可读的内容。

根据此次刷新 Feed 流应该展示的内容 ID 列表，需要：

◎ 从内容发布服务中获取这些内容的原文，包括文本、图片、视频等；
◎ 从计数服务中获取这些内容的评论数、点赞数、转发数、收藏数等计数信息；
◎ 从用户服务中获取这些内容的发布者的头像、昵称等用户相关信息。

在得到上述这些信息后，Feed 流便可以呈现在用户的眼前。

另外，值得一说的是，对于大 V 来说，他们的关注用户众多，这就意味着有很多用户在获取 Timeline Feed 流时会刷到他们发布的内容，所以 Timeline Feed 服务很适合对大 V 发布的内容详情进行本地缓存。这样一来，当用户刷到的 Feed 流中包含大 V 发布的内容时，就不需要进一步从内容发布服务、用户服务中调用 RPC 打包内容详情了，而是可以直接读取本地缓存。

11.7　本章小结

本章详细介绍了应该如何实现一个推拉结合模式的 Timeline Feed 服务。

推模式和拉模式结合的重点在于内容发布者的粉丝数和粉丝活跃情况。用户在发布内容后，系统先检查用户的粉丝数，如果粉丝数小于阈值，则将内容推送到每个粉丝的收件箱中；如果粉丝数大于阈值，则只向部分活跃粉丝推送内容，而对于其他粉丝，他们在刷新 Feed 流时采用拉模式获取内容。按照粉丝数将推送任务拆分为多个子任务，可以提高内容推送效率。

Timeline Feed 流数据要求内容按照发布时间从近到远排序，对于发布时间相同的内容，我们需要制定固定的排序规则，本章使用的排序规则是按照内容 ID 从大到小排列。在此基础上，用户下拉和上滑读取 Feed 流的两种操作方式的语义可以被描述如下。

◎ 下拉操作：获取在当前时间下最新的 *N* 条内容。

◎ 上滑操作：根据当前已刷到的最后一条内容的发布时间（ts）和内容 ID（last_content_id），获取发布时间小于或等于 ts，但内容 ID 小于 last_content_id 的 *N* 条内容。

我们介绍了使用数据库和 Redis ZSET 实现用户收件箱的方案。对于数据库方案来说，重点是创建联合索引 idx_feed(user_id, publish_time, content_id)，在此索引上每个用户的收件箱内容都会按照 publish_time 从小到大排列，当 publish_time 相同时，再进一步按照 content_id 从小到大排列，所以从后向前扫描索引正好与 Timeline Feed 流内容的排序规则相吻合。对于 Redis ZSET 方案来说，我们给出了三种方案：第一种方案是完全根据 last_content_id 直接定位下一条内容，但这种方案不适合推拉结合模式；第二种方案是先获取发布时间小于或等于 ts 的全部内容，再过滤筛选；第三种方案则是对第二种方案的优化，把内容 ID 格式化为 20 位长度的字符串用作 Member 字段，保证在 ZSET 中发布时间相同的内容按照内容 ID 的数值从小到大排列，这样一来，在 ZSET 中从后向前扫描就与 Timeline Feed 流内容的排序规则相吻合了。

在推拉结合模式下，需要对 *M* 个关注者的内容列表和来自用户收件箱的内容列表进行合并来构建 Feed 流数据。循环对比这些内容列表的首元素，看哪条内容的发布时间值最大；如果有多条内容的发布时间一样都是最大的，则选出内容 ID 更大的那一条内容，然后将所得到的内容从内容列表中删除，并加入 Feed 流中。当 Feed 流内容达到指定的数量时，或者这些内容列表都为空时，循环结束。

第12章 评论服务

评论是作为互联网用户的我们最耳熟能详的一个功能，几乎所有面向大众的互联网应用都提供了强大的评论功能。本章我们就来讨论评论服务的设计思想，下面先给出本章的学习路径。

◎ 12.1 节介绍评论功能的重要性，以及其作为一个通用评论服务应具有的基本能力。
◎ 12.2 节介绍目前主流的评论列表模式，包括单级模式、二级模式和盖楼模式。
◎ 12.3 节介绍评论服务设计的初步想法。
◎ 12.4 节介绍单级模式服务设计，包括存储选型和高并发设计。
◎ 12.5 节介绍盖楼模式服务设计，合理地获取到完整的盖楼信息。
◎ 12.6 节介绍二级模式服务设计。二级模式是最常用的评论列表模式，我们对此分别介绍了技术选型、评论审核、热门评论和高并发处理等，这也是本章的重点内容。

本章关键词：索引、盖楼评论、递归查询、图数据库、二级模式评论、热门评论、评论审核、多级缓存。

12.1 评论功能

评论功能是当今强调用户的互联网应用中不可或缺的重要部分，它在多方面证明了其不可忽视的重要性。

◎ 增加社交互动：评论功能可以为社交产品带来更多的社交互动。用户可以在社交平台就不同的话题、所分享的信息、所发表的文章和其他用户的评论进行交流与互动，增强社交产品的用户黏性，提高用户的留存率。
◎ 促进用户的参与和分享：用户可以通过评论对其他用户的帖子或内容发表观点，也可以通过回复来展示自己的看法和表达自己的想法，有效提高用户的参与度和参与率。另外，用户也可以向其他用户推荐和分享他们感兴趣的内容与信息，增加其在社交平台的活跃度。

- ◎ 促进用户生成内容：通过评论功能，用户可以自由地表达自己的想法和观点，同时也可以吸引更多的用户参与其中。这有助于促进用户生成内容，提高社交产品的内容数量和内容质量。
- ◎ 增加社交产品的流量：评论功能可以为社交平台带来流量，通过搜索引擎和社交媒体等存储商家信息，帮助用户了解社交产品，并引导用户使用社交产品。

总之，评论功能对互联网应用的重要性在于它可以促进社交互动、用户参与、内容生成和特点改进，同时提高了社交产品的流量和活跃度。这些方面都可以对提高社交产品的市场占有率和用户体验产生积极的影响。

评论功能是一种通用能力，负责提供这种通用能力的评论服务一般至少需要具有如下能力。

- ◎ 发布评论：用户可以在某内容的评论区中发布新评论，包括对内容的评论和对其他评论的回复。
- ◎ 删除评论：用户可以删除自己在某内容下发布的评论，内容发布者也可以删除评论区中不友好的评论。
- ◎ 点赞评论、点踩评论：用户可以对任何人的评论进行点赞或点踩。
- ◎ 拉取内容评论列表：用户点击打开某内容的评论区，可以获取到有限长度为 N 的评论列表。评论列表支持多种排序维度，比如按照热度排序、按照评论时间排序等。用户在阅读完这 N 条评论后，可以继续获取更多的评论。
- ◎ 拉取用户评论列表：用户可以查看自己发布的历史评论列表。
- ◎ 运营评论：内容发布者可以选择将某条评论置顶；审核人员可以根据关键词搜索评论和强行删除评论。

12.2　评论列表模式

评论列表是评论服务最重要的场景，它的模式直接决定了应该怎样设计评论服务，所以我们先来讨论当下主流的几种评论列表模式。

对于评论列表模式，其实讨论的是对内容的评论，以及对评论回复的排列。其中，第一种模式是“单级模式”，在这种模式下所有的评论都处于同一层级，而不管是对内容的评论，还是对其他评论的回复。一个简单的例子如图 12-1 所示。

图 12-1

这种模式看起来非常简单，评论按照时间顺序像“一问一答”一样排列，可以满足用户评论和回复的基本诉求。但是这种模式也会造成用户之间的互动被割裂开来，如图 12-1 所示的那样，我们并不能直观地看到这三个用户到底在相互交流什么内容，只能在列表中凭肉眼寻找。所以，这种模式仅适合那些社交互动不是那么重要的产品，比如博客、新闻、视频网站、音乐平台等，或者评论区的评论量级注定不会很大的场景，比如微信朋友圈等偏向于小范围的互动圈子；而对于具有强社交属性，且以内容创建互动场合的产品来说，这种模式并不是很适合，因为它会造成评论区杂乱无章，比如微博、bilibili、知乎、小红书等。

第二种模式是“二级模式”，即将某内容下的评论划分为两级，将所有对内容的评论作为一级评论，而对某一级评论的回复统统属于这条评论的二级评论，被单独聚合到此评论的第二级。示例如图 12-2 所示。

图 12-2

在这种模式下可以有效排布互动意图：是对内容本身进行评论，还是对某条评论进行回复。用户在查看评论列表时，可以相当清晰和高效地获取到感兴趣的信息，用户能直观地看到其他用户对内容的评论，也能在阅读某条有趣的评论时看到其他用户对这条评论的反应。举一个非常贴合实际的例子，你在刷到某个电影片段的视频时被内容所吸引，很想知道这部电影叫什么名字，于是自然而然地点击打开评论区，发现正好有用户问了这个问题（一级评论）；你看到在这条评论下有若干回复，即有用户回答了这个问题（二级评论），于是你又点击打开二级评论，最后找到了答案。整个查询过程让你的使用体验非常丝滑。这个例子很直白地说明了二级模式的优势。实际上，很多对单级模式的缺点有顾虑的产品都采用了二级模式，典型代表包括微博、bilibili、知乎、小红书等。

第三种模式是“盖楼模式”，假设用户 1 发布了某条评论，然后用户 2 回复了用户 1，用户 3 回复了用户 2，用户 4 回复了用户 3，用户 5 回复了用户 4，那么对于用户 5 的回复来说，可以完整地展示评论上下文——用户 1 评论了什么，用户 2 回复了什么，用户 3 回复了什么，用户 4 回复了什么，以及用户 5 回复了什么。在盖楼模式下，用户可以像“击鼓传花”似的发布精彩评论。示例如图 12-3 所示。

图 12-3

盖楼模式是由网易公司创新设计的。网易公司在 2004 年就已经推出了盖楼评论功能，是国内最早推广和使用盖楼评论功能的互联网公司。盖楼模式可以让阅读评论的用户清楚地了解其他用户在某个话题下的思维博弈，便于追踪对方的观点和回复，具有上下文的紧密性。在盖楼模式下，用户可以快速地找到互动的最新评论并有针对性地回复，互动性非常强。此模式是网易公司最为人所称道的明星级评论功能，它催生了很多经典的盖楼案例，目前被很多其他公司广泛学习与应用，所以我们需要对它进行专门讨论。

这三种评论列表模式分属不同的业务场景，需要不同的数据建模，因此评论服务需要针对这三种场景采用不同的设计思路，这也是本章要讨论的核心内容。

12.3 评论服务设计的初步想法

一条评论数据至少包含评论文本、发布者、发布时间、评论对象（是对内容的评论，还是对其他评论的回复）、回复了哪个用户、评论的点赞数和点踩数等信息。其中，评论文本表示用户评论了什么，其他信息则属于评论元信息，这些信息可以说明评论是谁写的、评论的目标是什么，以及评论间的互动关系。

与第 7 章中的内容存储设计类似，评论数据被分为评论元信息和评论文本两部分。评论文本作为纯粹的发言内容，很适合被存储到分布式 KV 存储系统中，其中 Key 为评论 ID，Value 为评论文本数据；而评论元信息适合使用数据库存储，不过，在不同的评论列表模式下，数据表设计不同。接下来详细讨论应该如何设计各种评论列表模式下的数据表。

12.4 单级模式服务设计

如果某产品的评论功能不在意用户的互动性，或者某评论区中很难有成千上万条评论，那么可以基于单级模式来设计评论服务，比如博客的留言、商品的吐槽区等场景。

12.4.1 数据表的初步设计

在单级模式下，对内容本身的评论和对评论的回复处于同一层级，所以其数据表设计非常简单。假设数据表名为 comment，表结构如表 12-1 所示。

表 12-1

字段名	类 型	含 义
id	BIGINT	自增主键，无特殊含义
content_id	BIGINT	内容 ID，代表评论区
comment_id	BIGINT	评论 ID
user_id	BIGINT	评论发布者 ID
reply_user_id	BIGINT	如果评论是回复，则给出被回复的用户 ID，默认值为 0
reply_comment_id	BIGINT	如果评论是回复，则给出被回复的评论 ID，默认值为 0
comment_time	DATE	评论发布时间

如果一条评论是对内容的评论，则其数据记录中的 reply_user_id 和 reply_comment_id 字段的值都为 0；而如果一条评论是对其他评论的回复，则这两个字段都有明确的值。此外，评论 ID 作为评论的唯一标识，需要在创建评论时使用分布式唯一 ID 生成器生成并设置到 comment_id 字段。

12.4.2 读/写接口与索引

假设用户 111 在内容 222 的评论区中对内容本身发布了评论 333，首先将评论文本以 333 为 Key 存储到分布式 KV 存储系统中，然后执行如下 SQL 语句保存评论元信息：

```
    INSERT INTO comment(content_id, comment_id, user_id, reply_user_id, comment_time)
VALUES(222, 333, 111, 当前时间戳)
```

而如果用户 111 发布的评论 555 是在内容 222 的评论区中对用户 333 的评论 444 的回复，则实际执行的 SQL 语句如下：

```
    INSERT INTO comment(content_id, comment_id, user_id, reply_user_id,
reply_comment_id, comment_time) VALUES(222, 555, 111, 333, 444, 当前时间戳)
```

在内容 222 的评论区中，评论列表是按照评论发布时间的顺序展示的（具体的顺序取决于产品设计，可能是由近及远，也可能是由远及近，此处假设为后者），且并不是一次性将全部评论都展示出来，而是分页展示的。当用户点击打开内容 222 的评论区时，在此评论区中应该展示第 1 页的 *N* 条评论，即评论发布时间最早的 *N* 条评论。执行的 SQL 语句如下：

```
    SELECT user_id, comment_id, content_id, reply_user_id, reply_comment_id FROM
comment WHERE content_id = 222 ORDER BY comment_time LIMIT 0, N
```

用户在阅读完这 *N* 条评论后，选择继续上滑获取更多的评论，即读取第 2 页的评论。执行的 SQL 语句如下：

```
    SELECT user_id, comment_id, reply_user_id, reply_comment_id FROM comment WHERE
content_id = 222 ORDER BY comment_time LIMIT N, N
```

以此类推，当用户读取第 *M* 页的评论列表时，SQL 语句使用 LIMIT (M-1)*N, N 来限制取数。

读取评论列表，适合使用 content_id 字段和 comment_time 字段作为联合索引 idx_comment_list(content_id, comment_time)。这样一来，根据内容 ID 便可以快速定位到与此内容相关的全部评论，并且这些评论已经按照发布时间排序，可以充分提高 SQL 语句的执行效率。

当用户删除评论 555 时，最简单、直接的 SQL 语句是使用评论 ID 作为删除条件：

```
    DELETE FROM comment WHERE comment_id = 555
```

如果希望这条 SQL 语句能够高效执行，则需要再为 comment_id 字段创建一个索引，但是这个索引其实并不是必要的。因为用户在客户端删除某条评论前一定是先看到了这条评论，这就意味着客户端知道这条评论所属的内容 ID 和评论发布时间，所以依然可以使用 content_id 字段和 comment_time 字段来辅助删除此评论。在内容 222 的评论区中，删除发布于时间 444 的评论 555。执行的 SQL 语句如下：

```
    DELETE FROM comment WHERE content_id = 222 AND comment_time = 444 AND
comment_id = 555
```

这条 SQL 语句先命中 idx_comment_list 索引，然后在所定位到的数据记录中扫描 comment_id 字段。虽然这时数据库有扫描操作，但是好在针对同一内容在同一时刻收到的评论不会很多，所以扫描效率并不低。

用户 111 也可以查询自己发布的历史评论，这些评论一般是按照评论发布时间由近及远排序的，且同样是分页展示的。所以，筛选这些评论的 SQL 语句如下：

```
    SELECT content_id, user_id, comment_id, reply_user_id FROM comment WHERE
user_id = 111 ORDER BY comment_time DESC LIMIT (M-1)*N, N
```

同理，这个场景适合使用 user_id 字段和 comment_time 字段作为联合索引 idx_user_list (user_id, comment_time)。

综上所述，comment 数据表需要两个联合索引，即 idx_comment_list 和 idx_user_list。但是这两个索引的第一个字段不同，如果 comment 数据表需要分库分表，则无法选出合适的字段作为路由依据。然而，大部分面向用户的互联网产品都有海量的评论数据，即 comment 数据表必然要分库分表。如果选择 content_id 字段作为路由依据，那么查询某内容评论列表的 SQL 语句自然可以被准确地路由到一个特定的子数据表，保持 SQL 语句的查询效率；但是当查询某用户发布的评论列表时，由于此用户的评论数据可能散布在各个子数据表中，所以查询用户评论列表的 SQL 语句只能在每个子数据表中都进行查询和聚合汇总，查询效率大大降低。同理，如果选择 user_id 字段作为路由依据，那么查询用户评论列表的 SQL 语句仅会在一个子数据表中高效执行；但是当查询某内容的评论列表时，又得查询所有的子数据表。

12.4.3 数据库的最终设计

由于受限于分库分表的必要性，我们无法选出合适的字段作为路由依据。关于这个问题的解决思路，我们之前在第 10 章中也讨论过，那就是数据表冗余设计：创建两个结构与 comment 数据表的结构完全一致的数据表 content_comment 和 user_comment，前者将 idx_comment_list(content_id, comment_time)作为索引，将 content_id 作为分库分表的路由依据；后者将 idx_user_list(user_id, comment_time)作为索引，将 user_id 作为分库分表的路由依据。当查询某内容的评论列表时，评论服务会查询 content_comment 数据表；当查询某用户的评论列表时，评论服务则会查询 user_comment 数据表。

当用户发布评论、删除评论时，要同时更新 content_comment 和 user_comment 这两个数据表。为了保证这两个数据表的数据的一致性，我们可以选择 content_comment 作为主表，而 user_comment 数据表通过伪从技术自动同步最新的评论数据，如图 12-4 所示。

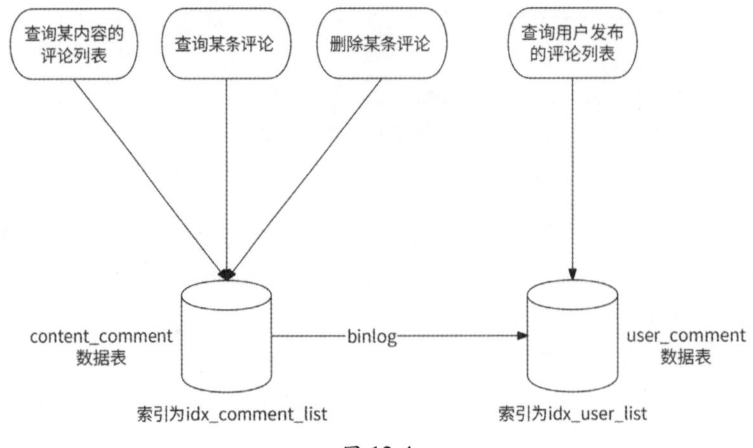

图 12-4

12.4.4　高并发问题

评论功能是一个典型的可能读多写多的场景。如果流量明星发布了内容，或者某条内容具有极高的话题度，则会吸引大量的用户前来查阅评论和参与评论。所以，评论服务需要应对高并发写评论和高并发读评论两种情况。

我们先来看高并发写评论的情况。用户发布评论作为典型的写类型请求会直接操作数据库。虽然数据库可以通过分库分表提高并行处理写评论请求的能力，但是 content_comment 数据表将内容 ID 作为分库分表的依据。对于热门内容来说，有大量的写评论请求指向同一个内容 ID，也就是说，这些写评论请求将被路由到同一个子数据表中，所以数据库依然会面临被击垮的风险。如图 12-5 所示，我们可以使用本书 2.7 节中介绍的异步写和写聚合解决方案来处理高并发的写评论请求。

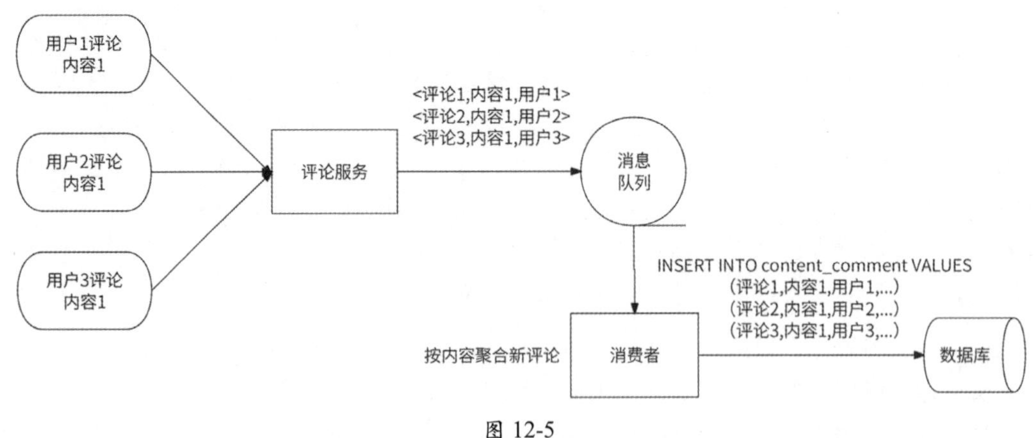

图 12-5

（1）异步写：在评论服务和数据库之间使用主题为 push_comment 的消息队列建立通信通道，评论服务将所收到的写评论请求发送到 push_comment 消息队列中就成功响应用户；创建一个“发评消费者”来消费 push_comment 消息队列中的写评论请求，逐步将评论元信息数据插入数据库中。这样一来，高并发的写评论请求就被削峰为数据库可从容处理的平滑流量。

（2）写聚合：发评消费者可以每隔 10s 就将所收到的写评论请求按照内容 ID 做一次聚合，将指向同一个内容 ID 的写评论请求聚合为一条 SQL 语句后插入数据库中。比如在某 10s 内，发评消费者收到了 100 个对内容 111 的写评论请求，这时就可以把对应的 100 条 SQL 语句改写为 1 条，然后交给数据库执行。这样一来，原本需要访问 100 次数据库的写评论请求被聚合为访问 1 次即可，提高了发评消费者的处理速度，缓解了数据库的访问压力。

我们再来看高并发读评论的情况。这里的读评论特指拉取热门内容的评论列表。对于绝大部分用户来说，其拉取的评论列表是位于评论区前几页的那些评论。所以，我们可以为评论列表中的前 *N* 条评论构建 Redis 缓存。

既然评论列表是按照评论发布时间排序的，那么我们照例使用 Redis ZSET 结构来描述缓存，其中 Key 为内容 ID，Member 为评论 ID，Score 为评论发布时间。这种将时间作为 Score 的 ZSET 结构，我们在用户关系服务、Timeline Feed 服务的实现中已经反复介绍过，所以这里不再深入介绍读评论列表的 Redis 命令。

不过，需要注意的是，产品的评论功能有按照评论发布时间由近及远和由远及近排序的区别。如果评论列表是按照评论发布时间由远及近排序的，那么前 *N* 条评论数据是相对固定的，缓存极少需要更新；而如果评论列表是按照评论发布时间由近及远排序的，那么前 *N* 条评论数据会时刻发生动态变化，且内容越热门，前 *N* 条评论数据变化得越快。所以，更好的缓存形式是将 Redis 作为数据库的伪从，即每当将一条评论插入数据库中时，同时将此评论也插入 Redis ZSET 对象中。

考虑到高并发读取评论列表对 Redis 造成的请求压力，我们还可以进一步做本地缓存：评论服务的每个服务实例都将从 Redis ZSET 对象中得到的评论列表缓存到本地内存中，并设置过期时间，如 5s。对于按照评论发布时间由近及远排序的评论列表来说，本地缓存会导致用户拉取到最多 5s 前的评论，而非此时最新的 *N* 条评论。但是好在用户并不是非常在意一定要看到此时的最新评论，只要评论数据相对比较新即可。所以，我们可以使用本地缓存进一步应对高并发读取评论列表的请求，只是不要将本地缓存的过期时间设置得太大就好。

12.5　盖楼模式服务设计

盖楼模式的最大特点是可以展示每条评论的完整楼层，楼层由初始评论和回复组成。假设在一条内容下，用户 1 发布了评论，用户 2 回复了用户 1，用户 3 回复了用户 2……用户 100 回复了用户 99，那么对于用户 100 的回复来说，用户 1 ~ 用户 100 的评论组成了一个层数为 100 的楼层——不仅展示了用户 100 的评论，而且展示了用户 1 ~ 用户 99 的完整回复链路。所以，在盖楼模式下，通过每条评论都能回溯到完整的回复链路，以组成楼层。

12.5.1　数据库方案：递归查询

回顾单级模式的 content_comment 数据表设计，comment_id 字段和 reply_comment_id 字段记录了一条评论与另一条评论的回复关系。如果要展示一条评论的盖楼情况，则需要从此评论的记录开始，根据 reply_comment_id 字段不断递归查询上一层的评论记录，直到遍历到此字段为 0 的评论记录才停止，此时表示已查询到顶层评论。在递归过程中，查询到的每条评论自底向上组成楼层，其过程大致如图 12-6 所示。

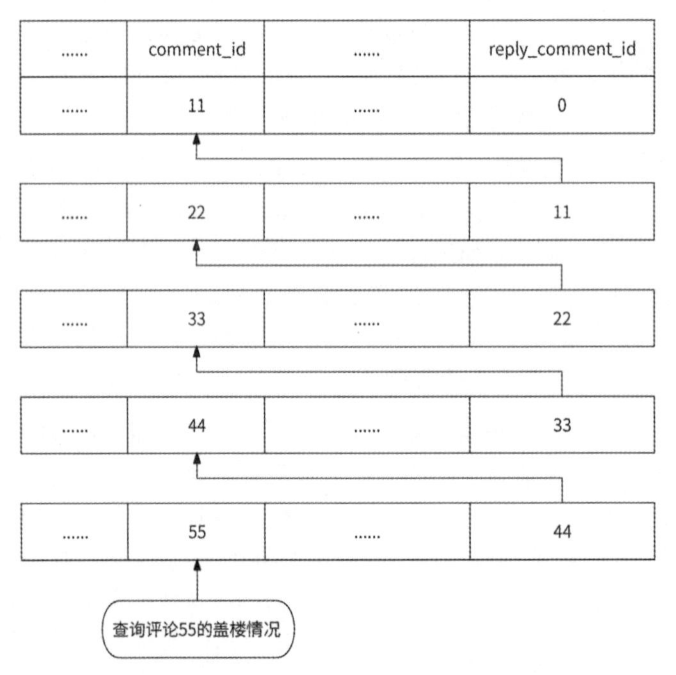

图 12-6

数据库一般都支持这种递归查询方式，仍以 MySQL 为例，我们可以通过创建自定义函数、编写带变量的复杂 SQL 语句，或者使用高版本支持的 WITH RECURSIVE 语句来实现递归查询。假设 content_comment 数据表中有表 12-2 所示的数据。

表 12-2

content_id	comment_id	user_id	reply_comment_id	reply_user_id	comment_time
1	11	111	0	0	2023-01-01
1	22	222	11	111	2023-01-02
1	33	333	22	222	2023-01-03
1	44	444	33	333	2023-01-04
1	55	555	44	444	2023-01-05
1	66	666	55	555	2023-01-06
1	77	777	66	666	2023-01-07
1	88	888	77	777	2023-01-08
1	99	999	88	888	2023-01-09

可以看到，评论 99 是一个层数为 9 的楼层回复。为了展示完整的楼层，需要从评论 99 开始递归查询所有的上一层评论。我们可以执行如下 SQL 语句来实现：

```
SELECT ID.level, DATA.* FROM(
   SELECT
   @comment_id as comment_id,
   ( SELECT @comment_id := reply_comment_id
       FROM content_comment
       WHERE comment_id = @comment_id
   ) as _pid,
   @l := @l+1 as level
   FROM content_comment,
   (SELECT @comment_id := 99, @l := 0 ) b
   WHERE @comment_id > 0
) ID, content_comment DATA
WHERE ID.comment_id = DATA.comment_id
ORDER BY level;
```

上述语句的执行结果如下：

```
+------+---+-----------+-----------+--------+----------------+-----+------+
| level | id | content_id | comment_id | user_id | reply_comment_id | reply_user_id
| comment_time |
+------+---+-----------+-----------+--------+----------------+-----+------+
|     1 | 37 |      1 |      99 |     999 |        88 |     888 | 2023-01-09 00:00:00 |
|     2 | 36 |      1 |      88 |     888 |        77 |     777 | 2023-01-08 00:00:00 |
|     3 | 35 |      1 |      77 |     777 |        66 |     666 | 2023-01-07 00:00:00 |
|     4 | 34 |      1 |      66 |     666 |        55 |     555 | 2023-01-06 00:00:00 |
|     5 | 33 |      1 |      55 |     555 |        44 |     444 | 2023-01-05 00:00:00 |
|     6 | 32 |      1 |      44 |     444 |        33 |     333 | 2023-01-04 00:00:00 |
|     7 | 31 |      1 |      33 |     333 |        22 |     222 | 2023-01-03 00:00:00 |
|     8 | 30 |      1 |      22 |     222 |        11 |     111 | 2023-01-02 00:00:00 |
|     9 | 29 |      1 |      11 |     111 |         0 |       0 | 2023-01-01 00:00:00 |
+------+-- +-----------+-----------+--------+----------------+-----+------+
```

另一种递归查询方式是使用 WITH RECURSIVE 语句，它是 MySQL 8.0 版本中引入的新功能。WITH RECURSIVE 是一个面向树形结构的递归查询语句，相较于传统的 SQL 查询语句，它能够帮助用户查询具有层级依存关系的数据结构，在一定程度上提高了数据查询效率。例如，展示评论 99 的完整楼层的语句如下：

```
    WITH RECURSIVE temp AS (
        SELECT p.* FROM content_comment p WHERE comment_id = 99
        UNION ALL
        SELECT q.* FROM content_comment q INNER JOIN temp ON temp.reply_comment_id =
q.comment_id
    )
    SELECT * FROM temp;
```

MySQL 使用 WITH RECURSIVE 语句进行递归查询，虽然性能相对较好，但是递归操作毕竟是一个深度遍历的过程，如果一条盖楼评论的楼层过高，则意味着递归查询的深度大，于是需要循环查询同一个数据表的次数就增加了，时间和内存的开销也会增加，进而影响查询效率。总的来说，基于 comment_id 和 reply_comment_id 字段，递归查询评论的完整回复链路的时间复杂度至少为 $O(N)$，评论的楼层越高，查询效率越低。

12.5.2　数据库方案：保存完整楼层

为了避免递归查询评论的完整回复链路，我们还可以在 content_comment 数据表中增加一个 building 字段，设置此字段的类型为 Blob，用于存储各楼层的评论 ID 列表。比如评论 88 的各层盖楼评论 ID 列表为[11,22,33,44,55,66,77]，我们先把此列表序列化为字节流，然后压缩成占用空间更小的二进制数据，最后存储到 building 字段中。如果评论 99 是对评论 88 继续盖楼，则先读取评论 88 的 building 字段，解压缩、反序列化得到盖楼评论列表，然后把评论 88 加入列表中，并将此列表作为评论 99 的各楼层评论 ID 列表，即[11,22,33,44,55,66,77,88]，最后将其序列化、压缩存储到评论 99 的 building 字段中。

之所以选择 Blob 类型，是因为此类型适合保存占用空间较大的二进制数据，而压缩后的评论 ID 列表正好是二进制数据，而且楼层越高，压缩后的二进制数据越大。通过在 content_comment 数据表中增加 Blob 类型的字段，可以让我们只访问一条数据记录就能获取到评论完整楼层，完全避免了递归查询情况。

Blob 类型的数据被存储在 MySQL 数据表的一个单独的数据页中，数据记录仅存储指向这个数据页的指针，这就使得数据库可以更快地访问到这些数据。但是相比于没有 Blob 类型数据的数据表来说，Blob 类型数据的存在会使得数据表的读/写效率降低，而且 Blob 类型的数据越大，对数据库的数据传输、数据查询的负面影响就越大。所以，Blob 类型并不是万能的。如果产品的评论功能不限制最多盖楼层数，那么可能会有数万层的“摩天大楼”级盖楼评论出现，使用 Blob 类型存储这种数据依然会给数据表带来巨大压力。实际上，这种方案更适合天然限制了最多盖楼层数（比如最多让盖 1000 层），几乎只存在“小矮楼”式盖楼评论的场景。

12.5.3 图数据库方案

既然关系型数据库不适合存储较长的评论回复链路，那么我们选择适合做这件事情的图数据库，将评论间的回复关系存储到图数据库中。假设有一些评论并且创建了评论间的回复关系：

```
// 创建评论节点，节点属性包括 comment_id（评论 ID）和 user_id（评论发布者 ID）
CREATE (c1:Comment{comment_id:11,user_id:111})
CREATE (c2:Comment{comment_id:22,user_id:222})
CREATE (c3:Comment{comment_id:33,user_id:333})
CREATE (c4:Comment{comment_id:44,user_id:444})
CREATE (c5:Comment{comment_id:55,user_id:555})
CREATE (c6:Comment{comment_id:66,user_id:666})
CREATE (c7:Comment{comment_id:77,user_id:777})
CREATE (c8:Comment{comment_id:88,user_id:888})
CREATE (c9:Comment{comment_id:99,user_id:999})
// 创建回复关系，关系属性有 comment_time（评论发布时间）
CREATE (c9)-[:Reply{comment_time:'2022-11-03 22:05:37'}]->(c2)
CREATE (c8)-[:Reply{comment_time:'2022-11-03 22:46:29'}]->(c7)
CREATE (c7)-[:Reply{comment_time:'2022-11-03 20:30:18'}]->(c6)
CREATE (c6)-[:Reply{comment_time:'2022-11-03 15:59:55'}]->(c5)
CREATE (c5)-[:Reply{comment_time:'2022-11-03 12:22:30'}]->(c4)
CREATE (c4)-[:Reply{comment_time:'2022-11-03 09:05:02'}]->(c3)
CREATE (c3)-[:Reply{comment_time:'2022-11-03 09:01:13'}]->(c2)
CREATE (c2)-[:Reply{comment_time:'2022-11-03 08:36:08'}]->(c1)
```

此时评论的回复链路如图 12-7 所示。

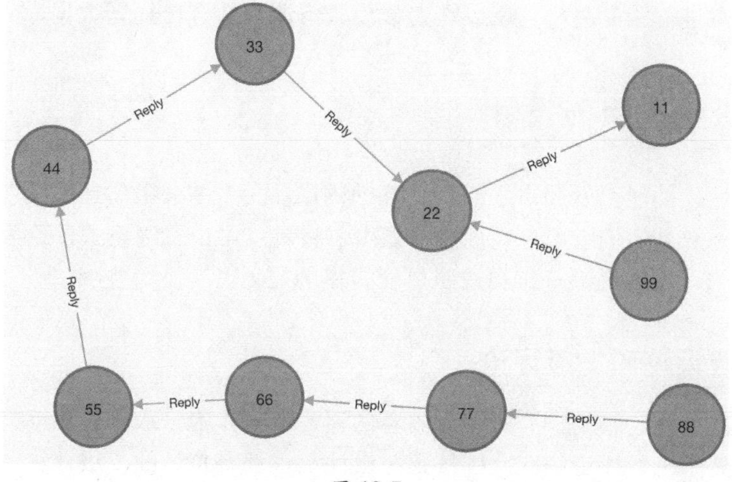

图 12-7

如果要展示评论 88 的盖楼情况，则只需要执行如下 CQL 语句即可：

```
MATCH (c:Comment{comment_id:88})-[r*..]->(building) return building
```

这条 SQL 语句会对 comment_id 为 88 的评论节点按照回复关系进行深度遍历，遍历经过的每个节点都被作为上一个楼层形成盖楼效果。此语句的执行结果形成的图如图 12-8 所示。

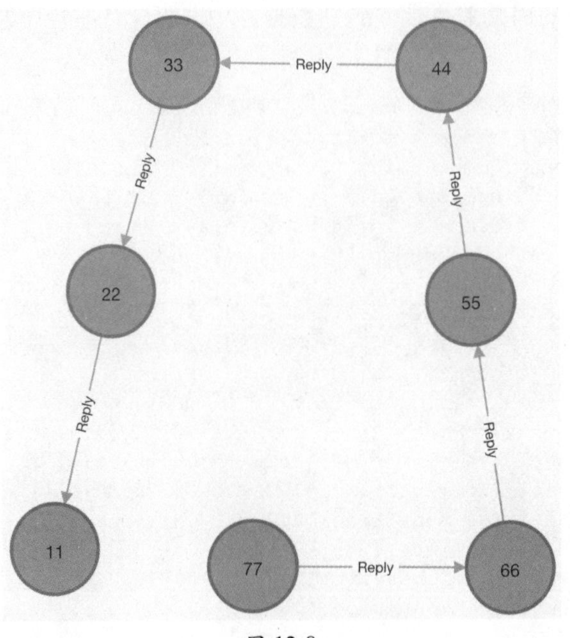

图 12-8

评论间的回复关系本质上就是一个树形结构，所谓盖楼评论无非就是在此树形结构中对某个评论节点进行深度遍历，所以在盖楼模式下非常适合使用图数据库。

12.6　二级模式服务设计

对于需要评论功能引发用户之间广泛互动的产品，大多采用的是二级模式评论，例如微博、bilibili 等常见的亿级用户应用，所以本节将重点讨论二级模式评论服务的设计，同时引入之前尚未讨论的评论审核和按照热度排序的能力。

12.6.1　一级评论和二级评论

在二级模式的评论功能中，所有对内容的评论都将作为一级评论，点击打开内容的评论区，会看到若干一级评论的集合。每条一级评论也都有自己的二级评论区，二级评论区由对此一级评论的回复和对回复的回复共同组成。二级评论区默认一般是折叠状态的，只有当用户主动点击打开某条一级评论的评论区时，其二级评论才会被展示出来。

在二级评论区中，对一级评论的回复和对回复的回复一般按照评论发布时间由远及近排序。而一级评论由于相互之间没有互动关系，所以既可以使用传统的按照评论发布时间对其进行排序，也可以使用更为个性化的排序方式来展示一些精彩的评论，比如微博评论区支持按照热度排序和按照时间排序两种规则，默认按照热度排序。所谓热度是一个比较笼统的概念，不同产品一般采用不同的热度定义，比如点赞数、回复数、发布时间等属性都会影响评论的热度（这个话题将在 12.6.5 节中讲述）。

总之，在二级模式的评论功能中包括两种评论列表。

◎ 点击打开内容评论区，展示由一级评论组成的评论列表。

◎ 点击打开一级评论的评论区，展示由二级评论组成的评论列表。

二级模式评论功能的数据模型需要区分一条评论是一级评论还是二级评论，还需要区分一条二级评论回复的是一级评论还是二级评论，这是设计二级模式评论元信息数据的核心所在。接下来，我们分别使用数据库和图数据库来设计评论元信息数据。为了使内容逐步得到升华，我们暂且不考虑一级评论区的热度排序，还是使用时间排序规则。

12.6.2 时间顺序：数据库方案

评论元信息的数据表结构设计可以参考表 12-3（为了方便编写 SQL 语句，先假设数据表名为 t）。

表 12-3

列　名	类　型	含　义
id	BIGINT	自增主键，无特殊含义
content_id	BIGINT	内容 ID，表示评论最终属于哪条内容
comment_id	BIGINT	评论 ID
user_id	BIGINT	评论发布者 ID
root_id	BIGINT	如果评论是对内容的评论，则该字段值为内容 ID；如果评论是一级评论下的评论，则该字段值为一级评论 ID
level	TINYINT	评论是一级评论（值为 1）还是二级评论（值为 2）
reply_count	BIGINT	此评论被回复的次数，仅一级评论需要记录此数据
like_count	BIGINT	此评论被点赞的总次数
reply_user_id	BIGINT	如果评论是对内容的评论，则该字段值为 0；如果评论是对某条一级评论的回复，则该字段值为此一级评论的用户 ID；如果评论是对某条二级评论的回复，则该字段值为此二级评论的用户 ID

续表

列　名	类　型	含　义
reply_comment_id	BIGINT	如果评论是对内容的评论，则该字段值为 0；如果评论是对某条一级评论的回复，则该字段值为一级评论 ID；如果评论是对某条二级评论的回复，则该字段值为此二级评论 ID
comment_time	DATE	评论发布时间

上文中提到，二级模式评论功能的数据模型需要判断一条评论是一级评论还是二级评论，以及二级评论回复的是一级评论还是二级评论，这个数据表可以清楚地做到这一点。

◎ level 字段值为 1，即表示是一级评论。

◎ level 字段值为 2，即表示是二级评论，且此评论属于 root_id 字段值指向的一级评论的二级评论区。如果 reply_comment_id 字段值为一级评论 ID，则说明此评论回复的是一级评论；否则，说明回复的是二级评论。

例如，当用户点击打开内容 111 的评论区时，需要按照评论发布时间由远及近展示 N 条一级评论。对应的 SQL 语句如下：

```
    SELECT comment_id, user_id, reply_count, like_count, comment_time FROM t WHERE
root_id = 111 AND level = 1 ORDER BY comment_time LIMIT 0, N
```

一级评论不仅要展示评论 ID、用户 ID 和评论发布时间，而且要展示其二级评论区的长度和点赞数。用户继续上滑获取下一页的评论列表，无非就是使用 LIMIT N, N，这里不再赘述。

当用户点击打开一级评论 222 的二级评论区时，需要按照二级评论的发布时间由远及近展示 N 条二级评论。对应的 SQL 语句如下：

```
    SELECT comment_id, user_id, like_count, comment_time FROM t WHERE root_id = 222
AND level = 2 ORDER BY comment_time LIMIT 0, N
```

当用户 999 要查询自己发布的前 N 条历史评论时，需要执行如下 SQL 语句：

```
    SELECT comment_id, like_count, comment_time, content_id, reply_user_id,
reply_comment_id FROM t WHERE user_id = 999  ORDER BY comment_time DESC LIMIT 0, N
```

为了使上面的 SQL 语句可以高效执行，我们创建了两个联合索引。

◎ idx_comment_list(root_id, level, comment_time)：用于获取内容的评论区和某条评论的二级评论区的评论列表。

◎ idx_user_comment(user_id, comment_time)：用于获取用户的历史评论。

在这里，我们依然创建两个结构与 t 数据表的结构完全一致的数据表 content_comment 和 user_comment，前者负责处理内容评论列表和一级评论的二级评论列表，后者负责处理用户的历史评论列表。

例如，用户 999 对内容 111 发布评论 1000，对应的 SQL 语句如下：

```
    INSERT INTO content_comment(content_id, comment_id, user_id, root_id, level, comment_time) VALUES (111, 1000, 999, 111, 1, 当前时间)
```

用户 999 对内容 111 的一级评论 222（评论发布者 ID 为 333）发布回复 1001：

```
    INSERT INTO content_comment(content_id, comment_id, user_id, root_id, level, comment_time, reply_comment_id, reply_user_id) VALUES (111, 1001, 999, 222, 2, 当前时间, 222, 333)
```

用户 999 对内容 111 的一级评论 222 下二级评论区的评论 444（评论发布者 ID 为 555）发布评论 1001：

```
    INSERT INTO content_comment(content_id, comment_id, user_id, root_id, level, comment_time, reply_comment_id, reply_user_id) VALUES (111, 1001, 999, 222, 2, 当前时间, 444, 555)
```

以上这些插入新评论的 SQL 语句都通过伪从技术被同步到 user_comment 数据表。

12.6.3 时间顺序：图数据库方案

在二级模式的评论功能中，除二级评论之间有回复关系外，一级评论与内容之间、二级评论与一级评论之间也存在回复关系，以内容和评论为点、以回复关系为边可以得到一个有向图，所以图数据库也是一种可用的选型。

我们仍然使用数据库来存储评论的各种元信息数据，但是评论与内容之间的回复关系、评论与评论之间的回复关系则使用图数据库来描述。图数据库作为数据库的伪从，每当有新评论数据产生时，图数据库就为内容节点与评论节点或者评论节点与评论节点建立回复关系。

这里通过一个完整的例子来介绍如何使用图数据库来获取评论列表。首先，创建内容节点和评论节点：

```
    // 创建 1 个代表内容的节点
    CREATE (ct1:Content{content_id:1})
    // 创建 12 个代表评论的节点
    CREATE (cm1:Comment{comment_id:11,user_id:1001})
    CREATE (cm2:Comment{comment_id:22,user_id:1002})
    CREATE (cm3:Comment{comment_id:33,user_id:1003})
    CREATE (cm11:Comment{comment_id:111,user_id:1004})
    CREATE (cm12:Comment{comment_id:112,user_id:1005})
    CREATE (cm13:Comment{comment_id:113,user_id:1006})
    CREATE (cm21:Comment{comment_id:211,user_id:1007})
    CREATE (cm22:Comment{comment_id:212,user_id:1008})
    CREATE (cm23:Comment{comment_id:213,user_id:1009})
    CREATE (cm31:Comment{comment_id:311,user_id:1010})
    CREATE (cm32:Comment{comment_id:312,user_id:1011})
    CREATE (cm33:Comment{comment_id:313,user_id:1012})
```

然后，在 cm1、cm2、cm3 这 3 个评论节点与内容节点 ct1 之间建立回复关系，即这 3 条评论成为一级评论：

◎ CREATE (cm1)-[:Reply{comment_time:'2022-11-03 22:05:37'}]->(ct1)

◎ CREATE (cm2)-[:Reply{comment_time:'2022-11-03 19:29:51'}]->(ct1)

◎ CREATE (cm3)-[:Reply{comment_time:'2022-11-03 21:35:49'}]->(ct1)

接下来，在剩下的评论节点与待回复的评论节点之间建立回复关系，待回复的评论包括一级评论和二级评论。

```
// 二级评论 cm11 回复一级评论 cm1，cm12 回复 cm1，cm13 回复 cm12
CREATE (cm11)-[:Reply{comment_time:'2022-11-03 22:09:22'}]->(cm1)
CREATE (cm12)-[:Reply{comment_time:'2022-11-03 22:15:10'}]->(cm1)
CREATE (cm13)-[:Reply{comment_time:'2022-11-03 22:19:05'}]->(cm12)
// 二级评论 cm21 回复一级评论 cm2，cm22 回复 cm21，cm23 回复 cm22
CREATE (cm21)-[:Reply{comment_time:'2022-11-03 20:01:15'}]->(cm2)
CREATE (cm22)-[:Reply{comment_time:'2022-11-03 20:12:39'}]->(cm21)
CREATE (cm23)-[:Reply{comment_time:'2022-11-03 20:15:58'}]->(cm22)
// 二级评论 cm31 回复一级评论 cm3，cm32 和 cm33 回复 cm31
CREATE (cm31)-[:Reply{comment_time:'2022-11-03 21:49:19'}]->(cm3)
CREATE (cm32)-[:Reply{comment_time:'2022-11-03 22:15:10'}]->(cm31)
CREATE (cm33)-[:Reply{comment_time:'2022-11-03 22:19:05'}]->(cm31)
```

最后，内容 ct1 与 cm1、cm2 等 12 条评论形成回复关系图，如图 12-9 所示。

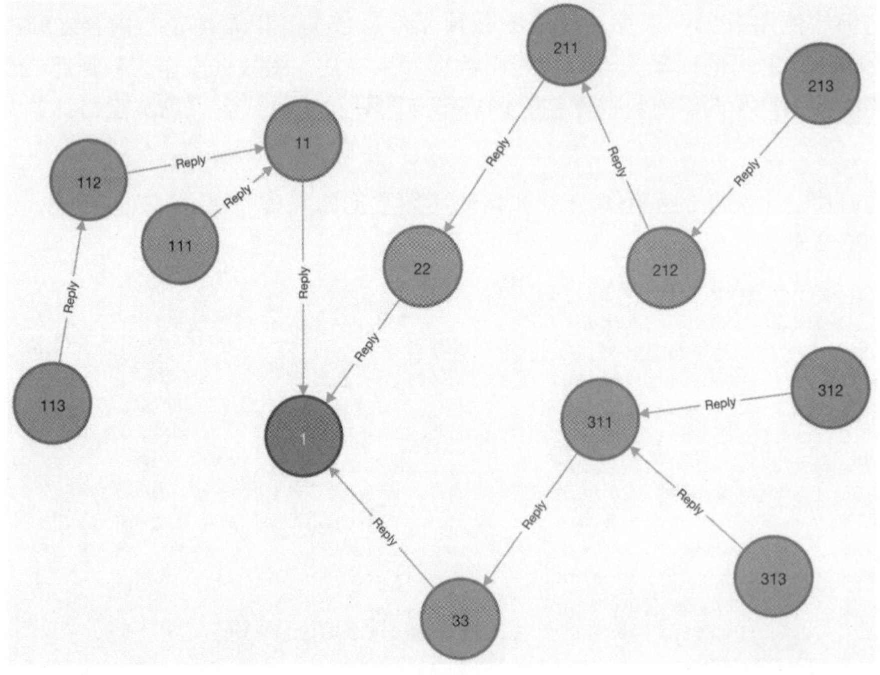

图 12-9

读取内容 ct1 的一级评论列表就是读取与 ct1 节点有直接回复关系的评论集合，并按照回复时间排序。对应的 CQL 语句如下：

```
    MATCH (l1_comment)-[r:Reply]->(Content{content_id:1}) RETURN
l1_comment.comment_id, l1_comment.user_id, r.comment_time ORDER BY r.comment_time
```

这条 CQL 语句的执行结果如图 12-10 所示。

"l1_comment.comment_id"	"l1_comment.user_id"	"r.comment_time"
22	1002	"2022-11-03 19:29:51"
33	1003	"2022-11-03 21:35:49"
11	1001	"2022-11-03 22:05:37"

图 12-10

读取评论 cm1 的二级评论列表就是读取那些与 cm1 节点有回复关系的节点，以及与这些节点有回复关系的节点。换言之，一个评论节点按照回复方向做深度遍历时，如果可以遍历到 cm1 节点，则说明此评论是评论 cm1 的二级评论。所以，我们使用 CQL 语句查询多跳回复链路指向 cm1 节点的那些节点，它们就是评论 cm1 的二级评论列表：

```
    MATCH (l2_comment)-[r:Reply*1..]->(u:Comment{comment_id:11})
    RETURN l2_comment.comment_id, l2_comment.user_id,r[0].comment_time ORDER BY
r[0].comment_time
```

这条 CQL 语句的执行结果如图 12-11 所示。

"l2_comment.comment_id"	"l2_comment.user_id"	"r[0].comment_time"
111	1004	"2022-11-03 22:09:22"
112	1005	"2022-11-03 22:15:10"
113	1006	"2022-11-03 22:19:05"

图 12-11

用户 1001 查看自己发布的评论，就是查看属性 user_id 为 1001 的评论节点：

```
    MATCH (c:Comment{user_id:1001})-[r:Reply]->() RETURN c.comment_id, r.comment_time
ORDER BY r.comment_time DESC
```

这条 CQL 语句的执行结果如图 12-12 所示。

"c.comment_id"	"r.comment_time"
11	"2022-11-03 22:05:37"

图 12-12

鉴于二级模式的评论功能可以非常直观地通过回复关系构建出评论与内容之间、评论与评论之间的回复关系图，所以我们可以借助图数据库在图数据查询上的便捷性和高性能来存储二级模式评论的回复关系。

12.6.4 评论审核与状态

评论本质上是一种用户输出的内容，评论的意图和情感色彩注定其非常主观，所以，评论也是一个需要审核介入的重要场景。评论审核需要对涉及血腥暴力、谩骂攻击、垃圾广告等不合规的评论进行删除，并对评论发布者给予封号处罚。与内容发布系统章节中介绍的内容审核类似，评论审核分为所谓的机审和人审。

对于评论机审来说，其主要手段是使用自然语言处理技术对评论文本进行关键词分析，然后使用机器学习技术对评论进行类别判断，将识别出的不合规的评论删除。

而人审很直接，就是由审核人员阅读评论数据，主观判断是否要删除评论。因为用户活跃度较高的应用每天会产生动辄几千万条评论，审核人员要处理这么多数据必然是不现实的，所以人审通常只作用于满足某些条件的评论数据。

◎ 关键词召回：审核人员可以在评论运营后台根据关键词搜索出相关评论数据，然后对它们进行审核。比如我们的产品要对平台内的诈骗信息进行清理，审核人员可以在评论运营后台搜索“打字员”“网络键值”等关键词，然后逐个筛查相关评论。为了支持根据关键词查询对应的评论，在评论运营后台适合选择使用 Elasticsearch 作为评论存储引擎，评论服务可以将数据库中已发布的评论数据通过伪从技术同步到 Elasticsearch 来实现。

◎ 热门召回：如果某条评论的曝光量达到一定的量级，则说明此评论已经对较多用户产生了影响，这种评论也是应该人审的。应用客户端可以周期性地上报每条评论被曝光的次数，由服务端做流式数据汇总，当某条评论的曝光量达到预设的阈值时，将其放入人审队列中。

◎ 举报召回：被举报的评论，极有可能是不合规的评论，所以也要人审。服务端需要监听评论举报事件，将对应的评论同样放入人审队列中。

以上是三种最基本的人审评论召回渠道。不同公司根据其业务特征的不同，可能会有更多个性化的召回渠道。无论是何种召回渠道，当审核人员认为某条评论不合规时，都需要将此评论标记为“不可见”（对于用户来说，就是此评论被删除了），这就要求评论元信息记录评论的状态。

评论元信息需要使用状态来表示评论的可见性，而且除了粗犷的可见、不可见状态，评论往往还有更精细的其他状态。

◎ 全员可见：所有人都能看到此评论。

◎ 仅好友可见：仅相互关注的好友能看到此评论。

◎ 自见：只有评论发布者可以看到此评论，评论发布者会认为自己已经发布了评论。
◎ 审核中：已被审核召回的评论处于审核中状态，此时评论的可见性与自见相同。
◎ 删除：审核没通过的评论会被标记为此状态，任何人都看不到此评论。
◎ 神评论：评论审核不只是对不合规的评论进行删除，还会把最热门的评论标记为"神评论"，以便对可提高用户活跃度的评论进行正向鼓励。一些搞笑应用如最右、皮皮虾等会对神评论进行置顶展示并赐予神评论勋章，有些应用还会对神评论做热评活动，比如网易云音乐等。

在评论元信息数据库中还需要增加评论状态字段，并包含以上各种状态的枚举值。当用户读取评论列表时，每条评论是否可以被用户读取到视其状态而定。

◎ 如果评论被删除了，那么用户一定不能读取到此评论。
◎ 如果评论处于自见状态（自见或审核中），那么用户必须是评论发布者才能读取到此评论。
◎ 如果评论处于非自见状态，但是仅好友可见，那么用户必须是评论发布者的好友才能读取到此评论。
◎ 非上述三种类型的评论，任何用户都可以读取到。

由此可见，即使是读取同一个评论区的评论列表，不同用户看到的评论也有可能不同。当评论服务向数据库请求读取评论列表时，SQL 语句无法轻易做到对评论状态的筛选，所以 SQL 语句无须判断评论状态，而是从数据库中读取评论列表后，评论服务再根据每条评论的状态进一步做业务层过滤。

12.6.5 按照热度排序

在讨论完基于评论发布时间对评论列表排序后，我们再来讨论如今非常流行的按照热度排序规则。目前很多互联网应用都选择在评论区优先展示一些热度较高的一级评论，这些评论往往被证明是具有话题性或者优质的评论，把它们优先展示出来可以使评论区变得更有吸引力，从而增加用户黏性。

既然是按照热度排序，那么就要先数字化度量一条评论有多热门。不同应用因业务的不同可能有不同的度量标准，一些简单的标准如下。

◎ 点赞数：评论被点赞的次数越多，评论就越热门。
◎ 回复数：评论被回复的次数越多，评论就越热门，即其二级评论列表的长度越长，评论就越热门。
◎ 点赞数与回复数加权：点赞数和回复数一起反映一条评论的互动性，热度可以是两者做比重加权，比如将"点赞数×0.4+回复数×0.6"作为热度值。

评论的热度一般用加权方式来度量，且可能有除点赞数、回复数之外的其他参考指标，比如有的产品会参考评论的积极性：越早抢占评论区“沙发”的评论，越是给予正向激励，具体需要根据各产品的业务特点来决定。

对于按照热度排序的评论列表，有如下几个重点要说明。

◎ 按照热度排序，并不意味着一个评论区中的所有评论都遵循此规则。当我们打开评论区时，首先展示的是热度排名前 1000（一个示例值）的评论，在评论区中刷完这 1000 条评论后，我们看到的依然是按照评论发布时间由近及远排序的评论。

◎ 如果一条评论没有任何点赞，没有任何回复，即热度值为 0，则其不属于热门评论，故不参与热度排名。如果一个评论区中只有 50 条热门评论，那么用户打开评论区刷完这 50 条评论后，展示的是按照评论发布时间排序的评论列表。

◎ 在刷完热门评论后，按照评论发布时间排序的评论列表中依然可能会包含热门评论，也就是说，用户会刷到重复的评论。对此感兴趣的读者可以试着阅读一条微博的全部评论，就会发现热门评论会重复出现在按照评论发布时间由近及远排序的评论列表中。

我们需要为满足热门评论的一级评论构建热度排名，但无论是 12.6.2 节介绍的数据库方案，还是 12.6.3 节介绍的图数据库方案，一级评论都已经按照评论发布时间排序了，在此基础上很难做到再按照热度排序，况且热度值的计算规则极有可能是加权的。

实际上，我们往往可以使用独立的存储系统来保存按照热度排序的评论 ID 列表，它从基本的全量评论元信息数据库中筛选出热门评论 ID 并按照热度排序进行存储，在用户读取前 1000 条评论时展示对应的评论数据。一种可行的方案是选择使用 Redis 存储系统来维护热门评论，并使用 ZSET 对象表示一个内容评论区中按照热度排序的评论 ID 列表集合，其中 Key 为“hot_comment_{content_id}”，Member 为评论 ID，Score 为评论的热度值。接下来讲解此方案的技术细节。

首先，构建实时的热门评论 ID 列表。以点赞数与回复数的加权度量方式为例，由于一条一级评论在收到点赞、回复时，此评论的热度也会发生相应的变化，所以需要监听评论的点赞事件和回复事件。当点赞事件和回复事件发生后，根据此评论的最新点赞数和回复数重新计算热度值并写入 ZSET 中，以达到评论热度排名实时更新的目的。如果一条评论被删除了，那么在热门评论列表中应该同时删除此评论，所以也需要监听评论被删除的事件。我们需要创建消费者服务 hot_comment_trigger，通过消息队列监听评论的点赞事件、回复事件和删除事件，负责热门评论的实时构建工作。假设在内容 1 的评论区中一级评论 22 的当前点赞数是 10，回复数是 8（热度值=10×0.4+8×0.6=8.8），那么此评论依次收到点赞、回复以及此评论被删除时，消费者服务 hot_comment_trigger 的工作流程如下所述，如

图 12-13 所示。

（1）评论 22 收到一个点赞，即当前点赞数变为 11。

（2）消费者服务 hot_comment_trigger 收到评论 22 的点赞事件，说明评论 22 的热度需要更新，于是从评论元信息的 content_comment 数据表中获取其最新的点赞数和回复数，得到 11 和 8。

（3）消费者服务 hot_comment_trigger 重新计算评论 22 的热度值为 11×0.4+8×0.6=9.2。

（4）消费者服务 hot_comment_trigger 对内容 1 的热门评论列表更新评论 22 的热度，向 Redis ZSET 对象发起请求：ZADD hot_comment_1 9.2 22。

（5）评论 22 又被回复一次，即当前回复数变为 9。

（6）消费者服务 hot_comment_trigger 收到评论 22 的回复事件，从 content_comment 数据表中得到它的最新点赞数为 11，回复数为 9。

（7）消费者服务 hot_comment_trigger 重新计算评论 22 的热度值为 11×0.4+9×0.6=9.8。

（8）消费者服务 hot_comment_trigger 对 Redis 更新评论 22 的热度：ZADD hot_comment_1 9.8 22。

（9）评论 22 被删除，消费者服务 hot_comment_trigger 收到此事件。

（10）消费者服务 hot_comment_trigger 从 Redis ZSET 中删除此评论：ZREM hot_comment_1 22。

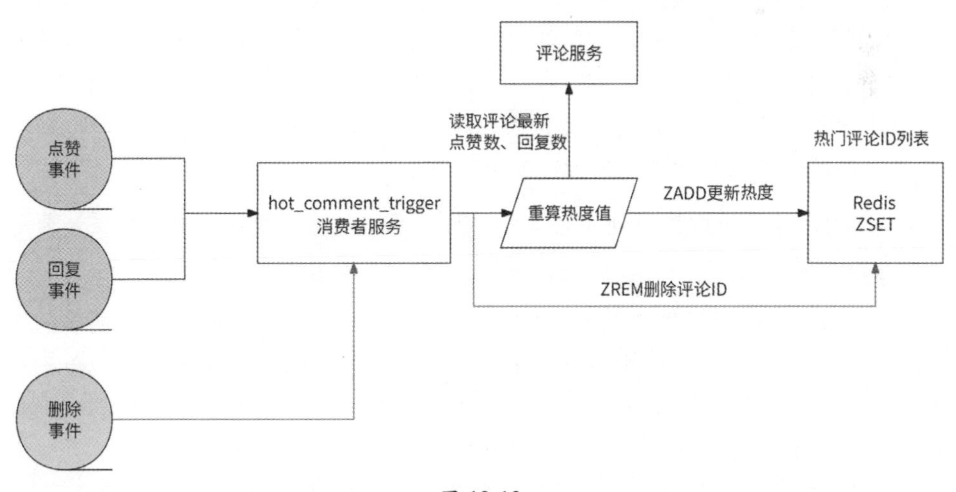

图 12-13

其次，按照热度排序和按照评论发布时间排序的评论组成分页的评论列表。在按照热度排序的评论区中，并不是全部评论都遵循此规则，而是先展示最多 1000 条按照热度排序的评论，再展示按照评论发布时间由远及近排序的评论。用户的一次刷评论请求只读取某一页的评论，比如 10 条评论，假设目前在内容 1 的评论区中有 16 条热门评论，那么第 1 页的评论全部来自热度序评论列表，第 2 页的评论来自热度序评论列表和时间序评论列表的组合；第 3 页至最后一页的评论全部来自时间序评论列表。

用户在请求读取评论列表时，评论服务需要区分出是从热度序评论列表中获取数据，还是从时间序评论列表中获取数据，抑或是从两者的组合中获取。我们来具体分析一下。

用户分页读取评论列表，必要参数是内容 ID、当前已读评论数的偏移量（offset）。下面分析用户读取内容 1 评论区的前 3 页评论的情况。

（1）首次打开评论区，即读取第 1 页的评论，此时必然需要请求热度序评论列表，因为产品约定热门评论优先展示，且希望读取 10 条评论。内容 1 有 16 条热门评论，热度排名前 10 的评论被返回。

（2）用户读取第 2 页的评论，且仍然希望读取 10 条评论。但是内容 1 只剩 6 条热门评论，此时还需要从时间序评论列表中拉取前 4 条评论组合起来返回给用户。

（3）用户读取第 3 页的评论，由于上一页已经开始展示时间序评论列表中的评论了，所以此时需要拉取时间序评论列表中的第 5 ~ 14 条评论返回给用户。

通过以上三步我们可以看到一些重要细节。

- ◎ 第 1 页的评论，一定要先读取热度序评论列表。
- ◎ 其他页可以将上一页最后一条评论的来源作为此次读取评论的来源，最后一条评论来自热度序评论列表就读取热度序评论列表，来自时间序评论列表就读取时间序评论列表。
- ◎ 当从读取热度序评论列表转换为读取时间序评论列表时，当前已读评论数的偏移量应该被重置为时间序评论列表的偏移量。

所以，当用户分页读取评论列表时，评论服务的响应除了返回评论数据，还要返回最后一条评论的来源。

对于客户端读取评论列表的请求，同样应该引入一个参数，来指定此次请求的读取评论的来源。此参数是上一页响应得到的数据来源，暂时将此参数命名为 from_where，其可选值为 hot（热度序评论列表）和 time（时间序评论列表）。下面分析客户端读取内容 1 评论区的前 3 页评论的情况。

（1）客户端读取第 1 页的评论，请求参数为(content_id=1, offset=0, from_where='hot')。评论服务在收到请求后，按照 from_where 参数的要求访问 Redis ZSET 对象获取前 10 条热门评论，执行语句：ZREVRANGE hot_comment_1 0 9，返回 10 条评论的评论 ID，并告

知客户端 from_where 为 hot，offset 为 10。

（2）客户端读取第 2 页的评论，请求参数为(content_id=1, offset=10, from_where='hot')。评论服务在收到请求后，按照 from_where 参数的要求访问 Redis ZSET 对象获取第 11 ~ 20 条热门评论，执行语句：ZREVRANGE hot_comment_1 10 19。由于热门评论一共只有 16 条，所以此次只得到 6 条热门评论。此时评论服务转而从时间序评论列表中获取前 4 条评论，即在 SQL 语句中设置 LIMIT 0,4。在组合这 10 条评论后，告知客户端 from_where 为 time，offset 为 4。

（3）客户端读取第 3 页的评论，请求参数为(content_id=1, offset=4, from_where='time')。评论服务在收到请求后，按照 from_where 参数的要求访问时间序评论列表，获取第 5 ~ 14 条评论，即在 SQL 语句中设置 LIMIT 4,10。在得到若干评论后，告知客户端 from_where 为 time，offset 为 14。

如此一来，客户端分页读取评论列表可以无缝地从热度序评论列表切换到时间序评论列表。

最后，控制热门评论的总数。在一个内容评论区中，有热度的评论可能超过 1000 条，我们没必要在 Redis ZSET 对象中保存全部热门评论，只需要截取热度排名前 1000 的评论就好。这样做，一方面可以防止浪费 Redis 的内存空间，另一方面可以保持 ZSET 对象不会成为大 Key。截取前 1000 条热门评论的方法很简单，我们使用一个脚本周期性（如 10s）地执行如下操作来截断 ZSET。

（1）执行 ZCARD hot_comment_{content_id}命令，得到 ZSET 对象的长度 N。

（2）如果 N 大于 1000，则执行 ZREMRANGEBYRANK hot_comment_{content_id} 0 N-1000-1 命令删除前 $N-1000$ 个成员（ZSET 按照 Score 值从小到大排列，ZSET 的前 $N-1000$ 个成员之后的成员才是热度 Top 1000，故删除前 $N-1000$ 个成员）。

这里仅以存储选型为 Redis 的 ZSET 对象介绍了按照热度排序的评论列表方案，但这并不代表这种方案是最优的，使用图数据库也是一种可行的方案。

12.6.6　高并发处理

二级模式评论作为大部分海量用户应用的强大功能，也免不了存在高并发问题。对于高并发的写评论来说，依然采用异步写和写聚合解决方案来处理，与在 12.4.4 节讨论的单级模式评论功能的内容高度一致，这里不再赘述；而对于高并发的读评论来说，由于二级模式的评论功能与单级模式的评论功能有不同的数据模型，所以需要单独讨论。

其实到目前为止，我们讨论的通过评论服务实现读评论的流程是不完整的。在读取按照热度排序的评论列表时，实际上只从 Redis ZSET 对象中读取到若干已排序的评论 ID，还需要读取这些评论对应的元信息，以及从分布式 KV 存储系统中获取这些评论的文本。在读取按照评论发布时间由近及远排序的评论列表时，虽然从数据库中读取到了已排序的评论元信息，但是依然要获取这些评论的文本。使用评论服务构建完整的评论列表主要分为三步。

（1）获取应该展示的评论 ID 列表，来源可能是热度序评论列表或时间序评论列表。

（2）批量获取评论列表中每条评论的元信息，来源是数据库。

（3）批量获取评论列表中每条评论的文本，来源是分布式 KV 存储系统。

评论元信息数据表通过索引实现了评论按照时间排序，所以前两步是合并执行的。构建完整评论列表的示意图如图 12-14 所示。

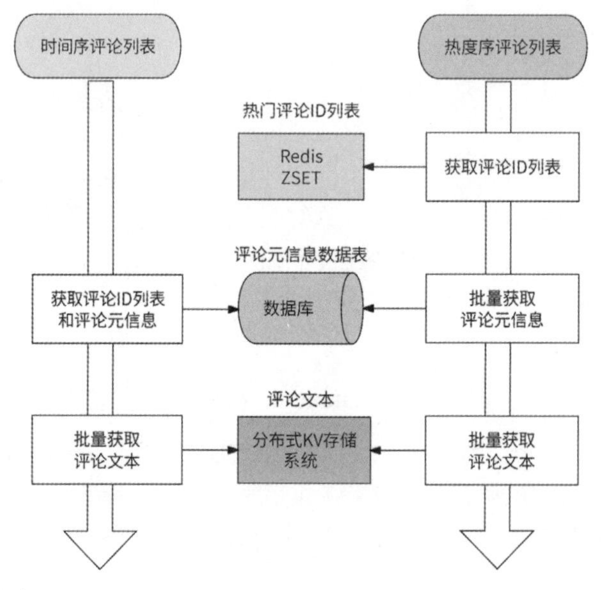

图 12-14

与其他列表数据类型场景类似的是，在读取评论列表的高并发请求中，大部分请求实际上访问的都是前几页评论数据，毕竟很少有用户会花时间一直刷一个评论区。前几页评论数据就是前 N 条评论，这 N 条评论可能全部来自热度序评论列表、时间序评论列表或者两者的组合，所以无论是热度序评论列表还是时间序评论列表，都可能会面临高并发请求的问题。下面我们根据图 12-14 来分析两者的性能瓶颈分别在哪里。

◎ 热度序评论列表：获取热门序评论 ID 列表，读取的是 Redis ZSET 对象，高并发性能表现没什么问题；根据若干评论 ID 批量获取评论元信息，则是直接访问数据库，数据库有被击垮的风险。

◎ 时间序评论列表：获取时间序评论 ID 列表和对应的评论元信息，需要直接访问数据库，数据库同样无法应对高并发请求。

可见，存储评论元信息的数据库成为两种排序场景中读取评论列表的共同瓶颈点，所以我们应该对数据库构建 Redis 缓存数据。那么，应该使用哪种 Redis 对象缓存数据呢？对于热度序评论列表，希望从缓存数据中批量获取评论元信息；而对于时间序评论列表，不仅希望批量获取评论元信息，而且希望获取按照评论发布时间由近及远排序的评论 ID 列表。但无论使用的是 String、Hash、List 还是 Set、ZSET 对象，Redis 都没有高效的办法兼顾两种数据访问形式，所以我们为这两种数据访问形式使用了两种 Redis 对象。

◎ 对于希望访问时间序评论列表的形式，缓存可以基于 ZSET 对象来存储与每条内容前 N 条评论的发布时间最近的一级评论 ID，其中 Key 为 cache_time_{content_id}，Member 为评论 ID，Score 为评论发布时间。
◎ 对于希望批量获取评论元信息的形式，缓存选择使用 String 对象来存储每条一级评论的元信息，每条一级评论的元信息都被以 JSON 形式存储到 Value 中，并将 meta_{content_id}_{comment_id}作为 Key，执行 MGET 命令便可以批量获取评论元信息。另外，本书中多次提到，在 Redis 集群中执行 MGET 命令获取的 Key 只在访问一个 Redis 分片时性能最佳，所以我们为前缀 meta_{content_id}打上 hashtag 标签，这样 Redis 集群可以保证同一条内容下的一级评论被存储到同一个 Redis 分片中。

在上面的流程中，需要从分布式 KV 存储系统中获取评论文本，我们可以进一步将文本作为评论元信息的一个属性加入 String 对象中，减少对分布式 KV 存储系统的访问，再次提升读取性能。

为了减轻 Redis 作为中心化缓存的访问压力，我们还可以引入本地缓存。评论服务将最近访问量较大的数据直接缓存在本地内存中：如果某内容的评论区访问量较大，则本地缓存前 N 条热度序评论 ID 列表和前 N 条时间序评论 ID 列表；如果某条评论的最近曝光量较大，则本地缓存此评论的全部数据。

最终评论服务处理读取评论列表请求的架构由本地缓存、Redis、数据库和图数据库组成，其工作流程如图 12-15 所示。

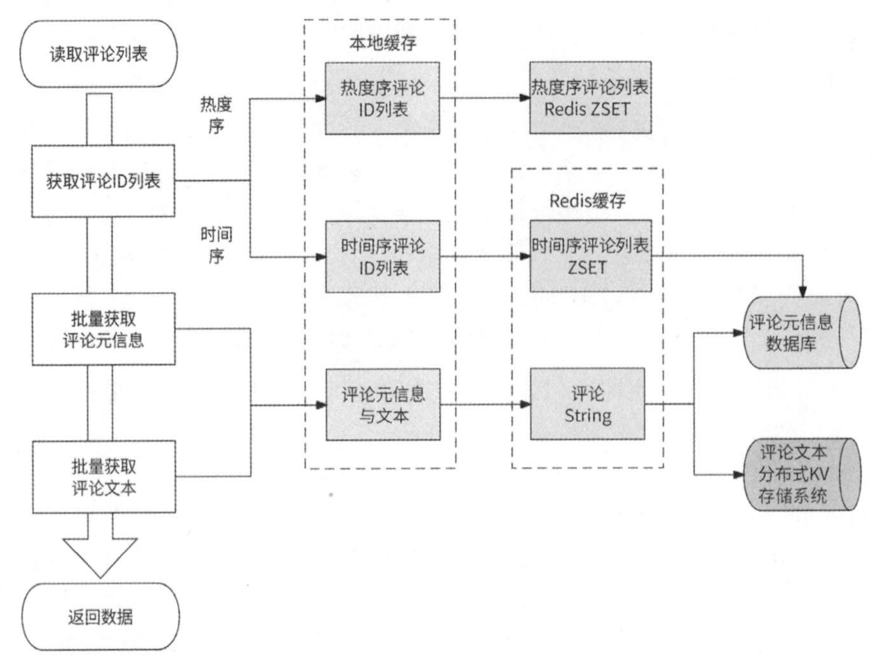

图 12-15

当用户访问某页的 10 条评论时，评论服务先执行第一部分流程，即获取评论 ID 列表。

（1）检查请求希望访问的数据方向，如果要访问热度序评论列表，则执行下一步；如果要访问时间序评论列表，则执行第 4 步。

（2）访问热度序评论列表的本地缓存，如果命中本地缓存，则执行下一步；否则，进一步访问热度序评论列表的 Redis 缓存。

（3）如果可以得到 10 条热门评论数据，则完成此流程；如果得不到相应的数据，或者剩余的热门评论数量不足 10 条，则继续访问时间序评论列表。

（4）准备访问时间序评论列表，先访问时间序评论列表的本地缓存，如果命中本地缓存，则完成此流程。

（5）如果未命中本地缓存，则访问时间序评论列表的 Redis 缓存；如果命中 Redis 缓存，则完成此流程。

（6）如果未命中 Redis 缓存，则访问数据库，得到评论 ID 列表。

在执行完第一部分流程后，如果评论服务获取到若干评论 ID 列表，则继续执行第二部分流程，即批量获取评论元信息。

（1）访问评论元信息的本地缓存，如果所有评论都命中本地缓存，则直接返回。

（2）对于未命中本地缓存的评论 ID，则通过这些评论 ID 继续访问 Redis 缓存。

（3）访问 Redis 缓存批量获取评论元信息，如果所有评论都命中 Redis 缓存，则直接返回。

（4）对于未命中 Redis 缓存的评论 ID，则访问数据库获取评论元信息。

（5）将访问数据库得到的评论元信息结果存储到 Redis 缓存和本地缓存中。

在执行完第二部分流程后，如果每条评论都来自本地缓存或 Redis 缓存，则说明已经得到评论文本，可以直接返回响应了；否则，对于那些需要访问数据库才能得到的评论，继续执行第三部分流程，即批量获取评论文本。

（1）批量从分布式 KV 存储系统中读取评论文本。

（2）将评论文本加入 Redis 缓存的评论元信息数据库中。

（3）将评论文本加入本地缓存的评论元信息数据库中。

在执行完全部流程后，评论服务将最终数据返回。

12.6.7 架构总览

在介绍完评论服务设计的主要技术细节后，我们总结一下评论服务的架构。

评论数据分为评论元信息和评论文本，前者主要指评论的发布者、发布时间、点赞数、回复数等元信息，适合使用数据库存储；后者指用户实际发布的评论内容，适合使用分布式 KV 存储系统存储。

发布评论的逻辑相对简单，在创建评论后，评论服务先把评论文本存储到分布式 KV 存储系统中，再把评论元信息存储到数据库中即可。如果发布评论的请求量级达到数据库无法承载的地步，则可以采用异步写和写聚合的策略：评论服务把所创建的评论放到消息队列中，由专门的消费者把评论均匀地写到数据库和分布式 KV 存储系统中。如果某条内容被多人评论，则可以聚合这些评论的创建请求，降低数据库的访问压力。

在进行评论审核时，可以根据关键词搜索评论数据，这个功能只有搜索引擎 Elasticsearch 擅长，每当有评论被创建时，评论元信息数据库都需要告知 Elasticsearch，让其新增可进行搜索的评论数据，所以在 Elasticsearch 与评论元信息数据库之间需要建立伪从关系。

读取评论则是最复杂的逻辑，无法进行简单处理，其复杂性主要受如下影响。

（1）用户可以读取某条内容下的评论列表和自己发布的评论，前者以内容为起点，后者以用户为起点，所以为了保持分库分表的高效率，在评论元信息数据库中只能冗余建立面向内容的数据表 content_comment 和面向用户的数据表 user_comment，其中 content_comment 数据表为主表，user_comment 数据表作为其伪从来同步评论元信息数据。

（2）在读取某条内容的评论列表时，还区分了一级评论列表和二级评论列表，其中一级评论回复的是内容，二级评论回复的是一级评论或另一条二级评论。在数据库中可以引入 level 字段来表示评论的层级，我们也可以使用图数据库来专门描述这种回复关系。

（3）某条内容的一级评论可以按照热度排序，且评论区是热度序评论列表与时间序评论列表的组合。热度序评论 ID 列表需要使用专门的存储系统（本章中使用的是 Redis ZSET 对象）来维护，每当有任何影响某条评论热度的事件发生时，我们都需要通过异步事件消费者来重新计算和更新评论热度，以保证热度序评论列表的实时性。

（4）读取评论列表的高并发问题。读取评论列表分为读取评论 ID 列表（时间序评论列表或热度序评论列表）、读取评论元信息和读取评论文本 3 步，不仅需要缓存每条评论数据，而且需要缓存某条内容的时间序评论 ID 列表，缓存形式包括 Redis 缓存和本地缓存。Redis 缓存需要选择合适的对象，评论数据可以使用 String 对象存储，而评论 ID 列表适合使用 ZSET 对象存储。

评论服务的最终架构如图 12-16 所示。

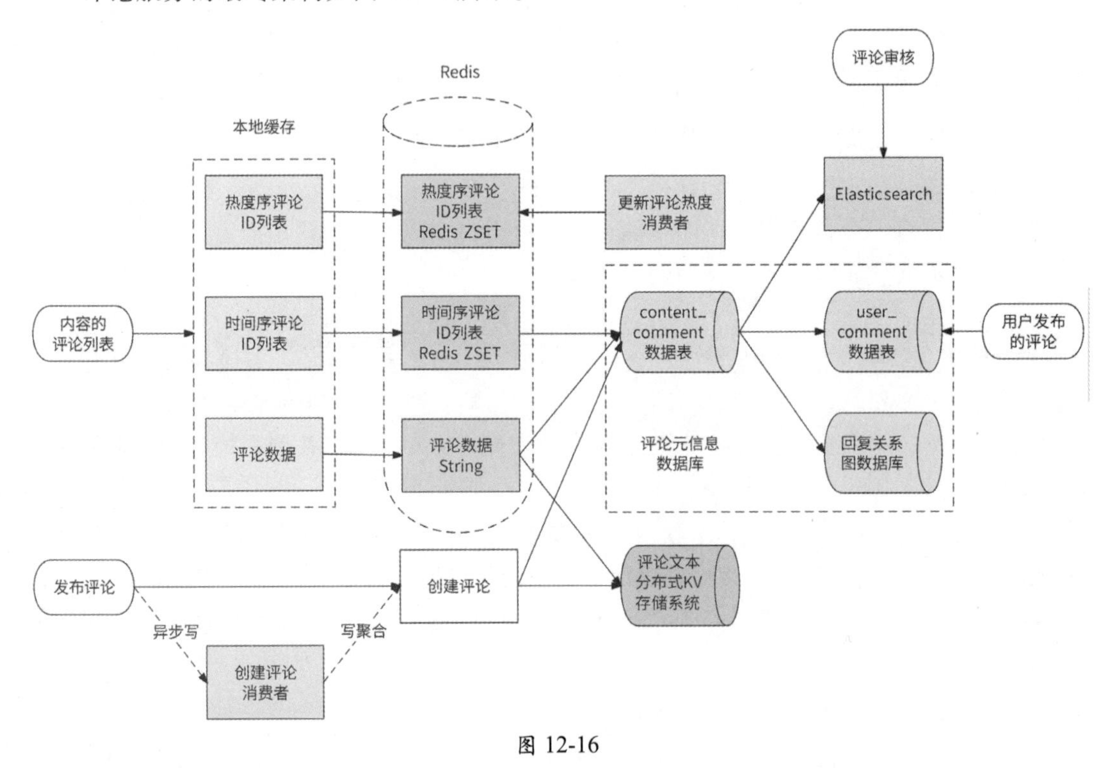

图 12-16

12.7　本章小结

评论和内容非常相似，评论数据分为评论元信息和评论文本。对于评论文本，很适合使用分布式 KV 存储系统存储；对于评论元信息，则需要考虑存储选型和数据模型设计。本章以评论功能的多种评论列表模式展开，讨论了评论服务的设计要点。最常见的评论列表模式包括单级模式、二级模式和盖楼模式。不同模式的评论展示诉求不同，自然要求评论元信息有不同的侧重点。

单级模式是最简单的评论列表模式，它基本满足评论功能的互动性，包括内容发布者可以知道哪些用户发布了哪些评论，以及评论发布者可以得知谁回复了他的评论。单级模式的评论功能可以直接基于数据库实现，我们只需要简单地记录评论回复了哪条内容，以及评论回复了哪条评论即可。单级模式适合那些不强调社交属性的互联网应用，它的定位是满足评论功能。

盖楼模式是一种特殊的评论列表模式，通过每条评论都可以回溯到完整的回复链路，它更像是一种接力。使用数据库实现盖楼模式评论比较吃力。因为追溯一条评论的完整回复链路要么需要借助低效的递归查询，要么需要把完整的回复链路保存下来，所以数据库只适合那种楼层注定不会太高的场景。对于楼层较高的场景，图数据库是一种比较适合的选型，因为所谓的盖楼评论就是对一条评论按照回复关系进行深度遍历。

二级模式是最常见的、最被认可的一种评论列表模式，它可以清楚地反映出谁对内容发表了意见、谁对评论发表了意见，评论互动性极强，而且方便按照热度排序以进一步吸引用户，广泛受到各大面向用户社交的互联网应用的青睐。因此，二级模式评论也是本章的重点内容。如果使用数据库方案，则不仅要记录每条评论回复的对象是谁，而且要记录评论所处的层级：是一级评论还是二级评论。图数据库也是合适的选型，它实际上就是内容与评论组成的回复关系图。在二级模式评论下，我们还讨论了如何支持按照热度排序的评论列表。这种评论列表实际上优先展示的是热门评论，然后展示的是热度序评论和时间序评论的组合，其重点是评论服务应该为热度序评论列表和时间序评论列表分别建立评论 ID 列表存储系统，并可以明确区分什么时候访问热度序评论列表，什么时候访问时间序评论列表。

此外，评论也是用户发布的主观言论，评论审核是必不可少的环节。与内容审核一样，评论也会经过机审和人审的环节。

评论功能注定是一个读多写多的场景。对于高并发的写评论而言，可以借助消息队列的异步写方式对流量进行削峰填谷，还可以对同一条内容的评论进行聚合，减少写请求量；对于高并发的读评论而言，我们把读取评论列表的流程拆分为获取评论 ID 列表、批量获取评论元信息和批量获取评论文本 3 步。通过分析，可以对热度序评论 ID 列表、时间序评论 ID 列表和每条评论的完整信息进行适当的缓存，可能的缓存形式包括 Redis 缓存和对最近热门内容、热门评论的本地缓存。

第13章 IM服务

IM（Instant Messaging，即时通信）是一种实时的通信方式，它可以使用户通过互联网快速、安全、低成本地相互交换即时信息。本章将详细讲解 IM 服务作为用户即时通信后台的功能与技术方案，具体的学习路径如下。

◎ 13.1 节介绍 IM 的意义与核心能力。

◎ 13.2 节介绍与 IM 相关的一些概念。

◎ 13.3 节介绍 IM 服务合格的消息投递应该具有的特点，以及如何存储、接收消息。

◎ 13.4 节初步介绍 IM 服务应该存储哪些数据。本节内容可以作为后续章节的导论。

◎ 13.5 节介绍消息乱序的原因，以及在服务端和客户端分别保证消息有序收发的思路。

◎ 13.6 节介绍如何创建一个新会话，以及如何处理用于管理会话的命令消息，比如撤回消息、管理群组成员等。

◎ 13.7 节介绍消息回执功能的实现原理。

◎ 13.8 节详细介绍存储系统的数据模型设计。

◎ 13.9 节介绍在高并发架构下，IM 服务在高并发收发消息场景中的应用，以及直播间弹幕模式应有的高并发设计。

◎ 13.10 节介绍 IM 服务的最终架构，这一节内容也是本章的总结。

本章关键词：读扩散、写扩散、推拉结合、消息有序、消息回执、单聊、群聊、弹幕。

13.1 IM 的意义与核心能力

通俗地说，所谓 IM 就是聊天，许多互联网应用都支持在应用内用户聊天的功能，因为聊天功能会为用户和产品提供极大的便利性。但是这些应用并不一定是即时通信软件，下面列举几种定位不同的应用。

◎ 电商类应用：买家可以通过聊天功能向卖家咨询商品细节、物流问题、售后处理情况等，好友之间也可以分享商品、促销活动、优惠券等。

◎ 求职类应用：求职者与企业主之间可以通过聊天功能方便地在线沟通工作意愿，求职者也可以相互交流工作心得、面试体验等。
◎ 内容类应用：比如抖音、微博，用户可以通过聊天功能与好友分享有趣的视频，给感兴趣的创作者投票等。

总之，聊天功能是最快的信息传递方式之一。在互联网应用中，不同角色的用户通过聊天可以建立更为紧密和深入的联系，维系自己的社交关系，增强用户对产品的忠诚度和用户黏性。

不同互联网应用的产品侧重点不同，故而聊天功能的丰富程度也不同。由于纯粹的即时通信软件就是以聊天功能为卖点的，所以其往往是聊天功能的集大成者，它们拥有的能力通常如下。

◎ 实时投递。在在线情况下，用户会实时收到其他用户发给自己的消息，就像当面聊天一样。
◎ 单聊模式和群聊模式：不仅两个用户之间可以聊天，而且若干用户可以拉群聊天。
◎ 消息撤回。用户在发出消息后，在一段时间内可以选择撤回消息。
◎ 消息回执。在单聊模式下，用户可以看到对方是否已经阅读了自己发出的消息；在群聊模式下，用户可以看到哪些用户已经阅读了自己发出的消息。
◎ 消息勿扰。用户可以对指定的用户或指定的聊天群做勿扰处理，虽然用户仍然可以接收其发出的消息，但是并不会收到提醒。

虽然有些互联网应用的产品定位可能并不是通信软件，并不完全需要上述能力，但是它们已经涵盖了聊天功能的大部分核心能力。假设我们正在做关于即时通信软件的事情，即时通信软件的后台就是本章要设计的 IM 服务。

13.2 IM 相关概念

与 IM 相关的概念如下。

◎ 消息：用户发出的任何内容。
◎ 用户状态：在线、离线、挂起。
◎ 设备/终端：用户使用 IM 的客户端，通常包括移动端和 Web 端。
◎ 单聊：两个用户一对一聊天的模式。
◎ 群聊：多个用户聊天的模式。
◎ 会话：描述用户通过聊天建立的关联关系。通俗地说，微信中的每个聊天框都是一个会话，比如你和一个好友聊天，你们就建立了会话；你被拉到某个群里聊天，你就和这个群建立了会话。会话是 IM 服务的核心概念，它真正指明了消息应该被发送给哪些用户。

◎ 信箱：对于用户来说，每个会话都有一个抽象的信箱，作为会话中每条消息按照时间顺序由远及近排列的存储容器。

13.3　消息投递

IM 服务最重要的议题是消息投递，合格的消息投递应该具有如下特点。

◎ 准确性：比如用户 1 向用户 2 发送消息，消息只可能被用户 2 收到，不可能发生用户 3 收到这条消息的“串线”问题。

◎ 消息不可丢失：消息不可被漏发，更不可丢失，即使遇到故障（如机房断电、网络断开等），用户也应该能够在故障排除后接收到错过的消息。所有 IM 的用户都坚信消息是一定会被送达的，如果用户发送了重要的消息，而我们的 IM 服务却因为各种原因把它丢失了，那么用户会直接流失。

◎ 实时性：应该尽量保证一条发出的消息被实时地投递到接收方，保证用户通信的连贯性，这样才能达到即时通信所强调的“即时”。

◎ 有序性：消息需要按照发送时间严格排序，不能发生时空错乱。即时通信毕竟与日常交流一样有提问才有回答，也就是消息之间存在因果关系。比如用户 1 在群聊中问用户 2“吃烤肉还是吃火锅”，用户 2 回答“吃火锅”，那么群聊中的其他用户看到的消息列表不应该是用户 2 先回答“吃火锅”，然后用户 1 再提问；否则，他们会疑惑用户 2 是怎么做到抢答的。

本节我们先围绕准确性、消息不可丢失和实时性来介绍消息投递的几个重点话题，而关于维护消息的有序性内容将在接下来的章节中详细介绍。

13.3.1　存储消息：读扩散与写扩散

消息不可丢失意味着必须要把消息保存起来，而为了保证消息的准确性，又需要把消息保存到其所属会话的信箱中。信箱主要有两种实现模式，分别是读扩散模式和写扩散模式。

在读扩散模式下，每个会话占用一个信箱，与会话相关的用户收发消息就是对这个信箱进行读/写。如图 13-1 所示，用户 u1 与用户 u2、用户 u3 以及 g1 群组的会话都对应一个信箱，会话信箱被会话成员共享。对于单聊场景来说，当用户 u1 向用户 u2 发送消息时，消息被投递到 u1−u2 单聊会话的信箱中，用户 u2 从这个信箱中接收用户 u1 发来的消息；当用户 u2 向用户 u1 发送消息时，消息同样被投递到这个信箱中，用户 u1 从这个信箱中接收用户 u2 发来的消息。对于群聊场景来说，g1 群组中的每个成员都向 g1 群聊会话的信箱中投递自己发出的消息和从这个信箱中接收别人发来的消息。

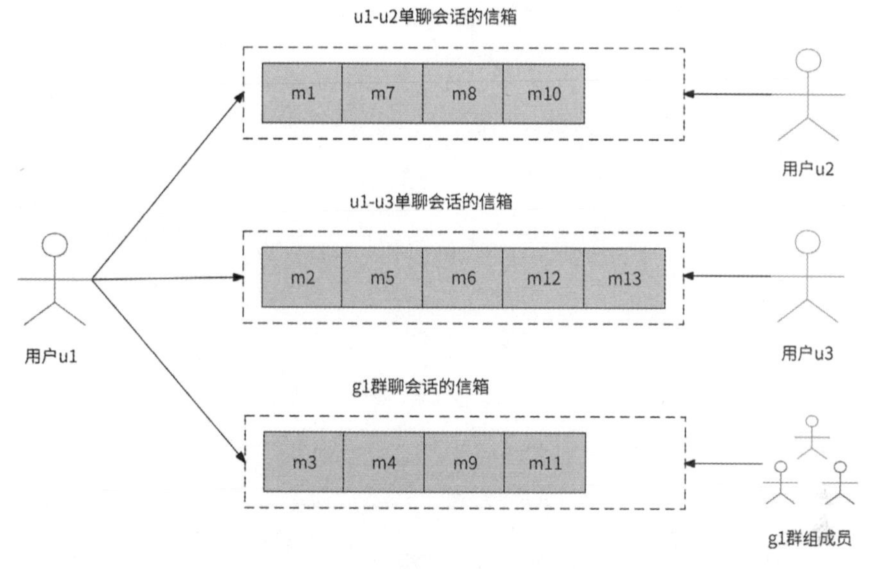

图 13-1

用户在自己的设备上拉取新消息时，IM 服务需要从此用户的所有相关会话中拉取新消息，即 IM 服务需要将拉取新消息的请求扩散为 *N* 个拉取会话消息的请求，所以这种消息存储模式被称为“读扩散”。读扩散的优势是发送消息的逻辑非常轻量，只需要把消息写入信箱即可，而不管会话是属于单聊场景还是属于群聊场景。此外，每条消息仅被存储一次，较为节省存储空间。不过，从此模式的名字上就可以看出其核心缺点，那就是用户读取消息有严重的读放大问题，同时在线人数越多或者会话越多，读放大问题带来的流量越大。

与读扩散模式相对应的一种模式是写扩散模式。在写扩散模式下，会话信箱不再被与会话相关的用户全局共享，而是每个用户都拥有一个自己关联会话的信箱列表。如图 13-2 所示，用户 u1、用户 u2、用户 u3 之间单聊会话的信箱在每个用户的会话信箱列表中都会被冗余保存一份，g1 群组的会话信息同样会被保存在群组内每个成员的信箱列表中。

在写扩散模式下，用户发送消息，不仅需要把消息投递到自己的会话信箱中，而且需要把消息投递到消息接收者的会话信箱中。在单聊场景下，用户 u1 向用户 u2 发送消息，既要将消息写入自己的“with u2”信箱中，又要将消息写入用户 u2 的“with u1”信箱中，即发送消息的写请求被扩散为原来的 2 倍；在群聊场景下，用户 u1 向有 *N* 个成员的 g1 群组发送消息，需要把消息依次写入群组内每个成员的“in g1”信箱中，即发送消息的写请求被扩散为原来的 *N* 倍。写扩散模式的缺点也显而易见，即发送消息的请求存在写放大问题，对于单聊场景来说，只放大 2 倍尚可接受，但是对于有更多成员的群聊场景来说，写放大问题尤为严重。写放大带来的另一个问题是消息被冗余存储多份，比较浪费存储空间。

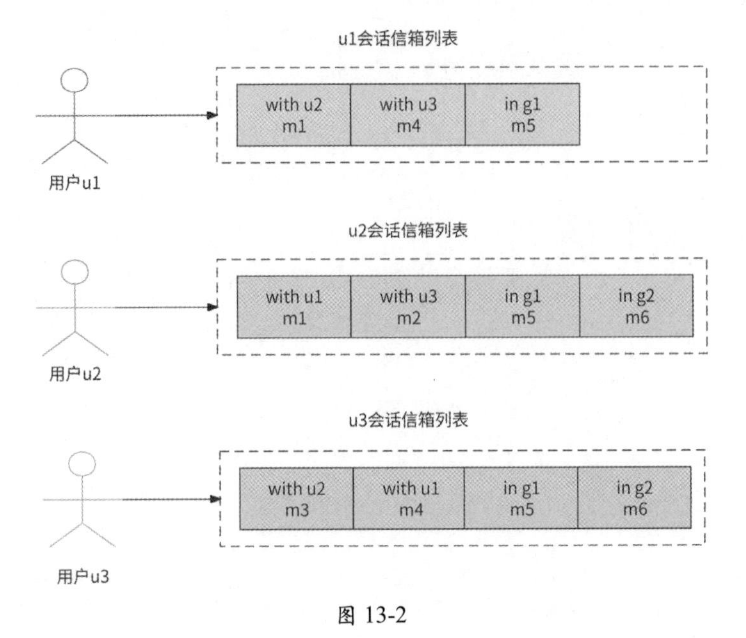

图 13-2

但是写扩散模式对用户接收消息非常友好。无论是单聊场景还是群聊场景，用户只需要从自己的信箱列表中拉取消息即可，即只需要一次读消息请求就能满足要求，这是写扩散模式的优势所在。

写扩散模式无视当前的在线人数与会话数量，但是其带来的写放大问题在群聊场景中会明显地暴露出来，且群组成员人数越多，问题越严重。所以，写扩散模式更适合单聊模式或者小群模式（限定群组成员总人数）的场景。

那么，到底是采用读扩散模式还是写扩散模式，归根结底，还是要根据群聊场景在聊天功能中的比重，以及群聊场景是否支持大群（群组成员人数较多）来决定。

◎ 聊天功能完全面向单聊场景，则适合采用写扩散模式，因为写请求只被固定放大 2 倍，没有不可控的高并发流量。

◎ 聊天功能虽然支持群聊场景，但是极少有群聊场景的出现（比如求职类应用、电商类应用等的聊天功能只是为了增进交流），则适合采用写扩散模式，因为群聊场景的写放大问题的影响微乎其微。

◎ 对于即时通信软件，单聊场景和群聊场景都广泛存在（比如交友软件、办公通信软件），那么单聊场景自然适合采用写扩散模式，群聊场景则需要根据群组成员人数进一步细化选型：当群组成员人数小于 N 时，采用写扩散模式；当群组成员人数大于 N 时，采用读扩散模式。N 的取值往往根据 IM 服务的压测表现来定，当群组成员人数超过某个阈值，发送消息产生严重的性能劣化时，使用此阈值作为 N。

13.3.2 接收消息：拉模式与推模式

将消息存储到会话信箱中可以保证消息的准确性和不丢失，但是消息尚未真正触达用户设备。下面我们就来讨论用户设备是如何获取消息的。

用户设备获取消息的一种方式是采用拉模式，即用户设备周期性地主动向 IM 服务后台发起获取消息的请求，由服务端将所有相关会话的未读消息返回。拉模式的实现方式较为简单，但是用户设备多久拉取一次消息并不好确定：为了实时投递消息，用户设备可以 1s 拉取一次消息，但是这会给 IM 服务后台带来巨大的访问压力，造成大量计算资源的浪费；如果 30s 拉取一次消息，那么消息的实时性表现会很差。

用户设备获取消息的另一种方式是采用推模式。推模式与拉模式相反，用户每发送一条消息，IM 服务后台都要把消息存储到会话信箱中，同时顺便把消息直接推送到用户设备上，这里使用的是第 6 章介绍的海量推送系统。

如图 13-3 所示，用户 u1 向用户 u2 发送消息，一方面，将消息存储到 u1−u2 会话信箱中；另一方面，将消息交给推送系统实时推送到用户 u2 的设备上。

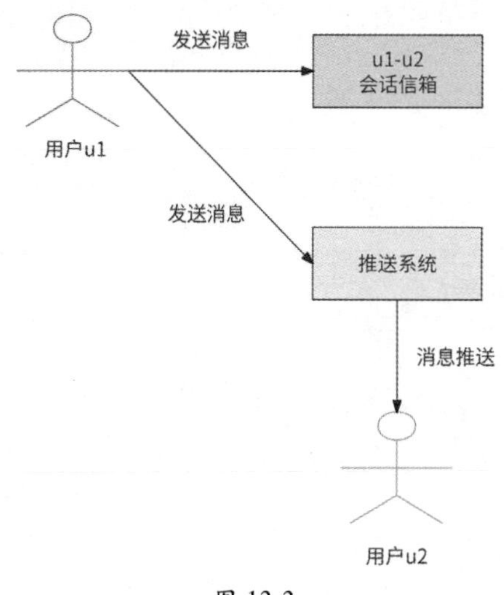

图 13-3

借助推送系统与用户设备维持的长连接，推模式有效地保证了消息的实时触达。然而，长连接毕竟是脆弱的网络连接，网络中断、网络抖动等情况都会导致消息无法触达用户设备。事实上，没有任何推送系统可以在只采用推模式的前提下做到 100%的消息推送，所以说完全依赖推模式接收消息会有丢失消息的情况发生，这是推模式的主要缺点。

但是推模式与拉模式可以优势互补，我们自然想到将两者结合起来，即形成推拉结合模式。当用户 u1 发送消息时，先将消息存储到对应的会话信箱中，然后向目标用户设备推送此消息；同时，用户设备周期性地从 IM 服务后台拉取消息，作为推送消息触达失败的补偿手段，防止消息丢失。推拉结合模式的消息推送架构如图 13-4 所示。

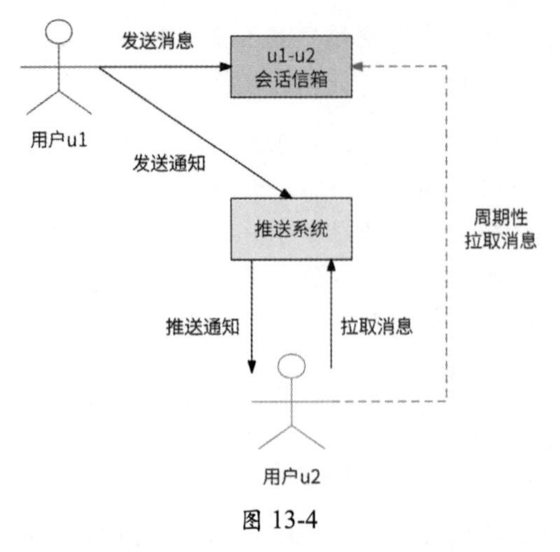

图 13-4

推拉结合模式还有另一种实现方式：服务端只向客户端推送通知，用于告知客户端“有一条新消息到来”，然后由客户端来拉取对应的消息内容，如图 13-5 所示。不同于直接推送消息本身，采用这种只推送通知的方式，可以在客户端真正要读取消息时才传输消息内容，在一定程度上节约了网络带宽。

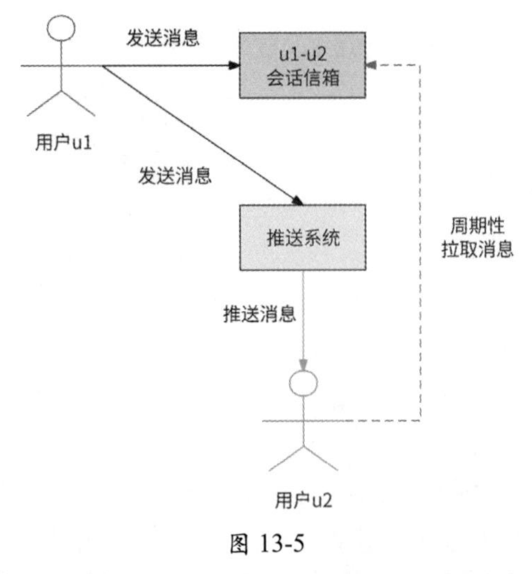

图 13-5

业界绝大多数应用在聊天场景中都采用了推拉结合模式来获取消息。无论是直接推送消息，还是只推送通知，都属于推拉结合模式的表现形式。为了简化问题，这里假设本章介绍的推拉结合模式是直接推送消息。

13.4　存储初探

一个支持读扩散模式和写扩散模式的完整 IM 服务应该存储哪些数据？本节我们先做一个简单的介绍。本节内容可以作为后续章节的导论。

用户发送的消息显然应该被存储到消息表中，其具体属性如下。

◎ 消息 ID：全局唯一标识一条消息。
◎ 发送时间：接收者可以看到消息是什么时间发送的。
◎ 内容：记录消息文本。
◎ 会话 ID：指向消息所属的会话。
◎ 发送者 ID：指向消息发送者的用户 ID。
◎ 状态：记录消息是否对接收者可见，比如消息是否被屏蔽、被撤回。

用户聊天的渠道是会话，会话也应该被保存，尤其是群聊会话。

◎ 会话 ID：全局唯一标识一个会话。
◎ 会话类型：会话是单聊会话还是群聊会话。
◎ 最新消息时间：记录会话中最新消息的发送时间。
◎ 会话人数：与会话相关的用户数量。单聊会话人数固定为 2 人，群聊会话人数为群组成员总人数。
◎ 其他群组信息：如群头像、群公告等。

为了支持读扩散模式，对于每个会话都应该存储此会话与其产生的消息的关联关系，即“会话消息链”，这条链中的每条数据都应该包含如下属性。

◎ 会话 ID：指代一个会话。
◎ 消息 ID：指代属于此会话的一条消息。

同理，为了支持写扩散模式，对于每个用户也都应该存储此用户与其需要接收的消息的关联关系，即“用户消息链”，这条链中的每条数据都应该包含如下属性。

◎ 用户 ID：指代一个用户。
◎ 消息 ID：指代此用户应该接收的消息。
◎ 会话 ID：指代应该接收的消息所属的会话。

此外，对于每个会话都应该知道聊天的用户有哪些，且每个用户都应该有自己针对每个关联会话的设置，因此还需要保存会话与用户的关联关系，即“用户会话链”，这条链中的每条数据都至少要包含如下属性。

◎ 会话 ID：指代一个会话。

◎ 用户 ID：指代哪个用户属于此会话。
◎ 会话通知：用户可以选择强提醒，或者屏蔽此会话的消息。
◎ 置顶：用户可以选择是否将此会话在聊天列表的顶部优先展示。

以上介绍的是明显需要存储的数据。但是目前每条数据的属性不一定是完整的，而且为了支持完整的 IM 服务功能，可能还需要其他数据。这些细节我们将在后续章节中讲解，并在 13.8 节中介绍最终的存储设计。

13.5 消息的有序性保证

即时通信就相当于现实生活中人与人之间的聊天，用户之间收发消息的有序性必然非常重要，因为如果出现不合乎逻辑的聊天内容，则会影响用户体验。本节我们将介绍在消息发送与消息接收的过程中哪些环节可能会发生乱序情况，以及针对各种乱序情况的处理思路。

13.5.1 消息乱序

我们先来分析哪些情况可能会造成消息乱序。

◎ 客户端发送消息：如果客户端与服务端之间采用了短连接，即客户端每发送一条消息都与服务端建立一次连接，那么受限于公网环境的不确定性，用户发送 3 条消息 A、B、C，最终到达服务端的消息顺序可能是 C、B、A，从发送者的角度来说，消息发生了乱序。
◎ 服务端存储消息：即使用户发送的消息 A、B、C 按顺序到达服务端，但是由于这 3 条消息可能是由不同的 IM 服务实例处理的，每个服务实例处理消息的延迟不同，且与数据库网络通信的延迟不同，最终消息也可能会被按照 C、B、A 的顺序存储，于是消息接收者在拉取消息时发生了乱序。
◎ 服务端推送消息：即使按照发送者的本意消息被顺序存储起来，但是由于消息推送环节仍然要借助推送系统与目标用户客户端的网络连接，如果网络异常造成消息 A 丢失，只有消息 B、C 到达客户端，那么对于消息接收者来说，消息也仍然发生了乱序。

针对每个可能造成消息乱序的环节，下面我们分别提出对应的解决方案。

13.5.2 客户端发送消息

首先，从消息发送者的视角来说，消息发送者在每个会话中连续发送消息时，都应该保证这些消息被有序地投递到服务端。所以，在客户端可以按照会话与服务端建立长连接，每个会话独占一个长连接，用户在某会话中发送消息时会通过此会话与服务端的长连接推送请求，这样就可以保证发送者发送消息的请求有序到达后台机房网关。

其次，为了保证从机房网关传输消息到 IM 服务的有序性，机房网关应该将消息请求发送到固定的 IM 服务实例上。比如负载均衡策略采用消息会话 ID 进行哈希计算：将发送到同一个会话的消息请求都转发到同一个 IM 服务实例上，这样就可以保证消息按照发送顺序有序到达 IM 服务内部。

13.5.3 服务端存储消息

IM 服务与存储系统交互时，也要保证所接收到的用户消息被有序存储到会话消息链中，这就意味着对于同一个会话的消息来说，必须使用单个线程来串行存储数据。能够较为简单地实现这个目的的架构是采用消息队列（如 Kafka），并以会话 ID 作为消息 Key，IM 服务一旦收到新消息就投递到 Kafka 中，使得同一个会话产生的消息都被串行存储到同一个分区（Partition）中；然后构建消费者，从 Kafka 中依次获取用户消息并写入会话消息链中。所以，IM 服务被拆分为如下两个子服务。

◎ IM API：负责接收客户端发送的用户消息，为用户消息生成唯一消息 ID，再将消息投递到 Kafka 主题（Topic）conversation_im_topic 中，并为所投递的消息设置消息 Key 为会话 ID，然后直接响应给客户端。

◎ 会话消息服务：作为 conversation_im_topic 的消费者，获取最新的用户消息并写入会话消息链中，然后根据与会话相关的用户列表决定将消息投递给哪些用户。

会话消息服务在确定消息投递的目标用户后，还要保证同一个目标用户的用户消息链中的消息也是有序的，于是我们以用户 ID 为消息 Key 再度引入消息队列。

◎ 会话消息服务在获取到与会话相关的 *N* 个用户后，分别发送 *N* 条消息到 Kafka 主题 user_im_topic 中，并为每条消息设置消息 Key 为用户 ID。

◎ 创建用户消息服务，作为 user_im_topic 的消费者，将用户应该收到的新消息依次存储到用户消息链中，同时将新消息交给推送系统下发给这些用户。

conversation_im_topic 和 user_im_topic 主题分别将会话 ID 和目标用户 ID 作为消息队列存储消息的 Key，可以保证用户消息在会话消息链和用户消息链中的有序性。至此，IM 服务被拆分为 3 个子服务：IM API、会话消息服务和用户消息服务，如图 13-6 所示。IM API 仅负责创建消息必要的基础信息，以及按照会话 ID 维度将消息投递到消息队列中；会话消息服务负责在存储系统中存储有序的会话消息链，以及进一步按照用户 ID 维度将消息投递到消息队列中；用户消息服务负责在存储系统中构建有序的用户消息链，以及推送消息。

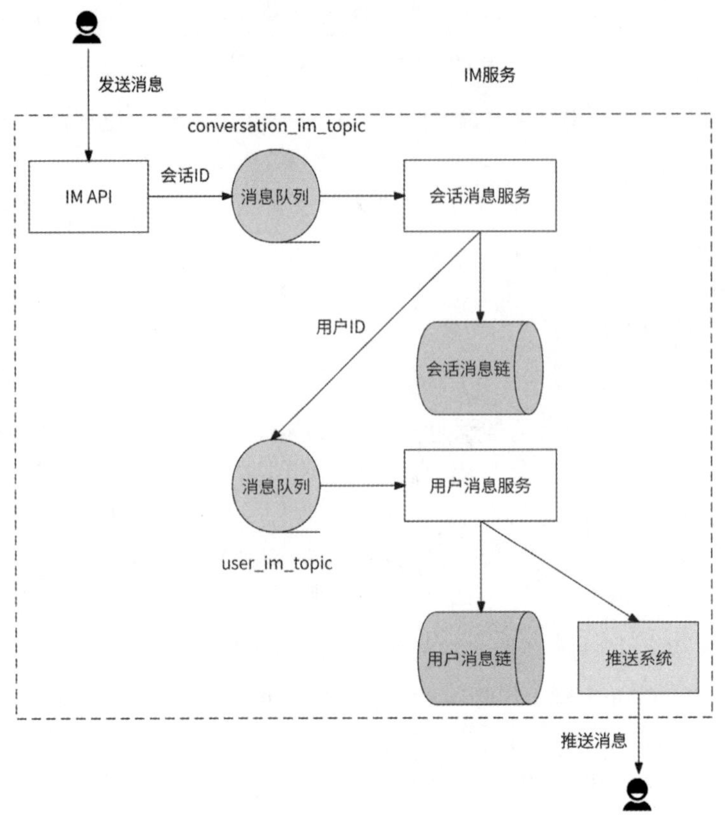

图 13-6

13.5.4　服务端推送消息与客户端补偿

在将消息推送到客户端时可能会造成消息的丢失，进而导致客户端收到乱序消息。比如小王在线教不熟悉互联网的父亲老王怎么使用微信分享好友名片，小王顺序发送了 3 条消息。

◎ 消息 1：打开聊天框，点击加号打开功能面板。

◎ 消息 2：左滑找到并点击“名片”。

◎ 消息 3：上滑找到要分享的好友，点击“发送”按钮。

IM 服务依次推送这 3 条消息，但是在推送过程中消息 2 丢失了，导致老王的客户端只收到消息 1 和消息 3。由于客户端采用推拉结合模式获取消息，客户端之后在拉取消息时收到了消息 2，最后老王收到的消息顺序是消息 1、消息 3、消息 2。此顺序形成的消息上下文使得老王无法准确按照小王的指示学会分享好友名片，这就是消息推送可能造成的消息乱序情况。

推拉结合模式的消息推送与消息拉取没有统一的消息排序规则，这是造成消息触达客户端时可能发生乱序的根本原因。如果消息存储采用读扩散模式，那么消息推送和消息拉取都会基于会话消息链；如果消息存储采用写扩散模式，那么消息推送和消息拉取都会基于用户消息链。为了准确描述消息排序规则，需要在会话消息链和用户消息链中为每条消息显式标记消息正确的顺序。我们在会话消息链和用户消息链的数据表中分别增加一个Seq属性来表示消息在链中的顺序，每当有一条新消息被插入会话消息链和用户消息链中时，都要保证新消息的Seq值一定比上一条消息的Seq值大，即Seq值要满足严格递增的特性。这样一来，一条消息的Seq就可以表示其在对应消息链中的准确顺序。

那么，如何保证Seq值严格递增呢？这件事情由将新消息写入会话消息链的会话消息服务和将新消息写入用户消息链的用户消息服务来保证。

◎ 对于会话消息链来说，会话消息服务在本地内存中为每个会话ID都保存最近一条消息的Seq（初始值为0），每当收到一条新消息时，就将会话ID对应的Seq值加1并作为此消息的Seq值插入会话消息链中，这样可以保证按照消息的顺序递增Seq值。不过，如果会话消息服务有服务发版、扩缩容等导致服务实例重启的变更行为发生，那么本地内存中的Seq值会丢失。所以，我们要设计一个兜底策略：如果某会话ID对应的本地内存中的Seq值为0，则先从会话消息链中获取最后一条消息的Seq值，作为本地内存中的Seq值。

◎ 用户消息链与会话消息链的原理非常相似，只不过在本地内存中换成了为每个用户ID保存最近一条消息的Seq值。

如此一来，将消息插入会话消息链和用户消息链中的流程改进如图13-7所示。

从图13-7中可以看到，小王给老王发送的3条消息在两者的会话消息链中依次被赋予了100、101、102的Seq值，而在老王的用户消息链中，这3条消息依次被赋予了10000、10001、10002的Seq值。最后，服务端在处理消息触达目标用户客户端的逻辑时：

◎ 在读扩散模式下，在推送消息时，推送的数据除了消息本身，还包括消息在会话消息链中的Seq值；

◎ 在读扩散模式下，在拉取消息时，既拉取了消息本身，又拉取了消息在会话消息链中的Seq值；

◎ 在写扩散模式下，在推送消息时，推送的数据除了消息本身，还包括消息在用户消息链中的Seq值；

◎ 在写扩散模式下，在拉取消息时，既拉取了消息本身，又拉取了消息在用户消息链中的Seq值。

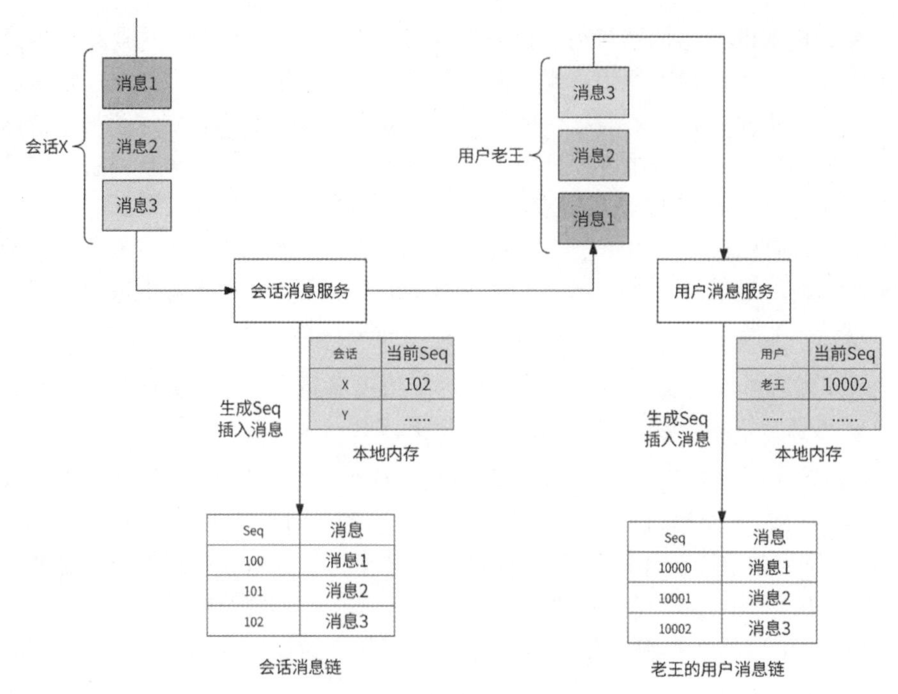

图 13-7

无论是读扩散模式还是写扩散模式，在拉取消息和推送消息时都会附带消息在对应消息链中的 Seq 值，而客户端在本地会以消息接收队列的形式记录已收到的消息 Seq 值，对应于服务端存储的会话消息链和用户消息链，如图 13-8 所示。

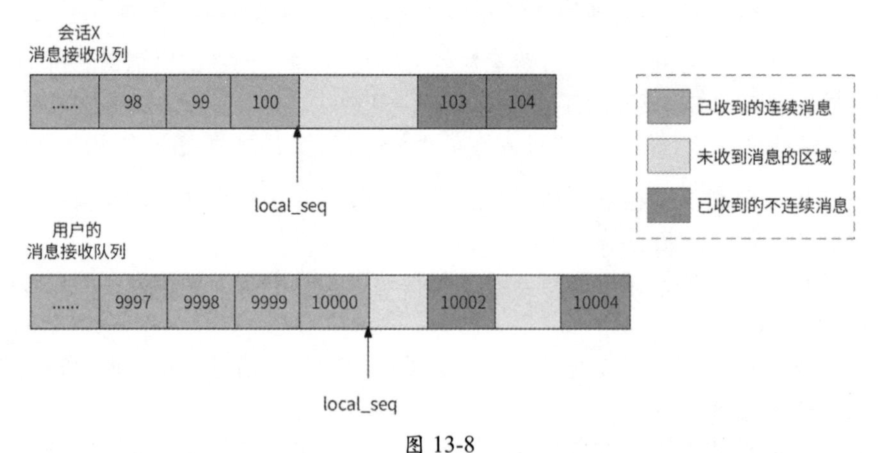

图 13-8

如果 IM 服务采用读扩散模式，那么客户端会为每个会话都维护一个消息接收队列；如果 IM 服务采用写扩散模式，那么客户端只维护一个消息接收队列来表示用户消息链中已触达的消息。无论采用哪种模式，消息接收队列最重要的都是要记录当前已经收到的

Seq 值连续递增、无空洞的最后一条消息的 Seq local_seq，这样就可以很容易地发现推送的消息是否有乱序情况发生。假设此时客户端收到一条消息，此消息的 Seq 为 current_seq，那么：

◎ 如果 current_seq = local_seq + 1，则说明所收到的消息是连续的，客户端可以展示给用户；

◎ 如果 current_seq ≤ local_seq，则说明所收到的消息是重复的，客户端直接忽略即可；

◎ 如果 current_seq > local_seq + 1，则说明所收到的消息是乱序的，消息接收队列出现了 local_seq + 1 至 current_seq-1 的消息空洞，所以客户端只暂存此消息，而不展示给用户。此时客户端主动发起补偿：拉取 Seq 为 local_seq+1 至 current_seq-1 的消息列表。

如上所述，local_seq 控制哪些消息可以被展示给用户。如果客户端收到的消息 Seq 与 local_seq 并不是连续递增的，则说明必有消息丢失，于是客户端主动拉取丢失的消息。由此可知，客户端在实现推拉结合模式时，不仅要周期性地拉取消息，还要在有消息空洞时补偿拉取消息；客户端在拉取到消息后，更新 local_seq 为最新的连续消息的最大 Seq 值。

下面还是以小王给老王连续发送消息的例子来说明客户端接收消息的流程。假设 IM 服务采用的是写扩散模式，也就是客户端基于用户消息链的消息接收队列来进行消息排序。

（1）小王发送消息 1、消息 2、消息 3，在将这 3 条消息插入老王的用户消息链中时依次赋予其 Seq 值为 10000、10001、10002，服务端推送这 3 条消息给老王。

（2）老王收到消息 1，客户端将 local_seq 更新为 10000。

（3）消息 2 丢失，老王的客户端感知不到消息 2 的到来。

（4）消息 3 到来，其 Seq 值为 10002，在老王的客户端此值不等于 local_seq+1，于是先不展示消息 3，而是从服务端拉取 Seq 值为 10002 的消息。

（5）客户端获取到消息 2，最终 3 条消息连续，客户端展示消息 2 和消息 3，并更新 local_seq 为 10003。

最后，小王发送的 3 条消息被有序展示在老王的客户端。

13.6 会话管理与命令消息

目前我们只讨论了用户消息的收发问题，一条用户消息必然属于一个会话，会话本身也需要 IM 服务管理。

13.6.1　创建单聊会话

我们先从发送者的视角介绍创建会话的流程。例如，用户 A 首次与用户 B 聊天时，用户 A 先打开与用户 B 的聊天框，此时对于用户 A 来说两者的会话就已经建立了，只不过服务端和用户 B 对此并不知情。当用户 A 发出第一条消息时，客户端才请求服务端创建会话，此时客户端将消息内容、接收者和值为 0 的会话 ID 传递给服务端，服务端发现请求的会话 ID 为 0，于是需要依次创建如下数据。

（1）生成唯一的会话 ID，在会话表中创建新会话。

（2）在用户会话链中建立会话与用户 A、用户 B 的关联关系。

（3）将消息存储到消息表中。

服务端将会话 ID 响应给客户端，表示会话创建成功、消息发送成功，但是此流程缺点明显，在如下场景中容易出现重复创建会话的情况。

◎ 服务端在存储消息时遇到网络错误，于是客户端被告知消息发送失败，然后用户 A 选择重发消息；当服务端再次处理此消息时，会创建新会话，以及会话与用户的关联关系，从而导致出现用户 A 与用户 B 之间存在两个单聊会话的情况。

◎ 当用户 A 打开聊天框准备与 B 首次聊天时，恰好用户 B 也打开了与用户 A 的聊天框发送消息，这样就会使得服务端接收到两个创建用户 A 与用户 B 之间会话的请求，最终也导致出现用户 A 与用户 B 之间存在两个单聊会话的情况。

在创建单聊会话时，之所以会有重复的会话产生，是因为服务端没有简单的办法来判断两个用户之间是否已存在单聊会话。其实可以在服务端生成的会话 ID 上反映单聊关系，对于任何单聊会话都使用“{用户 ID1}-{用户 ID2}”作为会话 ID，其中用户 ID1 是两个用户中用户 ID 较小的那个，用户 ID2 则是另一个用户 ID。假设用户 A 的 ID 为 222，用户 B 的 ID 为 111，那么两者的单聊会话 ID 固定使用“111-222”来表示。这样一来，无论是用户 A 重发消息，还是用户 B 同时发送消息，IM 服务都会在会话表中发现两者的单聊会话已经存在了。

现在再从接收者的视角来讲讲会话的创建。接收者的客户端在接收到一条消息后，根据消息中携带的会话 ID 在本地查询是否已存在此会话；如果没有找到此会话（或者被用户手动删除了，或者用户换了聊天设备），则说明可能是新会话，此时客户端再根据会话 ID 从 IM 服务中拉取会话信息。

13.6.2　创建群聊会话

创建群聊会话，发起者必须显式地请求服务端，所以创建群聊会话的流程比创建单聊会话要简单得多。比如用户 A 选择向用户 B、用户 C、用户 D 发起群聊，则会直接向服务端发起创建群聊会话的请求，IM 服务只需要创建会话、设置会话与每个成员的关联关系即可。由于群聊不要求两个用户之间只能有一个群聊会话，所以不需要考虑用户 B 同时向用户 A、用户 C、用户 D 发起群聊导致两个群聊会话重复的问题，谁发起了群聊就新建一个群聊会话。从接收者的视角来说，会话的创建与单聊类似，这里不再赘述。

13.6.3 命令消息

我们在使用微信或者其他即时通信软件时，经常会看到如下事件。

◎ 好友给你发了一条消息，过了一会儿，你发现消息被撤回了。
◎ 群聊中提示：A 邀请 B 加入了群聊、B 被 A 移出群聊、A 将 B 禁言。
◎ 群聊中提示：B 退出了群聊。

其实这些事件都是依靠 IM 服务实现通知到客户端的，这些事件也被当作 IM 服务的消息来处理，只不过不同于用户发送的消息，这些事件被定义为命令消息，用于控制消息的展示、群聊成员的管理等。

为了区分用户消息和命令消息，在消息表中应该至少增加两个字段。

◎ msg_type：使用枚举类型，指示消息的具体类型，比如用户消息，有撤回消息、邀请加群、移出群、退群、禁言等。
◎ extra：使用字符串类型，命令消息所需要的额外参数被统一存储到这里，比如撤回消息事件需要指定被撤回的消息 ID，邀请加群事件需要指定谁邀请谁，禁言事件需要指定谁禁言谁。

邀请加群、移出群、禁言这 3 种命令消息都需要指定事件发起者 from_user 和事件作用者 to_user，即消息表中的 extra 字段需要存储如下参数：

```
{
    "from_user": ...,
    "to_user": ...
}
```

当客户端收到这些命令消息时，其按照消息的具体类型，在对应的群聊中展示如下内容。

◎ 邀请加群：from_user 邀请 to_user 加入群聊。
◎ 移出群：from_user 将 to_user 移出群聊。
◎ 禁言：from_user 将 to_user 禁言。

用户选择退群，IM 服务应该产生的相关命令消息需要指定退群者是谁，即消息表中的 extra 字段如下：

```
{
    "user": ...
}
```

当客户端收到退群的命令消息时，其在对应的群聊会话中展示 user 退出了群聊。

用户选择撤回某条已发送的消息时，除修改消息表中的消息状态为“撤回”之外，IM 服务还应该产生一条指定消息 ID 的撤回命令，用于让消息在触达的客户端也实现撤回的效果。消息表中的 extra 字段如下：

```
{
    "msg_id": ...
}
```

在客户端无论是通过推送还是拉取接收到这条消息后，IM 服务都会将客户端已展示的对应的消息内容删除并改写为“消息被撤回”。

13.7　消息回执

很多产品的 IM 服务都支持消息回执功能，即消息发送者在单聊中可以看到对方是否已读取某条消息，以及在群聊中可以看到一条消息已被哪些成员读取。

13.7.1　上报已读消息

要想知道一条消息是否已被读取，自然需要依赖消息接收者把已读事件上报给服务端，其重点是上报时机。

当一条消息被展示给用户时，如果客户端选择立刻上报已读事件，则可能会给服务端带来访问压力，尤其是群聊。假设一个大群有 300 人活跃在线，群内每下发 1 条消息，就会导致 300 个客户端的已读上报事件反向访问服务端。

实际上，对于一条消息是否已被读取并不需要很强的实时性，客户端没有必要在已读事件发生后就立刻上报给服务端，更好的做法是客户端周期性地（如每隔 3s）汇总每个会话最后一条已读消息的 Seq 上报。从消息发送者的视角来说，也不需要实时知道对方是否已读取消息，所以发送者的客户端也可以周期性地从服务端查询消息是否已被读取。

接下来，我们讨论如何存储消息已读事件。

13.7.2　记录已读消息

记录已读消息最直接的方式是为每条消息和每个已读用户保存关联关系，但是这种方式严重占用存储空间，并无实用性可言。实际上，我们可以利用消息有序性的特点，只记录每个用户在会话中最后一条已读消息的 Seq last_read_seq，判断一条消息是否已被读取只需要看消息的 Seq 值是否小于或等于 last_read_seq 值即可。如果消息的 Seq 值更大，则说明此消息未被读取，否则说明此消息已被读取。

这种记录最后一条已读消息 Seq 的方式既适合单聊会话，也适合群聊会话，只不过对于群聊会话来说，有一个小细节需要注意：某时刻被拉入群聊的新成员，并不统计对于之前的群消息此成员是否已读，只能默认新成员对其进群之前的全部群消息是已读的。

我们在用户会话链中增加 last_read_seq 字段，消息发送者周期性地检查自己发布的消息是否可以被更新为已读状态：

◎ 在单聊会话中尚未被对方读取的消息；

◎ 在群聊会话中尚未被全部成员读取的消息。

消息接收者在读取某条消息后，客户端将已读事件上报给服务端，服务端将更新用户会话链中对应的 last_read_seq 值。如图 13-9 所示，用户 A 在 4 人群聊会话 X 中发送了一条 Seq 值为 100 的消息，用户 B 和用户 D 在读取了这条消息后，分别上报更新 last_read_seq 字段值为 100；用户 A 拉取此消息的已读状态，发现有两个用户的 last_read_seq 值大于或等于 100，说明这两个用户已读。

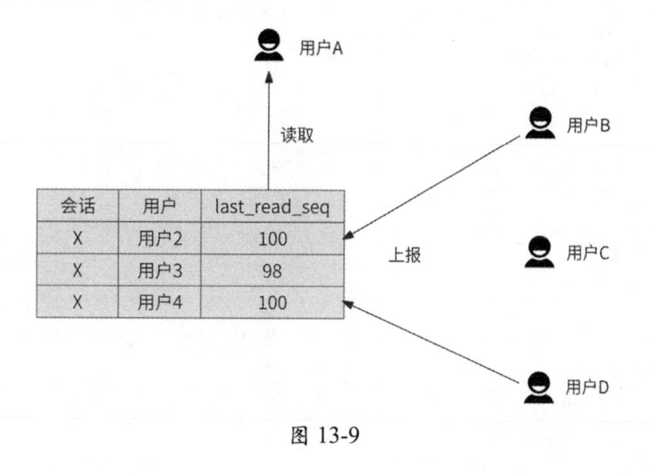

图 13-9

13.8 阶段性汇总：存储设计

在介绍完 IM 服务的主要逻辑后，我们对消息数据的存储进行正式设计。

存储消息本身的消息表：修改消息数据的场景极少见，更多的场景是使用消息 ID 获取消息数据，所以使用分布式 KV 存储系统或传统数据库都是合适的选型。如果使用分布式 KV 存储系统，则以消息 ID 为 Key，以消息内容、发送时间、发送者、消息状态等信息组合的 JSON 格式为 Value；如果使用传统数据库，则消息表的结构如表 13-1 所示。

表 13-1

字段名	类　型	含　义
id	BIGINT	自增主键，无特殊含义
msg_id	BIGINT	消息 ID
conversation_id	VARCHAR(64)	会话 ID
user_id	BIGINT	消息发送者 ID
content	Text	消息文本。由于文本内容一般不会很大，所以可以使用 Text 类型描述
status	INT	消息状态枚举，比如：0 可见；1 屏蔽；2 撤回
send_time	DATE	消息发送时间

消息表使用 msg_id 字段作为唯一索引，以提高根据消息 ID 获取消息数据的效率。

管理会话数据的会话表：其主要用途是根据会话 ID 获取会话信息。会话表的结构如表 13-2 所示。

表 13-2

字段名	类　型	含　义
id	BIGINT	自增主键，无特殊含义
conversation_id	VARCHAR(64)	会话 ID
type	INT	会话类型枚举，比如：0 单聊；1 群聊；2 直播间；3 聊天室
member	INT	与会话相关的用户数量
avatar	VARCHAR(128)	用于群聊，表示群组头像
announcement	Text	用于群聊，保存群公告
recent_msg_time	DATE	此会话最新产生消息的时间

会话表使用 conversation_id 字段作为唯一索引，且使用 VARCHAR 类型来表示，这是为了满足 13.6.1 节在创建单聊会话时使用字符串类型的会话 ID 的需要。

会话消息链：用于支持读扩散模式的消息存储，其重点是保证会话内消息有序。其数据表 conversation_msg_list 的结构如表 13-3 所示。

表 13-3

字段名	类　型	含　义
id	BIGINT	自增主键，无特殊含义
conversation_id	VARCHAR(64)	会话 ID
msg_id	BIGINT	消息 ID
seq	BIGINT	消息在会话中的序列号，用于保证消息的顺序

会话消息链主要用于按照会话查询有序的消息 ID 列表，所以需要为 conversation_msg_list

数据表的 conversation_id 和 seq 字段创建联合索引 sort_msg_idx(conversation_id, seq)，这样一方面可以保证通过会话 ID 获取到消息列表，另一方面可以保证消息列表按照 seq 字段有序排列。

当用户根据会话 X 的已读消息 read_seq 获取 *N* 条消息时，执行如下 SQL 语句：

```
    SELECT * FROM conversation_msg_list WHERE conversation_id = X AND seq > read_seq
LIMIT N
```

当用户获取会话 X 的历史消息时，根据当前消息的 Seq current_seq 向前查找 *N* 条历史消息，执行如下 SQL 语句：

```
    SELECT * FROM conversation_msg_list WHERE conversation_id = X AND
seq < current_seq LIMIT N
```

当用户补偿拉取会话 X 中指定消息 Seq 区间[seq_i, seq_j]的消息时，执行如下 SQL 语句：

```
    SELECT * FROM conversation_msg_list WHERE conversation_id = X AND seq >= seq_i
AND seq <= seq_j
```

用户消息链：与会话消息链相同，服务于写扩散模式的用户消息链也应该有一个类似结构的数据表 user_msg_list，如表 13-4 所示。

表 13-4

字段名	类　型	含　义
id	BIGINT	自增主键，无特殊含义
user_id	BIGINT	用户 ID
msg_id	BIGINT	消息 ID
conversation_id	VARCHAR(64)	会话 ID
seq	BIGINT	消息在会话中的序列号，用于保证消息的顺序

用户消息链的使用场景与会话消息链的类似，区别是它服务于写扩散模式，应该查询的是用户维度下有序的消息列表，所以需要为 user_msg_list 数据表的 user_id 和 seq 字段创建联合索引 sort_msg_idx(user_id, seq)。其根据消息的 Seq 查询消息列表的 SQL 语句与会话消息链的类似。

记录用户与会话关联关系的用户会话链：其承载的职责（至少）如下。

◎ 根据会话 ID 可以获取会话参与用户的列表。

◎ 根据用户 ID 可以获取与其相关的会话列表，尤其是最近有新消息的 *N* 个会话。

◎ 根据用户 ID 和会话 ID 获取某用户是否是某会话的相关用户。

◎ 记录用户 ID 在某会话中最后一条已读消息的 Seq，便于实现消息回执功能。

◎ 记录用户 ID 在某会话中的设置，比如消息是否强提醒或被屏蔽、会话是否置顶等。

其数据表 user_conversation_list 的结构如表 13-5 所示。

表 13-5

字段名	类　型	含　义
id	BIGINT	自增主键，无特殊含义
user_id	BIGINT	用户 ID
conversation_id	VARCHAR(64)	会话 ID
last_read_seq	BIGINT	此会话中用户已读的最后一条消息
notify_type	INT	会话收到消息的提醒类型：0 未屏蔽，正常提醒；1 屏蔽；2 强提醒
is_top	TINYINT	会话是否被置顶展示

在推送消息、查看会话详情时都需要获取与会话 ID 相关的参与用户列表，所以我们需要为 user_conversation_list 数据表的 conversation_id 和 user_id 字段创建联合索引 conversation_user_idx(conversation_id, user_id)。根据会话 ID X 查询用户列表的 SQL 语句如下：

```
SELECT user_id FROM user_conversation_list WHERE conversation_id = X
```

即时通信还有很多根据用户获取会话的场景，例如：

◎ 查询用户是否属于某会话；

◎ 查询用户在某会话中的设置，如是否置顶、消息通知类型等；

◎ 查询最近与用户相关的最多 *N* 个会话列表，比如微信，用户在切换新设备时要登录账号。

我们可以为用户会话链的 user_conversation_list 数据表的 user_id 和 conversation_id 字段创建联合索引 user_conversation_idx(user_id, conversation_id)，在查询用户 A 是否属于会话 X，或者查询用户 A 在会话 X 中的设置时，执行如下 SQL 语句：

```
SELECT * FROM user_conversation_list WHERE user_id = A AND conversation_id = X
```

如果用户切换了登录设备，则可能涉及获取最近的活跃会话列表，我们可以在根据 user_id 字段查询会话列表后，选取 last_read_seq 字段值最大的 *N* 条记录作为最近 *N* 个活跃会话。

13.9 高并发架构

即时通信是一个典型的读多写多的场景，在讨论完 IM 服务如何满足即时通信的基本功能需求后，我们再将其放到海量用户场景中看看它是如何应对高并发请求的。

13.9.1 发送消息

拥有上亿用户的即时通信软件，很容易发生大量用户同时发送消息的情况，尤其是在节假日期间，比如春节，可能有数百万用户同时发送拜年消息，所以我们需要设计一些策略来防止海量的发送消息请求击垮 IM 服务。

在 13.5.3 节讨论过，为了保证会话中消息的有序性，我们为存储消息过程引入了消息队列，在 IM 服务内部由 IM API 服务接收消息，然后把消息投递到消息队列中就返回给用户了。当时的意图是保证消息基于会话 ID 有序和基于用户 ID 有序，其实使用消息队列还有另一层含义：消息队列可以对高并发发送消息的请求做削峰处理，IM 服务内部可以按照自己的处理速度来平滑处理消息的存储与推送，在发送消息的过程中其实已经实现了异步写，可以较好地应对高并发发送消息请求的涌入。

接下来是消息的消费环节。如果消费者消费消息的速度较慢，或者消息队列的分区数量过少，则会造成消息在消息队列中堆积，无法被及时地存储到数据库中，进而导致消息迟迟无法触达接收者。为了尽最大可能防止消息队列中消息的堆积，我们可按如下所述进行操作。

◎ 为消息队列的主题设置足够多的分区。受限于消息队列的机制，1 个分区只能被 1 个消费者实例消费，所以分区数量就是消费者实例的数量，分区越多，可以消费消息的消费者实例就越多。例如，为 conversation_im_topic 设置 10000 个分区，那么就有 10000 个会话消息服务处理消息的存储。这就是应对高并发写场景的数据分片方案。

◎ 消费者采用批量消费模式从消息队列中拉取消息。同一个会话的相关消息都会被投递到 conversation_im_topic 的同一个分区中，所以一次消费行为可以批量拉取如 500 条消息，再将属于同一个会话的消息聚合为一个写数据库的请求。对于消息队列 user_im_topic 来说也是一样的，批量消费一些消息并按照用户 ID 做聚合，再访问数据库。这就是写聚合，也是我们之前介绍的应对高并发写场景的解决方案。

此外，作为发送消息的源头，客户端也可以在本地对用户发送消息的频次进行限制。如果用户在短时间内疯狂地发送了大量消息，则大概率可以认定此用户是在恶意刷消息，或者发送无意义的消息，如广告。如果用户在一定时间内发送消息的数量超过某个阈值，那么客户端可以拒绝发送，防止恶意请求、无意义的请求冲击服务端。

13.9.2 数据缓存

IM 服务的主要数据包括消息表、会话表、用户会话链、会话消息链和用户消息链。为了防止高并发读消息的请求击垮数据库，可能需要使用 Redis 缓存这些数据。另外，消息是一种时间属性很重的数据，对最近的消息数据会有更多的请求访问，所以可以将缓存的数据聚焦到最近的数据上。我们具体来分析如何缓存数据。

◎ 消息表：最近的消息意味着有更大的可能被频繁访问，Redis 可以使用 String 对象存储 IM 服务刚刚收到的消息，并设置数据过期时间为 1 天，这样就可以保证 Redis 中缓存的消息是来自最近 1 天的。

◎ 会话表：最近创建的、最近有消息通信的会话更有可能被频繁访问，可以使用与缓存消息表同样的方式来缓存最近的会话。但是由于单聊会话只涉及两个用户，且没有什么可变的元信息，用户在同一个设备上基本上很少访问其会话信息，所以 Redis 可以只缓存群聊会话。

◎ 用户会话链：其非常容易被频繁访问，IM 服务下发消息时要在这里读取目标用户列表（基于会话 ID 查询），也要检查消息发送者在会话中发送消息的权限，客户端会周期性地更新与用户相关的会话设置（基于用户 ID 查询）。所以，对于最近活跃的会话来说，其用户会话链值得被缓存。Redis 可以使用 List 存储每个会话的用户列表，使用 String 对象存储每个用户在某会话中的设置。

◎ 会话消息链和用户消息链：我们将两者统称为消息链，只不过一个用于读扩散模式，一个用于写扩散模式。由于用户查看历史消息的概率远远低于读取最近消息的概率，所以可以存储最近收到的消息。消息链不需要把全部消息都存储起来，而是可以使用 Redis 的 ZSET 对象存储最近的消息 ID 列表，其中 Score 用 Seq 表示，以保证消息的有序性。

最终，数据库被作为存储系统，Redis 被作为缓存，将两者结合起来存储 IM 服务数据，如图 13-10 所示。

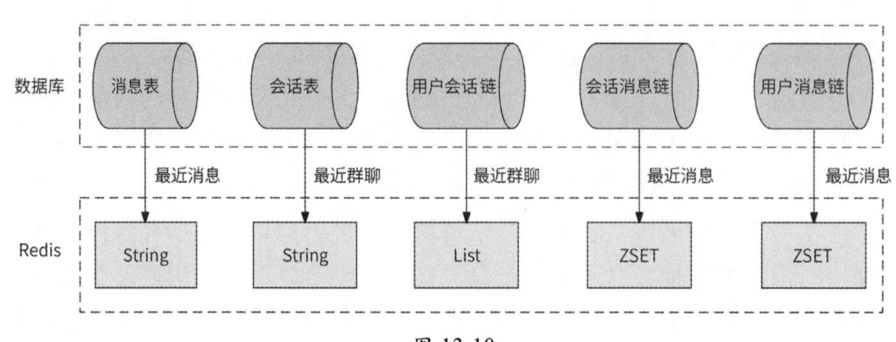

图 13-10

13.9.3 消息分级

按照参与会话的用户数量，对消息有不同的触达成功率和实时性的要求，经过大致测算，我们把消息划分为如下优先级。

◎ 单聊会话：两个用户都非常在意消息的顺利互动，单聊既要保证消息顺利触达，又要保证消息的实时性，消息优先级高。

◎ 群聊会话，但是群成员人数少于 100 人：这属于小群，小群一般是好友圈子建立的群，或者是为特定话题建立的群，群成员也非常在意群消息互动，所以对小群消息有与单聊会话消息类似的触达成功率和实时性的要求，消息优先级高。

◎ 群聊会话，但是群成员人数大于 100 人且小于 1000 人：这属于中等群组，常见于公司部门的重要消息通知群，日常群聊参与人数不多，重要的是要求群消息触达每个成员，但对实时性要求一般，消息优先级中。

◎ 群聊会话，但是群成员人数大于 1000 人：这属于大型群组，类似于交流社区（如北京交友群）。由于人多嘴杂，很多群成员大概率会屏蔽群消息，只有主动点击打开群会话才会真正阅读消息，所以并不要求群消息触达全部在线成员，且不要求实时性，消息优先级低。

将消息划分为不同的优先级，可以有目的地为单聊、小群、中群、大群分别创建专用的 IM 服务集群，集群之间不共享任何资源，如服务实例、消息队列、数据库、Redis，这样可以隔离不同优先级的消息，防止整个 IM 服务系统瘫痪，并且可以合理分配资源。

◎ 单聊消息不会因为大群消息过多而被堆积在消息队列中。
◎ 大群消息击垮数据库，不会影响单聊和小群的消息收发。
◎ 把 Redis 内存资源更多地留给单聊和小群的专用集群。
◎ 推送系统优先保证单聊和小群的消息推送，防止大群消息过度占用网络带宽。

13.9.4 直播间弹幕模式

直播间弹幕是如今热度很高的一种即时通信场景，它是指在直播间（或房间）内，观众可以实时发送短文本消息，以在直播画面上滚动的形式呈现。弹幕可以是观众与主播之间的聊天，也可以是观众之间的互动。弹幕可以为直播注入更多的交互和互动体验，也可以为直播间的观众创造更多的参与感和乐趣。

直播间弹幕看起来像群聊，直播间相当于一个会话，看播用户和主播是群成员。不过，与传统的即时通信场景相比，直播间弹幕还有如下一些明显的特殊性。

◎ 只有看播用户有会话，且只有一个会话，这个会话就是用户正在观看直播的直播间。不存在一个用户同时观看多个直播的情况。
◎ 用户可以随时进出直播间，即群成员变动会比较频繁。
◎ 对弹幕的实时性要求很高，因为主播可能会对弹幕进行答复，弹幕不实时下发会造成不好的用户体验。
◎ 每个用户只需要接收他在看播期间的消息，不需要看历史弹幕。
◎ 直播间极易产生大量收发弹幕的情况，即形成过热会话。

◎ 允许在极端情况下丢失若干弹幕，发送者对其他用户是否能看到自己的发言不是很在意。

◎ 弹幕数据不需要被长期持久化存储，主播在关播后整个直播间的弹幕就不需要再保留了。

这些特殊性使得直播间弹幕的 IM 服务设计应该有不同的思路。首先，弹幕的消息存储非常适合采用读扩散模式，即弹幕只被存储到会话消息链中。因为每个用户最多只有正在观看直播的直播间这一个会话，读扩散问题自然得到解决。

其次，看播用户的频繁变动意味着用户会话链不仅面临高并发读的情况，而且会被频繁修改。如果用户会话链仍然使用数据库存储和 Redis 缓存的组合，则会非常容易出现数据库数据与 Redis 数据不一致的问题，反倒是直接使用 Redis 存储更加简单、直接。例如，使用 Hash 对象作为用户会话链，其中 Field 表示用户 ID，Value 表示此用户在直播间内的配置，如是否被禁言、进房时间等信息，如图 13-11 所示。

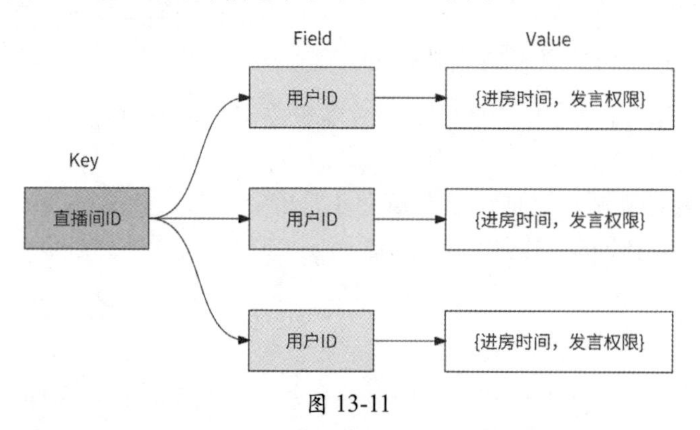

图 13-11

最后，所有的看播用户都会频繁地发送弹幕和读取弹幕列表。IM 服务已有的消息队列对发送消息请求做削峰处理，因此在正常情况下发送弹幕问题不大；但是在发送弹幕的请求量超过消息队列处理能力的情况下，为了防止弹幕堆积，我们甚至可以直接按照比例丢弃弹幕，弹幕发送者的客户端只在本地展示这条弹幕，从发送者本人的视角来看，弹幕就像已经发送成功一样。

读取弹幕的请求量也很大。虽然会话消息链使用 Redis ZSET 缓存最近的消息列表，但是这里的数据毕竟只有消息 ID，想获取到完整的弹幕，还需要批量获取消息数据，因此会话消息链缓存的 ZSET 对象的 Member 不再适合用消息 ID 表示，而是应该直接使用弹幕数据，如图 13-12 所示。

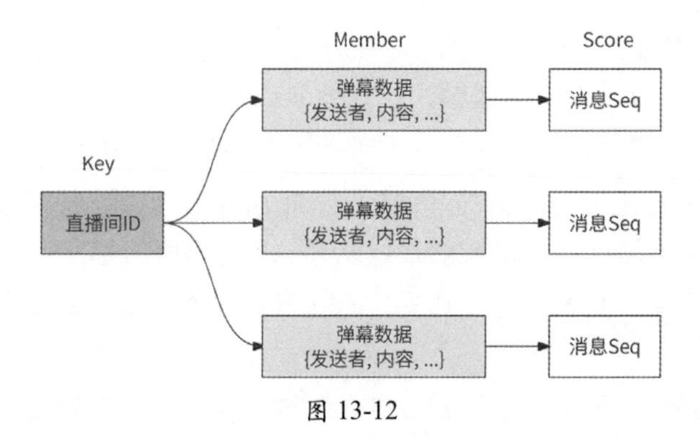

图 13-12

这样一来，一个直播间的弹幕读取请求实际上只访问一个 Redis ZSET 对象，具备了高并发读取弹幕请求的能力。如果读取请求量超过 Redis 单机处理能力，则可以采用 Redis 主从架构来分散读取压力。

13.10 本章小结：最终架构

在学习完本章全部内容后，这里我们对整个 IM 服务做一个总结。

在用户之间建立聊天关系的渠道是会话，它被用作消息收发的容器，消息能被发送、存储、接收的核心是我们介绍的那些模式，其中负责消息存储的模式有如下两种。

◎ 读扩散模式：消息被发送到会话消息链，用户在读取新消息时需要拉取全部相关会话。此模式适合会话数较少的场景。

◎ 写扩散模式：消息被分别发送到每个会话中用户的用户消息链。此模式更适合会话参与用户较少的场景，如单聊和小群。

负责消息收发的模式有如下三种。

◎ 推模式：每条消息都经过长连接被直接推送给在线用户，消息的实时性强，但易丢失。

◎ 拉模式：客户端主动轮询访问服务端获取新消息，消息不易丢失，但实时性一般。

◎ 推拉结合模式：既将新消息推送给在线用户，客户端又周期性地拉取消息，消息的实时性强，也不易丢失。

本章设计了一个既支持读扩散模式，又支持写扩散模式消息存储的 IM 服务，且采用推拉结合模式收发消息。我们为数据库存储设计了多个数据表，它们分别负责如下事情。

◎ 消息表：存储消息本身。

◎ 会话表：存储会话元信息。

◎ 用户会话链：存储会话与用户的关联关系，以及每个用户在会话中的配置、权限、最近已读消息等。

◎ 会话消息链：服务于读扩散模式，存储会话中的消息 ID 列表。

◎ 用户消息链：服务于写扩散模式，存储每个用户的消息 ID 列表。

保证消息的有序性是即时通信的基本诉求，我们为消息链引入了递增的消息 Seq 来反映消息顺序，客户端本地维护消息链的接收队列，并通过查看当前收到的消息 Seq 在队列中是否连续来判断是否有消息丢失情况发生。如果消息 Seq 连续，则可以将消息展示给用户，否则补偿拉取空洞消息。

一条消息从发送到被用户接收经过了如下过程。

（1）客户端在为会话与服务端建立的长连接上发出消息。

（2）IM API 接收消息，为消息生成全局唯一的消息 ID。如果消息来自新会话，则进一步为消息生成会话 ID 并在会话表中创建新会话。然后，将消息按照会话 ID 有序投递到 conversation_im_topic 消息队列中。

（3）会话消息服务消费 conversation_im_topic 中的最新消息，在消息表中插入新数据，并为消息产生递增的消息 Seq 后，将消息插入会话消息链中。

（4）会话消息服务更新若干缓存数据。

①将消息缓存到 Redis 中。

②在会话表中更新会话的最新产生消息的时间，如果消息来自群聊，则将会话消息进一步缓存到 Redis 中。

③将消息插入会话消息链的 Redis 最近消息缓存中。

（5）会话消息服务获取与会话相关的用户列表，然后为每个用户按照用户 ID 将消息顺序转发到 user_im_topic 消息队列中。

（6）用户消息服务消费 user_im_topic 中的最新消息，为消息产生递增的消息 Seq 后，将消息插入用户消息链中。

（7）用户消息服务将消息更新到用户消息链的 Redis 最近消息缓存中。

（8）将消息交给推送系统，由它把消息推送给目标用户。

（9）接收者的客户端收到消息，在本地检查消息的 Seq 值是否等于接收队列中最后一条连续消息的 Seq+1 值，如果是，则说明消息连续，客户端将消息展示给用户；否则，说明出现消息空洞，需要补偿拉取消息。

（10）客户端从服务端拉取消息，IM 服务先从 Redis 缓存中读取消息 ID 列表，如果未读取到，则从数据库的消息链中再次读取。

（11）在读取到消息 ID 列表后，IM 服务将消息数据打包返回给客户端。

（12）客户端将拉取到的消息补充到接收队列中，将连续消息展示给用户。

最后，IM 服务的完整架构如图 13-13 所示。

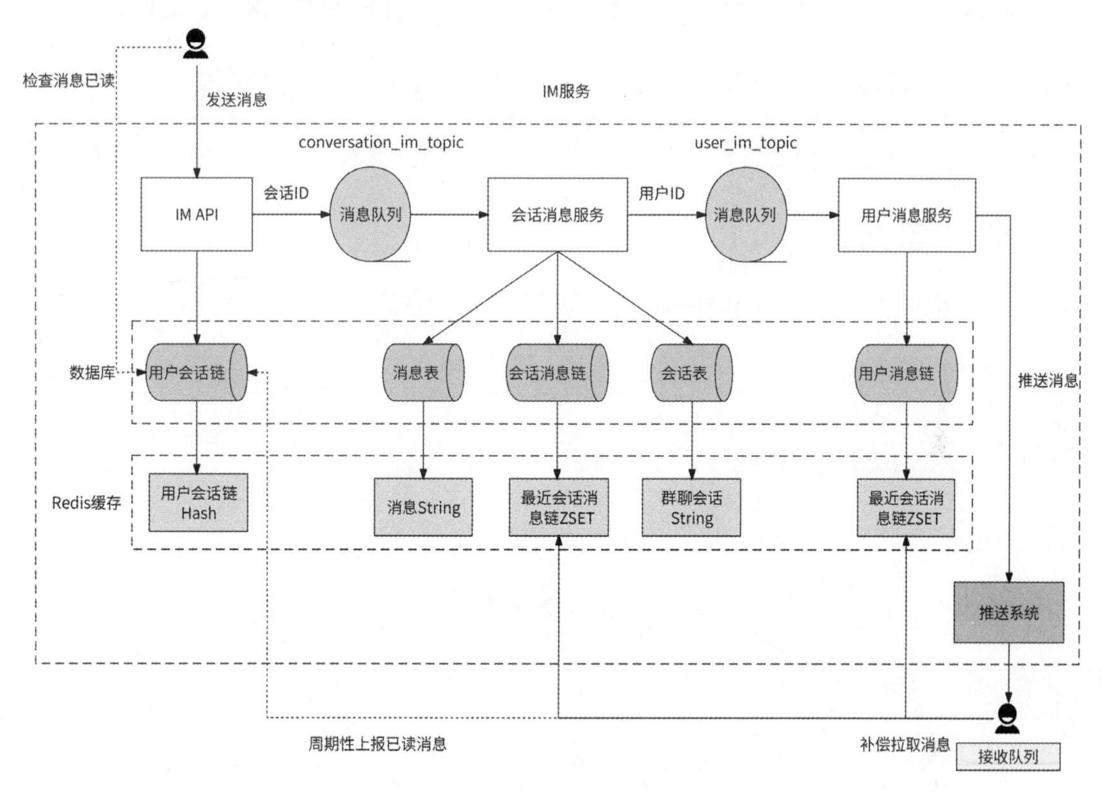

图 13-13

反侵权盗版声明

电子工业出版社依法对本作品享有专有出版权。任何未经权利人书面许可，复制、销售或通过信息网络传播本作品的行为；歪曲、篡改、剽窃本作品的行为，均违反《中华人民共和国著作权法》，其行为人应承担相应的民事责任和行政责任，构成犯罪的，将被依法追究刑事责任。

为了维护市场秩序，保护权利人的合法权益，我社将依法查处和打击侵权盗版的单位和个人。欢迎社会各界人士积极举报侵权盗版行为，本社将奖励举报有功人员，并保证举报人的信息不被泄露。

举报电话：(010)88254396；(010)88258888

传　　真：(010)88254397

E-mail：dbqq@phei.com.cn

通信地址：北京市万寿路173信箱　电子工业出版社总编办公室

邮　　编：100036